IF THEN

HOW THE SIMULMATICS CORPORATION
INVENTED THE FUTURE

吉兒・萊波爾──著
Jill Lepore
高子璽（Tzu-hsi KAO）──譯

目　錄

析模公司相當於冷戰年代的劍橋分析公司；約翰・甘迺迪之所以能在1960年當選美國總統，析模公司自詡有他們的功勞。大選結束幾個月後，析模公司的科學家在海灘度過夏天，為他們研發的作品擬訂新專案。該作品是一套電腦程式，用於預測和操縱種種人類行為，舉凡民眾購買洗碗機、政府壓制政治反抗運動，乃至選民的投票行為等，不一而足。他們稱這項發明為「仿人機」。

析模公司的科學家相信，他們發明了「社會科學界的原子彈」。他們沒預測到這項發明會像深埋已久的未爆彈，於數十年後的今日引爆。

▌PART 1　社群網絡　The Social Network

1

愛德華・L・格林菲有著宏大的想法、宏大的理念、宏大的自由派理想。雖然推銷東西時，很會說漂亮話，但格林菲不是只有這一面：他熱衷於為二十世紀中的美國自由主義作出社會貢獻。他為自由派提倡的議題募款，格外關切民權和公民自由；他讓別人掏錢捐款的本事，就像從觀眾身後的車變出硬幣的魔術師。格林菲固然有關注的領域和社交圈，他真正熱衷的領域卻是政治，尤其是民主黨和美國總統大選的操盤——那正是浮誇話術者的遊戲。1952年，是美國總統大選初次來到電視時代，格林菲因此萌生仿人機的構想；這除了是首場由電腦預測結果的選戰，也是首次由大型行銷公司打選戰的選舉。

2

將尤金・伯迪克介紹給格林菲的人，可能是哈羅德・拉斯威爾；後者在日後協助創立析模公司，持股甚多。拉斯威爾僅16歲時便就讀芝加哥大學，之後完成政治學博士學位；1927年他發表博士論文〈世界大戰時的政治宣傳手法〉時，年僅25歲。後來他去了柏林，接受佛洛伊德學派子弟的精神分析，接著前往芝加哥大學從事教職。二戰期間，拉斯威爾在美國國會圖書館創立戰情通訊研究專案，建議美國透過政府主導的系統性大眾操縱，來保護民主不受威權主義侵

害。過去有很長一段時間，英文稱此為「政宣」或「心理戰」，納粹則稱此為「世界觀戰爭」。到後來，有人認為不好聽，便開始管這門學問叫「大眾傳播」。叫大眾傳播也好，心理戰也罷，在承平時代，沒有什麼比民主活動和選舉更適合研讀這門學問的素材了。

3　沉靜的美國人 73
The Quiet American

格林菲收集人才，普爾收集數據。普爾列出所有熟人，其中包括儼然認識所有人的格林菲，他接著將清單送往全美各地，詢問是否有共同認識的人：「如果你認識這個人，請在此處打勾」。他也定義了何謂「認識」：如果你在街上巧遇「曾經就讀芝加哥大學和耶魯法學院，現於紐約從事公關業的愛德華·格林菲」，你認得出他嗎？你會打招呼嗎？格林菲會認識你嗎？

普爾分析回傳的數字，著手計算機率。他繪出數據，並且想到用一個功能來敘述這個圖形。接著，他利用這個功能來推斷數據以外的意義。普爾設想了一個理論，他稱為「社群網絡」（social networks）理論——後來，該理論成了所有社群媒體公司的運作基礎，包括臉書和推特。

4　人工智慧 101
Artificial Intelligence

1955年，數學教授約翰·麥卡錫、IBM的納撒尼爾·羅切斯特、貝爾實驗室的克勞德·夏儂，以及普林斯頓博士馬文·明斯基四人，為了區別單純自動計算和單純電腦模擬兩者產生的結果，創了artificial intelligence（人工智慧）這個說法。1959年創立的析模公司英文原名SIMULMATICS CORPORATION為造字，結合了simulation（模擬）和automatiation（自動化）兩個字。格林菲老是盼望simulmatics這個字有一天能像cybernetics（模控學），成為令人琅琅上口的英文常用字，但後來反而是artificial intelligence成了常用字，不過artificial intelligence和格林菲所想的simulmatics相當接近。

析模公司起步時，就是個夢想。格林菲想透過這個夢實踐民權，體現對權力的渴望、對學術界的嫉妒，以及他的癡迷——癡迷於想打造出最新、最好、最快的分析機器。他夢想有完美說服人心的本事，獲取資訊、預測選情，夢想民主黨候選人史蒂文森能贏得1960年總統大選，甚至拿下黑人票……

5　宏觀助選計畫 117
Project Macroscope

有「狂人比爾」之稱的威廉·麥菲是數學天才，他於婚後開設了專事民調的

「研究服務公司」，引起保羅・拉扎斯菲爾德注意，後者於1951年聘請比爾到哥倫比亞大學應用社會研究局任職。大學未畢業的比爾直接上起拉扎斯菲爾德的研究所課程，完成了拉扎斯菲爾德和貝雷爾森於1948年展開的投票行為研究。1954年，三人推出其代表性著作《投票：總統大選中選民如何形成意見》。伯迪克與拉札斯菲爾德在行為科學高等研究中心從事研究的那一年，伯迪克讀了《投票》這本書，對內容十分驚豔。格林菲日後想要研發可模擬投票行為的電腦程式時，便詢問比爾是否願意加入他即將成立的新創公司。當時公司名稱還沒有譜，但格林菲想到比爾先前處理的一個代號：他稱之為「宏觀助選計畫」。

▌ PART 2　仿人機 The People Machine

6　IBM 和美國總統大選

The IBM President

1958年，伯迪克出版小說《醜陋的美國人》，內容近乎赤裸地呈現越南，書出版後五個月內二十刷，後來雄踞暢銷書榜單達七十六週。艾森豪在美國總統休假地大衛營待上一週時，讀過這本書，甘迺迪則為參議院每人提供一本。伯迪克還賣出書的電影改編版權，後來電影由馬龍・白蘭度飾演，因此相較於美國政治學會的會議，在柏克萊教政治理論的伯迪克，在好萊塢還更為人所熟知。
析模公司創立時，格林菲試過延攬伯迪克，但遭到伯迪克拒絕。伯迪克說自己的數學實力不夠資格，他很忙，他在文學界很紅，還有，他認為析模公司聽起來很危險。沒多久，他開始大加撻伐，後來甚至警告：「很顯然到最後，這家公司會落得美國人知道的那種政治下場。」

7　價值十億美元的智囊

Billion-Dollar Brain

1961年1月號的《哈潑雜誌》於聖誕節前一週上架，在1月下旬甘迺迪就職前幾乎一路熱銷。該期主打內容談到神祕到家的「析模公司」，說當中一群「模擬未來專家」研發了最高機密的電腦「仿人機」，機器在開票揭曉前就預測甘迺迪勝出。甘迺迪透過電腦操控選舉一說自此甚囂塵上。
1963年出版的《甘迺迪：其人其祕》一書，對甘迺迪展開猛烈攻擊，大力指控甘迺迪利用機器人從尼克森手裡偷走選票。兩個月後，甘迺迪遇刺，出版商停印這本暢銷書；死者為大，作者拉斯基也全面取消演講和電視宣傳。甘迺迪喪生隔天，拉斯基說：「所有計畫都喊停。對我來說，甘迺迪已經不再是批評對象了。」也因此，針對析模公司如何影響甘迺迪選情的唯一實質調查，就這樣不了了之。

伯迪克1962年的著作《核戰爆發令》原文書名「fail-safe」係指一處臨界點，過了這個點之後，便無法召回前去投下核彈的飛機。小說中，由於電腦內部單單一條保險絲燒毀，引發機械故障，導致美國戰略空中司令部無法與B-52小隊通訊。當時B-52小隊每一架均搭載兩顆二千萬噸級炸彈，正飛往俄羅斯。由於無法召回其中兩架轟炸機，美國總統起先命令戰鬥機追上並執行擊墜任務；任務失敗後轉而試圖說服蘇聯總理赫魯雪夫，說明美軍飛去鎖定莫斯科是意外。為了向全球證明毀滅莫斯科的行動為意外之舉，美國總統只好下令轟炸紐約——這是避免世界末日的唯一途徑。最後，美國總統和蘇聯總理雙雙表示惋惜。在克里姆林宮等死的赫魯雪夫說：「人類發明了機器，我們成了機器的囚犯。」

伯迪克撰寫《480類選民》時，原本設定1964年的美國總統大選，共和黨想徵召成功調停印度和巴基斯坦關係，而成為國民英雄的虛構主角約翰·薩奇當砲灰，迎戰他們自認贏不了的約翰·甘迺迪。甘迺迪遇刺後，伯迪克差點棄寫此書，但後來想到將遇刺一事融入選舉情節，如此一來內容更切合時勢，且薩奇角逐大位時改為迎戰詹森，選戰不會一面倒。伯迪克決定讓共和黨因為勝算增加，更想成功徵召薩奇。小說中，為了確保候選人說話的內容和時機都符合期望，該黨委託「模擬企業」這家公司提供服務。而為了寫好這個環節，伯迪克需要析模公司提供更多素材。有很長一段時間，析模的人會滿足伯迪克索取素材的許多要求。格林菲或許不信任伯迪克，但期望能沾他的光，順勢帶旺析模，點亮公司知名度。

▌PART 3　心靈與心智 Hearts and Minds

高華德給甘迺迪任命的國防部長羅伯特·麥納瑪拉起了「人體IBM」這個綽號。這渾名不是叫好玩的，麥納瑪拉還真打算將軍事精簡成一門電腦計算科學，他曾就讀哈佛商學院，擔任過福特汽車公司總裁，帶領福特的期間便曾利用電腦跑系統分析。麥納瑪拉接掌國防部後，將其系統分析化為「壓制政治反抗運動」的理論。他和普爾這類冷戰鬥士認為，冷戰的核心問題源自發展中國家的政治革命，而這些革命是蘇聯或中共煽動的叛亂。

1966年6月底，普爾來到越南的西貢，他原本受託帶領國防部的行為暨社會科學計畫，但他推掉了，因為他想來西貢的東方五角大廈。普爾將析模公司的未來賭在越南上；析模打算徹頭徹尾摸清越南人的心智和思維。美國進軍越南，是人類首場由電腦發動的戰爭。

析模進軍越南的頭一年，獲利為其歷史上單一年份最高，其中七成收益來自國防部委託的越南專案。住在西貢別墅的析模科學家規避從軍，帶著錄音機、問卷，有些人帶著槍，在當地研究自己提出的假設。他們滿腹疑竇，不確定自己能否派上用場。

儘管普爾百般詢問，一同創立析模公司的行為科學家們都拒赴越南。普爾向國防高等研究計畫署承諾會派遣最出色、最聰明的人才，卻一直送去差勁的人選。他詢問政治學家德‧葛拉西亞是否有意願被派往西貢時，說明他正在尋找人才，「對方要能在越南建立心理戰的操作中心」。後來析模發生各種不當管理情事，包括向媒體洩漏情資，還有未能繳交業務報告，以及普遍不了解指揮系統等，令國防高等研究計畫署忍無可忍。

自1942年以來，暴動預測向來是普爾學術研究的主題，當年他在校時，於拉斯威爾的指導下執行內容分析，針對即將發生的革命活動找出行動跡象。1966年夏天，暴動預測無處不在，那是一種迫切的預言。有華盛頓特區的記者說：「根據預測，今天這裡會有多位受挫不滿的黑人發動大規模暴亂。」都市規劃人員也開始逐步針對各城市，建立自己的暴動預測機器。根據底特律長所說，該市於1966年7月建立底特律社會數據庫，這是「全美首座同類型的資料庫」。其資料儲存的分類依據為「25種不同的社會因子，例如犯罪、青少年犯罪、福利負擔、健康問題、法律援助請求、逃學和輟學」。每月報告旨在告知都市規劃人員，援助計畫是否有效，以及何處需要更多援助。

1968年羅伯特‧甘迺迪遭槍殺當週，適逢《邁向2018》這本預言書上市。儘管普爾對許多事物的預測遠遠失準，尤其是越南，但他收錄於此書的文章卻提出非常精準的預言：「到了2018年，會將資訊儲存在電腦資料庫內，會比用紙本

還便宜。」屆時電腦能透過龐大的國際網路互相通訊，人們可以長坐在桌前研究任何人事物。「到了 2018 年，研究人員坐在主機前便能交叉比對，從店家消費紀錄找出購買資料，從學校成績單找出低 IQ 者，從社會安全紀錄找出家庭資訊，找出未就業者……。換句話說，這位研究員將有執行此操作的技術能力。依法他有權這麼做嗎？」對於最後的問句，普爾表示：「現階段不適合去推論日後我們既渴望知情又渴望保有隱私時，社會要如何在兩者之間取得平衡。」

1972 年，美國民眾普遍忽略了一個科技史上的轉捩點：個人運算揭開序幕，網際網路前身問世。該年 12 月，《滾石》雜誌的史都華・布蘭德預測：「準備好了，電腦要進入人類生活了。」這年 10 月底，位於華盛頓特區的希爾頓飯店發生了一件大事——國際電腦通訊大會於此處召開首場會議，最初由 MIT 教授 J・C・R・利克里擘劃的網路 ARPANET 首次面世，它便是未來網際網路的雛形。此回 ARPANET 的操作演示是人類史上的大事，重要程度堪比初次展示印刷機，然而當時在電腦科學界和工程界之外，鮮少人注意到其重要性。尤其當時水門案正鬧得沸沸揚揚，加上總統大選將屆，記者已經忙得不可開交。然而布蘭德對水門案甚至大選都興趣缺缺，他關注的，是即將到來的反文化電腦革命。

2011 年，一名臉書早期員工表示：「我們這一代最聰明的人才，都在思考如何讓人點選廣告。這很糟糕。」其實早在這之前，就糟糕過了。曾有更早一代的頂尖人才試著模擬人心，以便兜售洗髮精、狗食，並摸透越南稻農的想法。1950 年代，大量資金湧入大學，試圖將人類行為研究變成一門科學，越戰使得該研究暴露出道德破產的一面。數十年後，年輕的天才創業家、投資的資本家和矽谷企業家，均投向某新型知識的願景，也就是大數據、機器學習，以及演算法呈現的真實。冷戰時代的析模公司算是他們的祖師爺，然而不同於析模公司，當代所關注的不是國安，而是獲利。也不同於析模的科學家之初衷可算善意，打造出新型仿人機的當代科學家則是大言不慚，說自己起碼沒有惡意。谷歌的精神標語「不作惡」代表一種道德野心的上限……

獻給 T.R.L.

「本公司擬從事的業務，主要是運用電腦科技，
來預估可能會產生的人類行為。」
—— 1961年析模公司股票發行說明

原註當中所用縮寫
Abbreviations Used in the Notes

人物

AB　艾利克斯・伯恩斯坦（Alex Bernstein）

ADG　阿爾弗烈德・德・葛拉西亞（Alfred de Grazia）

　　※譯註：原文略稱「阿爾・德・葛拉西亞」（Al de Grazia）

AS　小亞瑟・史列辛格（Arthur Schlesinger Jr.）

DPM　丹尼爾・派翠克・莫尼漢（Daniel Patrick Moynihan）

EB　尤金・伯迪克（Eugene Burdick）

ELG　愛德華・L・格林菲（Edward L. Greenfield）

IP　伊塞爾・德・索拉・普爾（Ithiel de Sola Pool）

JC　詹姆斯・科爾曼（James Coleman）

JFK　約翰・F・甘迺迪（John F. Kennedy）

JH　阮神父

LBJ　林登・B・詹森（Lyndon B. Johnson）

MLK　小馬丁・路德・金恩（Martin Luther King Jr.）

MMc　米娜烏・麥菲（Minnow McPhee）

MS　莫琳・謝伊（Maureen Shea）

NM　紐頓・米諾（Newton Minow）

RFK　羅伯特・F・甘迺迪（Robert F. Kennedy）

RN　理查・尼克森（Richard Nixon）

SP　山姆・波普金（Sam Popkin）

TBM　湯馬斯・B・摩根（Thomas B. Morgan）

WMc　威廉・麥菲（William McPhee）

　　※譯註：William McPhee、Wild Bill、Wild Bill McPhee 指稱同一人。本譯作統一稱「比爾」。

手稿文獻集（僅針對無編號者提供資料夾名稱）

BASR Records　應用社會研究局文獻（原文出處：Bureau of Applied Social Research Records, Rare

Book and Manuscript Library, Columbia University）

Burdick Collection　伯迪克文獻（原文出處：Eugene Burdick Collection, Boston University Libraries, Howard Gotlieb Archival Research Center）

CASBS Records　行為科學高等研究中心文獻（原文出處：Center for Advanced Study in the Behavioral Sciences Records, Department of Special Collections at University Archives, Stanford University）

Coleman Papers　科爾曼文獻（原文出處：James Coleman Papers, Special Collections）

Grazian Archive　德・葛拉西亞檔案庫（原文出處：Digital archive of the writings of Al de Grazia at grazian-archive.com）

Greenfield Papers　格林菲文獻（原文出處：Family Papers of Edward L. Greenfield and Patricia Greenfield, collection of the Greenfield family）

Emery-McPhee Papers　艾默里—麥菲家文獻（原文出處：Papers of the Emery and McPhee families, collection of Sarah Neidhardt）

Johnson Library　詹森圖書館（原文出處：Lyndon B. Johnson Presidential Library）

Kennedy Library　甘迺迪圖書館（原文出處：John F. Kennedy Presidential Library and Museum）

Lasswell Papers　拉斯威爾文獻（原文出處：Harold Dwight Lasswell Papers, Manuscripts and Archives, Yale University）

Moynihan Papers　莫尼漢文獻（原文出處：Daniel P. Moynihan Papers, Manuscripts Division, Library of Congress）

Nixon Library　尼克森圖書館（原文出處：Richard Nixon Presidential Library and Museum）

NYT Records　《紐約時報》文獻（原文出處：New York Times Company Records, Manuscripts and Archives Division, New York Public Library）

O'Brien Papers　歐布萊恩文獻（原文出處：Lawrence F. O'Brien Personal Papers, Kennedy Library）

Pool Family Papers　普爾家文獻（原文出處：Ithiel de Sola Pool family papers, collection of Adam de Sola Pool）

Pool Papers　普爾文獻（原文出處：Ithiel de Sola Pool Papers, MIT Institute Archives and Special Collections）

Project Agile Records　迅捷專案文獻（原文出處：National Archives RG 330, Records Pertaining to Project Agile, 1962-1968）

Shea Letters　莫琳・謝伊信件（原文出處：Letters of Maureen Shea, collection of Maureen Shea）

Stevenson Papers　史蒂文森文獻（原文出處：Adlai E. Stevenson Papers, Public Policy Papers, Department of Rare Books and Special Collections, Princeton University Library）

Wayman Papers　韋曼文獻（原文出處：Dorothy Wayman Papers, College of the Holy Cross Archives and Special Collections）

序 What If：「若則」假設分析
Prologue: What If

析模公司的祕辛，就藏在公司名稱裡。
——1966年，致析模公司股東

Courtesy of Edwin Safford

1961年，在美國紐約長島瓦丁河鎮的穹頂建築，
析模公司的創辦人在此相識；圖片右方即為格林菲的宅邸。

1961那一年，析模公司（Simulmatics Corporation）的科學家整個夏天都待在紐約長島一座海灘的穹頂建築內。這座半圓穹頂乍看像是降落於該地沙丘之間的太空船。[1]他們身處穹頂內，在黑板寫上各類數學公式。只見眾人指尖沾上粉筆灰，打孔的電腦列印資料大量散落地面。

析模公司相當於美國冷戰年代的劍橋分析公司（Cambridge Analytica）；約翰・甘迺迪（John F. Kennedy）之所以能在1960年11月當選美國總統，析模公司將功勞攬在身上。幾個月後，析模公司的科學家在海灘度過夏天，為他們研發的作品擬訂新專案。該作品是一套電腦程式，用於預測和操縱種種人類行為，舉凡民眾購買洗碗機、政府壓制政治反抗運動，乃至選民的投票行為等，不一而足。他們稱這項發明為「仿人機」（People Machine）。[2]

如今，許多人對析模公司幾乎已不復記憶。不過在這座蜂窩狀穹頂之下，這間久不復存的美國企業昔日打造出的科技，後世二十一世紀的人類已身陷其中，飽受苦難：隱私被赤裸裸扒開，被誘惑得無法專注，感官體驗遭到剝奪，生活樣態變得斷斷續續，遭到剝削，也受人主導；建立連結的同時，也被脫鉤；消費的當下，也在出賣自己；孤立、強迫、困惑，被餵食錯誤訊息，甚至受到宰制。析模公司的科學家可從來沒有害人之心。

他們年紀輕輕，頂尖、聰明，擁有極具破壞力的才華，猶如希臘神話中的依卡洛斯，背負著以羽毛和蠟作成的翅膀，妄圖飛向太陽。「這群科學家畢業自麻省理工、耶魯大學、哈佛大學、哥倫比亞大學和約翰・霍普金斯大學。」當時《紐約時報》報導：「他們打算用電腦處理工作。當時電腦問世沒幾年，是體積龐大的設備，人們用它來解答問題；但他們用了社會和經濟方面的數據和本身的知識，開發了用於電腦模擬的新程式。模擬是指針對一組特定情境，演練各種可能產生的結果。」[3]他們用新程式語

言FORTRAN來寫，其中以「IF/THEN」的敘述來教導電腦模擬可能的行動，計算在不同條件下；一次又一次的「若則」發展情境。「若」輸入甲條件，「則」會得到乙結果。「若」輸入丙條件，「則」會得到丁結果。以此類推，會產出無數組模擬分析的結果。

那年夏天，析模公司的科學家帶著妻小到長島海灘。男人身穿海灘褲和POLO衫，腦中想著輸入電腦用的打孔卡（punch card）；女人穿著洋溢夏天風情的洋裝和拖鞋，料理著馬鈴薯沙拉、鮪魚沙拉、烤肉、通心粉沙拉、火腿沙拉、一鍋鍋燉菜，以及一串串完整的玉米；在場的十七個孩子在水中嬉戲，蓋著沙堡，那是他們位於海邊的亞瑟王卡美洛堡；他們駕駛單桅帆船在海灘來來回回，追著黑色貴賓狗史普尼克（Sputnik），就這樣越過了小溪。孩子們曬傷太嚴重，到了晚上，母親在他們的皮膚澆上醋來舒緩，結果聞起來活像醃菜。下雨天，他們就玩「大富翁」，從遊戲中第二昂貴的公園廣場（Park Place），跳到巴爾的摩和俄亥俄鐵路（B & O Railroad），玩家每次通過「Go」時都能收兩百美元過路費；他們也像每個「大富翁」玩家，想方設法避免吃上牢飯。人妻之間交換閱讀平裝版小說《佩頓廣場》（Peyton Place）；這部激情小說主題是性和女性叛逆，書本頁面已經因為濕氣而萎軟。而如果在那裡待得夠久，所有人和所有東西都會被海沙覆蓋得好似出土的古埃及人。

日出日落、一天一天在過，沒有人料得到未來的下一步。人類身處於充滿不確定性的世界，從上古時期的社會開始，就在預測未來。希臘人蓋神廟，傳達德爾斐神諭；印加人蓋神廟，傳達帕查卡馬克神諭。佛教徒、穆斯林、基督徒、猶太人，每一宗教，每一文化，都有本身的神諭和廟宇，以及卜卦、解讀預兆、預言未來的人。時光流逝，千百年荏苒。到了二十世紀中葉，美國人開始研發新科技，機器於其中扮演宛如祭司的角色，提

供新型的預言和電子神諭，以數據來占卜。

析模公司成立於1959年，而1970年宣布破產前，它在紐約、華盛頓和麻州劍橋都設有辦事處，最後據點也拓展至越南西貢（今胡志明市）。析模公司的外衣下藏著心眼，但那有部分是無意間形成的。公司總裁曾對股東說：「析模公司的祕辛，就藏在公司名稱裡。公司名由『simulation』（模擬）和『automatic』（自動）這兩個英文字組合而成。」[5]創辦元老希望公司名稱能像「cybernetics」（模控學），成為琅琅上口的代表用字，結果事與願違。「simulmatics」造字的曖昧，固然為日後失敗下了註腳，但倒是顯露出他們想「以機器模擬人類行為」的野心。

析模的科學家創業時，業務運作的假設是：如果能收集足夠族群規模的數據，輸入至機器分析，則連同人、人心和行為在內，萬事萬物均能用機器預測，並且電腦能如同百發百中的導彈，驅使和引導人類行為。臉書（Facebook）、帕蘭泰爾大數據分析公司（Palantir）、劍橋分析公司、亞馬遜公司（Amazon）和俄羅斯網軍工廠「網路研究機構」（Internet Research Agency）和谷歌（Google）——這些組織的運作雛形恰似一顆顆蛋，孵化於緊挨著灰綠色海水的那座蜂巢狀穹頂建築之下。

當時，外界稱析模公司的科學家為「假設分析家」（What If Men）。他們相信，仿人機可以透過模擬人類行為，協助人類避免災難，而且萬無一失。它可以擊敗共產主義；可以壓制政治反抗運動；可以打贏選戰；可以推銷漱口水；可以加速新聞報導速度，就像很多安非他命會加速生理現象；仿人機還可以安撫心亂如麻的妻子；可以摸透人心，贏得越戰；可以預測種族暴動，甚至瘟疫——仿人機可以終結混沌。析模公司科學家相信，他們發明了「社會科學界的原子彈」。[6]他們沒預測到這項發明會像深埋已久的未爆彈，於數十年後引爆。

　　儘管如此，當時仿人機在許多人看來，仍是一種瘋狂，預示著即將降臨的反烏托邦。1964年，析模公司成了兩部小說的主題，這兩部作品皆預示著不祥之兆。其一為尤金・伯迪克（Eugene Burdick）的政治驚悚小說《480類選民》（The 480）。在這本小說中，「模擬企業」（Simulations Enterprises）這間幾乎毫不掩飾意圖的企業，搭載笨重又險惡的IBM電腦，為1964年美國總統大選攪出一灘渾水。其二是丹尼爾・F・加盧耶（Daniel F. Galouye）場景設於2033年的科幻小說《三重模擬》（Simulacron-3）：「模擬電子」（simulectronics）領域的專家發明了一台仿人機，作為「全方位環境模擬器」，到頭來科學家卻發現自己實際上並不存在，猶如不斷爬回原點的潘洛斯樓梯般，虛幻縹緲。[7] 在那之後，析模公司在小說和電影作品中，如同匿名化身般存在著。1973年，前衛的德國電影導演雷納・沃納・法斯賓達（Rainer Werner Fassbinder）將《三重模擬》改編成《世界旦夕之間》（World on a Wire），這是一部驚悚的未來科幻大作，也啟蒙了1999年的電影《駭客任務》（The Matrix）。《駭客任務》中，全人類生活在模擬環境，受到封鎖、桎梏、欺騙，以及非人性對待。主角試著解放人類，將偷來的軟體藏於挖空的《擬像與模擬》（Simulacra and Simulation）書中。該書由尚・布希亞（Jean Baudrillard）於1981年發表，為後設文本，探討無意義的「模擬惡夢」。

　　而小說和電影中，科學怪人臣服於哲基爾博士（Dr. Jekyll），最後也臣服於奇愛博士（Dr. Strangelove）；當中的瘋狂科學從生物學展開，一路走到化學和物理等領域。而析模公司在電影和小說中的化身，是專精電腦科學的瘋狂科學家。析模公司在故事中獲得瘋狂延伸，像一個身形極矮小的人映照出超長的影子。《480類選民》書中，「模擬企業」是超大型企業；《三重模擬》中，模擬電子領域的專家則是科技天才。現實世界的析模公司是間小企業，經營不順，受雇的技術人員笨手笨腳，公司帳目一團糟。公司

17

命運像氫氣氣球一樣，先是扶搖直上，然後迅速殞落。在長島的那座穹頂，後來開了間得來速式的漢堡店「太空漢堡」（Space Burger）。

然而，析模公司的遺澤仍可見於預測分析、「若則」模擬分析，以及行為數據科學──就潛伏在現今所有設備的幕面。析模公司儘管以失敗收場，但終究協助打造了對於數據狂熱、近乎集權的二十一世紀──在這個時代，「預測」是唯一吃香的學問，而且不論在冠狀病毒疫情席捲全球之前還是之後，企業界均透過收集數據、操縱輿情，以及利用預言來獲利。說來諷刺，析模公司的過去幾乎被抹消了。這間公司協助打造了一個「對未來癡迷的未來」，卻對改善未來無能為力。

析模公司的起源可追溯到二十世紀早期的心理戰科學：也就是藉由攻擊、攔截和轉移注意來控制人心。析模公司將這樣的分析法帶入現代電腦起步的1950年代，也由1960年代美國民主黨全國委員會（Democratic National Committee）委託，帶入選舉政治，最後也走入精準行銷的領域。後來，析模公司的模擬分析法飄洋過海，用於越戰，直到引發學潮抗議，罵這家公司叫戰犯。

如果說，析模公司的科學家真的是壞人，批評起來倒是更名正言順、心安理得，但事實卻非如此。這群科學家是二十世紀中葉的白人自由派，當時的社會不會期望這樣的族群理解白人或自由派以外的族群。這群科學家既為人夫，也為人父，生活在「沒有人期望男人該理解女人和小孩」的年代。「人類行為」當時指的是男性的行為；「人工智慧／人工智慧」指的是男性的智慧。這群科學家幻想著將自己的智慧移植到機器上。他們沒有將女性的才智看成才智，也不認為女性對人類行為的理解算是知識。

他們打造了一台機器，來控制和預測他們無法控制和預測的事情。他們簡直像是馬克・扎伯格（Mark Zuckerberg）、謝爾蓋・布林（Sergey Brin）、

傑夫・貝佐斯（Jeff Bezos）、彼得・提爾（Peter Thiel）、馬克・安德森（Marc Andreessen）和伊隆・馬斯克（Elon Musk）這些當代巨擘的太上祖師爺。析模公司是科技史上的失落環節，緊密銜接起二十世紀上半葉至二十一世紀初──後者是個獨特的苦難年代，如今演算法預測著我們的一舉一動，它們試圖透過模擬每一個人，來指引和影響我們每一步決策。

　　如果人類在1950至1960年代朝別的方向發展，如今就可能力挽狂瀾。當年如果歷史另取別徑，人性或許不會頹敗，人類知識仍可能受到珍惜，民主也可能變得更加穩固，而非更形脆弱；又或者，最終可能殊途同歸。如今已不得而知。畢竟，我們可沒有機器能回溯執行「若甲則乙」的情境，來回推算出過去的多種可能；歷史固然無法針對「若則」的假設性問題給出答案，卻可以說明過程以及原因。

　　析模公司所打造的未來，有著一段過去。這段歷史如同沙堡，受到時間的浪潮沖刷。現在，我們只能一點一滴回溯，拼湊每一處矮牆、城垛、壁壘和砲塔──這些一點一滴，在在記錄著他們往昔擁有的龐大影響力。

註釋

1　穹頂從未完工；由富勒為薩福德所建；薩福德日後贈屋予其子。
　　Edwin (b. 1936)。出自艾德溫・薩福德（Edwin Safford），作者訪談，2018年4月23日。

2　除了內部科學家本身的學術研究之外，析模公司極少成為學界的研究主題。從未有過專書探討析模公司的歷史。關於該公司的所有公開討論，均側重於其一至二項研究，而未探討公司的沿革、目標、業務範圍和衰亡。析模公司的1960年大選研究探討出處：*The Victory Lab: The Secret Science of Winning Campaigns* (New York: Broadway Books, 2013), 119-23。另一參考出處："Politics and the New Machine," *New Yorker*, November 16, 2015。析模公司的越戰研究探討出處：Joy Rohde, "The Last Stand of the Psychocultural Cold Warriors: Military Contract Research in Vietnam," *Journal of the History of the Behavioral Sciences* 47 (2011): 232-50, and Sharon Weinberger, *The Imagineers: The Untold History of DARPA, the Pentagon Agency That Changed the World* (New York: Knopf, 2017), ch. 10, "Blame It On the Sorcerers"。析模公司的越戰研究提及出處：Yasha Levine, *Surveillance Valley: The Secret Military History of the Internet* (New York: Public Affairs, 2018)，以及：Joy Rohde, *Armed with Expertise: The Militarization of American Social Research During the Cold War* (Ithaca: Cornell University Press, 2013)。克奈委員會研究探討出處：Thomas J. Hrach, *The Riot Report and the News: How the Kerner Commission Changed Media Coverage of Black America* (Amherst: University of Massachusetts Press, 2016), ch. 6: "Simulmatics Produces a Contradictory Analysis"。

3　出自：William M. Freeman, "Life Is Imitated for Research," *New York Times* (hereafter *NYT*), August 27, 1961。

4　出自亞當・德・索拉・普爾（Adam de Sola Pool），作者訪談，2018年5月19日。出自：MMc to Eleanor Emery, August 14, 1961, Emery-McPhee Papers。

5　出自：ELG, "Statement to Simulmatics Stockholders, September 20, 1966," printed brochure, Pool Papers, Box 177, no folder。

6　出自：TBM, "The People Machine," *Harper's*, June 1961。

7　出自：EB, *The 480* (New York: McGraw-Hill, 1964). Daniel F. Galouye, *Simulacron-3* (1964; repr., Rockville, MD: Phoenix Pick, 2011)。

8　出自：Jean Baudrillard, *Simulacra and Simulation* (1981; Ann Arbor: University of Michigan Press, 1994), 18。

析模公司的人當初天真地秉持著善意,打造了一處新的地下天地。他們工作時,會用計算尺(slide rule)、執行運算的機器和電腦,這些設備可以保留近乎無數位元的資訊,而且只要按一個按鈕,就能複製這些資訊並分門別類。析模公司的人大都受過高等教育,很多人還有博士學位,而就我所知,他們踏入政治分析的初衷,並非要惡意傷害美國民眾。不過,他們卻可能從根本上重塑了美國的政治體系,建立了新的政治生態,甚至改造了備受尊崇的各大美國政府機構——但他們卻對此一無所知,真是幸福。

—— 1964年,尤金‧伯迪克,《480類選民》

大型主機電腦的內部（1956年前後）。

PART
1

社群網絡
The Social Network

假設甲認識乙，那麼乙認識甲社交圈中 n 個人的機率是多少？
——美國資訊技術領域知名學者伊塞爾・德・索拉・普爾，1956年

1

愛到你，艾德利
Madly for Adlai

沒討老婆，又老是想讓別人覺得他有趣——

這一點對史蒂文森很傷，非常傷。

—— 1960 年，戈爾‧維達爾（Gore Vidal），

美國劇情片《華府風雲》（*The Best Man*）

Courtesy of Jennifer Greenfield

格林菲、孕妻派翠西亞，以及幼子麥可，攝於 1954 年。

別的男人收集嗜好是漫畫書、舊郵票或骨董車，而愛德華‧L‧格林菲（Edward L. Greenfield）收集的是人才。他會自稱「愛德‧格林菲」，然後露齒一笑，笑容有著歌手狄恩‧馬汀（Dean Martin）的神韻，在電視上很上相；他會拍拍對方的背，緊握著一隻手，遞出伏特加和奎寧水，手裡放著一張名片，上頭寫著愛德華‧格林菲公關公司（Edward L. Greenfield & Co.）總裁愛德華‧L‧格林菲，地址為紐約麥迪遜大道（Madison Avenue）501號。他就像有著一千萬伏特的華納卡通《樂一通》（Looney Tunes）人物磁鐵，一個巨大的紅柄馬蹄型磁鐵，啪啪啪地吸引身邊的每個人。

格林菲於1959年成立析模公司，擔任總裁，但在此之前創業已醞釀多年，而公司在運用電腦科技上也納入數十名人才，以推估可能發生的人類行為，而這終究是天真爛漫的想法。搶銀行時若要幹大票，除了需要槍枝專家、把風的人、電腦專家、安全團隊、接應拿錢的人，還得有個面面俱到的操盤手。要用電腦預測人類行為，除了需要政治理論家、數學家、行為科學家、市調人員、電腦科學家，同樣得有個面面俱到的操盤手。格林菲就是那名操盤手。曾有個非常聰明的男人說：「如果看到一隻青蛙坐在旗桿上，你知道牠不是自己爬上去的。」[1]格林菲收集有本事讓青蛙爬上旗桿的人才，看著這些人才打造出能讓青蛙自己爬上旗桿的工具。打造完成後，他們搞來一群觀眾，然後指著旗桿的頂部大喊：「看，有青蛙！」

格林菲頂著一頭濃密波浪狀黑髮，鼻子碩大，雙耳形狀如同水壺把手。他寬肩窄臀，又生得一雙鳥仔腳，倒是靠著一身訂製西裝，掩蓋了不成比例的身體部位。格林菲溫暖有愛心，情感充沛；迷人、詼諧，風趣得令人絕倒，又散發洗鍊、粗獷的性感魅力。他如果不是抽威豪牌（Pall Mall）香菸，就是在抽菸斗。那菸斗一點起來，就飄散著夜空下松樹營火的味道。他喝蘇格蘭威士忌，用透明如冰塊的玻璃杯盛裝。

這位析模公司未來的總裁是麥迪遜大道的行銷商，他是個狂人，也如同所有搞行銷的人，賣得最好的商品就是他本人。愛德華・格林菲1927年出生於芝加哥，是雅各・格林菲（Jacob Greenfield）與希奧多菈・魯賓斯坦（Theodora Rubenstein）的獨生子。雅各・格林菲從事保險業務，曾為共產黨員；希奧多菈・魯賓斯坦則是猶太教拉比的女兒。他的背景簡潔扼要：「紐約市公關業，愛德華・L・格林菲，曾就讀芝加哥大學和耶魯法學院」，而這些頭銜多半造假。他既非畢業自芝加哥大學，也不是耶魯法學院。1945年時，格林菲在印第安納州的瓦伯西學院（Wabash College）就讀一年後輟學；雖然他常和人說自己還有一本書沒還芝加哥大學圖書館，該校卻沒有他的註冊紀錄。耶魯法學院也沒有。〔2〕不過，他一定去過耶魯大學，還參加校內研討會；之所以這麼說，是因為他曾申請紐約耶魯大學俱樂部（Yale Club of New York）的會員資格，當時哈羅德・拉斯威爾（Harold Lasswell）這位頭型渾圓、面無表情、大名鼎鼎的耶魯教授暨傳播學專家曾替他背書，說格林菲在1950年時曾是他的學生。拉斯威爾的聲明是：「格林菲非常活潑而有吸引力，在美國海內外都人脈廣闊。」〔3〕非常活潑。是的，人脈廣闊——格林菲的人脈網五湖四海，一撈就收穫滿滿。

格林菲二十出頭時，認識了派翠西亞・薩福德（Patricia Safford）。派翠西亞冰雪聰明，面貌姣好，時不時透出哀戚的情緒，在鋼琴和跳舞方面才華洋溢，曾在舞蹈家瑪莎・葛蘭姆（Martha Graham）門下學舞。派翠西亞生於1928年；母親是神經外科醫師，在維也納接受過奧地利心理學家佛洛伊德系統的訓練；父親法蘭克・薩福德（Frank Safford），再婚多次，既是出色的精神分析師，也是藝文愛好者；派父較派母年長許多。派翠西亞每年夏天都在瓦丁河鎮上的一處小村舍度過，家中住居臨山傍海，占地四十英畝。一起生活的還有父親的友人，有藝術家、作家，也有知識份子，包

含畫家威廉‧德庫寧和艾琳‧德庫寧伉儷（Willem and Elaine de Kooning）、詩人艾德溫‧丹比（Edwin Denby），以及小說家理查‧萊特（Richard Wright）。丹比和德庫寧伉儷曾製作有魔法元素的黑白默片，主角為薩福德家的小孩，其中派蒂（派翠西亞）身穿泳裝，她的弟弟划著船時，遭海盜誘拐，被女巫綁架，千鈞一髮之際獲救。[4]

　　1951年，格林菲和派翠西亞步上紅毯時，女方父親送給夫妻倆的結婚賀禮，是一座老舊的維多利亞風住宅，格局凌亂，位於海邊，而內部的壁爐石材就來自長島海灣。隔壁住著建築師巴克敏斯特‧富勒（Buckminster Fuller），他是法蘭克的友人，富有遠見，個性古怪。富勒後來幫薩福德一家人蓋了他早期代表作穹頂建築，骨架為鋼材，三角片材質則為玻璃和瓷。穹頂結構達到精細的平衡，為建築工藝的絕世之作。往後一到夏天，析模公司都會來這裡，用它作為總部。[5]

　　格林菲有著宏大的想法、宏大的理念、宏大的自由派理想。雖然推銷東西時，很會說漂亮話，但格林菲不是只有這一面：他熱衷於為二十世紀中的美國自由主義作出社會貢獻。他為自由派提倡的議題募款，格外關切民權和公民自由；他讓別人掏錢捐款的本事，就像從觀眾身後的車變出硬幣的魔術師。格林菲曾擔任以下單位的董事：爭取言論自由的共和國基金（Fund for the Republic）、爭取「去除種族隔離」住宅的美國居住自由基金（American Freedom of Residence Fund），以及和平工作團前身非洲十字路任務（Operation Crossroads Africa）公益組織。民權律師哈里斯‧沃福德（Harris Wofford）日後擔任約翰‧甘迺迪在民權領域的特助，並協助於1961年成立了和平工作團。他曾建議小馬丁‧路德‧金恩（Martin Luther King Jr.）：「我給個建議，你近期內找機會和我的一個好友見面聊聊，他叫格林菲，公關操作手法非常精準。」[6]

　　格林菲非常能幹，人很好，交遊廣闊，非常活潑，又非常風趣，是個聰明暖男，**笑起來迷死人不償命**。你會愛死他的，他人脈很廣，左右逢源、長袖善舞；連那位美麗聰明的派翠西亞，都依偎在他身旁。

　　格林菲固然有關注的領域和社交圈，他真正熱衷的領域卻是政治，尤其是民主黨和美國總統大選的操盤──那正是浮誇話術者的遊戲。

■　■　■

　　1952年，是美國總統大選初次來到電視時代，格林菲因此萌生仿人機的構想；這除了是首場由電腦預測結果的選戰，也是首次由大型行銷公司打選戰的選舉。值得注意的是，對於民主黨而言，那年大選是毀滅性的挫敗。

　　自1932年「小羅斯福」富蘭克林‧德拉諾‧羅斯福（Franklin Delano Roosevelt）那場史上知名的選舉以來，民主黨已入主白宮二十載。1952年時，自由主義跨越黨派界線，儼然百戰百勝、無懈可擊，後來證實只是一種幻想，只不過當時鮮有人質疑。1930年代，民主黨和共和黨為羅斯福的「新政」而爭論：民主黨主張規範商業和銀行業，共和黨則反對。雙方也論戰美國是否該參加第二次世界大戰，其中羅斯福主戰，共和黨的孤立主義者則反對。然而，自1941年起一同奮戰的年代，以及1945年後歲月靜好的戰後年代，二選一的空間縮小了。兩黨還剩什麼議題可以論戰？1949年冷戰開始後，無論兩黨之間存在何種歧異，都因為同時對抗共同的敵人而緩和。共和黨固然親商界，民主黨重勞工，但兩黨均為自由派，到了1952年時，美國人幾乎無法區分民主黨和共和黨，兩黨就好像愛麗絲夢遊仙境中的雙胞胎兄弟，令人難以辨別。

　　由於兩黨歧異小，1952年大選儼然不太可能主打政策，故選戰焦點轉向兩位候選人的人格特質，這也讓廣告商林立的紐約麥迪遜大道有了充裕的操作空間。民主黨因此面臨一個問題。由於除了極少數例外情形，共和黨比民主黨更會善用廣告業者；而當民主黨候選人艾德利・E・史蒂文森（Adlai E. Stevenson）的選戰方向定為「反對廣告業者影響美國政治」後，民主黨原本的困境就更窘迫了。

　　廣告業當時正蓬勃發展。1935年，紐約曼哈頓的電話簿列有十家公關公司。到1950年代中期，同一黃頁清單成長為七列，包含七百多間業者，包括愛德華・格林菲公關公司。[7]二戰期間，美國業者不僅為同盟國大量生產武器彈藥，也生產衣服和食物等等。戰後，製造商不希望關門大吉，因此尋找消費品的新市場；從洗碗機、捲髮器到芭比娃娃，量產的商品包羅萬象。為了賣掉這些以前沒人想過要生產或擁有的產品，製造商求助廣告公司，廣告產業因而在1950年至1955年間，從六十億美元增長到九十億美元。一位業者便如此說：「我們不賣口紅，我們買客戶。」[8]

　　選舉陣營打選戰時找行銷公司，也形同「我們不是賣候選人，而是買選民」。而精明的觀察者將這樣的趨勢視為警訊。1951年，天不怕、地不怕的扒糞記者凱利・麥威廉（Carey McWilliams）在《國家》（Nation）週刊刊登一篇上、中、下的合輯，報導克萊姆・惠特克（Clem Whitaker）和莉昂・巴克斯特（Leone Baxter）的故事。這對伉儷在加州經營一間名為「選戰公司」（Campaigns, Inc.）的企業，它是全球史上首間政治顧問公司[9]，成立於1933年，主要為共和黨候選人打選戰。有很長一段時間，選戰公司只接加州當地客戶的生意。不過自1949年起，業務規模擴及全美，並且有所斬獲：接受美國醫學協會（American Medical Association）委託，擊退民主黨總統哈瑞・S・杜魯門（Harry S. Truman）提出的全美健保方案；那是新政最後

的未竟之業。選戰公司自美國醫學協會收到的報酬為三百五十萬美元。惠、巴夫婦投入選戰計畫（Plan of Campaign），指出：「選戰的目的是要警醒各行各業的美國人，直到引起輿情大加撻伐，並為自由進行必要爭取。」鑒於全球潮流朝向社會主義和專制主義，其他行動計畫都會帶來災難。」[10] 當惠、巴夫婦聲稱全美健保相當於讓醫學走上社會主義，杜魯門大怒。杜魯門堅稱，他的法案「裡頭沒有什麼東西，比美國醫學協會為了曲解我的健康政策而掏錢找選戰公司還更社會主義的」。[11] 麥威廉的結論是，惠、巴夫婦代表了美國政治憤世嫉俗的新未來。他寫道：「這是專家政治操作，美國政府變成由惠、巴夫婦把持。」[12]

1952 年共和黨總統候選人當中，惠、巴夫婦青睞的人選是慈祥有親和力的杜懷特・D・艾森豪（Dwight D. Eisenhower）。艾森豪擔任過盟軍遠征部隊（Allied Expeditionary Force）的最高指揮官，是備受愛戴的戰時英雄，給外界的印象是他不屬於任一黨。艾森豪固然認為軍人不該入主白宮，但基於對國家的責任感，仍同意參選。他並未參加新罕布夏州的初選，卻仍以非正式的自填候選人（write-in）身分勝選[13]，擊敗保守派候選人羅伯特・塔夫脫（Robert Taft）。羅伯特為俄亥俄州議員，也是前總統威廉・塔夫脫（William Taft）之子。

1952 年，多數州未舉行初選，而是在州提名大會上選定提名人。初選不具約束力，因此往往不受黨內高層重視。黨內高層會以民調來評估候選人的勝算；不用說，民調可透過廣告來推動。艾森豪贏得五項初選；塔夫脫贏得六項；但艾森豪的民調領先塔夫脫。[14]

那年夏天，共和黨全國代表大會的黨代表，於芝加哥南邊的國際露天劇場（International Amphitheatre）開會。國際露天劇場如同許多大型場館，原先用途是牲畜展示，彷彿牛隻展售大會。這也是大會史上首次全美電視

現場直播。艾森豪於第一輪投票獲勝。為了平衡候選人名單，共和黨高層祕密指定了理查·M·尼克森（Richard M. Nixon）為艾森豪的競選搭檔。年輕的尼克森當時是加州參議員，下巴寬大，是惠、巴夫婦培養的人選。艾森豪當時62歲，尼克森39歲。艾森豪是自由派，尼克森則為鐵桿反共人士。惠、巴夫婦在加州為艾尼配助選。

　　相較於共和黨推出的強力組合，民主黨的人選並非勝券在握。杜魯門於1945年小羅斯福逝世後接任總統，並於1948年連任。當時他倡導「公平政策」（Fair Deal）。不過1952年時，杜魯門不受歡迎，尤其是因為選民將美國參與韓戰歸咎於杜魯門。他也面臨了來自同黨的挑戰，對方是田納西州參議員艾斯特斯·克佛威（Estes Kefauver），身形瘦長，調查組織型犯罪時，展現出色的領導力，因而在全美聲名大噪。「我要自己打選戰。」克佛威如是說，刻意疏遠自己與杜魯門所屬的民主黨。當外界問起克佛威，是否支持羅斯福的新政和杜魯門的公平政策，他說：「這個嘛，我不會這樣劃分自己。我相信 progress（進步／演進）的價值。」[15] 克佛威投入新罕布夏州初選，選戰裝扮是拉狗雪橇時戴的浣熊皮帽。克佛威勝選後，杜魯門宣布不尋求第二任期，反而敦促艾弗瑞·哈里曼（Averell Harriman）爭取提名。哈里曼為紐約富商，曾於杜魯門任內擔當商務部長。哈里曼委託愛德華·格林菲公關公司打理競選活動。哈里曼只贏了一場初選，克佛威則贏了十五場初選中的十二場。民主黨的全代會場地，同樣相中共和黨大會所用的芝加哥國際露天劇場。民主黨代表此時不受控，徵召伊利諾州州長史蒂文森，他先前從未參與任一場初選。

　　史蒂文森成了美國總統選戰的哈姆雷特。他性格溫和，忠於黨，曾任職於羅斯福和杜魯門兩屆政府。1952年時，在聯合國成立過程中扮演要角，是他最廣為人知的貢獻；辯才無礙、博學多聞，是他的知名特質。知

識界人士幾乎普遍支持史蒂文森，包括歷史學家小亞瑟‧史列辛格（Arthur Schlesinger Jr.）、經濟學家約翰‧肯尼斯‧高伯瑞（John Kenneth Galbraith），以及若干美國最頂尖的政治作家，包括《紐約客》的理查‧羅維爾（Richard Rovere）和約翰‧赫西（John Hersey）。其中，羅維爾是《紐約客》固定專欄〈華盛頓來鴻〉（Letter from Washington）的執筆，筆法諷刺，論述不偏不倚；赫西則是二十世紀備受推崇的政治記者，曾精彩記述廣島原爆和後續故事。史列辛格、高伯瑞、羅維爾和赫西四人均為史蒂文森的文膽，為他撰寫講稿，旁徵博引，文筆優雅。在選戰操盤上，艾森豪愛的是廣告行銷人才，史蒂文森則注重作家寫手。

在芝加哥舉辦的那場民主黨全代大會，史蒂文森同意接受提名，並在第三輪投票中勝出。史蒂文森的提名演講是美國政治講演史上極為出色的致詞。他並期許自己，主動架起「新政」民主與「新美國」民主之間的橋梁。他對看台上熱情跺腳的聽眾說：「工人、農民、有想法的商人，全都知道自己的日子比以前更好；他們全都知道，在民主黨的打擊下，對美國的自由進取來說最大的危險，已經隨著大蕭條而消失。」史蒂文森認為，民主黨先前將美國從大蕭條救出來，迎來富足的時代。話雖然此，仍有其他危險四伏。某種邪惡之物已悄悄侵擾了美國，即政治狂人：共和黨參議員約瑟夫‧麥卡錫（Joseph McCarthy）[16]。麥卡錫來自威斯康辛州，身型壯碩，他針對所謂的共產主義顛覆美國行動，於1950年發起一項活動。這場活動的煽動性，幾乎無人能出其右。他激起了恐懼；他和莫須有的敵人對抗；他引發恐慌；他迫害弱者；他說謊；而民眾相信他。在芝加哥的那晚，來自伊利諾州的史蒂文森以政治救世主的身分，不僅面對所屬政黨的人，還面對全國民眾，意圖解救美國人，擺脫充滿惡意、俗不可耐的美國政治風氣。

史蒂文森說：「我希望並祈求我們全體民主黨人，無論輸還贏，都不要像對手似乎期望的那樣，為了征討與消滅異己而打選戰，而要將選舉視為教育和提升人民的絕佳機會——如今掌握人民命運的領袖所領導的，並非過去富裕繁榮、安居樂業的國家，而是動盪不安的世界。」史蒂文森承諾態度堅定地保持原則，「和美國人民講道理」，如此風範在那之前（或之後）的美國政治史上均不常見：畢竟杜魯門講話好比在發牢騷，艾森豪結結巴巴，尼克森暴跳如雷，約瑟夫‧麥卡錫則是生著悶氣，滿頭大汗，疾言厲色。史蒂文森有著學者的嚴謹，以及詩人的風骨。他說：「我們寧可輸掉選舉，也不要錯誤領導人民；我們寧可輸掉選舉，也不要錯誤管理人民。」[17]史蒂文森反對不正直的情事。他的一個原則是反對煽動。

▌ ▌ ▌

十八世紀是紛紛擾擾的年代。世紀交替前的最後數十年，人們還在用燭火照明，此時的美國政治哲學家便對煽動民眾的後果思之甚多。詹姆斯‧麥迪遜（James Madison）在1787年曾提出警告：「好搞派系、有當地偏見或心術不正的人，可能會先透過陰謀、貪腐或其他手段而獲得選舉權，接著出賣人民的利益。」[18]麥迪遜起草美國憲法，旨在透過政府的性質與結構、權力分立、制約與平衡原則，來牽制有前述特性的人。然而，美國制憲者沒有料到的是，在透過電氣化、霓虹燈、真空管照明的二十世紀，有著大眾廣告和政治操縱的方法與機器，其強大威力所引發的，遠不只是對於煽動的恐慌，還有對於心智控制的恐慌。

史蒂文森對這一切憂心忡忡。麥卡錫令史蒂文森煩惱，史蒂文森進而對美國的未來感到恐懼，但是民主黨也令他憂慮：由於共和黨人不排斥廣

告行銷公司，此舉使民主黨和民主黨政策付出代價。1952年，在共和黨全代大會之後，艾森豪為了打全美選戰，委託了美國名列前茅的廣告行銷業者「Batten, Barton, Durstine & Osborn」，即一般人較為熟知的「BBDO」。杜魯門直腸子，譏嘲縮寫應該分別代表 Bunko（詐欺）、Bull（吹牛）、Deceit（欺瞞）和 Obfuscation（混淆視聽）。BBDO公司行銷艾森豪的方式，和賣洗衣粉沒有兩樣。1952年觀看次數最多的電視廣告，是迪士尼動畫短片。片中小矮人在大象的帶領下遊行，唱著套用了艾森豪小名艾克（Ike）的順口溜，由歐文・柏林（Irving Berlin）寫詞：「你愛艾克，我愛艾克，大家都愛艾克」（You like Ike, I like Ike, everybody likes Ike.）。艾森豪成了首位於電視廣告亮相的總統候選人，其中一支廣告借用了電視版《超人》（*Superman*）的畫面，稱他為「來自堪薩斯州阿比林（Abilene）市的男人」。[19][20]

艾森豪陣營雇用了廣告行銷業者；史蒂文森陣營則譴責此舉。競選若不走煽動路線，那麼就要克制、守禮、低調。對於史蒂文森而言，要在美國政治中秉持公正精神打選戰，代表幾乎無法求助廣告界，或至少看起來沒有廣告業者介入。新政擁護者喬治・鮑爾（George Ball）時年42歲，先前擔任史蒂文森的法律夥伴，主導「史蒂文森志工」活動（Volunteers for Stevenson）。鮑爾在一次媒體廣為報導的演講中說：「有些人喜歡貓王，而我喜歡瑪麗蓮・夢露，但我懷疑這理由是否夠拿來支持一位總統。」鮑爾稱艾森豪的操作為「玉米片選舉」（Cornflakes Campaign）。[21]

史蒂文森團隊批評大眾廣告在美國政治中扮演的角色，背後藏著另一層恐懼。1951年，記者愛德華・杭特（Edward Hunter）出版《紅色中國的洗腦：對人們心智的蓄意踐踏》（*Brain-Washing in Red China: The Calculated Destruction of Men's Minds*）。拜本書之賜，英文「brainwashing」（洗腦）成了美語詞彙。杭特矢志揭露「催眠整個國家，進行控制的恐怖方法」。[22]杭

特的「brainwashing」一字直譯自中文「洗腦」，用於說明共產中國如何灌輸毛澤東思想。韓戰末期，美國心理學家收到命令要和戰俘晤談，以判定他們是否遭到洗腦。這段故事也是美國作家李察・康頓（Richard Condon）1959年的著作《滿洲候選人》（*The Manchurian Candidate*）的情節。[23]如果說，麥卡錫利用對於「共產黨祕密控制美國人心智」的恐懼，那麼對於大眾廣告的敵意，也是在利用對於「有人在蓄意改造美國人心智」的恐懼。只是凶手既非毛主席，也非共產黨或蘇聯，而是美國的廣告行銷公司。

　　基於以上理由和其他考量，史蒂文森對於以電視打選戰敬謝不敏。他認為在「電視廣告現身宣傳自己」並不體面，汙辱了美國總統一職。他回絕了。艾森豪則沒有這種憂慮。或者說就算有，泰德貝茲（Ted Bates）廣告公司的羅瑟・瑞夫斯（Rosser Reeves）也幫他消解了。

　　在麥迪遜大道這個廣告行銷業重鎮，瑞夫斯毫無疑問執其牛耳。M & M's之後推出的「只溶你口，不溶你手」（Melts in your mouth, not in your hand.）廣告便是瑞夫斯的成名作。「我想到的是，選民進入投票亭，猶豫著不知道該拉下哪一條把手，就好像在藥妝店不知道該選哪一條牙膏一樣。」瑞夫斯說明道，「他最後相中的，是最能滲透他想法的品牌。」[24]上台演講都很冗長；電視廣告中，言之無味的候選人還得用短短不到一分鐘來傳達訊息。針對艾森豪的選戰，瑞夫斯建議製作一系列電視廣告，英文稱為「spot」。「有沒有什麼新的打選戰方式，可以保證艾森豪在11月勝選？」瑞夫斯問道。「當然有！多數人不知道電視廣告的威力，不過赤裸裸的現實是：**相較於所有其他類行銷，不起眼的廣播或電視廣告能觸及更多受眾，且花費更少。重點要說兩次：相較於任何其他類行銷，不起眼的廣播或電視廣告能觸及更多受眾，且花費更少。**」[25]

　　瑞夫斯還打造政治精準行銷（targeted political advertising），這在當時是

創舉。為了贏得1952年大選，共和黨人必須翻轉上次選舉中失利的49郡和12州。瑞夫斯特別為這些郡製作電視廣告，廣告短片系列名為「艾森豪回答美國」（Eisenhower answers America）。在喬治・蓋洛普（George Gallup）執行民調，確定美國人關切什麼議題後，瑞夫斯為艾森豪寫了廣告腳本。廣告內容為針對前述議題，回答選民提問。艾森豪讀出字卡上的答案，接著瑞夫斯從紐約的無線電城音樂廳（Radio City Music Hall）外找一般美國大眾進到該場館，念出字卡上的問題。

一位身穿西裝的年輕黑人說：「艾森豪將軍，民主黨人告訴我，日子從來沒有像現在這麼好過。」

艾森豪回答：「這哪有可能？想想美國負債數百萬美元，物價翻倍，稅收壓垮我們，美軍又還在打韓戰。這是悲劇。也是我們該改變的時機。」[26]

史蒂文森支持者認為，艾森豪的廣告短片很令人難為情。喬治・鮑爾挖苦艾森豪是「單調乏味的五星上將，說著某位三流新聞寫手幫忙捉刀的庸俗字句，頂多散發出砲架拖過鵝卵石道路時的那一點優雅」。鮑爾說史蒂文森是「有文化的人，也是知識份子；他不但想教育這個國家，也想提升國家的品味。」[27]而這一點，才是問題的根源。美國人沒有那麼想要受到教育、提升素質。美國人只想要順口溜罷了，像是：「只溶你口，不溶你手！」、「我愛艾克！」、「該改變了！」。

同時，尼克森大肆攻擊史蒂文森。尼克森的競選風格向來如此：不走教育人民和提升人民素質的路線，而是給予不實訊息，拉低素質。他稱史蒂文森為「弱雞、騙子，像杜魯門，格局還更小」，並給他取了個「姑息仔」（appeaser）的綽號。麥卡錫抹紅史蒂文森，尼克森則是語帶嘲諷地「暗示」史蒂文森是共產主義者。史蒂文森稱尼克森主義為「白領的麥卡錫主義」。[28]相較於艾森豪，尼克森以更有效率的方式訴諸電視行銷，針對

儼然會讓政治生涯告終的貪汙指控,在電視演講中回答相關問題;這一切,在尼克森靦腆的承認他其實收了餽贈時畫下句點:禮物是隻西班牙獵犬,毛色黑白相間,故名為「跳棋」(Checkers);尼克森還說「我們要養這條狗」。鮑爾日後表示,看這場「跳棋演講」(Checkers speech),好似在看吉力多(Geritol)的保健品廣告[29],不過,吉力多倒是靠廣告賣出很多產品。

　　史蒂文森幾乎不以電視廣告打選戰,頂多同意讓他的演講在電視上播出——那些可都是極為冗長的演說,願意轉播的電視台寥寥可數;哪怕講稿內容精彩,也沒多少觀眾耐著性子看。1952年,共和黨人在電視廣告上斥資一百五十萬美元,而民主黨僅掏出區區七萬七千美元打電視廣告。」[30]兩者差距儼然不公平。鮑爾要求美國聯邦通訊委員會(FCC)調查共和黨電視廣告是否合法,他懷疑這些廣告違反了1934年的《通訊傳播法》(Communications Act)和《反貪汙法》(Corrupt Practices Act);前者規定候選人時間須均等,後者則規範選舉經費。然而,FCC表示沒有要改進之處。[31]美國政治可是不回頭看過去的。

■　■　■

　　還有許多問題困擾著史蒂文森的選情。針對艾森豪的「我愛艾克」口號,史蒂文森競選團隊的回應口號簡直疲軟無力:「愛到你,艾德利」(Madly for Adlai)。史蒂文森失婚一事傷到他的選情,而且傷得很重,雪上加霜的是,由於民主黨在上次選舉中分裂,也導致當前選情極不樂觀。1948年,美國南方人因民權議題退出民主黨大會,以狄克西黨(Dixiecrat Party)的身分自行舉辦大會,並在此平台下籲稱:「我們主張種族隔離,以及每一種族的種族完整性。」1952年,民主黨大會相中阿拉巴馬州保守

派約翰·斯帕克曼（John Sparkman），作為史蒂文森競選搭檔。斯帕克曼是種族隔離主義運動的領導人物。黨的這番操作，彷彿是浮士德與魔鬼的交易。民主黨當時想挽回頹勢的方法，是背棄民權的價值觀。結果事與願違。同時，共和黨人善加利用美國人「反智」的特性，讓史蒂文森的學識和口才成了包袱，取笑禿頭的史蒂文森是「蛋頭」（egghead）〔32〕。史蒂文森本就拙於應付曖昧的影射和差勁的雙關，面對敵營的這番操作，也就更束手無策了。他曾喊出以下口號：「全世界的蛋頭們，團結起來！」（Eggheads of the world unite!）、「除了蛋黃，你們沒有輸不起的！」（You have nothing to lose but your yolks!）〔33〕

許多共和黨人欣賞史蒂文森，報紙專欄作家史都瓦·埃索普（Stewart Alsop）問康乃狄克州一名共和黨員，是否會投票給史蒂文森。對方回答他：「會啊。蛋頭都愛史蒂文森。可是會有多少顆蛋頭呢？」〔34〕

不過選情看起來很膠著，膠著到無法預測。在選舉日，史蒂文森在伊利諾州州長官邸關心開票結果，艾森豪則在紐約船長飯店（Commodore Hotel）等待。那天晚上，是美國史上首次電視台全國轉播開票。

1952年，電視新聞高層希望能彌補1948年「大選之夜」形成的傷害，當時除了名嘴還能擠出貧乏的資訊，轉播幾乎沒有看頭，因此不僅報導索然無味，電視台和報社都犯了重大錯誤，將勝選者誤報為共和黨湯瑪斯·E·杜威（Thomas E. Dewey），因此才流傳著那張經典照片：杜魯門總統連任，滿臉堆歡地拿起《芝加哥論壇報》，頭版標題寫著〈杜威打敗杜魯門〉（DEWEY DEFEATS TRUMAN）。

在1952年的選舉之夜，哥倫比亞廣播公司（CBS）電視台有個名為「Project X」的祕密企劃。格林菲也像所有美國人一樣，全神貫注地看了CBS的祕密企劃節目。當天傍晚稍早，就在紐約中央車站上方的CBS第四

十一號攝影棚內，CBS新聞工作者沃爾特・克朗凱（Walter Cronkite）對全美觀眾說：「今天美國大部分地區風和日麗，整個美國的投票率都創新高。」CBS在攝影棚已掛好一幅巨型美國地圖，用於在開票時塗色。史蒂文森拿下的州塗黑，艾森豪拿下的州則塗上條紋，因此地圖上活像有許多斑馬（畢竟還是黑白電視的時代，要塗上共和黨的紅色和民主黨的藍色，還早得很）。

　　然而，開票當晚的真正明星既非克朗凱，也不是那張美國地圖——而是一台電腦，那是多數美國人首次看到的電腦。這台電腦名為「通用自動計算機」（UNIVAC，Universal Automatic Computer），建於1951年，由雷明頓蘭德公司（Remington Rand）為美國普查局（Census Bureau）打造。1952年，在CBS的安排下，以UNIVAC分析選舉之夜，統計開票，並預測勝選者。電視台頭條下標為「一台機器人計算機將提供CBS史上最快的開票結果」。[35] UNIVAC因為體積太大，無法移動，因此留在費城，CBS則在紐約安裝假的控制台，機器內的光源是一串聖誕燈飾。這台多數美國人生平第一次看到的電腦，裡面空空如也，只是靠轉播手法移花接木。

　　在選舉之夜，紐約CBS傳奇新聞工作者查爾斯・科林伍德（Charles Collingwood）坐在紐約四十一號攝影棚的假UNIVAC機台前，透過電話，提供來自費城那台UNIVAC實機的選情預測。克朗凱對鏡頭微笑，向觀眾說：「現在要預測投票結果，也就是說，我們要把畫面帶到現代奇蹟，用機器打造的大腦UNIVAC，現場交給科林伍德。」

　　鏡頭追到攝影棚的角落，對準科林伍德，他前方控制台的計時器上裝有小燈，機器看起來似乎在執行什麼。

　　科林伍德嘟囔道：「這就是UNIVAC的盧山真面目。UNIVAC是夢幻機器，我們商借來分析開票初期的數據，預測開票結果。在我們拿到開票

數據的同時，UNIVAC就會幫我們預測贏家⋯⋯這可不是在逗人，也不是在整人喔。這是一場實驗，我們認為會成功。我們不知道，我們希望會成功⋯⋯」

結果以失敗收場，或至少效果不怎麼樣。克朗凱繼續丟球給科林伍德：「然後現在要搞清楚這會怎麼樣吧，最起碼在這個電子的時代，我們來看看電子的奇蹟，這台電子的大腦，也就是UNIVAC，看看科林伍德怎麼說。」然而，科林伍德只是不斷說還沒有任何預測數據進來。

科林伍德硬擠出話，避免場面太乾：「UNIVAC這台會算數的夢幻電子人腦，現在在費城那邊，計算我們送出去的開票結果。機器在角落嗡嗡作響。幾分鐘前，我問機器預測結果是什麼，沒想到機器竟語帶挖苦地回答我。機器說，如果我們一直這麼晚才送出結果，那麼它必須要花幾分鐘來得出預測。所以，機器的預測還沒準備好，但我們沒多久就要輸入數據了。」

這時候剛過午夜，CBS聯絡上位於費城的雷明頓蘭德公司中，待在UNIVAC實機旁的一名員工。CBS要他解釋解釋。他聲稱UNIVAC在傍晚稍早預測艾森豪大勝，不過他過於緊張，無法將預測結果傳給科林伍德。他說：「在UNIVAC僅以三百萬票作出第一個預測時，史蒂文森贏了5個州，艾森豪贏了43州；史蒂文森拿到93張選舉人票，艾森豪則拿到438張選舉人票。我們根本不相信這種預測。」最終，艾贏了442張選舉人團票，史89張；普選得票比例則是艾55.2％，史44.3％。艾森豪大獲全勝。UNIVAC先前的預測可沒有錯到哪裡去。

格林菲被UNIVAC迷住了。電視和電腦——這兩種新機器，當時正在改變美國的政治。而電視帶來的影響，雖然比電腦的影響來得容易觀察，但是在格林菲看來，共和黨在1952年大選更能善加利用電視行銷，

這代表民主黨應該找出更好、更快的方法來利用電腦打選戰。畢竟，如果電腦能預測選情，那打選戰時，還有什麼會比電腦更有價值？

　　格林菲展望1956年總統大選，開始吸收人才，最優秀的那種。[36]他要物色的，不是麥迪遜大道搞廣告行銷的那批人，而是科學家。格林菲交遊廣闊、非常活潑、精明幹練、是個萬人迷，又有芝加哥大學和耶魯的背景。他張開自己的人脈網，要網羅最優秀、最聰明的科學家，能管理巨型電腦的人才。格林菲前往加州，找到了在海邊玩衝浪的尤金‧伯迪克。

註釋

1　這位聰明的男人是蘭德智庫的保羅‧巴蘭（Paul Baran）。請參閱蘭德智庫為他寫的悼文：https://www.rand.org/news/press/2011/03/28/indexl.html。

2　出處：Abigail Casey, Registrar's Office, Wabash College, e-mail to the author, July 23, 2018. Hugo Vasquez, Office of the Registrar, University of Chicago, e-mail to the author, August 8, 2018. (Owing the University of Chicago a library book: Naomi Spatz, interview with the author, May 24, 2018.) Michael Frost, Public Services, University Archives, Yale University, e-mail to the author, July 31 and August 2, 2018。

3　出自：Harold Lasswell to the Yale Club of New York City, April 17, 1968, Lasswell Papers, Box 40, Folder 547。

4　出自：安‧格林菲（Ann Greenfield），作者訪談，2018年6月9日。
艾德溫‧薩福德（Edwin Safford），2018年4月23日，作者訪談。珍妮佛‧格林菲（Jennifer Greenfield）持有艾德溫‧丹比（Edwin Denby）製作的電影，由薩福德家的孩子們演出。其中若干已公開放映，包括《山茱萸少女》（The Dogwood Maiden），現代藝術博物館（Museum of Modern Art）持有一部。關於1947年理查‧萊特（Richard Wright）於瓦丁河的夏天記事，請參閱：Toru Kiuchi, Yosh-inobu Hakutani, *Richard Wright: A Documented Chronology, 1908-1960* (Jefferson, NC: McFarland, 2014), 227。

5　出自：艾德溫‧薩福德（Edwin Safford），作者訪談，2018年4月23日。出自蘇珊‧格林菲（Susan Greenfield），作者訪談，2018年7月27日。

6　出自：Harris Wofford to MLK, April 1, 1960, *The Papers of Martin Luther King, Jr.*, ed. Clayborne Carson et al. (Berkeley: University of California Press, 2005), 5:404-5。

7　出自：Robert L. Heilbroner, "Public Relations: The Invisible Sell," *Harper's*, June 1957。

8　出自：Vance Packard, The Hidden Persuaders (New York: McKay, 1957)。

9　本人針對該研究所收藏的完整書目，請參閱：https://scholar.harvard.edu/files/jlepore/files/Bibliography.pdf。

10　出自：Campaign Procedures, Whitaker & Baxter Campaigns, Inc. Records, California State Archives, Office of the Secretary of State, Sacramento, Box 9, Folder 27. A very long typescript titled "AMA's Plan of Battle: An Outline of Strategy and Policies in the Campaign Against Compulsory Health Insurance" and identified as written by W&B, Directors of the National Education campaign of the AMA, February 12, 1949, p. 1。

11　出自："Truman Blames A.M.A. for Defeat of Security Bill," *Boston Daily Globe*, May 22, 1952。

12　出自：Carey McWilliams, "Government by Whitaker and Baxter," *Nation*, May 5, 1951, 368。

13　譯註：部分州的選民可針對未正式登記的候選人，寫上其姓名來投票。

14　Jill Lepore, "How to Steal an Election," *New Yorker*, June 27, 2016。關於該文章的書目，請參閱：https://scholar.harvard.edu/files/jlepore/files/lepore_conventions_bibliography.pdf。

15　出自：Longines Chronoscope with Senator Estes Kefauver (February 11, 1952), National Archives。

16 譯註：約瑟夫・麥卡錫和自由派、反越戰的明尼蘇達議員尤金・麥卡錫（Eugene Joseph McCarthy）意識形態相左。本譯作中，「尤金・麥卡錫」均以全名顯示。

17 出自：Adlai E. Stevenson, Speech Accepting the Democratic Presidential Nomination, July 26, 1952。

18 出自：James Madison, *The Federalist Papers*, no. 10 (1787)。

19 出自：Citizens for Eisenhower, "I Like Ike for President," television commercial, 1952. Citizens for Eisenhower, "The Man from Abilene," television commercial, 1952。

20 譯註：原著設定中，超人從母星球球氪星來到地球時，降落在堪薩斯州某虛構城鎮。該廣告借用其典故。

21 出自：David Haven Blake, *Liking Ike: Eisenhower, Advertising, and the Rise of Celebrity Politics* (New York: Oxford University Press, 2016), 71-74, 106, 109。

22 出自：Edward Hunter, *Brain-Washing in Red China: The Calculated Destruction of Men's Minds* (New York: Vanguard, 1951)。

23 關於此想法在大眾文化（特別是電影）中的傳播，請參閱：Marcia Holmes, "Brainwashing the Cybernetic Spectator: *The Ipcress File*, 1960s Cinematic Spectacle and the Sciences of Mind," *History of the Human Sciences* 30 (2017): 3-24。

24 出自：Blake, *Liking Ike*, 107。

25 出自："How to Insure an Eisenhower Victory in November," Rosser Reeves Papers, Wisconsin Historical Society Archives, Box 19, Folder 12。

26 出自：Jill Lepore, narr., *The Last Archive*, podcast, Pushkin Industries, 2020, Season 1, Episode 5。

27 出自：George Ball, *The Past Has Another Pattern: Memoirs* (New York: Norton, 1982), 125。

28 出自：Joseph McCarthy, Address on Communism and the Candidacy of Adlai Stevenson, October 27, 1952. Sam Tanenhaus, "Who Stopped McCarthy?" *Atlantic*, April 2017。

29 出自：Ball, *The Past Has Another Pattern*, 127-28。

30 出自：Larry J. Sabato, *The Rise of Political Consultants: New Ways of Winning Elections* (New York: Basic Books, 1981), 112, 113, 117, 114。

31 出自：Noel L. Griese, "Rosser Reeves and the 1952 Eisenhower TV Spot Blitz," *Journal of Advertising* 4 (1975): 30。

32 譯註：1952年，美國作家路易・布朗費爾德（Louis Bromfield）針對禿頭的史蒂文森所取的綽號，指虛假、自命不凡的知識份子族群。

33 出自："Stevenson Bids Eggheads Unite," *New York Herald Tribune*, March 23, 1954。

34 出自："National Affairs: The Third Brother," *Time*, March 31, 1958。

35 出自：Ira Chinoy, "Battle of the Brains: Election-Night Forecasting at the Dawn of the Computer Age" (PhD diss., Johns Hopkins University, 2010)。

36 起初，普爾只是在分享他先前所執行的研究。傑克・謝伊（Jack Shea）去信湯瑪斯・K・芬雷特（Thomas K. Finletter），日期為1956年2月28日，附上「普爾針對1952年大選，探討艾森豪和史蒂文森透過電視和廣播媒體傳達出的形象」研究報告初稿。該文獻由格林菲私下提供給我。出自：Stevenson Papers, Box 2, Folder 9。

2

為人所不能
Impossible Man

f + h = p

（恐懼＋仇恨＝力量）

——尤金・伯迪克作品宣傳標語，

出自1956年小說《第九道波浪》（*The Ninth Wave*）

Courtesy of Pabst

1961年前後的廣告海報：尤金・伯迪克化身百齡罈啤酒產品的代言人「艾爾啤酒俠」。

大家都以為尤金·伯迪克是間諜；既然說「以為」，代表他其實不是。他能和馬龍·白蘭度（Marlon Brando）一起飲酒，和英格麗·褒曼（Ingrid Bergman）共進晚餐，對博士班學生教授政治理論，擔任多位美國總統的顧問，寫的暢銷小說還能獲得好萊塢翻拍為大成本電影——這樣的男人如何像個無名小卒去竊密、變裝、隱匿身分，不為人知地從事諜報工作。

又或者，他真有這種本事。若要說有誰辦得到，則非伯迪克莫屬。伯迪克能為人所不能，活像他筆下冷戰驚悚小說中最愛塑造的角色——集瀟灑、粗獷、大膽、聰穎於一身，保護美國人不受自動化機器電腦時代所荼毒。有一次，伯迪克向《紐約客》投稿一篇短篇故事〈身處柏林的幸福男子〉（Happy Man in Berlin）。他的編輯回信說：「我明白皮可（Pico）本領高強，但有時候也太神奇了吧。」[1]而伯迪克也不遑多讓。

伯迪克走起路來步伐彈跳輕快，活像個衝浪客，臉上掛著貓頭鷹眼鏡，嘴裡叼著菸斗；別人拍照時，伯迪克喜歡的構圖是坐在他的皇家牌（Royal）老打字機前。這台打字機使用多年，但勤上油，保養得宜。他有兩個「自己」，有兩套「造型」，都是穿著水肺潛水裝的模樣；他也穿粗花呢西裝。他是詹姆士·龐德，也是海明威。他的文風倒不像海明威，但外型有海明威的神韻：頂著相同髮型，筆直、稀疏又扁塌；頭型也相仿，四四方方的，像個餅乾盒。美國歷史學家華萊士·史達格納（Wallace Stegner）曾形容伯迪克「像推土機一樣充滿活力，像埃及蒼蠅一樣難纏」。[2]

1918年，伯迪克出生於愛荷華州鐵路小鎮謝爾頓（Sheldon），此時鐵路時代來到尾聲。鐵路是十九世紀發明的偉大機器。美洲大陸上的鐵路，恰似巨大蜘蛛的腳，連接著一座又一座城鎮，而一台台吐著煙的煤黑色火車頭，隆隆作響地駛過鐵道。伯迪克名字取自尤金·V·德布斯（Eugene V. Debs）。德布斯出生於印第安納州，曾是鐵路工人，也是美國鐵路工會

（American Railway Union）創辦人，自稱是社會主義者。1920年時，伯迪克還不滿兩歲，德布斯就以9653號罪犯的身分，在亞特蘭大的監獄打第五次總統選戰，那也是最後一次。他的競選口號是「不吃牢飯，吃總統的公家飯」（From the Jail House to the White House）。德布斯拿到將近百萬票。[3]

　　民主這檔子事很謎，身處1950年代，伯迪克想解開這道謎。他想知道電腦這個二十世紀誕生的偉大機器，是否就是解謎關鍵。在潔淨明亮的溫控室，發著光芒、傳出低沉嗡嗡聲的電腦組件，擺放在灰色硬體盒中，那模樣好比醫院太平間一端翹高擺放著的一具具鋼製棺材。他決定深入學習一門新領域，即所謂的行為科學。為此，1954年夏末，他開著他的Jaguar，駛上在加州帕羅奧圖（Palo Alto）兩旁種著一排排紅杉的蜿蜒道路。伯迪克的目的地是行為科學高等研究中心（Center for Advanced Study in the Behavioral Sciences），這座人間樂園有時稱為「夢想鄉」（Lotus Land），是具有佛教風格的修道院式勝地，建材是雪松和玻璃；坐落在山丘頂部，可鳥瞰舊金山灣。[4]這裡完全是格林菲會突然現身的那種場所：他會來此物色愛德華‧格林菲公關公司新部門「社會科學部」所需人才；他希望透過這個新部門，讓民主黨候選人於1956年總統大選勝出，入主白宮。別人打選戰時，會把候選人的臉印在早餐玉米片的盒子上，或在一分鐘電視廣告中像賣罐頭湯品一樣地兜售候選人，搞得好像白宮橢圓辦公室是美國住宅廚房的食品儲藏區。格林菲心目中的選戰，可不會走這種路線。

■　■　■

　　伯迪克是個海灘男孩。他出生於愛荷華，在洛杉磯長大，四歲時父親過世。母親是鬆餅店員工，她將自己的子女送去和鄰居一起住。鄰居是群

小流浪漢，會在海灘、沙丘和海邊的木棧道亂晃。伯迪克十四歲就開始抽雪茄，並和自己的一位老師上床。他曾在第一部半自傳小說《第九道波浪》（*The Ninth Wave*）中提到這段經歷。[5]「每一雙粉嫩的乳房，每一聲呻吟，交纏的大腿，肌髮和體液的感受」——小說中，主角細數帶多少女人上床時，就好似別人睡覺數綿羊一樣。[6]伯迪克沒錢讀大學，先跑去壽險公司上班籌措學費，在聖塔芭芭拉州立學院（Santa Barbara State College）就讀一年後攻讀史丹佛；在史丹佛時，他半工半讀，一面在餐廳當服務生，一面修習心理學，從佛洛伊德到弗洛姆（Fromm）都是涉獵範圍。

伯迪克對一切都興味盎然。他在《第九道波浪》中寫道：「他讀人類學、社會學、心理學、數學、哲學、倫理道德、歷史和邏輯。他去圖書館當雅賊，在帕羅奧圖買二手書；借的書多，買的書更多。有些書他瞥過後，就丟到床下，束之高閣。有些書他會一讀再讀。」[7]伯迪克會反覆推敲美國偉大詩人卡爾·桑德堡（Carl Sandburg）的政治理論：「人民作出選擇，而人民的選擇多半又是徹頭徹尾的失敗。」[8]

1941年，DC漫畫的超級英雄水行俠初次亮相。水行俠是太平洋美國海軍的象徵，但這位深海守護者還不如公海英雄伯迪克。1942年，伯迪克自史丹佛畢業，和舊金山學校教育局長的女兒卡蘿·瓦倫（Carol Warren）結為連理。伯迪克和海軍前往金銀島。隔年，他在瓜達爾卡納爾島（Guadalcanal）海外巡邏時，從自己的船上跳進水裡，游入起火的燃油、即將引爆的彈藥和下沉的船骸，就為了從遭魚雷擊沉的戰艦中救出生還者。[9]

戰後，伯迪克回到帕羅奧圖；在那裡，為了蓋實驗室，正在砍掉史丹佛校園九千英畝的植樹區域。1950年代，有五百萬人遷入加州，包括非裔美籍、亞裔美籍、墨西哥移民等族群，以及伯迪克在內的許多年輕白人退伍軍人。這群白人退伍軍人在戰時習得開飛機、修坦克、使用雷達等

技能。一般來說，會禁止非白人的維修工人（以及幾乎所有女性）學習這些技能。有了戰時的本領一技在身，伯迪克等退伍軍人會前往加州學習工程，或是找電子業的工作，當時電子業獲得美國國防部資助一年八十億美元。而帕羅奧圖這座農田和果園的國度，這座適合水果生長的樂園，在當時快速發展，匯聚電子業工廠和微波實驗室，成為了矽谷發源地。[10]

伯迪克倒是在盤算其他生意。他雖然原本打算成為政治學家，不過在海軍服役時飽讀小說，也想爬格子當作家，所以修讀史丹佛大學的小說寫作課程，講師是華萊士・史達格納——他開的課，是經典。在史達格納的課堂上，伯迪克交了一篇關於他在太平洋服役的故事，是他從自己的海軍儲藏櫃挖來的。史達格納日後回憶道：「故事不甚完整，但是水準像台坦克輾壓其他學生。」[11]這就是伯迪克的實力。

伯迪克修改了那篇故事，投稿給《哈潑雜誌》（Harper's）。故事名為〈茂宜島上的休養營〉（Rest Camp on Maui），得到了歐・亨利獎（O. Henry Award）第二名。於是獲得表彰的海軍砲手，搖身一變成為受到讚譽的小說家。他成了布雷德・洛夫作家創作營（Bread Loaf Writers' Conference）學者。外界持續讚揚他。伯迪克致電史達格納：「上天保佑，告訴你，我拿到了羅德獎學金啦！」[12][13]

他沒有很愛牛津這座石材砌成的學術隱修殿堂。[14]英國因戰爭蒙受損耗，固然非戰敗國，但已露頹象。對此，伯迪克一沒耐心，二不同情，三來，也對揮之不去的失落無感。於是他轉而以不成熟的筆調，寫下對英國的失望。字裡行間可知，他原以為牛津著名的辯論社是「一群不羈的早熟年輕學子，堅定的眼神露出想從政的信念，和人對辯時，會以雋永的話語殘酷打臉對方」。事實不然，他發現社員不過是「幾十個講話扭扭捏捏的年輕人」，誰聽著他們說話，都會覺得言語無味；更不用說，伯迪克允

文允武，他可是會在早餐前讀馬基維利（Machiavelli），服役時又曾置身海底險境。對他來說，牛津著名的辯論社社員無聊透頂。[15]

離開牛津後，他旅行世界各地，接著回到美西灣區，在加州大學柏克萊分校政治系擔任教授。《舊金山觀察家報》（San Francisco Examiner）曾報導，「上他的課要排隊候補」，「有一堆學生會在教師會面時間去找他，大都是女學生」。[16] 政治系212B教室中，伯迪克教授在學期初的「現代政治理論」課程中，給了一個題目：「方法論的難題」。政治理論式微，量化領域方興未艾。但目的是什麼？演講廳裡淨是女學生，捺了嫩藍色的眼影和午夜黑的睫毛膏，花癡地望著他。如何擺脫政治學的方法論難題？伯迪克讓他們去修哈羅德·拉斯威爾教授開設的「知識論新講」課程。[17] 1950年時，格林菲曾修過拉斯威爾的課。他像品嘗美酒一般，浸淫於拉斯威爾的知識論課程內容，如沐春風。

伯迪克雖然也折服於拉斯威爾的課程魅力，但並沒有特別醉心於誰的啟迪，反而跟從著自己的好奇心。1954年時，伯迪克年紀三十有五，預計和拉斯威爾一同休假研究（sabbatical），探討大眾說服（mass persuasion）的數學內涵。他們用打孔卡跑電腦程式，推導出行為模型，研究對象有美國選民、善變的可口可樂派／百事可樂派消費者、電視收視族群、商店購物族群、熙爾仕牌（Sears）／美泰克牌（Maytag）洗衣機消費者、艾森豪派／尼克森派支持者。而且，伯迪克要在有美國最頂尖社會學家的公司執行這項研究。這群社會學家戴著膠框眼鏡，打著領結，穿著V領毛衣，工作地點則是知識人才的冷戰熱區：加州。

■ ▮ ▮

伯迪克在行為科學高等研究中心開始休假研究的那一年，民權運動人
士的長年奮鬥進入了美國政治中心。數十年來，非裔美國人爭取民權，但
1954年5月，在「布朗訴教育局案」（*Brown v. Board of Education*）的指標性判
決中，最高法院針對種族隔離的「吉姆・克勞法」（Jim Crow），譴責其體制，
並裁定種族隔離違憲。美國國內多數地區宣揚該判決的同時，也催生了白
人至上主義的組織：恐怖份子攻擊黑人教堂和學校與支持民權的宗教廟宇
和猶太教教堂，縱火、引爆炸彈，以及謀殺。

在1954年那個詹姆士・龐德和比基尼風情的夏天，伯迪克有思考民
權問題，但並未太放在心上；他開著Jaguar敞篷車，駛過兩旁種著一列列
棕櫚、雪松、矮松和桉樹的道路，前往行為科學高等研究中心。伯迪克休
假研究的這一年，貓王出道，小兒麻痺疫苗問世，麥卡錫倒台。離開辦
公室，離開探討霍布斯（Hobbes）和洛克（Locke）的政治哲學課，離開同事
（還有同事對於伯迪克成功的毀謗），也離開學生——包括壁球還輸給伯迪
克的男學生，以及身穿緊身毛衣的女學生。他特別熱切想和拉斯威爾見
面。拉斯威爾當時52歲，童山濯濯、下顎豐厚，以其1930年代發表的兩
部作品最為人所知：1930年的《精神病理學與政治學》（*Psychopathology and
Politics*）和1936年的《政治：論權勢人物的成長、時機和方法》（*Politics: Who
Gets What, When, How*）。拉斯威爾從精神病理學切入，探討政治學。而將伯
迪克介紹給格林菲的人，可能也是拉斯威爾。之後，拉斯威爾協助成立析
模公司，其中他持股甚多。

伯迪克後來寫道：「美國人認為他們的『選擇對象』是政黨的總統大
選候選人，然後照自己的意思，在兩名候選人中自由選出一位。這和事實
相去甚遠。美國民眾認為是由他們決定誰當總統，實際上不是。」[18]伯
迪克在行為科學高等研究中心的那一年，開始對美國選舉產生這層認知，

並且主要是從拉斯威爾身上得到體悟。

　　哈羅德・拉斯威爾年僅16歲時便就讀芝加哥大學，之後完成政治學博士學位；1927年，發表博士論文〈世界大戰時的政治宣傳手法〉（Propaganda Technique in the World War）時他年僅25歲。後來他去了柏林，接受佛洛伊德學派子弟的精神分析，接著前往芝加哥大學從事教職，發表前述兩本代表作。如果說伯迪克是推土機，拉斯威爾就是病毒。他的講課已經不是普通講課了，而是直接感染人。拉斯威爾會張大鼻孔嗅聞著，像個祭司滔滔不絕，長篇大論，好似亞里斯多德。有學生說：「聽拉斯威爾一個人講話，像是在聽研討會。拉斯威爾的講課不是講課，而是像龍捲風一樣席捲課堂。」[19]大家都將拉斯威爾當神。他會逗弄男學生。他會羞辱女學生。導致愛德・格林菲與妻子離異的娜歐蜜・史帕茲（Naomi Spatz）這麼形容：「如果你問拉斯威爾問題，他會說『我們對這知道的還不夠多』，他的意思是人類對宇宙的整體認知；因為如果有別人知道答案，拉斯威爾也會知道。」有一次，娜歐蜜當東道主，請拉斯威爾到她的寓所享用早午餐，期間她的貓開始磨蹭拉斯威爾。娜歐蜜說：「我的貓喜歡你。」只見拉斯威爾張大鼻孔，回她：「這貓認得有力人士。」[20]

　　拉斯威爾享受這樣的影響力，原因在於他的研究主題便是「**誰透過什麼管道，對誰說了些什麼，又產生什麼樣的影響**」。[21]他聲稱知道該如何讓「想法」進到人的腦子，以及該如何移除已經進到腦子的這些想法。二戰期間，他在國會圖書館（Library of Congress）創立戰情通訊研究專案，並建議美國透過政府主導的系統性大眾操縱（mass manipulation）保存民主，不受威權主義侵害。[22]過去有很長一段時間，英文稱此為「propaganda」（政宣）或「psychological warfare」（心理戰），納粹則稱此為「Weltanschauungskrieg」，意指「世界觀戰爭」。到後來，有人認為不

好聽，便開始管這門學問叫「mass communication」（大眾傳播）。[23]隨著二戰結束，這類研究也需另立名目。「誰對誰說了些什麼，又產生什麼樣的影響？」——就是這個問題，吸引了格林菲在1950年時赴耶魯，修習拉斯威爾的研討課程。要叫大眾傳播也好，心理戰也罷，在承平時代，沒有什麼比民主活動和選舉更適合研讀這門學問的素材了。原因就在民主活動會產出政宣內容，形同整體的政見系統，同時有選舉活動產出數據，彙整了各方的政治行為。

該領域的先驅是奧地利難民保羅・拉扎斯菲爾德（Paul Lazarsfeld）。他也同伯迪克和拉斯威爾於1954年時，前往帕羅奧圖的行為科學高等研究中心。「在美國，每四年就會舉行大規模的政宣暨政見實驗。」拉扎斯菲爾德於1944年如此說道。這一年，他在哥倫比亞大學創立了應用社會研究局（Bureau of Applied Social Research）[24]，數據也隨之累積。1948年，密西根大學發起了一項大規模選民研究，即美國國家選舉研究（American National Election Study），為史上極大規模的社會科學研究計畫。拉扎斯菲爾德和同事伯納德・貝雷爾森（Bernard Berelson）展開「一項二階段研究，探討選民如何在國會和州選舉下定決心」。研究最終寫成了專書《投票：總統大選中選民如何形成意見》（*Voting: A Study of Opinion Formation in a Presidential Campaign*）[25]，這本指標性讀物還有一位共同作者威廉・麥菲（William McPhee），人稱「比爾」（Bill）。[26]沒多久，格林菲也結識了比爾，之後並將比爾納入他稱為「人才庫」的清單中。

■　■　■

1954年11月，民主黨在選舉中贏回眾議院，麥卡錫主義（McCarthyism）

式微。到了12月，參議院正式譴責約瑟夫‧麥卡錫和麥卡錫主義。艾森豪則喜歡將該字的「is」換成「was」，稱「麥卡錫主義過去式」（McCarthywasm）。不過，尼克森主義依然是尼克森主義。

同時，格林菲正在自家廣告公司的社會科學部招兵買馬。對抗群眾煽動的另一方式，要用上非常巨大、快速的計算機器。為了將超大台電腦的計算速度實際用於政治選戰，格林菲必須從當時大膽創新的電腦領域找齊社會科學家。這群科學家擅長量化計算；他們致力於建立新的學術研究體系，也是一門新的知識。這門新領域後來進入大學課程，知識界廣為採納，完全滲入美國文化本身的土壤，程度之深，範圍之廣，後來人們甚至忘記，冷戰催生的迫切性恰是這門知識的濫觴。

冷戰鬥士知道自己是為了未來而戰。為了勝利，冷戰鬥士將人類行為研究在內等許多項目轉化為預測科學。冷戰愈是危險，科學家愈是爭先恐後地想要預測未來，同時也更肆意、粗暴地拋棄過去長年累積的知識、人文素養，以及歷史、哲學和文學等研究人類境況的學科。

1949年，蘇聯執行原子彈測試，中國赤化為共產國家。當時的社會科學家接受委託，介入美國主義和共產主義的二元對立之爭後，便是針對這兩大陣營發動了戰爭，他們要保護美國民主不受群眾煽動，並阻止共產主義傳播。社會科學家提出兩項問題：民主政體的選民，如何形塑自己的意見？又，如何遏止共產主義滲透？要回答前述問題，社會科學家必須在海內外收集大量數據。在美國，他們收集輿情問卷、選舉民調，以及開票結果；同時在歐洲，他們訪談蘇聯異議人士和《華沙公約》難民，並將蘇聯廣播和電視節目內容謄寫為文字。「誰對誰說了些什麼，又產生什麼樣的影響？」美國政治學家不再只滿足於此，還要用數學模型預測。如果我們將X告知選民，他們會採取Y行動嗎？為此，他們著眼於物理學。訊息

鎖定的數學探討，和導彈鎖定的學問系出同源，並且也需要電腦。

一旦想用電腦來探討並產出政宣，會需要大量金錢；當時財源大都來自福特基金會（Ford Foundation），這間組織不久之後成為全球資金最充沛的慈善機構。基金會於1936年由埃茲爾·福特（Edsel Ford）創立；1947年由其子亨利·福特二世（Henry Ford II）接管。亨利委託加州律師H·羅恩·蓋瑟（H. Rowan Gaither）針對基金會的戰後優先事項，撰寫一份報告。蓋瑟的報告中，對探討人類行為的研究方法表達不滿。當下的研究方法有兩類，一為哲學和政治理論等古老的人文領域，一為心理學和社會學等現代領域，兩者都是「有爭議的、投機的、前科學的」（polemical, speculative, and pre-scientific）。他建議將人類行為研究發展為一門科學（如物理），且研究基礎要是「實驗、累積資料、形成通用理論、致力於驗證理論，並且預測」。[27] 畢竟，若一個知識體系無法用於預測，又有何用？

蓋瑟在任職於福特前，曾於加州聖塔莫尼卡（Santa Monica）協助創立智庫蘭德公司（RAND Corporation），其英文原名「RAND」縮寫自「Research and Development」（研究與發展）。RAND初期發展時，為美國空軍的分支機構，是道格拉斯飛行器公司（Douglas Aircraft Company）的一部分，但於1948年時獨立運作，並同時獲得國防部和福特基金會資助，後來聘請一位心理戰先驅專家來帶領旗下的社會科學部[28]，負責任務包括以數學方式擘劃「未來的通用理論」。[29]

「預言」這種神祕的人類產物遠古以來便有。但直到這時，「預測」才成為一門量化的社會科學：不在經濟學的範疇內，而社會學家一直到這個時代才大體上從事預測。然而，福特請社會學家全面預測其研究標的，要求了解在經驗面、機率面以及數學面上，事件會如何發展。不過，這難度可不亞於遠古的預言學問。要推導出未來事件發展的通論，前提為「人類

行為可預測」是成立的;而這項前提的堅實基礎,不會是人類社會和人類心智本身是「詩歌、繪畫與哲學的產物」,而是「植基於數字、圖像和模擬」。〔30〕福特基金會稱該研究領域為「行為科學」。

1951年,福特基金會成立探討人類心智的特設部門「行為科學部」。翌年,福特同意補助350萬美元,成立行為科學高等研究中心。〔31〕話說回來,什麼是「行為科學」?經濟學家肯尼思・博爾丁(Kenneth Boulding)的說法最是貼切:行為科學是一門「從福特基金會拿錢」的科學。〔32〕第二貼切的說法就來自伯迪克了。他在小說中將這項問題化為打情罵俏:

「行為科學家是幹嘛的?」男人問道。

「我研究人的行為。」女人答道,微笑著。〔33〕

在行為科學高等研究中心成立的第一年,伯迪克、拉斯威爾和拉扎斯菲爾德等元老級研究員先輪流說出「真心話」,坦白自己的人生故事〔34〕,再著手中心的重大工作。當時沒有電話。成員必須遵從嚴格的時程〔35〕:建立並遵從時程,且深入思考預測的內容 。在行為科學高等研究中心,「約一小時後,我會起身離開辦公室,走到車子那,開車回家,與孩子們玩耍,吃晚餐,可能讀個書,然後上床睡覺。」博爾丁在行為科學高等研究中心的桌前寫道,「我之所以能相當準確地預測行為,是因為我知道我的家不遠,也知道自己常常回家。當然,這樣的預測也可能不會成真。畢竟地震啦、回家途中車禍啦、家人突然被電話叫出門啦——這些事情都有可能發生。」〔36〕

對於人類行為是可預測的,多數研究員都抱有深邃、崇敬的信仰,認為預測的條件只有對世界的認識、行為理論,以及充分精密的數學模型。

這也是伯迪克來到中心的原因〔37〕：他的學術專業是政治理論，渴望探討研究人類一事如何從質化轉為量化。伯迪克參加了一次數學領域的密集研討會，並開始彙整最有潛力的新研究論文集，為《美國投票行為》（*American Voting Behavior*）這部集刊操刀編輯。〔38〕他既喜且憂，一方面對於論文品質感到驚艷，一方面又擔心。

依據伯迪克的觀察，以量化方式探討政治的研究者，極少關切政治理論或民主的實際運作。自由派的民主理論會設想公民的理性，以及公民對於政治的關注和積極參與，但投票行為研究中所描述的公民甚至無法通過理性的最小考驗，並且對政治既不感興趣，也不涉入。民主自治的運作，關鍵在於歸屬感和政治社群，以及政黨和利益團體在內的一個個族群，但投票研究在分類選民時，是以身分為依據，且刻意為之，例如「中上層的都會階級，信奉天主教」。伯迪克指出，政黨這種團體很在意別人對他們的看法，而利益團體亦然，但「中上層都會階級，信奉天主教」這樣的分類不是，他們只是為打孔卡發明的分類方式。很有可能，他們是固定被「歸類」至一個族群，被分類為單一群體，而這似乎更可能對政治組織造成傷害，而非帶來助益。伯迪克納悶，當美國的政治學家致力於探討細分選民時，多元主義（pluralism）如何存續。〔39〕

對於行為科學在現實生活的影響，可不是只有伯迪克如此納悶。在假日派對上，他們唱著歌，曲調是美國兒歌〈鐵道工作之歌〉（I've Been Working on the Railroad.），歌詞由博爾丁新填：

科學出問題了，

計畫出問題了（我懂了！）

科學出問題了，

因為沒有「人類」這門科學。[40]

他們自信也自傲。但他們有時候會納悶,會不會一切大都是狗屁。

■ ■ ■

休假研究那一年,伯迪克幾乎都待在行為科學高等研究中心;拿不到獎學金的他,投向寫小說的懷抱;執筆作品是《第九道波浪》這部反烏托邦政治驚悚小說,探討投票行為的量化研究問題。他對友人坦誠:「中心不是個非常健康或有同理心的環境,在虛構小說的創作上,無法培養出很精緻的花。但我正在努力嘗試。」[41]

在《第九道波浪》,伯迪克創造了另一個版本的自己,名為麥克・弗里史密斯(Mike Freesmith),他玩衝浪,在史丹佛主修心理學,就學期間透過觀察和實驗,發展出一套冷血而令人髮指的人類行為原則。根據弗里史密斯的恐懼理論,「有個東西是大眾知道的:實質權威。擁有實質權威的人,能夠滿足他們的憎恨欲望和恐懼。善於操作的權威,會揉合憎恨和恐懼。」[42] 這番見解將弗里史密斯帶到政治界:他找到了一位蠱惑人心的政客,鼓吹仇恨和恐懼;他主動提議,協助這位政客勝選。

伯迪克在尼克森崛起的過程中,有了第一手觀察。尼克森是加州人,和伯迪克同樣出身海軍。尼克森投入1946年國會參選,由於外型俊俏,學歷出色,加上又是戰時英雄,選舉條件十分討喜。同樣也在1946,約翰・甘迺迪選上麻州聯邦眾議員。甘迺迪的父親有錢有權,作風強勢,並一直灌輸甘迺迪一個觀念:「第二名就是輸家。」[43] 不過,尼克森展開新型態的選舉,那是以仇恨和恐驅動的選戰;他每打一次這樣的選戰,就愈

得心應手。1950年，尼克森競選參議員，據稱他曾形容對手海倫・嘉哈根・道格拉斯（Helen Gahagan Douglas）「一身粉紅，一路粉到內衣」。[44]尼克森和麥卡錫一樣，曾服務於眾議院非美活動調查委員會（The House Un-American Activities Committee），並且也如同麥卡錫，沾沾自喜地指控很多人穿粉紅色內衣，頂多用語更修飾、細緻罷了。麥卡錫遭到暴露、擊敗、受辱、譴責；尼克森曾當選副總統。伯迪克納悶，如果尼克森背後也有最新行為科學在幫他，他會怎麼做。他試著想像。

《第九道波浪》中，弗里史密斯想辦法讓他口袋名單中的那位政客選上加州州長。弗里史密斯帶一名選舉工作人員喬治亞參觀選舉總部，那裡放著一台巨大主機。「你先做這個。」弗里史密斯交給喬治亞一份加上註解的人口調查資料時說道，「裡面提到人口的細部分類資料：有多少人當清道夫，多少黑人，多少老兵，多少工會成員，多少卡車司機，多少炸東西的廚師，多少基督教徒，多少猶太教徒，多少天主教徒，多少海外出生的，多少來自奧克拉荷馬的移工，多少醫生，多少老師。他們薪水多少，住的房子多大，開什麼車，學歷如何，參加哪些俱樂部，還有其他各種資料。」弗里史密斯形容它為「巨獸」，指的就是公眾。他繼續說明，從巨獸可以創造出幼獸，也就是族群規模三千人的樣本，接著請市調公司詢問這三千人一系列問題。「然後，他們會把答案打到IBM的打孔卡內帶回來，接著我們用那台機器來跑答案。每一張打孔卡的作業費用是三美元。」弗里史密斯指著一疊疊打孔卡說道。

喬治亞要求看看打孔卡。伯迪克斟酌著怎麼解說，畢竟他的讀者恐怕都沒看過這玩意。

「長方形，表面布滿一行行密集印刷的黑色數字，其中有些數字被打掉了，在卡面上留下了細小的槽孔。卡上沒有字。」民調人員拿起卡片對

著燈光念出報告:「個案是白人男性、三十四歲、天主教徒、已婚、三個小孩,當售貨員,年薪三千五到四千美元。家裡沒有電視機。有負債。」[45]

喬治亞學習將打孔卡饋入讀卡機。伯迪克寫道:「她從盒子拿出卡片,放到送卡箱,按下按鈕。」機器開始嗡嗡作響。她感到療癒地低頭看著機台,用指尖輕拂顫動的機器表面。然後她觸摸了控制桿,卡片開始在機器上滑動。」[46]

寫起虛構小說來,伯迪克的筆法並不細緻。他比較像一台武裝坦克,而非狙擊手。喬治亞一面將卡片饋入機器,一面望出辦公室的窗外,眼神穿過街道,看到另一間辦公室,有位牙醫正幫女病患打鎮靜劑。當牙醫將針管插入女病患嘴裡,她的鞋子突然顫動。喬治亞看著牙醫幫她拔牙,幾乎與此同時,弗里史密斯從讀卡機取走最後一批卡片。「牙醫離開女病患,手上的鑽針沾著鮮紅的血,亮晃晃地。」[47]你幾乎可以聽到伯迪克吼著:「懂了嗎?打孔卡,就像從嘴裡拔出來的牙齒!很恐怖!麥克的雙手沾到血了!」

《第九道波浪》獲選為每月讀書俱樂部(Book-of-the-Month Club)的指定作品,成為暢銷書。書出版前伯迪克就已賣出電影版權。[48]好萊塢傳言法蘭克・辛納屈和馬龍・白蘭度將搭檔演出主角。[49]伯迪克簽約,和編劇史坦利・羅伯茲(Stanley Roberts)合作寫腳本。羅伯茲執筆的《凱恩艦叛變》(The Caine Mutiny)劇本曾於1954年獲提名奧斯卡,由亨弗・嘉(Humphrey Bogart)主演。後來《第九道波浪》沒有翻拍電影。有位好萊塢記者報導道:「我聽到的說法是加州民主黨人不希望翻拍,原因可能在於當時伯迪克服務於愛德華・格林菲公關公司新成立的社會科學部,而史蒂文森陣營是他們的客戶。」[50]

■　■　■

1952年大選以後，格林菲一直很忙。乘著1950年代戰後嬰兒潮，他和派翠西亞生了三名子女，依序是：麥可、安、蘇珊，分別出生於1952年、1954年、1955年。帶小孩的生活，淨是尿布、奶瓶和嬰兒車。格林菲家主要住在紐約雀兒喜區（Chelsea）的紅磚連排透天。他們每年夏天都來瓦丁河度過。格林菲喜歡帶客戶到這裡。1954年，他開始再度為艾弗瑞·哈里曼服務，這一次是幫哈里曼競選紐約州州長（他繼續勝選）。但是格林菲開始欣賞史蒂文森。他可能甚至想向史蒂文森證明廣告人不是都心懷鬼胎，廣告人能改善政治，而非搞爛它。

1955年11月15日，史蒂文森正式參選，這回的競選標語是「依然愛你，艾德利」（I'm Still Madly for Adlai），更軟弱無力了。三天後，格林菲以愛德華·格林菲公關公司的名義，去信史蒂文森的競選總召，表明願意提供公司的分析服務。〔51〕

談到再次競選一事時，史蒂文森說：「處女只能當一次。」〔52〕第二次參選，他的前景並未格外看俏。畢竟史蒂文森沒有給人新鮮感，也很難說有本事擊敗1956年的艾森豪；和現任總統打選戰向來吃力不討好，在繁榮富足的年代尤其如此。再說，以政治的殘酷邏輯來看，史蒂文森選輸過，而選民不喜歡手下敗將。史蒂文森多處與眾不同，其中之一是他不怕輸，只要輸得漂亮，只要他的演講出色，能說出漂亮話，只要能教育美國民眾，提升民眾素質，只要他的格局能贏過M&M's、高露潔牙膏和「我愛艾克」無腦廣告中的靡靡之音。

1955年9月，艾森豪心臟病發，這對共和黨無疑是選舉利空。但史蒂文森也有難題待解。不同於艾森豪，他面對的是民主黨內部分化，爭取提

名之路困難重重。艾斯特斯・克佛威則於12月爭取民主黨提名。史蒂文森並未於1952年參加任一次初選，1956年時也沒有。他對親近的助理兼法律夥伴紐頓・米諾（Newton Minow）說：「我不打算像選警長一樣打選戰，在購物中心和民眾握手之類的。」米諾說：「州長，你錯了。」米諾認為史蒂文森對上艾森豪沒有勝算，所以原本不想要他投入此次選戰，而鼓勵他按兵不動，1960年再披掛上陣。不過米諾認為，如果要選，就必須好好跑行程。〔53〕史蒂文森讓步了，他加入初選，並在購物中心和民眾握手。人選由加州初選決定，預定日期為1956年6月5日。〔54〕即使在初選開始前，史蒂文森也發現自己身陷困境。1956年2月，克佛威和史蒂文森於加州佛雷斯諾（Fresno）促膝長談。克佛威開門見山談論民權，史蒂文森則是「用語晦澀高深」。史蒂文森在民權方面的論述能力凌駕克佛威，但他拒絕用簡單的語言說明事物，因而用形而上的語言談論民權，因為他認為：說得簡單是一種庸俗。〔55〕

根據1868年批准的第十四條修正案，美國《憲法》保障了無關乎種族的平等權利。「布朗訴教育局案」已宣布公立學校的種族隔離違憲，然而改變並未落實。布朗案的承諾未能兌現：多數南方學校就是拒絕落實該承諾，除非聯邦政府願意採取行動，否則於事無補。民主黨需要黑人選票，但多數支持者是支持種族隔離的南方白人。史蒂文森不知道如何穿針引線，擺平這個矛盾。

1956年，史蒂文森於佛雷斯諾發表講話的三天後，在洛杉磯對一群幾乎全是黑人的聽眾致詞，說解除種族隔離應「逐步推行」，且要小心翼翼，「不要想一夕之間翻轉，改變在美國建國以前就有的傳統和習慣」。當然，他所謂的傳統不僅包括種族隔離，還包括恐怖主義、謀殺幼童、強姦女性，以及對男性私刑。史蒂文森因為這次失言和膽怯而付出代價。加州的全國

有色人種協進會（NAACP）會長跳船，從史蒂文森轉而支持克佛威。[56]如果說曾經有過耐心，有過等待，那麼耐心已逝，等待已去；在當時，就連來自紐約哈林區、極受矚目的非裔美籍民主黨議員小亞當・克雷頓・鮑威爾（Adam Clayton Powell, Jr.），都譴責民主黨怯懦，改投艾森豪。[57]

可想而知，愛德華・格林菲公關公司提給史蒂文森的選戰企劃書很有吸引力。格林菲在民權這一塊頗受讚譽，他提議要在舊金山和洛杉磯鮑威爾的哈林區，針對史蒂文森執行研究。格林菲了解史蒂文森在民權議題這一塊會有問題，他想協助解決。

如果照格林菲的企劃走，史蒂文森的選情似乎會比較樂觀，但史蒂文森再次反對他的平台使用政治廣告。他說：「艾森豪政府的執政者顯然認為，美國人的心智可以透過節目、口號和廣告技巧來操控。而且這樣的觀念，我敢說，會獲得能影響美國選舉的最高額經費資助。出錢的人，是最懼怕改變的人，他們想要一切保持原狀，如此而已。在選高層職位時，若是以為用賣早餐麥片，或是像收集產品折價券印花的方式，就能獲得選票──我認為這樣的想法，是對民主進程的終極侮辱。」[58]

不用說，大眾行銷（特別是電視廣告）對美國政治的影響，確確實實讓史蒂文森感到憂慮。同時可以肯定的是，當史蒂文森宣稱：「我的朋友們，這個國家需要的不是宣傳和造神」時，許多選民同意。[59]當下也好，日後也罷，他們是否處於能出很多力的位置，都更難判定。而且說穿了，民主黨人雖然有其顧慮，他們許多人雖想委託廣告公司打選戰，難就難在找不到頂尖業者幫他們服務。大型廣告商的客戶有大型企業，這些客戶支持共和黨。萬一外界發現，大型廣告商用廣告為民主黨候選人造勢，幫助民主黨人勝選，那麼他們可能會失去大型客戶；因此廣告商對民主黨客戶敬謝不敏。著名的社會評論家凡斯・帕克德（Vance Packard）談論此現象時

說：「要想說服人，要口袋夠深。」還說「大金主主要支持共和黨」〔60〕，這類原因讓身處廣告界的格林菲有機會接到史蒂文森一類候選人的案子。這樣一來，自由派運作的小型組織，或者說正因為是自由派運作的小型組織，必須想點不同的法子。

　　無論如何，民主黨全國委員會早就承認了大勢所趨，因此針對1956年大選，委託發展前景看俏的廣告公司諾曼·克萊格·卡麥爾（NCK，Norman Craig & Kummel）；這間公司的最知名代表作為媚登峰內衣廣告。民主黨全國委員會固然斥資了八百萬美元，請NCK廣告公司投入全國規模的選戰〔61〕，但史蒂文森競選團隊認為，要拿下初選，需要較小的行銷操盤手。這就是格林菲的切入利基了。1955年，愛德華·格林菲公關公司在紐約和舊金山均有據點，並擁有數十位合作專家，遍布關係單位，擅長領域包含「所有階段的宣傳、公關和社會科學研究」。〔62〕

　　愛德華·格林菲公關公司向史蒂文森選舉團隊提出「深度研究」（depth study），即針對消費者或選民的組別訪談內容，進行質化和量化分析，尤以後者為重；該研究方法在日後稱為「焦點訪談團體」，目的是測試廣告訊息。甲品牌與乙品牌的肥皂並不會天差地別，要讓消費者擇乙棄甲，需要的是訊息轟炸。不過，怎樣的訊息最有效？〔63〕對廣告業的批評者來說，答案似乎同樣不單純。阿道斯·赫胥黎（Aldous Huxley）於《再訪美麗世界中》（*Brave New World Revisited*）中，想像出一間虛構的公關公司，有著《化身博士》作品內哲基爾博士和海德先生的雙重人格：一方面如同哲基爾博士，相信人是理性的；一方面又如同海德先生，知道有極大空間能夠說服人。而後者的海德先生，也「可稱為海德博士，畢竟海德有心理學博士學位，也有社會科學碩士學位」。〔64〕

　　格林菲向史蒂文森團隊推薦的深度研究，是比玉米片廣告選舉更高格

局、更出色、更體面的手法。沒有閃電戰，沒有洗腦，沒有造假。他也找了行為科學高等研究中心的頂尖人才前來助拳，那就是：伯迪克、拉斯威爾和拉扎斯菲爾德。

初期，伯迪克在拉斯威爾和拉扎斯菲爾德的協助下，為史蒂文森選舉團隊準備一系列機密白皮書，內容歸納了多篇選舉行為的研究成果。這篇研究並未讓人對美國政治產生強大信心。[65] 當時兩黨之間的意識形態差異很小，民眾選黨的依據在於家人和所在地區，而非選擇特定的理念體系。而沒有政治信念的選民，往往對政治知之甚微，甚至無法分別「自由」（liberal）和「保守」（conservative）。經問及「你覺得哪一個政黨比較保守／自由」，當時多數受訪的美國人是答不上來的；他們也渾然不知「誰具有什麼特色」（自由企業的放任）或「哪個政黨支持什麼」（民主黨代表勞工，共和黨代表企業）。說穿了，選民並不是格外理性的族群。他們無法吸收複雜的訊息。選舉的關鍵在於游離選民，而每一次選舉都顯示，游離選民的偏好極難預測。[66]

這些事根本不是祕密。伯迪克在通俗雜誌中也會談到這類觀念。在〈1956年大選你怎麼投？〉（How You'll Vote in '56）這篇雜誌報導中，他說明：「一些關於投票的科學研究顯示，政黨偏好取決於個人背景、其雙親與友人的政治觀、對於何黨符合個人『最佳』利益的猜測，如何看待未來發展，以及其他因子。」該報導納入了一份問答和圖表，問題有「您的父親是民主黨人還是共和黨人？在您父親所屬的政黨欄位打5分」、「如果您未滿30歲，則在共和黨欄位打4分」。這些問題協助讀者計算自己的政黨偏好和可能的的選擇：「能有九成機率，預測出您會怎麼投！」[67]

格林菲請伯迪克訪談加州的影響力人士。例如，有一次訪談某報社出版商後，伯迪克對格林菲提出以下報告：「受訪人感覺11月大選時，史蒂

文森對上艾森豪幾乎沒有勝算，除非艾森豪再次心臟病發。受訪人強烈不喜歡尼克森，但看不出來選戰如何聚焦在尼克森身上。」[68] 伯迪克多少所見略同。他認為史蒂文森幾乎不可能擊敗艾森豪。他主要是希望史蒂文森能好好選，「好好打一場選戰，重新設定議題，提升全體選民水準，為下一次總統大選鋪路。」據伯迪克所說，史蒂文森的最大問題在於他的個人特質：離婚、他的幽默感（「太會諷刺和挖苦人」），以及「談話用字模糊、複雜」。伯迪克建議史蒂文森打死都不再談實際議題，因為「從投票研究中可以發現，打特定議題幾乎只對游離選民有效。」[69]

伯迪克重讀史蒂文森1952年競選時的歷次演說，得出以下結論：史蒂文森談話的問題在於太出色了。「很少有東西像這些演說一樣坦率、展現純粹的智慧風範、高度責任感，以及迷人的魅力。」伯迪克寫道：「史蒂文森說，他會對美國民眾講道理。他認為他的首要之務，應該是幫助選民發展理性能力，並提升政治論述能力。他也這麼做了。」不過，問題還是在。根據伯迪克的觀察：「史蒂文森聲稱政治是細緻、棘手的，他強調非黑即白的論辯法是投機取巧，無法帶來希望，且俗不可耐。不過，得正視一個難題：那就是一個人能有多大能耐提升選民的理性思維，卻不引發他們產生類似懷疑和焦慮的心理機制？」

候選人只可能在面對不理性的選民時，才會變得如此理性。伯迪克有提供建議嗎？有的，他說：「應該盡量不強調複雜性。」[70] 史蒂文森或許很優秀，但伯迪克認為選民的素質並非如此。

此番見解，也使伯迪克的政治信念面臨危機。伯迪克雖然對行為科學頗有疑慮，仍憂心忡忡地向格林菲提出建言。他認為格林菲的公司應該彙整加州選民資料，據以充分執行行為科學分析。[71] 伯迪克不是做這件事的正確人選，八竿子都打不著。格林菲轉而求助他口袋名單的另一人才：

伊塞爾・德・索拉・普爾（Ithiel de Sola Pool）。普爾是數學長才，任教於美國麻省理工學院，並且能進出五角大廈。

註釋

1 出自：Robert Henderson to EB, December 15, 1948, Burdick Collection, Box 91, Folder *The New Yorker*。

2 出自：Wallace Stegner, "Eugene Burdick," *Book-of-the-Month Club News*, May 1956。

3 出自：Ernest Freeberg, *Democracy's Prisoner: Eugene V. Debs, the Great War, and the Right to Dissent* (Cambridge, MA: Harvard University Press, 2008), 5。

4 出自：Tity de Vries, "A Year at the Center: Experiences and Effects of the First International Study Group of Fellows at the Center for Advanced Study in the Behavioral Sciences, Palo Alto, ca. 1954-1955," *Scholarly Environments* (2004): 169-79。

5 出自：EB, *The Ninth Wave* (Boston: Houghton Mifflin, 1956), 14。

6 出自：同上，143。

7 出自：同上，66。

8 出自：Carl Sandburg, *The People, Yes* (New York: Harcourt, Brace, 1936)。

9 簡短自傳可參考克拉克·柯爾（Clark Kerr），為了解伯迪克而推薦的文獻，出自：EB, 1954, CASBS Records, Box 45, Folder 8。若要看當代最精彩的伯迪克雜誌特輯，請參閱：Jerry Adams, "Eugene Burdick: Writer, Teacher and Iconoclast," *San Francisco Examiner,* [1962]。關於伯迪克的出生證明、二戰徵兵文件和結婚證書，均載於祖源網站「Ancestry」，但也可參閱：EB, "Navy War Service Record," undated, Burdick Collection, Box 98, Folder "U.S. Navy Records"。此外，若要參考近期評述，請特別參閱：Chris Smith, "Intellectual Action Hero: The Political Fictions of Eugene Burdick," *California Magazine*, Summer 2010。本人感謝羅傑茲·史密斯分享其研究素材。

10 出自：Margaret O'Mara, *The Code: Silicon Valley and the Remaking of America* (New York: Penguin Press, 2019), 14-18, 24。也請參閱：Christophe Lécuyer, *Making Silicon Valley: Innovation and the Growth of High Tech, 1930-1970* (Cambridge, MA: MIT Press, 2006)。

11 出自：Stegner, "Eugene Burdick," 4-5. EB, "Rest Camp on Maui," *Harper's*, July 1946, 81-90。

12 出自：Stegner, "Eugene Burdick," 4-5。

13 譯註：獲得羅德獎學金（Rhodes Scholarship）可前往牛津大學進修。

14 出自：Adams, "Eugene Burdick"。

15 出自：EB, "Burdick with a Baedeker," *Isis*, October 12, 1949, 14-15。也請參閱："American Is Not Impressed with Oxford," *Madera* [CA] *Tribune*, October 15, 1949。

16 出自：Adams, "Eugene Burdick"。

17 出自：EB, Political Science 212B: Contemporary Political Theory, Spring 1952, syllabus, University of California, Berkeley, Burdick Collection, Box 78, Folder 9。

18 出自：EB, *The 480*, vii。

19 出自：Leo Rosten, "Harold Lasswell: A Memoir," *Saturday Review*, April 15, 1967, CASBS Records, Box 45, Folder 22。

20 出自娜歐蜜·史帕茲（Naomi Spatz），作者訪談，2018年5月24日。

21 關於其概述，請參閱：Harold Lasswell, "The Structure and Function of Communication in Society," in *The Communication of Ideas*, ed. Lyman Bryson (New York: Harper & Row, 1948): 37-51。

22 出自：Gabriel A. Almond, "Harold Dwight Lasswell, 1902-1978: A Biographical Memoir" (Washington, DC: National Academy of Sciences, 1987)。

23 出自：Christopher Simpson, *Science of Coercion: Communication Research and Psychological Warfare, 1945-1960* (New York: Oxford University Press, 1994), 11, 23-24. Timothy Glander, *Origins of Mass Communications Research During the American Cold War* (Mahwah, NJ: Lawrence Erlbaum Associates, 2000), 27。

24 出自：Paul F. Lazarsfeld, Bernard Berelson, and Hazel Gaudet, *The People's Choice: How the Voter Makes Up His Mind in a Presidential Campaign*, 2nd ed. (1944, repr., New York: Columbia University Press, 1948), 1。

25 出自：Bernard R. Berelson, Paul F. Lazarsfeld, and William N. McPhee, Voting: *A Study of Opinion Formation in a Presidential Campaign* (University of Chicago Press, 1954)。該投票研究一開始就向選民提問：「最近在閱讀或收聽新聞時，您覺得自己對選舉的事情非常關注、很少關注，還是根本不關心呢？」以及「您認為像您這樣的民眾，會大幅影響政府的運作方式，或是有若干影響，還是根本不會有影響呢？」出自："The 1948 Voting Study First Questionnaire, June 1948," BASR Records, Columbia University, Box 17, Folder "Elmira: Instructions, Plans, Etc." See also "Specifications for Third Wave of 1948 Voting Study," BASR Records, Columbia University, Box 17, Folder "Elmira: Instructions, Plans, Etc."。

26 譯註：原書中，作者交互使用「William McPhee」、「Wild Bill」、「Wild Bill McPhee」指稱同一人。本譯作統一稱「比爾」。

27 出自：H. Rowan Gaither, chairman, *Report of the Study for the Ford Foundation on Policy and Program* (Detroit: Ford Foundation, November 1949), 95. H. Rowan Gaither, quoted in Dwight Macdonald, *The Ford Foundation: The Men and the Millions* (New York: Reynal, 1956), 80。

28 出自：Daniel Bessner, *Democracy in Exile: Hans Speier and the Rise of the Defense Intellectual* (Ithaca, NY: Cornell University Press, 2018), 180-81. Mark Solovey, *Shaky Foundations: The Politics-Patronage-Social Science Nexus in Cold War America* (New Brunswick, NJ: Rutgers University Press, 2013), 112-19. Between 1952 and 1962, Ford Foundation programs "granted $82 million for social or behavioral science research" (105)。

29 在探討「未來的歷史」方面，以下出處提供精彩的論述。請參閱：For a brilliant treatment of the history of the future, see Jenny Andersson, *The Future of the World: Futurology, Futurists, and the Struggle for the Post-Cold War Imagination* (New York: Oxford University Press, 2018)。

30 出自：同上，2-26。

31 出自：Rebecca S. Lowen, *Creating the Cold War University: The Transformation of Stanford* (Berkeley: University of California Press, 1997), 193-95. Solovey, *Shaky Foundations*, 129-31; the quotation is from p. 130. And see especially Bessner, *Democracy in Exile*, 181-95。

32 出自：De Vries, "A Year at the Center," 172-73。

33 出自：EB, *The 480*, 72。

34 關於「真心話」活動，以及該中心第一年的許多作業程序和計畫，似乎均出自伯迪克的想法。請參閱：EB et al. to Ralph Tyler, July 31, 1954, CASBS Records, Box 45, Folder 8。

35 出自：De Vries, "Year at the Center," 173-75。

36 出自：Kenneth E. Boulding, *The Image* (Ann Arbor: University of Michigan Press, 1954)。

37 出自：EB to William A. Becker, November 15, 1955, Burdick Collection, Box 17, Folder "Presidential Papers, 1956"。任研究員那一年，伯迪克曾以加州大學為對象，撰寫〈針對社會科學整合研究機構的提案〉（A Proposal for an Institute for Integrated Studies in the Social Sciences）初稿，希望能在灣區複製該中心打造的內容。EB, "A Proposal for an Institute for Integrated Studies in the Social Sciences [1955]," Burdick Collection, Box 78, Folder "Center for Integrated Studies."

38 普爾投稿一篇名為〈電視與候選人形象〉（TV and the Image of the Candidate）的文章。出自：EB to IP, March 14, 1956, Burdick Collection, Box 57, Folder "Voting Continuities Correspondence 1956"。

39 出自：EB, "Political Theory and the Voting Studies," in Eugene Burdick and Arthur J. Brodbeck, eds., *American Voting Behavior* (Glencoe, IL: Free Press, 1959), 136-49。

40 出自：[Kenneth Boulding], "Folk Songs for the Center," undated typescript, Burdick Collection, Box 114, Folder "Center Announcements, Tax, Etc."。

41 出自：EB to Edith Haggard, Curtis Brown, April 1, 1955, Burdick Collection, Box 91, Folder "Curtis Brown"。

42 出自：EB, *The Ninth Wave*, 45, 90。

43 出自：Maurice Isserman and Michael Kazin, *America Divided: The Civil War of the 1960s* (New York: Oxford University Press, 2008), 57. Joe Kennedy Sr. is quoted in David Burner, *John F. Kennedy and a New Generation* (Glenview, IL: Scott Foresman, 1988), 10。

44 捍衛尼克森的人堅稱，尼克森只在私下說這句話。出自：Frank Gannon, "The Pink Lady Revisited," post at nixonfoundation.org, November 22, 2009。

45 出自：EB, *The Ninth Wave*, 214-15。

46 出自：同上，216。

47 出自：同上，218-19。

48 出自：Oscar Godbout, "The Ninth Wave' Bought for Film," *NYT*, July 12, 1956。該書已完成，原訂於1956年春季發行，但為增加通路行銷，延後於秋天出版。請參閱：Burdick to Paul Brooks, December 21, 1955, and Burdick to Wallace Stegner, December 30, 1955, Wallace Stegner Papers, Special Collections, J. Willard Marriott Library, University of Utah, Box 12, Folder 51。

49 出自：Hedda Hopper, " 'Ninth Wave' Aimed at Brando, Sinatra," *Los Angeles Times*, July 12, 1956。

50 出自：Hedda Hopper, "Sinatra Will Costar in 'Solo' with June," *Los Angeles Times*, October 16, 1956。

51 出自：ELG & Co. to Thomas K. Finletter, November 18, 1955, Stevenson Papers, Box 2, Folder 9。

52 出自：AS, "Adlai Ewing Stevenson II," *American National Biography*, published in print in 1999; published online in February 2000。

53 出自：Josephine Baskin Minow and Newton N. Minow, *As Our Parents Planted for Us, So Shall We Plant for Our Children: A Family Memoir* (Chicago: J. B. Minow, 1999), 71-72。

54 出自：Adlai E. Stevenson, *The New America*, ed. Seymour E. Harris, John Bartlow Martin, and Arthur Schlesinger Jr. (New Yorker: Harper & Brothers, 1957), xiv。

55 有個有趣的觀點，請參閱：Ball, *The Past Has Another Pattern*, 136。

56 出自：Earl Mazo, "Stevenson Favors Going Slow on Desegregation," *New York Herald Tribune*, February 8, 1956. Seymour Korman, "Adlai Loses Adherents After Both Speak," *Chicago Tribune*, February 6, 1956。

57 出自：Isserman and Kazin, *America Divided*, 41。

58 出自：Stevenson, *The New America*, 5。

59 出自：同上，6。

60 出自：Packard, *Hidden Persuaders*, 197。

61 出自：Blake, *Liking Ike*, 141-42。

62 出自：ELG & Co. to the New York Committee for Stevenson-Kefauver, September 11, 1956, Stevenson Papers, Box 2, Folder 9。他還在俄勒岡州開刀。請參閱：ELG & Co., New York-San Francisco, "A Report on the Oregon Primary Campaign," 1956, Stevenson Papers, Box 2, Folder 9。

63 出自：Packard, *Hidden Persuaders*, 6, 21-22, 29。

64 出自：Aldous Huxley, B*rave New World Revisited* (New York: Harper & Brothers, 1958), 59, 69-71。

65 伯迪克讓計畫白皮書在選戰高層和投票行為專家的小圈圈之中廣泛流傳。這群讀者閱讀熱烈，討論度高。拉斯威爾恭喜伯迪克時，說他用「一篇報告打開知名度」。出自：Harold Lasswell to EB, November 23, 1955, Burdick Collection, Box 57, Folder "Voting Continuities Volume Correspondence, 1955"。

66 標竿性研究為：Angus Campbell, Philip E. Converse, Warren E. Miller, Donald E. Stokes, *The American Voter* (Chicago: University of Chicago Press, 1960)。關於該研究，最有影響力的摘要和分析為：Philip E. Converse, "The Nature of Belief Systems in Mass Publics," in *Ideology and Discontent*, ed. David E. Apter (New York: Free Press of Glencoe, 1964), 207-60。也請參閱："The Perfect President," *This Week*, January 1, 1956. EB to William A. Becker, November 15, 1955, Burdick Collection, Box 117, Folder "Presidential Papers, 1956"。

67 出自：EB, "How You'll Vote in '56," *This Week*, May 13, 1956。

68 伯迪克的採訪對象和筆記出處：Joseph Houghtelling, 1956, Pool Papers, Box 187, Folder "Stevenson 1956 Campaign"。

69 出自：EB [with Harold Lasswell and Paul Lazarsfeld], Planning Paper #1, Stevenson Papers, Box 15, Folder 112。伯迪克編輯投票行為的文集時，也曾順便向史蒂文森邀稿。出自：EB to William Blair Jr., September 1, 1955, Stevenson Papers, Box 15, Folder 11。

70 出自：EB [and four others], "The Pattern of Governor Stevenson's Speeches: Analysis and Recommendations," Planning Paper #3 [undated but 1955], Burdick Collection, Box 53, Folder 4。史蒂文森的顧問團回覆時語帶關切。其中一位寫道：「只要我們和你的報告沒有交集，大家就不會反對你目前的研究。我真的希望完全別讓外界知道我們有被徵詢意見。」另一位希望伯迪克不要傳閱他的報告，以免記者報導，讓史蒂文森難為情。出自：William Blair to EB, September 23, 1955, Stevenson Papers, Box 15, Folder 11。有人回覆：「關於你對馬米·克拉克、杜魯門和艾森豪的觀察，我認為傳出去會很危險。可能會有人複製後，流到有心人士的手上，其他人會看到裡頭的輕率言論。或者說，會有記者得知，導致史蒂文森陣營菲常尷尬。」出自：William Rivkin to Eugene Burdick, July 13, 1955, Stevenson Papers, Box 15, Folder 11。

71 出自：EB to Dear _____, undated but before August 15, 1955, Burdick Collection, Box 117, Folder "Presidential Papers, 1956"。

沉靜的美國人
The Quiet American

也許，我早該發現他眼中那道狂熱光芒、他對特定稱呼的快速反應，
以及數字帶來的神奇感受，例如「第五縱隊」、「第三勢力」、
「第七日」這些詞彙……那麼我們大家都能省下很多麻煩。

——1955年，格雷安・葛林（Graham Greene），

《沉靜的美國人》（*The Quiet American*）

伊塞爾・德・索拉・普爾坐在MIT研討會的主位。

1950年，普爾時年33歲，12月7日珍珠港事件週年紀念日這天，個性溫和、說話輕聲細語的他，在中午過後不久，來到華盛頓的國防大廈（National Defense Building）2E832室，參加工業就業審委會的會議。這棟建物為戰時所建，原址為舊飛行場，也是貧民窟，名為「地獄深淵」（Hell's Bottom）。建築由五個面、五層樓和五處翼部組成，構成五角形，即世人所知的五角大廈。

他在23頁的白紙打上自己的演講詞，接著又塗塗改改，添句刪字，用一道道黑色墨水全面刪除好幾段。他將散文寫得像詩：

> 我現在不是
> 　　　也向來不是
> 　　　　　蘇聯共產黨
> 　　　　　　　的黨員
>
> 或是蘇共的
> 　　　信奉者
> 我從未
> 　　也向來不會
> 　　　　　效忠任何外國政府
> 　　或任何政府機關
> 我唯一的國家效忠對象
> 　　　　　現在是，也向來是
> 　　　　　　　美利堅合眾國
>
> 我憎惡共產主義
> 蘇聯政府

是道德敗壞、

　　殘酷

　　　邪惡的

　　　　反動獨裁政權

　　普爾是瓜子臉，頂著一頭短捲黑髮；身形瘦長，眼神堅定不移；聲音
緊繃，講話急促、輕快。[1] 他花了將近兩年才獲得這次聽證會的機會，
因此決心善加把握時機。普爾很緊張，這倒無可厚非。他通過安檢時遭拒，
遭懷疑是共產黨員；這場公聽會是他可以證明自己忠誠，對判決上訴的唯
一機會。普爾打開資料夾，裡面的檔案有親自打字的聲明，因此他知道重
點，念誦的時候可以自己掌握抑揚頓挫。

　　和平

　　　自由

　　　　我們國家的存亡

　　　　　　永遠是未定之天

　　　　直到稱為蘇維埃的這隻巨大怪物

　　　　被掃出這個世界

　　　　　　最好是從內部

　　　　　　　　但如果需從外部，又何妨。[2]

　　普爾之後贏了上訴。1950年代，他在五角大廈內一戰成名。普爾任
職愛德華‧格林菲公關公司時，幫忙史蒂文森陣營打1956年總統選戰。
隨後於1959年，和格林菲共同創立析模公司。二十世紀中葉，美國行為

科學家除了研究政治活動，也會分析軍事活動。身為量化行為科學家，普爾為析模公司貢獻長才，那是他先前從事國防分析時習得的專業技能。

而之後，過了數十載，普爾將面對另一場聽證會，屆時麻省理工學院（MIT）學生將會大量張貼印有普爾肖像的油印海報，指控析模公司「密謀……使用電腦來壓制政治反抗運動，其中所含的資料檔案牽涉的不僅有海外的革命運動，也涉及美國學運、黑人起義、罷工等活動」。[3] 抗議的MIT學生指控普爾的罪名倒不是共產主義者，而是戰犯。[4]

這樣的未來，在1950年時並未預測到，當時「保防國家」（national security state）概念興起[5]，要求學者和科學家表態效忠國家，並為國家發展科技。而未來確是照著此方向發展，如同列車離站，啟程奔馳。

■ ■ ■

冷戰的發生，扭轉了美國各大學的辦學目的和目標，進而改變了知識的進程。這始於1947年，當年美國通過了《國家安全法》（National Security Act），法案確立了參謀長聯席會議（Joint Chiefs of Staff），創建中央情報局（CIA，Central Intelligence Agency）和國家安全委員會（National Security Council）；戰爭部（War Department）不久後也改名為國防部（Department of Defense）。這些運作的基礎認為美國要維持國家安全，需要在承平時代投入前所未有的大量軍費。國防部的研發預算因此驟增，而多數經費流向研究型大學（現代的研究型大學由聯邦政府成立），其餘用於智庫單位，包括分析未來趨勢的蘭德智庫。之後的世界，人類發明了新型飛機、新型炸彈和新型導彈；之後的世界，人類也發明了心理戰的新工具，也就是大眾傳播的行為科學。

　　為了替旗下的社會科學部招兵買馬，1947年時，蘭德智庫在紐約舉行會議，部長拉斯威爾也親自出席，會後便延攬了普爾。[6] 蘭德智庫可能有意要普爾加入一支最高機密的研究小組，這事迅速獲得國家安全委員會核准。[7] 然而，這一波延攬有個條件：「要能搞定資格審查」。[8] 普爾若為蘭德智庫服務，將受託處理機密軍情資料，因此必須通過國安資格審查才能獲聘。

　　蘭德智庫維繫名聲的運作方針是：國家安全取決於知識份子的專業。保防國家要能運作，需要知識份子同意在祕密狀態下執行業務。蘭德智庫總部戒備森嚴，設下重重安檢關卡，包括所有出入口都有保全人員，訪客也必須全面配戴識別證。要申閱最高機密文件，僅能由單一最高機密單位經手，並且人工親自簽核。訪客或顧問若未通過最高機密資格審查（如保羅・拉扎斯菲爾德等人），會分配至獨棟建物，稱為「隔離室」（Isolation Ward）。[9] 普爾則必須在主建物工作。為此，他必須使國安審查委員相信，他不是共產黨員。

　　委員會以信件告知普爾：「你和多名已知的共產黨黨員關係匪淺，並且支持他們。我說的這些黨員就是你的父母大衛・德・索拉・普爾（David de Sola Pool）夫婦。」[10] 1950年的這一天，普爾來到五角大廈，面對審查委員，他原本打算要說自己讀信時的感受：他讀信時納悶，委員是否要他要和自己的雙親切割？

　　　　不用說，當我讀到那些針對我的指控時

　　　　　　　　　　　　我很生氣

　　　　當我聽到父母遭受汙衊，我很憤怒

頭腦冷靜後，他修改了文章的大半：

我理解你有權致電請我來此處
並且全面質問我
我打算盡量全面配合

之後他似乎想到更好的主意，而刪掉整段。〔11〕

普爾的雙親為猶太教拉比，父母輩好幾代人學養深厚，一直可追溯到中世紀西班牙。父親大衛・德・索拉・普爾出生於倫敦，在紐約主管猶太教正統派席若斯以色列會堂（Shearith Israel）。大衛是傑出的學者和翻譯家，擁有德國海德堡大學古代語言博士學位，是美國最重要的塞法迪（Sephardic）拉比。他也是政治運動家。1950年代，他曾說：「猶太教這個我們信奉的宗教，是為全人類尋求救贖。我們的猶太聖經注重全人類的社會正義，而非只是神祕地尋求個人救贖。」〔12〕普爾的母親塔瑪爾（Tamar）為語言學者，出生於耶路撒冷，父母之一也是拉比。普爾是獨子，出生於1917年，他的名字「伊塞爾」的涵義和徵兆、語言有關，在猶太聖經中出現兩次，一次是在〈尼希米記〉（Book of Nehemiah），一次在〈箴言〉（Book of Proverbs）。〔13〕

普爾小時候有讀寫障礙。有老師試著向他的父母說明他的情形時，曾經比喻：想像在讀寫時將「普爾一家人」顛倒成了「爾普一人家」。父母喜愛語言，身為愛子的普爾講話卻結結巴巴，童年過得很煎熬。〔14〕普爾愛的，反而是數字。

普爾原本想告訴審查委員：「我和他們的政治觀點沒有完全相同。他們支持猶太復國主義，而我反對。」還有，「他們之前可能遭共產陣線欺

騙，並在一些場合窩藏共產黨員。」但他很確定父母本身不是共產黨員。他寫道：「我的雙親如果是共產黨員，聖雄甘地就會是聯盟俱樂部酒店（Union League Club）的常客。」他又將這些敘述全刪了，決定問答時見招拆招就好。[15]

他面臨的第二項指控更難回答：「你曾經加入多間共產主義陣線（Communist Front）組織，也就是美國公民自由聯盟（American Civil Liberties Union）、青年社會主義聯盟（Young Peoples Socialist League）、美國學生聯盟（American Student Union），以及消費者聯盟（Consumers Union）。」[16]這些指控都所言不虛。

普爾早熟、聰慧；他甚至克服了自己的讀寫障礙。就讀紐約菲爾斯頓學校（Fieldston School）時，他寫過一篇以十年級生而言銳利、詭奇的自傳性文章，內容提到：「《浮士德》講述的生命故事，是分裂的人格為了尋找生命意義和目標而掙扎。」[17]普爾在16歲時成為社會主義者。

我想要
　　對各位
　　　大致說明：
第一，關於我從前如何成為社會主義者
第二，關於我後來如何不再信社會主義
第三，我當時如何看待共產主義
第四，我認為這和國安有何關係

他說，是大蕭條讓他走上這條路的。普爾說明：「每個月，排隊領發配食物的隊伍愈來愈長。有一說法是，除非這個配送制度改變，否則大家

只會愈來愈悲慘。我不意外自己當時相信這個說法。」普爾從前參加青年社會主義聯盟與美國公民自由聯盟，後者幾乎不算是共產主義組織。希特勒開始掌權的1933年，他進入芝加哥大學，修習拉斯威爾教授的政治學。在當時，他還是社會主義者。

1936年夏天，普爾修完大三課程，前往墨西哥。不久，墨國提供庇護予逃亡的蘇聯革命家利昂・托洛斯基（Leon Trotsky）。他針對無產階級侃侃而談。[18] 而在德國，暴行開始了。[19] 普爾在芝加哥大學時，看著納粹宣傳部部長約瑟夫・戈培爾（Joseph Goebbels）崛起，決心投入研究大眾宣傳。1939年9月，德國入侵波蘭，並使用政宣機器指控波蘭才是侵略者；普爾當時修了「政黨和政治宣傳」這門課程。課程試題曾詢問：「試論研究政治行為的可能實驗方法。」、「國家的威權（authoritarian）理論，以及國家的極權（totalitarian）理論，兩者之間有區別嗎？」[20] 普爾看著極權主義興起，改變了對社會主義的看法。

他告訴審查委員：「1939年大戰在歐洲爆發後，我認為社會主義者必須支持同盟國，反對希特勒。」普爾的許多社會主義友人都是和平主義者——他認為這點站不住腳。

> 我開始發現這個社會太複雜，複雜到無法套用任何理想主義者的藍圖加以修補，哪怕這人有多麼理想主義。
>
> ⋯⋯
>
> 換句話說，人類不應試著扮演上帝。
>
> 我的觀察是，人如果想當上帝，便會走向狂熱主義、
>
> 　　野蠻主義，
>
> 　　　　以及暴政，這正是蘇聯發生的事。

　　沒錯，普爾曾經是社會主義者。他可能無法解套嗎？普爾為自己辯護時，引用了1940年共和黨總統候選人溫德爾‧威爾基（Wendell Willkie）的一段話。「威爾基談到自己的過往時，曾說：任何人在20歲時如果不是社會主義者，代表內心出了問題；任何人30歲時如果還是社會主義者，代表腦子出了問題。」[21]

　　早在這一年（1950）他來到華盛頓接受審查前，就有人問過他的觀點。珍珠港事變後，普爾想從軍，只是後來染上結核病，在他另尋他法入伍之際，拉斯威爾給他開了一道門。1941年，拉斯威爾在國會圖書館成立「戰時通訊研究實驗部門」（Experimental Division for the Study of Wartime Communications）。當時普爾還沒從研究所畢業，便加入該部門，透過量化分析字句來進行政宣。[22]這個「計算字句」（counting of words）的領域後來稱為「內容分析」（content analysis）。普爾在拉斯威爾旗下工作時，針對共產黨政宣展開內容分析，洗白自己的黑歷史。他特別針對蘇聯報紙分析字句，尋找趨勢。[23]無論普爾擔任任何種職務，當時想必曾有人質疑他為政府服務的正當性。之所以如此推敲，是因為1942年4月，普爾曾寫了總共二十四封題名為「敬啟者」的澄清信，試圖解釋「將本人過去和現在的政治觀點混為一談的許多例子」；據推論，質疑者的論點大抵都是想阻礙拉斯威爾，使他永遠無法聘請普爾從事公職。普爾在信中說明，他決心從事學術研究，而非革命，並且已在表達意見時更加低調。[24]於是從前激昂發聲的大學生，成了謹言慎行的研究生。

　　1942年9月，普爾接了位於紐約上州霍巴特大學（Hobart College）的政治學教職。科學家妻子與兩人的第一個寶寶喬納森（Jonathan）和他一起搬到紐約。次子傑瑞米（Jeremy）生於1945年；那一年，廣島和長崎遭原爆毀滅，二戰結束。普爾經任命為霍巴特大學社會科學院院長。[25]「暴

力激進份子想要壯大卻不引人注意，幾乎不可能。」普爾如此告訴審查委員。〔26〕他的聲明儼然夠合理，但在小鎮的一間小學校裡不知鬼不覺地教書，根本就是1946年奧森‧威爾斯（Orson Welles）的驚悚片《陌生人》（The Stranger）劇情，片中前納粹戰犯化名為「查爾斯‧蘭金」（Charles Rankin）。普爾說：「我在大學和城裡，別人都接納我，認為我是可靠、負責、愛國的公民。」查爾斯‧蘭金也是如此。那就是顛覆者的問題：滲透隱藏，對他們可是輕而易舉。

　　1948年，美國政府並未通過普爾的國安審查，蘭德智庫也將其解聘。而普爾無意在霍巴特大學教到退休。翌年，他申請留職停薪，在帕羅奧圖當地史丹佛的一間智庫「胡佛戰爭、革命與和平學院暨圖書館」（Hoover Institute and Library on War, Revolution and Peace）服務。在該智庫單位中，普爾和拉斯威爾以及另一位年輕學者丹尼爾‧勒納（Daniel Lerner），三人繼續戰前的研究工作。這次重啟研究採用新形式的專案，由卡內基企業資助，稱為「國際關係革命與發展」專案（RADIR，Revolution and the Development of International Relations）。專案用意是發展一種社會科學的雷達。雷達的英文「radar」為「radio detection and ranging」（無線電偵測和定距）的字首縮寫，是MIT的先驅研究項目。雷達偵測物體的動作，RADIR則偵測想法的變化。

　　普、拉、勒三人在史丹佛研究時，想發明一種意識型態的雷達，可以偵測政治動盪發生前的風吹草動。為便於理解，可將這種內容分析想像為Google Trends（谷歌搜尋趨勢）的早期版本，Google Trends也是在史丹佛發跡，為謝爾蓋‧布林與賴瑞‧佩吉的研究所研究成果。在一項研究中，普、拉、勒三人針對英、蘇、美、法、德等五國的大報，以「internationalism」（國際主義）和「security」（安全）類似字眼為為關鍵

詞，搜尋1890年至1950年間的社論，並進行計數和分類（即編碼），化為
416個政治符碼。拉斯威爾將符碼列表，勒納是編碼工作的主管，普爾則
分析結果，以期建立數學模型，最終打造了一個預測模型，用於分析「意
識形態」（民主和資本主義）和「反意識形態」（威權和社會主義）的歷史
關係。〔27〕他們想「找出革命的火苗」。三人研究的問題是：下一步會發生
什麼事？

便在此時，眾議院非美活動調查委員會（HUAC）都在「找出顛覆份
子」，會員還包括加州新科議員尼克森。普爾之父大衛的名字出現在1950
年3月的HUAC文件中，上頭有一串1948年芝加哥「美國保護國外出生者
委員會」（American Committee for Protection of Foreign Born）會議的贊助人清單，
而這間組織疑為共產黨側翼。〔28〕普爾通過國安審查的機會不但沒更大，
反而更加渺茫。當時，他理解到自己需要外部奧援。後來創辦《國家評論》
（National Review）的拉爾夫・德・托萊達諾（Ralph de Toledano）在當時是《新
聞周刊》（Newsweek）的編輯，普爾取得他的證詞，呈交予審查委員。他倆
結識的契機，可能源於在菲爾斯頓的就學經歷。〔29〕德・托萊達諾也去信
尼克森，為普爾的國安審查案請命，信中他告訴尼克森：「普爾的紀錄從
頭到尾都很乾淨；他向來反史達林。關於他的父母，事情就有點出入了。
他們不是共產黨員，但是他們和共產黨隨附組織有不良往來，而且牽扯很
深。如果因此將普爾註記為問題人物，那麼我也無話可說。我肯定的是，
普爾現在和父母幾乎沒有往來：父母在紐約，而普爾在加州。」〔30〕

審查來到尾聲，而普爾面對審查委員提出的論點，可歸納為他的個人
思維：社會主義者會誠實、公開地陳述本身信念；共產黨人則撒謊、搞顛
覆，並且隱藏自己的信念。普爾是誠實的人，曾信奉社會主義，但從未赤
化為共產主義者。他也不再是左派了。〔31〕

兩週後，普爾繳交自己的聲明，於是審查委員的判定翻轉，幫他夢寐以求的國安審查結果開了綠燈，文獻紀錄上寫著：「美國海陸空三軍撤回任何異議，不再反對聘用您從事涉及機密軍情的職位。」[32] 普爾去信尼克森致謝。[33]

普爾費了好大一番工夫，才通過國安資格和反共審查，往後的人生中，他將此事視若珍寶，好像那是他征戰沙場贏得的勳章一樣。索爾·貝婁（Saul Bellow）和普爾同在芝加哥大學就讀研究所，因而結識，兩人同樣服膺托洛斯基主義。普爾過世後，貝婁在《竊賊》（A Theft）這本小說中，為了紀念普爾，創了個名為「伊塞爾·瑞格勒」（Ithiel Regler）的角色。貝婁想必知道普爾先前國安資格審查不順一事。他在小說中安排了一個場景，其中瑞格勒經要求提供身分證明時，提供的是「五角大廈通行證」。貝婁死命地為這位瑞格勒的可靠性背書：「他才不會提供可能是機密的資訊。」瑞格勒在每位美國總統身邊都很吃得開：「只要他願意，他有本事和尼克森、詹森、甘迺迪或季辛吉，以及伊朗國王或戴高樂一起做『凱因斯在凡爾賽宮和同盟國一起做』的事情。」瑞格勒有些台詞很玄，像是：「蘇聯也好，美國也罷，都無法管理世界，也無法組織未來。」[34] 普爾不完全是瑞格勒，但是很像；他試著使用數字和數學模型來組織未來，讓人類行為更可預測。普爾認為，狂熱分子和法西斯主義者都在造神。後來，普爾以數字、趨勢、模型和預測運算，來落實自己的信念。

1950至1952年之間，國防部將預算從五億提高至十六億美元。1953年，艾森豪投入了稱為「新面貌」（New Look）的防衛戰略，戰略優先考慮武器要能精確瞄準，而非地面部隊。美國電子和航空業因此獲得資金挹注，經費也投入科技的高階研究，用於提高運算速度。1950年代中期，軍費支出接近聯邦預算的四分之三。[35] 國家科學基金會（National Science

Foundation）於1952年宣布，還需要投入十萬名科學人才；各大學因此拚命產出科學家。[36]

　　1951年，普爾得償夙願，通過國安審查，便辭去霍巴特大學的教職，回到胡佛智庫。他結識了伯迪克，相識地點可能在柏克萊附近，或者在史丹佛的會議上；伯迪克充滿魅力，活脫脫是詹姆士・龐德原著作家伊恩・弗萊明（Ian Fleming）筆下的人物。[37]不過，在史丹佛研究行為科學的前景是受限的。自由派知識份子可能認為：自由主義已在全球大獲全勝，但事實不然；史丹佛便是自由主義不算獲得實質勝利的地方。相反地，史丹佛是現代保守主義運動的許多搖籃之一。擁有美國前總統、工程師、史丹佛校友和胡佛智庫創辦者等多重身分的赫伯特・胡佛（Herbert Hoover），就不相信行為科學中他所謂的「松鼠籠經院哲學」（squirrelcage scholasticism）。[38]而且不是只有他這麼認為。1952年，年輕的（保守主義政治評論家）威廉・F・巴克利（William F. Buckley）便在《耶魯的上帝與人》（God and Man at Yale）一書中，發出類似的譴責。在保守派看來，行為科學帶有「新政」色彩。在麥卡錫主義盛行的1950年代，保守主義者指責行為科學的無神性質和「道德愚蠢」，指稱行為科學的技術專家政治（技術官僚）是一種社會主義的產物，由國家控制國民其人，甚至其心。[39]

　　保守主義者的批判可不僅止於此。他們會回顧過去，尊崇過去。巴克利於1955年發表於《國家評論》中的文章，有句話十分有名：「保守派是那種會站在歷史洪流前大喊『停下』的人。」[40]而行為科學展望的是未來。對保守派來說，這正是象徵其自由主義。

　　普爾另覓新東家：MIT。1949年，蘇聯干擾以蘇聯為目的地的無線電傳輸時，美國國務院為了解決「如何將訊息送入蘇聯」的問題，曾求助於大學研究人員。1950年，「TROY專案」應運而生，由MIT、哈佛和蘭

德智庫等單位的學者通力合作。專案提議採取一系列科技手段，要「在鐵幕上打洞」。MIT同樣以此為目的發展心理學分析法，因此於1952年成立國際研究中心（Center for International Studies），經費來源為福特基金會和CIA。中心所長為TROY專案的馬克斯‧密立根（Max Franklin Millikan），先前於CIA擔任副主任。翌年，密立根委託普爾帶領該中心新推出的「國際通訊計畫」（International Communications Program）。先前和普爾共事的勒納也來到MIT。[41]

由於普、勒二人離開胡佛智庫，帕羅奧圖沒了行為科學研究團隊，後來是行為科學高等研究中心於隔年成立後，才填補這一塊研究缺口。[42]到了1959年，胡佛重新定位胡佛智庫這間同名機構為保守派的智庫。新編方針上指出：「胡佛智庫的成立目的，是透過研究和出版刊物，來彰顯馬克思學說的邪惡。」[43]

許多二十世紀中葉的美國行為科學家和馬克思切割，向佛洛伊德理論拋媚眼。他們投身於精神分析，此舉使各自婚姻彷彿遭到病毒感染。他們愛女人；他們覺得女人噁心；他們討厭女人；最後和女人離婚。普爾接受精神分析後，拋下妻子與兩名幼子。接受MIT聘書後，他訪問了芝加哥大學，其間認識了主修心理學的博士生琴‧麥肯錫（Jean MacKenzie）。當時琴剛寫完博士論文，探討研究型科學家在企業實驗室扮演的角色。[44]琴很高興普爾已經接受了精神分析[45]，琴改信猶太教，於1956年3月和普爾步上紅毯。[46]析模公司所有人員的婚姻中，就屬他們兩人的感情最穩。

索爾‧貝婁很喜愛「女人對男人耽溺迷戀」這檔事，後來也將瑞格勒刻劃為令女性無法自拔的角色。[47]貝婁的小說中，有位女性曾這麼說：「十分滿分的話……他是十分。午餐時刻，瑞格勒來到城裡，我一看到他就開始為他融化，他常常撫摸我的臉頰，讓我高潮。光是他和我說話的時

候，我就可能高潮。甚至看到他上電視，或只是聽到他的聲音，也可能高潮。我認為他不知道，無論如何，瑞格勒不希望傷害、干擾、支配或剝削──這些不是他的風格。」〔48〕貝婁筆下的女主角就像他筆下的所有女性，「不過問政治，不提出任何問題」。而瑞格勒工作的機密性質為他徒增魅力。「他的工作愈是神祕，女方對他愈是傾心。力量、危險、神祕，這些特質為他增添性感韻味。」在女方位於曼哈頓的公寓內，她只穿著一雙木底鞋，全身赤裸，為瑞格勒烹調餐點，只見「瑞格勒身體攤在床上，研究他的機密文件，內容淨是禁止公開的資訊。」〔49〕以下敘述比較無法形容普爾，而更像是貝婁的幻想場景：在床上伸著懶腰，處理極度重要的工作、敏感文件、禁忌的事實，看著女人在廚房全裸為他備餐。不過，這倒不僅是貝婁的幻想，也是整個世代的幻想。

▌ ▌ ▌

　　普爾在五角大廈內影響力上升的那幾年，美國發揮對於全球的主導力。1950年，普爾致信當時是新科參議員的尼克森，感謝他協助通過國安資格；信中，他敦促尼克森要給共產黨迎頭痛擊，特別在海外加強打擊力度。普爾告訴尼克森：「共產黨會趁隙追擊，我們也要以其人之道，還治其人之身。如果我們抽手，他們早晚會從全球各地集中所有力量，打擊我們。」〔50〕

　　目前，共產主義可能取得優勢的地方不是歐洲，反而是人民脫離歐洲帝制、正在建立新國家的地方。有些可能赤化，和蘇聯、中共勾結；其他可能是資本主義，和美國結盟。五角大廈會判斷最需要在哪些地方打擊共產主義擴張，在該處投入美方資金。1949至1952年間，美國外援有四分

之三提供給歐洲；到了1953至1957年間，外援的四分之三流向歐洲以外。其中許多流向東南亞。

1951年，麻州聯邦眾議員約翰・甘迺迪與其胞弟羅伯特・甘迺迪（Robert Kennedy）前往中東和亞洲，為期七週。約翰・甘迺迪有意參選參議員，羅伯特・甘迺迪後來幫胞兄打選戰。命運使然，他們也在越南停留。越南先前在二戰結束時宣布自法國獨立，不過法國拒絕承認越南獨立。小羅斯福曾於1944年寫道：「法屬印度支那的事情昭然若揭。法國壓榨那裡有一百年了。法屬印度支那的人民有權利獲得更好的待遇。」〔51〕然而1951年時，法國為了奪回政權，對抗胡志明帶領的軍隊，美國違反了小羅斯福的「堅決反殖民」承諾，對法國提供援助。〔52〕

倘若行為科學家能在1950年代準確預測一切，許多苦痛都能避免。戰事帶來怎樣的未來？美國軍費斥資並未名正言順，到頭來只是徒勞。法國縱使獲得25億美元的援助，仍於1954年奠邊府戰役中敗陣，之後於日內瓦簽訂和平協議，以北緯17度線為界將越南一分為二。北越實行共產主義，由胡志明領導；南越則由 廷琰帶領。 廷琰為天主教徒，愛國主義者，獲得美國支持。雙方預計兩年後舉行南北越統一的投票，而計畫永遠只是計畫。 廷琰反而宣布南越為共和國，之後南北越爆發戰爭。在這場一路打到1975年的越戰，美國最初只提供顧問，後來提供空中支援，接著派出海軍陸戰隊，最後派遣士兵。戰爭結束時，奪走了五萬八千名美國人和三百萬名越南人的性命，其中兩百萬人為平民。

1955年，格雷安・葛林（Graham Greene）在法屬印度支那當地為《倫敦時報》（London Times）撰寫報導，之後在《沉靜的美國人》（The Quiet American）這本小說中，對於法國殖民主義和美國關於越南政策的建議，他感到同樣哀痛。書中有位老練的英國平面記者前往西貢工作時，看到名

為奧爾登・派爾（Alden Pyle）的特務抵達越南後死於當地。在這故事中，關於美國在當地扮演的角色，派爾自始至終都受到矇騙。派爾很像普爾，角色原型是葛林於1951年在西貢認識的一位美援人員。根據葛林的旁白角色觀察，「派爾非常認真，聽他談論遠東的事令我很痛苦，他對遠東的了解雖已有數個月，但我可是已有數年。民主是他的另一個主題。對於美國在世界上所做的事，他大肆批評了一番。」

外界常認為派爾的角色原型是愛德華・蘭斯代爾（Edward Lansdale）上校。蘭斯代爾原先是廣告界高階主管，後來轉任中情局心理戰專家。他既不懂法語，也不通越南話，但還是在1954年赴越南支援親美派的政府，打擊越共。作者葛林否認兩者有任何關係，他堅稱這個解讀很大程度是蘭斯代爾的觀點──蘭斯代爾藉由宣稱「派爾的原型為蘭斯代爾」，來譴責葛林的反美主義，並拉抬自己成為文學名人。實際上，葛林和蘭斯代爾相識於1954年的越南。[53]再怎麼說，派爾年紀較小，也更天真。文獻如此形容：「我生平第一次認識這種出發點很好卻製造很多麻煩的人。」另外，派爾比蘭斯代爾更愛啃書。[54]有一次，書中兩位男性為了名為「鳳」的越南女性爭風吃醋，第一人稱的主角因此來到派爾的公寓，端詳了派爾的書架：《紅色中國的發展》（*The Advance of Red China*）、《民主面對的挑戰》（*The Challenge to Democracy*）、《西方的角色》（*The Role of the West*）。[55]這些書如果在普爾的書櫃上出現，也不突兀。

∎ ∎ ∎

《沉靜的美國人》於1955年出版，這年身為國防領域知識份子的普爾，為紐約廣告人格林菲擔任顧問。兩人或許早在1950年就認識了，當

年格林菲在耶魯，曾短期修習拉斯威爾的課。普爾想必在那年和拉斯威爾密切聯絡，請拉斯威爾協助他通過國安審查。而格林菲和普爾除了都認識拉斯威爾，還有很多交集：他們在世代與宗教上屬於同一族群，年輕、有志氣、猶太裔，未參加二戰；均曾改變信念，原先是猶太教徒，後成為自由派。

於1955年12月，格林菲以紐約愛德華・格林菲公關公司的身分向普爾匯報：「昨晚的聚會對凝聚團隊很有幫助。」[56] 格林菲認識拉斯威爾，也認識伯迪克，儼然沒有不認識的人。普爾對匯報內容感到著迷，開始做起功課，探討這門嶄新的研究領域。一般人會認識幾個人？兩個人之間，會有多少共同認識的人？透過幾個人，能讓不相干的人產生連結？這個世界有多小？

「假設甲認識乙，那麼乙認識甲社交圈中n個人的機率是多少？」普爾自問自答，「我的第一個直覺是，也許可以套用對數關係。」「假設甲認識乙，且甲認識丙，則乙認識丙的機率」在數學上的概念是模糊的。但是，如果「甲不認識乙，但兩人有共同朋友」的可能性有多高呢？[57]

格林菲收集人才，普爾收集數據。普爾開始列出所有熟人，包括儼然認識所有人的格林菲。普爾接著將清單送往全美各地，詢問是否有共同認識的人：「如果你認識這個人，請在此處打勾。」他也定義了何謂「認識」：如果你在街上巧遇「曾經就讀芝加哥大學和耶魯法學院，現於紐約從事公關業的愛德華・格林菲」，你認得出他嗎？你會打招呼嗎？格林菲會認識你嗎？[58]普爾分析回傳的數字，著手計算機率。他繪出數據，並且想到用一個功能來敘述這個圖形。接著，他利用這個功能來推斷數據以外的意義。普爾設想了一個理論，他稱為「社群網絡」（social networks）理論[59]——後來，該理論成了所有社群媒體公司的運作基礎，包括臉書和推特。

∎ ∎ ∎

1956年6月5日，加州將舉行初選，史蒂文森非贏不可。這一年，愛德華・格林菲公關公司在舊金山設據點，評估認為史蒂文森贏面大。早在4月初，格林菲便草擬新聞稿，要宣布史蒂文森取得加州初選勝利。新聞稿第一句是：「過去二十四小時以來，美國人民以壓倒性差距，票選史蒂文森作為他們的民主黨總統候選人。」〔60〕同一時間，普爾和伯迪克還在執行研究。

普爾教他的加州志工團隊在家戶拜訪敲門時要說：「我來自史蒂文森總統競選總部。」並且表明：「史蒂文森想知道選民有什麼想法。他要選的總統職位代表全體美國人民，但像他處於這個位子的人，畢竟很難確切知道人民的感受。」接著發出問卷，之後普爾將答案輸入至打孔卡。〔61〕

在加州，伯迪克團隊則深入訪談百名政治「菁英」。普爾和團隊志工對750位選民施測。在洛杉磯選情報告中，他們的結論是「史蒂文森失去了黑人和其他少數族群的支持，這是他迫切需要的票源。」〔62〕他們於5月13日將最終報告寄給格林菲。他們提出的選戰建議中，當務之急為民權議題：「不要誤以為民權和去除種族隔離的議題只有對黑人才重要。」〔63〕

6月5日加州初選，史蒂文森以對1,139,964票對上680,722票，拿下62.6％的選票，擊敗田納西州參議員克佛威。〔64〕克佛威退出選戰。愛德華・格林菲公關公司的社會科學部宣稱功勞在己。

1956年，民主黨全代大會在芝加哥南邊的國際露天劇場召開，史蒂文森四年前同樣於此接受黨提名。戈爾・維達爾（Gore Vidal）舞台劇《絕世好男》（The Best Man）的場景也設定為民主黨全代大會，劇中有一位總統候選人威廉・羅素（William Russell），毫無疑問，這角色就是以史蒂文森為

原型。電影版中,羅素由亨利·方達(Henry Fonda)飾演,他永遠在引用莎士比亞、舊約聖經和英國政治人物奧利弗·克倫威爾(Oliver Cromwell)的字句。記者也好,選民也罷,對此都一頭霧水。羅素不喜歡蓋洛普民調,他說:「管它準不準,我就是不相信民調。」他不喜歡搞廣告的人,還大喊:「我從政,就是想改變這個!」他性喜挑剔、堆砌詞藻,而且措辭晦澀。

羅素

議員,什麼是自由派?

(羅素走向斜對面的臥室,拿起辭典,回到客廳,翻書)

卡林

(呻吟聲)

然後,我以為艾德利·史蒂文森是討厭鬼。

當然,維達爾筆下的「絕世好男」以敗選收場。[65]

1956年,民主黨全代大會上,史蒂文森本人幫甘迺迪安排提名演講;當時39歲的甘迺迪是政治新星,聲勢看漲。史蒂文森的文膽起草講稿,但甘迺迪不採用,他在助理泰德·索倫森(Ted Sorensen;全名Theodore Sorensen〔西奧多·索倫森〕)協助下,親自撰稿。[66]站在以花飾妝點的講壇上,他說:「在千篇一律的競選承諾、枯燥演說和琅琅上口的標語之外,還有東西是全新的,是與眾不同的,是某種優質、美好的東西,也就是努力訴說真相的競選和候選人。四年前,美國民眾第一次看到了這樣的人,聽到了這樣的人,並且欣賞這樣的人。」[67]

1952年時,史蒂文森是張與眾不同的新面孔;而到了1956年,他已

不具新鮮感。即使克佛威退出，史蒂文森也未必篤定獲得提名。1952年時，杜魯門支持史蒂文森，但這屆他支持未投入任何初選的艾弗瑞·哈里曼。所幸對史蒂文森而言，杜魯門的背書效果已經大不如前。史蒂文森於第一輪投票中勝出，他無意再次搭檔支持種族隔離的約翰·斯帕克曼。甘迺迪希望史蒂文森提名他擔任副手，但史蒂文森覺得他先前幫甘迺迪捉刀寫提名演講的稿子，已是大恩大德。史蒂文森沒有提名甘迺迪，而是做了一件創舉：將副總統的選擇權交給了黨代表。此舉使他對選舉的投入更加發揮民主精神。他原先幾乎篤定甘迺迪會勝出，沒想到黨代表選了克佛威。為此甘迺迪對史蒂文森一直耿耿於懷，而放不下的還有羅伯特·甘迺迪。他是約翰·甘迺迪的胞弟，也是最親近的策士，為胞兄提供最強有力的援護。羅伯特以愛記仇聞名，他認為哥哥遭史蒂文森擺了一道。[68]

史蒂文森在接受提名的演講中，以「新美國」（New America）作為號召。他對著寂靜的廳堂說：「我說的是脫離貧窮，生活富足，每個家庭都安居樂業的一個新美國；朋友們，身處這個新美國，無論種族、信仰或經濟情況如何，每個人都享有貨真價實的自由；有個陳舊的觀念是『人能靠互相殘殺來解決分歧』。新美國能永遠對抗這個觀念。」[69]

史蒂文森想要打造新美國，但以候選人而言，他可不新了。1956年，很多美國人對史蒂文森仍有點反感。他的演說措辭華美，但演講方式讓人提不起勁。史蒂文森發表提名演說後，歷史學家小亞瑟·史列辛格有次碰到《華盛頓郵報》發行人菲爾·格雷姆（Phil Graham）。格雷姆說：「跟你說，在史蒂文森開始演講前，我還以為民主黨真的有機會勝選。」[70]

針對普選，史蒂文森點名喬治·鮑爾主導公關業務，此舉顯然不太合邏輯，畢竟1952年時，將艾森豪的廣告稱為「玉米片選舉」的人，就是鮑爾。鮑爾認為這項委託在羞辱他。[71] 史蒂文森這一次倒是同意在一系列

電視廣告上露臉。然而，這些廣告非常「反電視」，用意是警告美國人，勿相信在電視上看到的所有東西。其中一支廣告的拍攝地點為史蒂文森位於伊利諾州利伯蒂維爾市（Libertyville）宅邸的書房，汗牛充棟。廣告一開始，有位燈光師突然折斷一塊板子，露出的畫面中，只見相機和纜線擺放雜亂；此一創作性場景納入電視拍攝的所有要素。史蒂文森推出的這部電視廣告，是在指控電視。他將觀眾的注意力拉到場景中的人工物，說著：「我希望你能看到房間裡還有什麼。除了相機，這裡還有電燈，地上一堆纜線。」[72] 廣告積極呈現後現代風格。

另一方面，艾森豪的所有選戰幾乎都用電視打。1955年秋天他心臟病發作，隔年春天接受腸阻塞手術，這使他幾乎無力跑選舉行程。[73] 共和黨的策略是建立「政治捕鼠器」：也就是以靜制動，讓史蒂文森大談特談，等待他最終自爆。[74]

對於愛德華·格林菲公關公司社會科學部提供的選情報告，如果史蒂文森團隊有注意當中的內容，很難講他們到底注意多少。一方面，史蒂文森似乎把建議當耳邊風，並未加強自己針對民權議題的立場或文字內容。另一方面，他似乎有聽進建議。除了公民權利，愛德華·格林菲公關公司報告中建議史蒂文森的團隊：「其他議題本身都相對不重要。」[75] 也許，史蒂文森對此了然於胸。政治評論者稱他為「沒有議題的候選人」。[76]

蛋頭族群還是愛死了史蒂文森，但人數有限。結果艾森豪大獲全勝。1956年11月大選，6,100萬選民中，艾森豪拿到3,700萬張票，贏下48州中的41州，包括加州。史蒂文森所贏的每一州，都是過去美利堅邦聯的一部分。[77] 民主黨贏了支持種族隔離的南方州，其他州全面敗北。[78] 雖然拿下參眾兩院的優勢，但身為全國性政黨，民主黨看來分崩離析。南部白人民主黨員表示若黨要爭取民權，那麼他們會持續以退黨相脅。不過

若不打民權議題，民主黨無法再次入主白宮。

　　格林菲不但滿腦子理想，也滿腦子想法，他判斷民主黨需要奇蹟，而他有意提供奇蹟[79]；為此，他需要更多人才。他有意打造一台機器。有時候他稱這台機器為「Issues UNIVAC」（議題處理通用自動計算機），有時候稱之為「Voting Behavior Machine」（投票行為機器）。這台機器要能用超快速度分析數字，針對每一場所、州、郡、選民、議題，告知候選人採取特定立場的結果。這台機器必須蓄勢待發，面對1960年總統大選。格林菲知道，要打造這台機器，他需要的是曠世奇才，一位電腦高手。

註釋

1　普爾的聲音可於以下網址聽取：http://americanarchive.org/catalog/cpb-aacip_15-1615f3mm。

2　出自：IP, Statement to the Industrial Employment Review Board, December 7, 1950, Pool Family Papers。

3　出自：MIT SDS, "Wanted for War Crimes, Ithiel de Sola Pool," 1968, MIT Institute Archives and Special Collections, Science Action Coordinating Committee Records, Box 2, Folder 76。

4　譯註：本段發展詳見第十章。

5　譯註：「保防國家」亦直譯為「國家安全國家」。由於美國建國到二戰以後，國土才面臨實體攻擊的威脅，因此興起此一概念，即為追求和平而備戰，發展國安設施。

6　出自：Bessner, *Democracy in Exile*, 141-46。

7　出自：Allan A. Needell, "'Truth Is Our Weapon': Project TROY, Political Warfare, and Government-Academic Relations in the National Security State," *Diplomatic History* 17 (1993): 399-420。

8　出自：Joseph M. Goldsen (RAND), to IP, April 28, 1948, Pool Family Papers。

9　出自：Bessner, *Democracy in Exile*, 148-49。

10　出自：Francis M. Wray (Industrial Employment Review Board) to IP, November 3, 1950, Pool Family Papers。

11　出自：IP, Statement to the Industrial Employment Review Board, December 7, 1950, Pool Family Papers。

12　出自：Marc D. Angel, "Rabbi Dr. David de Sola Pool: Sephardic Visionary and Activist," https://www.jewishideas.org/article/rabbi-dr-david-de-sola-pool-sephardic-visionary-and-activist。

13　出自："Tamar de Sola Pool, 90, Author and Former Head of Hadassah," *NYT*, June 2, 1981。塔瑪爾職場上是語言學者，在家中也克盡母職。孩子滿周歲時，她一一列出小孩已經學會講的話，像是「請給我奶油」，以及「我看到你」。出自：Tamar de Sola Pool, "Ithiel's Vocabulary," December 23, 1918, Pool Papers, Box 180, Folder "Ithiel's Childhood"。

14　出自：亞當・德・索拉・普爾（Adam de Sola Pool），作者訪談，2018年5月19日。

15　出自：IP, Statement to the Industrial Employment Review Board, December 7, 1950, Pool Family Papers。

16　出自：Francis M. Wray (Industrial Employment Review Board) to IP, November 3, 1950, Pool Family Papers。

17　出自：IP, "Faust," Pool Papers, Box 180, Folder "Ithiel's Childhood"。

18　出自：IP to David and Tamar de Sola Pool, August 18, 1936, Pool Papers, Box 180, Folder "Letters from Mexico 1936"。

19　譯註：1936年，希特勒違反《凡爾賽條約》，武裝進駐萊茵非軍事區，並和大日本帝國簽署《反共產國際協定》。

20　關於普爾自1939年起的資格參考內容，可參閱：Ithiel de Sola Pool Papers, Special Collections Research Center, University of Chicago Library, Box 2。

21 出自：IP, Statement to the Industrial Employment Review Board, December 7, 1950。

22 出自：Harold D. Lasswell and Nathan Leites, eds., *Language of Politics: Studies in Quantitative Semantics* (New York: George W. Stewart, 1949), ch. 3。

23 出自：N. C. Leites and IP, "Communist Propaganda in Reaction to Frustration," December 1, 1942, Pool Papers, Box 186（文獻存放素材為塑膠袋，非資料夾）。

24 「跟以前比起來，我最近自政治事務淡出許多，這可以部分解釋對本人觀點的疑惑。」出自：IP, "To Whom It May Concern," April 18, 1942, Pool Family Papers。針對相關文章，請參閱："How to Prevent a Third World War [1944]," Pool Papers, Box 175, Folder "How to Prevent a Third World War [1944]"。

25 近年來，普爾和拉斯威爾保持密切聯繫。關於聯絡紀錄，請參閱：Lasswell Papers, Box 77, Folder 975，1945 年剛進入夏天時，普爾也請了長時間的病假。出自：Tricia McEldowney, Archivist & Special Collections Librarian, Warren Hunting Smith Library, Hobart and William Smith Colleges, e-mail to the author, February 11, 2019。

26 出自：IP, Statement to the Industrial Employment Review Board, December 7, 1950。

27 出自：Harold D. Lasswell, Daniel Lerner, and IP, "The Comparative Study of Symbols: An Introduction," *Hoover Institute Studies*, Series C, no. 1 (January 1952)。有關 RADIR 專案（憲法的內容分析），請參閱：IP and Harriet Alden, "A Comparative Study of World Constitutions" (Lasswell to IP, April 7, 1953), Lasswell Papers, Box 77, Folder 975（日期未註明但顯然於 1953 年前後；研究後來未完成）。

28 出自：*Exposé of the Communist Party of Western Pennsylvania: Hearings Before the House Committee on Un-American Activities, Eighty-First Congress, Second Session, Appendix, March 24 and 25, 1950* (Washington, DC: GPO, 1950)。

29 出自：IP, Statement to the Industrial Employment Review Board, December 7, 1950。

30 出自：Ralph de Toledano to RN, undated but mid-1950, Nixon Library, Pre-Presidential Papers, 1946-1963, General Correspondence, 1946-1963。

31 出自：IP, Statement to the Industrial Employment Review Board, December 7, 1950。

32 出自：J. Tenney Mason (Industrial Review Board) to IP, December 21, 1950, Pool Family Papers。

33 出自：IP to RN, December 29, 1950, Nixon Library, Pre-Presidential Papers, 1946-1963, General Correspondence, 1946-1963。

34 出自：Saul Bellow, *A Theft* (New York: Penguin, 1989), 56。

35 出自：John L. Boies, *Buying for Armageddon: Business, Society, and Military Spending Since the Cuban Missile Crisis* (New Brunswick, NJ: Rutgers University Press, 1994), 1. O'Mara, *The Code*, 23-24。

36 出自：O'Mara, *The Code*, 25。

37 他繼續投稿至伯迪克的《美國投票行為》文集。出自：IP to EB, November 4, 1952, Burdick Collection, Box 117, Folder 58。

38 出自：Lowen, *Creating the Cold War University*, 204-8。

39 出自：Solovey, Shaky Foundations, 119-27。

40 出自：William F. Buckley Jr., "Our Mission Statement," *National Review*, November 19, 1955, https://www.nationalreview.com/1955/11/our-mission-statement-william-f-buckley-jr/。

41 出自：Donald L. M. Blackmer, *The MIT Center for International Studies: The Founding Years, 1951-1969* (Cambridge, MA: MIT Press, 2002), chs. 1 and 2；引言自頁57。關於福特基金會出資的更多資訊，請參閱：IP to Lasswell, March 15, 1956, Lasswell Papers, Box 77, Folder 975。出自：Max F. Millikan to Ithiel de Sola Pool, January 29, 1953, Pool Papers, Box 180, Folder "Letters Inviting Ithiel to MIT"。勒、普二人很快就在 MIT 和哥倫比亞大學應用社會研究局合作一項中東專案。出自：IP to Lasswell, April 6, 1955, Lasswell Papers, Box 77, Folder 975。

42 德‧葛拉西亞是當時史丹佛政治學系唯一一位行為科學家，他也因此感到失望。1953年，德‧葛拉西亞寫信給史丹佛校長，抗議普、勒二人離去一事。兩年後，校方拒絕為他提供終身職。出自：Lowen, *Creating the Cold War University*, 209, 282. ADG's most noted work was *Public and Republic: Political Representation in America* (New York: Knopf, 1951)。

43 出自：O'Mara, *The Code*, 35。

44 出自：亞當‧德‧索拉‧普爾（Adam de Sola Pool），作者訪談，2018年5月19日。

45 出自：Jean MacKenzie de Sola Pool, "The Story of My Life," pp. 27-29。未發表手稿，內容參考自多次訪談。訪談者為哈蒂‧貝林（Hattie Belin），編寫者為桃樂絲‧丹克（Dorothy Danker）。出自：1998, Schlesinger Library, Radcliffe Institute for Advanced Study, Harvard University。

46 「我有說過，我三月要和琴‧麥肯錫結婚嗎？她是研究莫‧斯坦（Moe Stein）創意專案的心理學家。」出自：IP to Lasswell, January 25, 1956, Lasswell Papers, Box 77, Folder 975。

47 貝婁在1930年代和普爾熟識（出自：Saul Bellow to Jean Pool, February 22, 1988），但是對於《竊賊》書中針對普爾的描繪，琴似乎有著矛盾的情緒（出自：Jean Pool to Saul Bellow, March 22, 1989）。兩封信均出自：Pool Papers, Box 180, Folder "Saul Bellow"。

48 出自：Bellow, *A Theft*, 7, 18, 8-9。

49 出自：同上，17-18。

50 出自：IP to RN, December 29, 1950, Nixon Library, Pre-Presidential Papers, 1946-1963, General Correspondence, 1946-1963。

51 出自：FDR, Memorandum to Cordell Hull, January 24, 1944, as quoted in Isserman and Kazin, *America Divided*, 70。

52 出自：Fredrik Logevall, *Embers of War: The Fall of an Empire and the Making of America's Vietnam* (New York: Random House, 2012). James Carter, *Inventing Vietnam: The United States and State Building, 1954-1968* (New York: Cambridge University Press, 2008)。

53 出自：Richard West, "Graham Greene and 'The Quiet American,'" *New York Review of Books*, May 16, 1991; Clive Christie, *"The Quiet American" and "The Ugly American": Western Literary Perspectives on Indo-China in a Decade of Transition, 1950-1960*, Occasional Paper No. 10 (Canterbury: Centre of South-East Asian Studies, University of Kent, 1989), 28-29, 44-45. James Gibney, "The

Ugly American," *NYT*, January 15, 2006. Max Boot, *The Road Not Taken: Edward Lansdale and the American Tragedy in Vietnam* (New York: Liveright, 2018)。也請參閱：Jonathan Nashel, *Edward Lansdale's Cold War* (Amherst: University of Massachusetts Press, 2005), ch. 6。

54 譯註：派爾一角為美國政府工作，代表了美國愛國主義和政治目的。

55 出自：Graham Greene, *The Quiet American* (1955; repr., New York: Bantam, 1974), 4, 21。

56 出自：ELG to IP, December 1, 1955, Pool Papers, Box 187, Folder "Stevenson 1956 Campaign"。

57 出自：IP to Manfred Kochen, November 30, 1956, Pool Papers, Box 59, Folder "Contact Nets Diary"。

58 出自：IP, Questionnaire, undated, Pool Papers, Box 59, Folder "Contact Nets Diary"。

59 普爾認為「任何兩個美國人，可以透過最多六人的熟人圈來連在一起」這個想法，刊載於1964年《紐約客》。原文後來出書，書籍資料為：Christopher Rand: *Cambridge, U.S.A.: Hub of a New World* (New York: Oxford University Press, 1964), 140。也請參閱：IP and Manfred Kochen, "Contacts and Influence," *Social Networks* 1 (1978-79): 5-51。

60 出自：ELG to Jack Shea, April 26 and June 6, 1956, Stevenson Papers, Box 2, Folder 9。

61 出自：IP, "The Use of Feedback Technique by the Stevenson Volunteers," Pool Papers, Box 187, Folder "Stevenson 1956 Campaign"。規則：「千千萬萬不要稱此為民調」（因為這不是隨機取樣；他們訪問的是有登記的民主黨人）。另外：「這裡不適合為了該計畫，仔細探討社會科學研究的細節。可以說的是，許多研究均顯示，如果要教導一個人，那麼給他機會參與會發揮重大作用。人都會喜歡別人傾聽他們的心聲。人會更喜歡能傾聽他們看法的人。」

62 出自："Major Needs of the Stevenson Campaign in the Los Angeles Area," Pool Papers, Box 57, Folder "Stevenson Campaign in California [May 13, 1956]"。

63 出自：IP, EB, Warren Miller, and Dwaine Marvick, "The Stevenson Campaign in California: A Research Report from Edward L. Greenfield & Co. [May 1956]," Stevenson Papers, Box 299, Folder 5。

64 出自：Totton J. Anderson, "The 1956 Election in California," *Western Political Quarterly* 10 (1957): 102-16. The California campaign material can be found in the Stevenson Papers, Box 249, Folder 1。

65 出自：Gore Vidal, *The Best Man: A Play About Politics* (Boston: Little, Brown, 1960), 7, 9, 77, 94。

66 出自：AS, *A Thousand Days: John F. Kennedy in the White House* (Boston: Houghton Mifflin, 1965), 8。

67 出自：JFK, "Nominating Adlai Stevenson for President of the United States," Democratic National Convention, August 16, 1956。

68 出自：AS, *Thousand Days*, 8-9. Ball, *The Past Has Another Pattern*, 140-41。

69 出自：Stevenson, *The New America*, 4。

70 出自：Richard Aldous, *Schlesinger: The Imperial Historian* (New York: Norton, 2017), 176。

71 出自：Ball, *The Past Has Another Pattern*, 142-45。

72 出自：Stevenson campaign, "The Man from Libertyville," television commercial, 1956。

73 出自：Eisenhower campaign, "I Like Ike for President," television commercial, 1956。

74 出自：Russel Windes Jr., "Speech-Making of Adlai E. Stevenson in the 1956 Presidential Campaign"

(PhD diss., Northwestern University, 1959), 174。

75 出自："The Stevenson Campaign in California, II: A Research Report from Edward L. Greenfield and Company, New York-San Francisco... Under the direction and compiled by the Social Science Research and Political Analysis Divisions of Edward J. Greenfield & Co., New York," including "Field Reports From IP, EB, Warren Miller, Dwaine Marvick, with a special report from Lewis Dexter and Davis Bobrow." Pool Papers, Box 57, Folder "Stevenson Campaign in California [May 13, 1956]"。

76 出自：Robert Blanchard, "House Leader Martin Here, Raps Stevenson," *Los Angeles Times*, October 9, 1956。

77 譯註：美利堅邦聯是南北戰爭前，南方蓄奴州形成的政權。

78 出自：Anderson, "The 1956 Election in California"。

79 這不是普、格二人在1958年合作的唯一概念。他們還試著成立國際編輯小組；諮詢委員包括比爾。出自：IP to Lasswell, July 15, 1958, Lasswell Papers, Box 77, Folder 975。普爾似乎同時去信拉斯威爾，討論宏觀助選計畫的提案。請參閱："Planning Paper: Voting Behavior Machine"；文獻未註明日期，但資料夾相同。

CHAPTER

4

人工智慧
Artificial Intelligence

FORTRAN程式語言要能表示數值計算的任何問題……。然而，如果機器語言的問題在於邏輯上的意義，而非數值相關問題，FORTRAN程式語言的表現較為差強人意，也可能完全無法顯示出這些問題。

—— 1956年，《FORTRAN程式語言：IBM 704的自動編碼系統》
（*Fortran: Automatic Coding System for the IBM 704, 1956*）

1958年，艾利克斯・伯恩斯坦用IBM 704下西洋棋。

艾利克斯・伯恩斯坦（Alex Bernstein）對《紐約客》說：「有時候大清早四點左右，我會傾身向前，邊看著棋盤、邊敲著704上的按鈕，聽著按鈕發出令人雀躍的聲響；我抬頭往上時，會看到某個人透過麥迪遜大道的窗戶盯著我瞧。那個人的表情告訴我，他覺得我絕對是瘋了。」[1] 幾名行人臉貼著玻璃，看著伯恩斯坦，一臉納悶，對眼前景象不敢置信：這個滑稽的小矮子當真在和機器下西洋棋？

IBM全球總部座落在麥迪遜大道和五十七街轉角處，樓高二十一層，占地「八分之一英畝」的704放置在它一樓「當中光照明亮的空間」，任何人從人行道走來，都能瞥見巨大落地窗與那台704。據《紐約客》觀察，IBM 704「由十八塊玻璃機殼組成，表面為玻璃材質；巨大中控台設了一排排按鈕，紅、綠、黃等顏色的指示燈，以及影印機。」[2] 在當時看起來，活脫脫像電影裡出來的異星產物。

伯恩斯坦於1931年在米蘭出生，父母為俄裔猶太人，他們陸續逃往法國和義大利。[3] 父亡，但他本人和祖母、母、姊等家人最終來到紐約，他先後就讀布朗克斯科學高中（Bronx High School of Science）與紐約市立大學（City University of New York）。伯恩斯坦對西洋棋狂熱，他告訴《紐約客》：「我九歲就在下棋，棋藝還行。」韓戰時，伯恩斯坦服役單位為美國陸軍通訊兵，負責處理電子運算機器，這些機器用於破解密碼和傳送訊號（美國通訊兵的最後一隻信鴿於1957年退役）。[4]

二戰時，能以前所未有的高速進行計算的電子運算機器興起，成為同盟國軍事設備優先項目，當時英、美兩國的工程師打造這類設備，用於破解密碼和計算導彈的彈道。這類機器是最高機密。Mark I由哈佛和IBM開發，程式設計者是之後升為准將的海軍中尉葛麗絲・莫雷・霍普（Grace Murray Hopper）；她也於瓦薩學院（Vassar College）擔任數學教授。賓州大學

普瑞斯伯‧艾克特（Presper Eckert）和約翰‧莫克利（John Mauchly）發明了第一代電腦ENIAC，即「Electronic Numerical Integrator and Computer」（電子數值積分計算機）的字首縮寫。戰後，艾、莫二人成立艾克特‧莫克利電腦公司（Eckert-Mauchly Computer Corporation），並聘請霍普擔任高階數學家。沒多久，公司由打字機生產商雷明頓蘭德公司收購。1946年，他們將ENIAC公諸於世。據《紐約時報》頭版報導：「美國戰爭部於今晚發表了這台神奇的機器，它是二戰的最高機密，也是人類首次以電子設備的速度，執行迄今過於枯燥和困難的數學工作。」報導並附一張它的照片：重達三十公噸的機器，有一個房間那麼大。〔5〕有部新聞影片形容它為全球第一台「巨大的電子大腦」。〔6〕

不是只有記者將新機器比作人腦。1948年，MIT數學家諾伯特‧維納（Norbert Wiener）出版《模控學》（*Cybernetics*），書中他就將生物的神經系統比喻為機器的自動控制系統。〔7〕霍普於雷明頓蘭德公司服務時，設計出第一台「編譯器」（compiler），可讓程式設計師以類似英文的東西編寫程式碼。〔8〕霍普於〈電腦的教育〉（*The Education of a Computer*）一文中說明：「現在的目標是盡可能用電子數位計算機來代替人腦。」〔9〕

雷明頓蘭德於1951年發表UNIVAC，但其初次公開亮相是1952年大選之夜，由哥倫比亞廣播公司新聞（CBS News）委託選情預測。這台機器的行情令格林菲感到飄飄然。話雖如此，研發首台市售通用電腦一事，也令外界擔心日後機器會不會取代人工，引發失業問題。國家公務管理協會（National Office Management Association）員工曾於1952年建言：「應盡可能使用機器而非人力。」不過最起碼在初期時，機器取代的並非男性，而是女性，取代的辦公事務為女性負責的文書、打字、檔案彙整，以及「資料處理」工作，例如工資單和庫存處理，以及製作薪資單等。〔10〕

電腦商務在當時成長緩慢。1953年時，雷明頓蘭德和IBM兩間公司一共在美國裝設了九台電腦。[11] 將這些機器稱為「電子大腦」和「思考機器」，會使民眾恐懼機器人入侵，這不啻是個惡夢。1954年，有一名曾參觀紐約恩迪科特（Endicott）IBM廠房的記者報導指出，儘管廠房每面牆上都貼著IBM企業標語「思考」（THINK），他離開工廠時，反而對未來的展望感到鬱悶，他想到的畫面是「一群蒼白、沉默的人站著，臣服於活躍運作的金屬箱子前」。[12] 麥迪遜大道上的路人在夜幕低垂時，窺看伯恩斯坦和IBM 704下棋。只見棋手臉色蒼白疲倦，對比之下機器畢竟是金屬製品，不會疲憊。此情此景之所以使路人震驚，道裡也差不多。

IBM於1954年啟動704，當時是唯一能處理複雜數學運算的電腦[13]（每秒所執行的浮點運算次數為12,000次，以當年標準來看運轉極快，然而以二十一世紀的標準而言，簡直慢得像在史前時代。舉例來說，2012年iPhone 5每秒可處理1億7,100萬次浮點運算）。伯迪克有可能在史丹佛看過IBM 704，因為他在1956年的小說《第九道波浪》中描述的機器就是這模樣。普爾在MIT時，曾於校內新蓋的計算中心看到一台IBM 704，當時中心內只有這麼一台，服務對象是波士頓新英格蘭地區每一所研究型大學。[14]

然而，如果要這些機器執行非常快速的計算，需要更細緻的指令。IBM委託伯恩斯坦等多位擅長西洋棋的旗下數學家，請他們設計一台新型編譯器，以便更妥善地將類似英文的語言，轉譯為要輸入機器的指令。1956年，他們發展出FORTRAN語言，原文來自「公式翻譯」（FORmula TRANslation）的縮寫。[15]

一般都稱呼FORTRAN為語言，但最起碼以人類的感覺來說，它並非語言，而是用於程式設計的一串指令，類似 READ、FORMAT、GO TO 和IF。IF可讓IBM 704思考：如果A為真，則為X；如果B為真，則為Y。

這是FORTRAN程式指示IBM 704「思考」的方式，而人不一定會都如此思考。在當初的設計上，FORTRAN並非用於教導IBM 704進行擬人思考，而是要指示IBM 704進行數學運算。使用手冊如此說明：「FORTRAN語言的開發用意是要能表示任何數學運算的問題。」不過，手冊在警語方面也大費周章。「然而，對於機器單詞有邏輯意義（而非數字意義）的問題，FORTRAN語言的表現不怎麼令人滿意，甚至可能完全無法表達這類問題。」[16]固然有事先週知，但電腦人員仍開始視FORTRAN為語言，好似它能表達出任何重要訊息似的。此外，電腦人員也開始試著打破電子大腦和人腦的區別。

■ ■ ■

析模公司（SIMULMATICS CORPORATION）的英文原名為造字，結合兩個英文單字：「simulation」（模擬）和「automatiation」（自動化）。格林菲老是盼望「simulmatics」這個字有一天能像「cybernetics」（模控學），成為令人琅琅上口的英文常用字，但後來反而是「artificial intelligence」（人工智慧／人工智慧）成了常用字。不過，「artificial intelligence」和格林菲所想的「simulmatics」相當接近。

英文「artificial intelligence」係於1955年所創。當年，預計於新罕布夏州漢諾瓦鎮達特茅斯學院（Dartmouth College）舉辦夏季研討會，會議召集人有：達特茅斯的年輕數學教授約翰‧麥卡錫（John McCarthy）、為IBM設計出701的納撒尼爾‧羅切斯特（Nathaniel Rochester）、貝爾實驗室的克勞德‧夏儂（Claude Shannon），以及剛完成普林斯頓博士學位的馬文‧明斯基（Marvin Minsky）。在此之前，使電腦像人一樣思考的多項計畫已廣泛採

用「automation」（自動化）一詞作為標題。前述四人的研討會提案中，也提到了模擬一事：他們將從事的工作的運作基礎描述為「假設在原則上，學習（或智能的任何其他特徵）的每一層面能精準描述且足夠精準，使人足以製造機器來加以模擬」。如果人腦如同機器（這是很大的「if」條件），那麼人工智慧的模擬會是無限的，原因在於「如果機器可以執行工作，那麼自動計算的機器可以透過程式設計來模擬機器」。那年夏天，上述四人為了區別單純自動計算和單純電腦模擬兩者產生的結果，將探討目標領域稱為「artificial intelligence」[17]，最終人們也是這麼用。但在1950年代當時，在那場達特茅斯學院研討會以外，一般美國民眾形容這類事物時，所仍然使用「automation」（自動化）和「simulation」（模擬）。

用「automation」來指稱「機器能做人類工作」，最早是在1948年；到了1950年代中期，已經廣泛使用；1954至1955年間，美國各大報使用頻率增加六倍。[18]也是在同一時期，美國社會開始用「simulation」指稱以「機器產出資料，建立數學模型，探討真實世界行為」（對大眾說明的字眼是「檢測，且未實際製作模型」）。[19]是戰爭與其需求催生了電腦模擬技術，為的是模擬飛機和導彈等飛行體。二戰後最重要的電腦模擬計畫由MIT於1950年展開，並促成半自動防空管制環境（SAGE，Semi-Automatic Ground Environment）的研發，後者是由多台電腦組成、用於監控空域的網絡，遇到來自蘇聯的空中攻擊會警示和攔截。[20]同時，航空業也投入報界所稱「飛行模擬的新領域」，原因正如一位航太業高層說明：「飛機速度飛快，超過人腦的設想。」[21]

只要將足量的飛行器資訊與天氣等因子的相關資料輸入運算機器，機器就能針對飛行提供極有參考價值的模擬結果。重力是定律。同樣地，F = ma：作用於實際物體的力，等於其質量乘以其加速度。然而，電腦要模

擬人類行為或人類認知則難上加難。哪怕行為科學家很想擬出一條行為定律，但行為畢竟不是定律。人類行為的定律如同伯迪克的 f + h = p，介於異想天開和胡說之間。恐懼（f）加上仇恨（h）不會等於力量（p），再怎麼說，從任何數學意義上來講，這個等式都不會成立。人的認知也不會是定律。

　　1950 年代探討人工智慧這門新領域的人員不懂認知理論。研究人員還比較想打造能執行人腦任務（如下棋）的機器，而不是研發能如人腦一般思考的機器。人對決機器的西洋棋大戰戲碼歷史悠久。十八世紀就有機器人擊敗人類：當時名為「機械土耳其人」（The Mechanical Turk）的自動操作裝置，是一具外型裝扮為土耳其人樣貌的木偶，它會下西洋棋，還擊敗歐美各地棋手。美國發明家班傑明・富蘭克林（Benjamin Franklin）曾試著破解機械土耳其人的祕密。愛倫坡（Edgar Allan Poe）不讓富蘭克林專美於前，他最後發現，機械土耳其人其實是由一名身形特矮的男子躲在棋盤下的箱子內，透過把手移動棋子。[22] 然而，機械土耳其人還是持續活在數學家的回憶中，因為那形同一張戰帖：看誰有本事先達成創舉，成為第一個教機器下棋的人。1950 年，英國數學家艾倫・圖靈（Alan Turing）試著開發下棋程式。伯恩斯坦評論圖靈的程式：「棋藝非常弱，會犯愚蠢的錯誤，通常下幾步棋就認輸了。」[23][24] 夏儂也曾試著開發[25]，這些人都失敗之後，伯恩斯坦在 IBM 徹夜研究，終於成功。[26] 在 1956 年夏天那場達特茅斯人工智慧會議，他是極少數受邀者之一。

■　■　■

　　為了及時投入 1960 年大選，格林菲有意為民主黨打造的仿人機，開始於幫史蒂文森跑選舉行程。仿人機創始於麥迪遜大道，在貼著菱形磚的

會議室；仿人機創始於行為科學高等研究中心，在帕羅奧圖的山丘上；仿人機創始於五角大廈，在一道道設下保安的門後；仿人機創始於曼哈頓，在IBM總部一樓；仿人機創始於達特茅斯，在人類史上第一場人工智慧主題會議中。這些年來，支持種族隔離的南方州民眾他們抗議，他們遊行，他們大聲爭取自由，他們吶喊爭取正義。

　　1955年最後數天，在阿拉巴馬州的蒙哥馬利（Montgomery），羅莎‧帕克斯（Rosa Parks）這位42歲的裁縫師暨長年民權鬥士，拒絕將公車座位讓給一位白人男性。小馬丁‧路德‧金恩牧師當時26歲，服務於蒙哥馬利的德克斯特大道浸信會教堂（Dexter Avenue Baptist Church）。四天後，他於霍爾特街（Holt Street）的浸信會教堂向公眾演說。在此之前，他除了講道，從未公開演講。小馬丁‧路德‧金恩告訴民眾：「時候要到了，遭到名為壓迫的鐵蹄踐踏，人們已經對此厭倦。」那天，蒙哥馬利的黑人民眾開始抵制市公車。[27] 1956那年的夏天，每一天，史蒂文森都投入選戰，並為民主黨全代大會準備；1956那年的夏天，每一天，美國頂尖電腦人才聚集在達特茅斯，打造人工智慧的專業領域。此時，蒙哥馬利民眾在抵制市公車。小馬丁‧路德‧金恩自己也在被捕後說：「就算每天都被逮捕，就算每天都受到剝削，就算每天都遭踐踏，也永遠別讓任何人拉低你們的格局去恨他們。」[28]

　　同樣是那年夏天，伯恩斯坦自IBM離職，前往新罕布夏參加人工智慧主題研討會。他才剛與君恩‧亞特拉斯（June Atlas）結婚，女方是畢業自密西根大學的學校老師。他們住在紐約富裕社區布魯克林高地（Brooklyn Heights）。[29] 老婆的學校正放暑假，伯恩斯坦卻要離開她的身邊前往研討會，想必不是容易的事。伯恩斯坦還是離開了。或許妻子也有跟來。無論如何，伯恩斯坦想必很緊張。他可能有點無法理解，研討會的召集人都是

大學教授，頂著博士光環。但他拿的是紐約市立大學的學士學位，攻讀中世紀文學，在哥倫比亞大學念研究所時也修了同樣科目。研討會各召集人雖然邀了伯恩斯坦，卻對他的電腦西洋棋程式存疑。夏儂先前說他「對西洋棋有興趣」，但「對於開發西洋棋程式並沒有很狂熱」。明斯基則「**極為反西洋棋**」，因為他認為西洋棋頂多比表演作秀好一點罷了。[30]

　　1956年8月8日，伯恩斯坦於達特茅斯數學系發表了他開發的西洋棋程式，是該程式的早期版本。他曾撰文比較：讓電腦下棋不同於「讓電腦執行一般的工作，例如計算某人薪資」。若要以特定費率計算某人四十小時薪資，特定稅率另計，答案只會有一個。「可是在西洋棋棋局中，只有兩種問題存在著一個蘿蔔一個坑的答案，而且無法避答：一為「這一步有犯規嗎？」一為「棋局分出勝負了嗎？」伯恩斯坦說明：「其他問題都有很多可能的答案，雖然說有的答案比較合理，有的比較不合理。」重點在於，要使機器配備能評估選項優劣的系統。」[31] 伯恩斯坦寫了一個程式，要求電腦針對可能的每一步棋，思考後兩步的結果。

　　IBM 704花了八分鐘思考任兩步棋的結果（儘管稱為「即時」）。在伯恩斯坦的指令下，IBM 704成為相當出色的棋手。他說：「有一、兩次它的棋下得非常好，我很驚艷。搞到我自己會問機器：『現在到底想怎樣？』」[32]不過，「如果有人有辦法預測後三步棋的棋局，就能打敗IBM 704」。伯恩斯坦可能指示IBM 704思考後三步的棋局，但這麼一來可能下每一步棋要花上八小時，而非八分鐘。要更上層樓，必須讓IBM 704從錯誤中學習，而非每場棋賽一開始都像新手。[33] 為此，必須教導機器怎麼學習。

　　蒙哥馬利罷坐公車事件於1956年12月20日落幕。美國最高法院針對州和市兩層級的法律做出裁決，宣告蒙哥馬利公車種族隔離一案違憲。抵制持續了381天。艾森豪並未採取行動制止南方的暴力事件、極右團體

約翰伯奇學會（John Birch Society）成員、放火、私刑，以及白人市民會議（White Citizens' Councils），這個白人至上主義的組織抗爭「布朗訴教育局案」的裁決結果。南北戰爭後重建期（Reconstruction）後，美國國會初次辯論一部民權法案。該法案於6月獲得眾議院通過，共和黨對法案的支持率更甚於民主黨。8月時，儘管以南卡羅萊納民主黨參議員史壯・瑟蒙德（Strom Thurmond）為首的多人為了杯葛法案，展開國史上最長的演說，但來自德州的參議院多數黨領袖林登・詹森（Lyndon B. Johnson）仍透過政治角力，讓該法案通過。詹森出生於南方鄉村，支持新政，於1937年靠著小羅斯福的關係進入國會。他了解到民主黨當時就該徹底放棄種族隔離政策，選擇為公民權利發聲。〔34〕

　　儘管詹森態度大轉彎，種族隔離主義者依然故我。1957年9月，民主黨籍阿肯色州州長奧瓦爾・福伯斯（Orval Faubus）向當地小岩城中央中學（Little Rock's Central High School）派遣250多名國民警衛隊士兵，以阻擋試圖進入校門的所有黑人兒童。當年15歲的伊麗莎白・埃克福德（Elizabeth Eckford）遭駐守於校門口的士兵拒於門外，被推進一群白人學生之中，這群學生大喊著：「絞死她！絞死她！」〔35〕數天後，艾森豪簽署了1957年《民權法案》（Civil Rights Act），並於全國電視轉播的演說中，宣布已派令千名傘兵由第101空降師前往小岩城。聯邦政府最終也出面，保障學童的憲法權利。

　　同時，美國正投入另一場戰爭──機器之戰。第101空降師來到小岩城十天後，蘇聯發射衛星史普尼克號（Sputnik）進入太空軌道，在太空競賽上先馳得點。也拜史普尼克號之賜，蘇聯展現了這優於美國的偵查能力，儼然有能力於近期之內從太空發射核導彈。民主黨決定對這件事引發的恐慌做政治操作。

甘迺迪和詹森爭奪民主黨領袖位置，劍指1960年總統大選。史普尼克號之前，甘迺迪攻擊艾森豪，指控他未投入足夠資金發展美國導彈計畫。甘迺迪指出，由於美國在軍備競賽落後蘇聯，落得要承受他口中「飛彈力量差距」（missile gap）的下場；而日後證明，這樣的差距子虛烏有。〔36〕詹森的操作大同小異。10月，一名黨內策士去信詹森：「美國人不久後就會想像，一群俄國佬坐在史普尼克號內拿著雙筒望遠鏡，一路望過肩膀，偷看美國人讀信。如果好好打這個議題，就能扳倒共和黨，使民主黨團結，你也能選上總統。」11月，詹森舉行聽證會，探討美國為何大幅落後蘇聯。他警告美國人：「過不了多久，蘇聯人便會像死小孩從高速公路天橋往車子丟石子那樣，從太空對我們投炸彈。」〔37〕有關注這議題的人都會發現，聯邦政府顯然會用快過冷戰時期的速度，加速增資軍事研究。

1956年，馬文・明斯基和約翰・麥卡錫轉到MIT，於校內成立人工智慧專案。翌年夏天，夏儂前往行為科學高等研究中心，此後與普爾共事一年。普爾從帕羅奧圖捎信來，信中說道：「我們有一流的團隊。」普爾為研究中心請來電腦人才曼福雷德・柯欽（Manfred Kochen）。柯欽是IBM的數學家〔38〕，和普爾共同發表社群網路理論的研究。〔39〕

然而，在研究中心的那一年，普爾的腦袋瓜裡轉著很多其他的事。他是這麼說的：「有兩個家庭，會讓有些事情變得複雜。」〔40〕普爾第一段婚姻育有二子，跟著母親住在舊金山。他的第二春琴於1957年11月生產。由於醫師操作鑷子不慎，寶寶亞當（Adam）嚴重出血，一眼失明；母子雙雙幾乎喪命。多位中心研究人員連同他們的妻子熱心挽袖捐血後，才挽回這對母子的性命。〔41〕

普爾和柯欽的目標是探討「從甲連到乙，中間要經過多少人」。他們為此研究提出的正當理由是國防。普爾在融資提案中寫道，了解社會網

絡會有助於「決策、通訊、士氣、心理戰和情資」。不過,他對該領域的研究仍持懷疑態度。他在筆記中自問:「這在政治面和外交面是明智之舉嗎?」[42]他似乎已判定不是。[43]他和柯欽在文章中寫下兩人的研究發現,但並未發表,爾後文章以手稿形式流通數十年。[44]普爾自學,投入其他研究領域。他先前看到聯邦政府正在改變路線,他也改變了路線。普爾有很多執行中的研究領域,然而他決定,接下來要將心力集中在幫助格林菲創業,即後來的析模公司。

蘇聯發射史普尼克號兩週後,艾森豪舉行了一次會議,要求美國頂尖科學家「告知科學研究在聯邦政府系統中的定位」。他決心建立兩間新機構:獨立非軍方機構美國太空總署(NASA),以及國防高等研究計畫署(ARPA),兩者皆為國防部轄下的單位。[45]太空和軍備競賽日益火熱,NASA和ARPA針對電子和電腦等產業和大學,投入空前的巨額資金。蘇聯最早進入太空;而拜NASA所賜,美國人首先登月。[46]蘇聯在打造衛星上先馳得點;而美國拜ARPA之賜,後來的武器品質更加精良。

然而民權運動領袖將太空與軍備競賽視為變相的逃避,一種白人特有的逃避,逃開了正義,也避開了承諾。民權組織國家都市聯盟(National Urban League)的惠特尼・楊(Whitney Young)抱怨:「為了把兩個人送上月球,要花350億美元。今年,如果要把美國窮人都拉到官方貧窮標準以上,只要花100億美元。」[47]後來阿波羅11號發射升空到達登月時,抗議者舉著標語,寫著「養一個太空人,每天要12美元。我們拿8美元就能養餓肚子的孩子。」美國南方基督教領袖會議(SCLC)的主管後來說:「今天開始,我們可能會繼續飛到火星、木星,甚至更遠的天堂,但只要種族主義、貧窮、飢餓和戰爭肆虐這個世界,我們身為文明國家就已經失敗了。」[48]

不安也加深了。環保運動家瑞秋・卡森(Rachel Carson)擔心,在艾森

豪的呼籲下，「人類似乎很容易掌握『神』的工作，哪怕人類在心理上沒有做好準備。」[49]1958年，哲學家漢娜‧鄂蘭（Hannah Arendt）看到媒體竟有辦法神智清醒地將發射衛星描述為「人類逃離地球監獄的一步」[50]，她納悶地球何時成了一座監獄？自人類誕生以來，天上的星星向來是一種夢想。難道說當時的人，他們的夢想只剩下征服、機器、人工智慧、模擬世界了嗎？對於正義、平等和自由的夢想呢？

　　析模公司起步時，就是個夢想，是格林菲的夢想。他想透過這個夢實踐民權，體現對權力的渴望、對學術界的嫉妒，以及他的癡迷──癡迷於打造出最新、最好、最快的分析機器。他夢想有說服人心的絕佳本事，獲取資訊、預測選情，夢想史蒂文森能贏得1960年總統大選，甚至拿下「黑人票」，原因在於史蒂文森雖然不是選舉條件最討喜的，卻是人品最佳的。伯恩斯坦倒是從未想過模擬選情這檔事，最起碼他來到格林菲的公司前都未作此想，直到後來他協助寫程式，用電腦幫候選人運籌帷幄、規劃下一步，讓候選人不用實際去做才知道後果，就好像搞政治是在下西洋棋，只不過是在轉盤所轉動的磁帶上進行。然而，要完成程式，格林菲需要最後的人才──他是來自哥倫比亞大學的數學天才，綽號「狂人比爾」（Wild Bill）。

註釋

1 出自：[Andy Logan and Brendan Gill], "Runner-Up," *New Yorker*, November 29, 1958。

2 出自：同上。

3 出自：娜歐蜜‧史帕茲（Naomi Spatz），作者訪談，2018年5月24日。出自伊莉莎白‧伯恩斯坦‧蘭德（Elizabeth Bernstein Rand），作者訪談，2018年8月20日。

4 出自："Don't Pity the Liberal Arts Grads — They're Bossing the Engineers," *Hartford Courant*, February 13, 1962。

5 出自：T. R. Kennedy Jr., "Electronic Computer Flashes Answers, May Speed Engineering," *NYT*, February 15, 1946。

6 請參閱本人作品《真理的史詩》（*These Truths*），英文原書出自：These Truths, 557-65。

7 出自：Norbert Wiener, *Cybernetics* (New York: Wiley, 1948)。

8 出自：Clive Thompson, "The Secret History of Women in Coding," *NYT*, February 13, 2019。

9 出自：Grace Hopper, "The Education of a Computer [1952])," *Annals of the History of Computing* 9 (1988): 272。

10 出自：Louis Hyman, *Temp: How American Work, American Business, and the American Dream Became Temporary* (New York: Viking, 2018), 127。

11 出自：Joy Lisi Rankin, *A People's History of Computing in the United States* (Cambridge, MA: Harvard University Press, 2018), 14。

12 出自：Robert Jungk, *Tomorrow Is Already Here: Scenes from a Man-Made World* (London: Rupert Hart-Davis, 1954), 178-82, 187。

13 出自：O'Mara, *The Code*, 11. Emerson W. Pugh, *Building IBM: Shaping an Industry and Its Technology* (Cambridge, MA: MIT Press, 1995), chs. 12 and 13。也請參閱：Chinoy, "Battle of the Brains"。

14 出自：Rankin, *A People's History of Computing*, 13。

15 出自：Pugh, *Building IBM*, 194-96。

16 出自：*Fortran: Automatic Coding System for the IBM 704* (New York: IBM, 1956)。

17 出自：John McCarthy, Marvin Minsky, Nathaniel Rochester, and Claude Shannon, "A Proposal for the Dartmouth Summer Research Project on Artificial Intelligence," August 31, 1955, Rauner Special Collections Library, Dartmouth College。

18 出自：A ProQuest Historical Newspapers search conducted in 2019 located 745 uses in 1954 and 4,300 in 1955。

19 出自："Rand Declares New Computer Is Step to 'Automatic Factory,'" *New York Herald Tribune*, February 5, 1953。美國空軍宣布計畫於俄亥俄州建立飛行模擬實驗室時，《波士頓環球報》頗不解其意，發文指出實驗室用於「測試虛幻的工藝技術」。此外，《基督教科學箴言報》（*Christian Science Monitor*）撰稿人作家則納悶，是否軍方終究「得要發射真正的火箭」。出自："AF Planning Largest Flight Simulation Lab," *Austin American*, August 21, 1955. "Air Force Orders Laboratory to

Test Make-Believe Craft," *Boston Daily Globe*, August 21, 1955. William H. Stringer, "Here Comes (There Goes) Univac!" *Christian Science Monitor*, June 26, 1955。

20 出自：Eva C. Freeman, ed., *MIT Lincoln Laboratory: Technology in the National Interest* (Boston: Nimrod Press, 1995), ch. 2。

21 出自：Engineering and Research Corp. Advertisement, *Philadelphia Inquirer*, April 13, 1952。出自：O'Mara, *The Code*, 24。

22 出自：Edgar Allan Poe, "Maelzel's Chess Player," *Southern Literary Messenger*, April 1836。

23 出自：AB and Michael de V. Roberts, "Computer v. Chess-Player," *Scientific American*, June 1958, 96-107。也請參閱：AB et al., "A Chess Playing Program for the IBM 704," *Proceedings of the May 6-8, 1958, Western Joint Computer Conference*, 157-59。

24 譯註：2014年7月號《程式人雜誌》指出，1952年，圖靈寫了西洋棋程式，但當時沒有電腦有足夠的運算能力執行。後來美國研究團隊根據圖靈理論，在ENIAC上設計出世界上第一個西洋棋的電腦程式。

25 出自：Claude E. Shannon, "A Chess Playing Machine," *Scientific American*, February 1950。

26 出自：[Logan and Gill], "Runner-Up"。

27 出自：Taylor Branch, *The King Years: Historic Moments in the Civil Rights Movement* (New York: Simon & Schuster, 2013), ch. 1。

28 出自：Harvard Sitkoff, *The Struggle for Black Equality* (New York: Hill & Wang, 2008), 50。

29 出自：伊莉莎白・伯恩斯坦・蘭德（Elizabeth Bernstein Rand），作者訪談，2018年8月20日。

30 出自：McCarthy et al., "A Proposal for the Dartmouth Summer Research Project on Artificial Intelligence"。關於達特茅斯專案，葛蕾斯・索羅門諾夫（Grace Solomonoff）的研究極為精彩。出自："Ray Solomonoff and the Dartmouth Summer Research Project in Artificial Intelligence, 1956," http://raysolomonoff.com/dartmouth/dartray.pdf。感謝索羅門諾夫惠予提供。關於伯恩斯坦，也請參閱：Pamela McCorduck, *Machines Who Think: A Personal Inquiry into the History and Prospects of Artificial Intelligence* (Boca Raton, FL: CRC Press, 2004), 180-82。

31 出自：AB and Michael de V. Roberts, "Computer v. Chess-Player," *Scientific American*, June 1958, 96-107。

32 出自：[Logan and Gill], "Runner-Up"。

33 出自：AB and Michael de V. Roberts, "Computer v. Chess-Player," 96-107。也請參閱："A Chess Playing Program for the IBM 704," 157-59。

34 出自：Bruce J. Schulman, *Lyndon B. Johnson and American Liberalism: A Brief Biography with Documents* (Boston: Bedford Books, 1995), 53-54; Dan T. Carter, *The Politics of Rage: George Wallace, the Origins of the New Conservatism, and the Transformation of American Politics* (1995; repr., Baton Rouge: Louisiana State University Press, 2000), 96-97。

35 出自：Michael J. Klarman, *Brown v. Board of Education and the Civil Rights Movement* (New York: Oxford University Press, 2007), 187-91. Michael D. Davis and Hunter R. Clark, *Thurgood Marshall:*

Warrior at the Bar, Rebel on the Bench (New York: Birch Lane Press, 1992), 458。

36 出自：Douglas Brinkley, *American Moonshot: John F. Kennedy and the Great Space Race* (New York: HarperCollins, 2019), 118-19, 210。

37 出自：George Reedy, letter to Lyndon Baines Johnson on October 17, 1957, as quoted in Brinkley, *American Moonshot*, 133-35。

38 普爾認為請IBM幫柯欽招兵買馬是個好主意。文獻上提到：「我們想知道是否有可能請IBM為您組個團隊，協助從事符合IBM利益的大量研究，這對他們來說是合理之舉，也能幫您處理研究事務。」出自：IP to Manfred Kochen, September 30, 1957, Pool Papers, Box 59, Folder "Contact Nets Diary"。

39 出自：IP to Manfred Kochen, December 9, 1957, Pool Papers, Box 59, Folder "Contact Nets Diary"。

40 出自：IP to Ralph Tyler, April 26, 1957, CASBS Records, Box 48, Folder 18。

41 出自：Jean MacKenzie Pool, "The Story of My Life," 40-42。出自：亞當・德・索拉・普爾（Adam de Sola Pool），和作者電子郵件往返，2019年3月7日。

42 出自：IP, "Acquaintanceship Networks: Project Proposal," Pool Papers, Box 59, Folder "Drafts of Content Nets Problem, 1958"。

43 普、柯二人有獲得NSF補助款。出自：Research Grant NSF-G7196, on January 21, 1959。針對將該研究的分支稱為「小世界」研究一事，請參閱：IP, "Project Proposal" [to the NSF], May 1, 1961, Pool Papers, Box 59, Folder "NSF Proposal Acquaintanceship Nets"。

44 出自：IP and Manfred Kochen, "Contacts and Influence," *Social Networks* 1 (1978-79): 5-51. Manfred Kochen, ed., *The Small World* (Norwood, NJ: Ablex Publishers, 1989)。

45 出自：Bruce J. Schulman, *From Cotton Belt to Sunbelt: Federal Policy, Economic Development, and the Transformation of the South, 1938-1980* (Durham, NC: Duke University Press, 1994), 147-48。

46 編按：1969年7月21日，尼爾・阿姆斯壯與伯茲・艾德林登上月球。

47 出自：Brinkley, *American Moonshot*, 260-61。

48 出自：American Experience, *Chasing the Moon*, episode 1, directed by Robert Stone, documentary film, 2019。

49 出自：Rachel Carson to Dorothy Freeman, February 1, 1958, in *Always Rachel: The Letters of Rachel Carson and Dorothy Freeman, 1952-1964*, ed. Martha Freeman (Boston: Beacon, 1995), 249。

50 出自：Hannah Arendt, *The Human Condition* (Chicago: University of Chicago Press, 1958), prologue。

CHAPTER

5

宏觀助選計畫
Project Macroscope

我對那些將檢測奉為神聖的人感到懷疑。

——1960年，美國詩人希薇亞‧普拉斯致母親

Courtesy of Sarah Neidhardt

1950年前後，米娜烏‧艾默里‧麥菲在教導學齡前兒童。

米娜烏·艾默里·麥菲（Minnow Emery McPhee）個性文靜，富有愛心，懂得如何處理發燒，還有手指顏料怎麼畫。她雖然沒有博士學位，但多數會教三至四歲孩童的大人都算得上人類行為專家，她也不例外。米娜烏的先生比爾（即威廉·麥菲）是個聰明絕頂的數理社會學家，1956年時，格林菲想請他幫史蒂文森打選戰。比爾先前有試著幫忙一下，不過當時他支持艾森豪，再說，他有著瘋狂的一面。

米娜烏原名蜜莉安（Miriam），1923年出生於科羅拉多，有四名手足，大家都叫她米娜烏，是一種小魚的名字。[1]家中女性個個傑出。她母親就讀賓州布林莫爾學院（Bryn Mawr College）。阿姨露絲·沃許伯恩（Ruth Washburn）於一戰時服務於紅十字會，戰後就讀倫敦經濟學院，並先後於拉德克利夫學院（Radcliffe College）和耶魯大學取得碩、博學位。沃許伯恩是兒童發展領域的教授，也是兒童教育運動的傑出領袖。她家還有位女性是考古學家。沃許伯恩是米娜烏心中的英雄。

1942年，有意追隨阿姨腳步的米娜烏，進入了波士頓的托育訓練學校（Nursery Training School）就讀，這間學校的理念是基進倡導「將孩童當作大人」。就在當時，米娜烏胞兄查爾斯（Charles）的死黨向她求婚。

這位死黨就是比爾，1921年生於科羅拉多，家裡從事伐木和牛隻載運。他於1940年獲得獎學金就讀耶魯大學，但大二時離校從軍，在喜馬拉雅山脈駕駛單引擎的Piper Cub雙座輕型飛機。比爾墜機過兩次，是所屬單位中唯一自二戰生還的人。這次遭遇也大幅影響他的餘生。[2]

米娜烏答允比爾的求婚。或許兩人結婚是個錯誤：米娜烏以性格溫和出名，比爾則是眾所皆知的火爆，但時光無法倒流。婚後，比爾於科羅拉多開設一間民調公司，之後稱為「研究服務公司」（Research Services, Inc.）。[3]

兩人婚後隨即懷了孩子。溫蒂生於1946年，約翰生於1949年，小名

賈克（Jock）。比爾脾氣暴躁，他會先凶所有人，冷靜下來後再道歉。比爾愛喝酒，成日黃湯下肚；他也是癮君子，一天到晚吞雲吐霧。他在客廳一抽起菸來，一片白茫茫，看不清楚視線。二手菸害得兒子約翰四次罹患肺炎。〔4〕

　　保羅‧拉扎斯菲爾德注意到研究服務公司，於1951年時聘請比爾到哥倫比亞大學應用社會研究局任職。比爾一家人於是打包行李，跨過大半個美國。比爾大學未畢業，倒是直接上起拉扎斯菲爾德的研究所課程，完成了拉扎斯菲爾德和貝雷爾森先前於1948年展開的投票行為研究。1954年，三人推出他們的代表性作品《投票：總統大選中選民如何形成意見》，比爾掛名第三作者。伯迪克與拉札斯菲爾德在行為科學高等研究中心從事研究的那年，前者讀了這本書，對內容十分驚豔。〔5〕格林菲日後想研發可模擬投票行為的電腦程式時，自然想到了比爾，於是詢問比爾是否願意加入他即將成立的新創公司。當時公司名稱還沒有譜，但格林菲想到比爾先前處理的一個代號：他稱之為「宏觀助選計畫」（Project Macroscope）。

■　　■　　■

　　二十世紀中期的白人中產階級自由派結了婚，都討不了好。女權主義作家貝蒂‧弗瑞丹（Betty Friedan）的《女性的奧祕》（Feminine Mystique）於1957年開始執筆，最初是採訪1942年的史密斯女子學院（Smith College）同窗第十五次同學聚會，受訪者和米娜烏同齡。弗瑞丹遵循社會評論家萬斯‧帕卡德（Vance Packard）的寫作傳統。帕卡德曾於1957年發表《隱形的說客》（The Hidden Persuaders）一書指控廣告業。弗瑞丹也試著尋找一種看不見的力量，她說「這個問題還沒有名稱」。身為美國家庭主婦，在她安靜、

孤獨、百無聊賴的生活中，有沒有可能還存在著某種東西？弗瑞丹探問：「當男人和女人共同擁有的，不僅只是他們的孩子、家園和庭院，不僅是傳宗接代的實踐，還有建立人類未來的責任和熱情，以及了解本身角色的人類知識時，試問『愛』會帶來哪些可能性？」[6]這個問題的涵義，米娜烏了然於胸。

然而，還存在著更大的問題，這個問題也還沒有名稱，而問題和知識本身有關。1950年代，女性的工作不是工作，女性的知識不是知識。這個年代誕生了行為科學和人工智慧兩大新知領域，而女性工作和女性知識不受重視的現象，對這兩大領域有著災難性影響。

比爾讀研究所時，米娜烏照顧溫蒂和約翰之外，也在托育訓練學校上班。米娜烏和阿姨一樣也在研究人類行為，不過不是選民的行為，而是嬰幼兒的行為。[7]電腦在學習語言和遵從行為規則時，像極了嬰孩一路懂事、了解如何當「人」的過程。兩者之間有著異曲同工之妙，而1950年代行為科學和人工智慧男性研究者，在這方面的探討卻完全付之闕如。米娜烏或許有想到這點，但她一直不敢對比爾（或比爾的同事）提及。比爾一夥人「全都哥大畢業，還讀到博士」，米娜烏覺得他們難以親近，還得讓他們「配合我的程度」談話。[8]米娜烏老是自己在鬧彆扭。就算她自己不勞心傷神，比爾也會逼她到那步田地。比爾似乎從沒想到，自己的老婆其實很懂人類行為，他反而花心力鑽研電腦程式，從IF、THEN和ELSE等語言指令挖掘智慧。

米娜烏常常和別人魚雁往返。她也寫童書。孩子在遊樂場玩耍時，她會忙裡偷閒寫詩，童書題材多半是這些詩作。米娜烏會帶著一捆捆稿紙，既忐忑又惶恐地去找編輯。她曾在寫給母親的信中提到：「下星期四，我會帶我的詩去找書商喔！沒人會理我的啦，但光是想到踏進書商門口，就

覺得很好玩。」〔9〕她將詩寄給西蒙與舒斯特（Simon & Schuster）出版社、維京（Viking）和道布爾戴（Doubleday）等書商。〔10〕她告訴阿姨：「我只不過想試著打進這一塊，萬一以後我們日子過得不順，還有機會大賺一筆。」〔11〕

不過，米娜烏可不是天才詩人希薇亞‧普拉斯（Sylvia Plath）。「看看今天的我／我的洋裝是黃色的／顏色的對比剛剛好／我的襯裙是蕾絲的／我的帽子是白色的／爹地！爹地！噓！你看，我全身是新衣服。」〔12〕這首詩來自米娜烏取名為《看看我》（Watch Me）的童詩集，筆法完全不同於普拉斯的〈Daddy〉（爹地）：「爹地，你這個混蛋，我跟你切八段。」〔13〕不過，米娜烏和普拉斯的生活圈非常相像，都是僵化的知識圈，以及教職人員的太太們。她們做針線活、縫縫補補、換換尿布、寫寫東西，然後就是故作賢淑、矜持、羞怯，不厭其煩。

一如普拉斯寫給母親的家書，米娜烏寫給母親的信亦充滿細節；普拉斯的丈夫是英國詩人泰德‧休斯（Ted Hughes），她會用她的白藍色花朵布料和縫製圖案，為女兒縫製小禮服，一面又擔心其夫「時不時會大發雷霆」。〔14〕「女童軍聚會無聊得跟鬼一樣」是米娜烏的老梗題材。〔15〕她的信和普拉斯的信沒有兩樣，內容經常充斥家暴的威脅和羞辱。有一次，米娜烏回到家時，穿著一雙新的法國高跟鞋，腳踝上還繫著綁帶。

溫蒂此時6歲，見狀高興地說：「那是別種女人在穿的，你才不適合！」
比爾答腔：「沒錯，妓女在穿的。」〔16〕

∎ ∎ ∎

比爾一家人的生活重心，圍繞在米娜烏向來稱為「局內」的地方，即哥大的應用社會研究局，相當於行為科學高等研究中心的美東版，只是比

較簡陋。她發現有件事很可怕。米娜烏在家書中說:「很難遇到我們兩個都喜歡的人。哥大那群人的老婆都好悽慘。」[17]他們會去局內辦的保齡球比賽、晚餐派對、棒球賽,以及雞尾酒宴。米娜烏寫道:「我必須說,和局內的人野餐時,我覺得氣氛很冷。」[18]那些太太眼神死氣沉沉。

米娜烏於1951年如此傾訴:「昨天晚上我們吃完晚餐後,去拉扎斯菲爾德他們家裡。有一半的時間,我需要字典來查他們在講什麼,但聽大家談觀念、邏輯、心理學、社會學,諸如此類的東西,全程非常放鬆、愉快。」米娜烏喜歡拉扎斯菲爾德和他老婆。女方是拉扎斯菲爾德的第三任,當時正在拚博士學位。米娜烏補充:「你會愈來愈喜歡她。」[19]

有兩對情侶,米娜烏很喜歡。一對是小名查克(Chuck),當時在哥大攻讀哲學博士的哥哥查爾斯,以及在局內服務、綽號小珍的嫂子珍·奧克利格(Jane Aycrigg)。另一對男方是出身印第安納州的社會學研究生詹姆斯·科爾曼(James Coleman),另一半是於局內擔任祕書的「小露」露西爾·里奇(Lucille Ritchey)。查克有憂鬱症,二戰的所見所聞成為他揮之不去的陰影;小珍求子心切,無奈事與願違。小露和科爾曼是在就讀普渡大學(Purdue University)時認識。和當時許多女性的選擇一樣,小露結婚後就輟學了,夫妻倆搬到羅徹斯特(Rochester),科爾曼服務於伊士曼柯達公司(Eastman Kodak Company),之後搬到紐約一間無電梯公寓,位於晨邊高地社區(Morningside Heights)。在這裡生活的日子中,兩個兒子湯瑪士和約翰先後生於1955年和1957年,第三子於1963年出生。[20]大約在1954年時,不知何時,科爾曼和小珍開始有一腿。[21]應用社會研究局就是這樣的地方,裡頭淨是性關係開放的社會科學家。

在愛德華·阿爾比(Edward Albee)的舞台劇《靈慾春宵》(Who's Afraid of Virginia Woolf)中,歷史教授喬治對生物教授說:「床伴大風吹,是學校

老師的康樂遊戲。」[22]換床伴是一種樂子。米娜烏感到無聊——那是種非常真實、真切、痛苦的無聊。她於1953年寫道：「我不知道什麼時候起，這麼想要生個寶寶。」[23]他們搬到紐約哈德遜河畔黑斯廷斯的威徹斯特鎮（Westchester）後，情況好轉，因為最起碼她能和研究局圈子外的人打交道。她寫道：「在這一區，住得很舒服。主要是猶太人，混著少量黑人和非猶太人，他們是我這輩子遇過最友善的一群人。」[24]住在哈德遜河畔黑斯廷斯時，比爾家隔壁住著社會心理學家肯尼斯‧克拉克（Kenneth Clark）和馬米‧克拉克（Mamie Clark）夫婦，他們是研究員，在「布朗訴教育局案」中提供關鍵證據。「男方是黑人，在美國南方研究種族隔離的問題，」米娜烏在給母親的信中寫道，還提到克拉克「陪著金恩牧師，金恩牧師的家被白人公民委員會（White Citizens Committee）炸了」。[25]

　　米娜烏試著拼湊出她的世界：研究局、「布朗訴教育局案」、以預測為目的的人類行為量化分析。全美充斥著政治悲劇，局內聚餐則充斥著閒言碎語：淨是八卦、劈腿，以及矯揉造作的知識份子。她累了，感到無助。

　　米娜烏的詩作屢遭退稿，懷孕倒是順產。1954年4月，米娜烏生下了女嬰，取名莎拉（Sarah）。[26]大女兒溫蒂曾寫信給她的外婆說：「寶寶的頭髮是黑色的耶。」溫蒂信中已經盡力將「寶」寫對了。[27]那年夏天，麥菲、艾默里和科爾曼等三家人前往新罕布夏州漢諾瓦鎮，參加達特茅斯學院的研討會。米娜烏參加了其中一場會議。「有個男的在談科學的哲學，我完全一頭霧水啊！」[28]

　　米娜烏聽不懂是她的問題？還是講者說得不好？

　　1956年，不只格林菲開始延攬比爾，IBM也在搶他。比爾天賦異稟，研究獨樹一格，是眾人的網羅對象。而比爾在外愈是搶手，對自己的太座愈是苛刻。小珍曾警告他：「請你試著了解男人不是要壞才會成功。」[29]比爾把小珍的忠告當耳邊風。社會灌輸他的觀念是：男人要壞，才會成功。

　　1950年代美國中產階級的婚姻爛帳，終究很難維持到最後。米娜烏蠟燭多頭燒，克盡母職，又在托兒所工作，還得包辦所有家事。她在家書中對母親說：「都要睡了，碗才剛洗好。」[30]她經常生病，已經筋疲力竭了，還遭到先生家暴；比爾可是體重有時會飆破一百一十公斤的大漢。[31]比爾家暴後會叫溫蒂接手家事。溫蒂9歲那年，有一次比爾叫她清廚房，米娜烏回說女兒該去睡了，比爾聞言大吼：「米娜烏，是你當家還是我當家？」[32]

　　真虧他說得出這種話。

　　一家人搬到黑斯廷斯後，米娜烏要離開家更難了。她不會開車，信中曾說「我覺得紐約好可怕，一想到學開車就沒有自信」，這反而帶來更多爭端。[33]在給母親的信中，她說：「一旦比爾從博士畢業，我可高興了，到時候我就不用再玩這個『爸爸媽媽』的遊戲了。」[34]不過比爾拿到博士學位後，情況沒有更好，只有更糟。

　　1956年，比爾不想為史蒂文森陣營服務，便謝絕格林菲。他也沒有意思去大公司上班，所以也回絕IBM。比爾留在研究局，並獲得了福特基金會和國家科學基金會的補助經費。在當時，獲得「量化社會科學研究」補助經費的難度，不亞於拿到非量化研究經費。美國傑出社會學家查爾斯・萊特・米爾斯（C. Wright Mills）曾向拉扎斯菲爾德抱怨：「國家科學基金會退回我的研究提案。拒絕我的單位還有福特基金會、衛生部與哥大校內的社會研究委員會（Council of Social Research）。」米爾斯問拉扎斯菲爾德，

是否知道哪裡能搞到「兩、三千美元，我想聘個兼職祕書」。〔35〕不過對於
比爾那種預測型分析研究，幾乎所有單位都想出資。

1956年夏天，比爾和科爾曼前往達特茅斯，連同拉扎斯菲爾德參加
更多場研討會。三人會面時，先前提過的人工智慧會議正在舉辦，其中伯
恩斯坦介紹他開發的西洋棋程式。比爾是否有參加達特茅斯研討會的多場
會議，已不可考，但那年夏天他既然身處漢諾瓦，去串個門子也無可厚非。
米娜烏渴望逃脫家庭的牢籠，她趁比爾不在身邊時去學開車。她在信中對
小珍說：「孩子的爸會去漢諾瓦，才不會發現我亂開他的愛車。」〔36〕

比爾回到紐約後，投入博士論文。而他愈是熱衷研究，愈是成功解碼
人類行為的謎團，對妻子就愈苛刻。比爾再次找來米娜烏協助資料編碼，
但兩人之間的鴻溝更深了。米娜烏恨死編碼了，在給母親的信中還說：「別
再叫我做這個。比爾根本不懂我的感受。」〔37〕米娜烏先前也曾語帶絕望
地對小珍說：「每次我要對比爾抱怨時，他就會開始長篇大論罵人。」根
本不可理喻。「如果他講話能不發飆，該有多好。」〔38〕

比爾酒喝得更多時，會充滿敵意和惡意，大吼大叫，不顧及他人感受。
比爾對待米娜烏的態度，「簡直把一頓毒打或咆哮當作最好的溝通方式」。
米娜烏的哥哥查克介入，勸比爾停止家暴。查克寫道：「你可是頂尖的科
學家，對待人生中最親密的感情居然這麼盲目；就像我之前說的，你的盲
目會毀掉你的老婆。」〔39〕

小珍形容：「我還真不懂，米娜烏幹嘛不一槍斃了比爾。」〔40〕大約是
在這時期，比爾告訴格林菲他對於電腦模擬的某個新想法：「用電腦模擬
美國電視觀眾。」〔41〕也可能透過電腦模擬，協助電視台賣廣告；又或者，
協助用電視打選戰。1960年總統大選，艾森豪不再參選，因此比爾沒有
顧慮，能投入擊退繼任者尼克森的選戰。

　　格林菲請比爾轉告普爾這項新計畫後，三人聚議詳談。普爾和格林菲鼓勵比爾調整研究方向，改為研究「如何模擬美國全體選民」。[42]而格林菲想必不是口頭勸說這麼簡單：他恐怕畫了一塊又一塊的大餅；他大概招待比爾吃香喝辣；他可能將比爾當作能引領美國政界，從無知通往知識時代的救世主。他或許跟比爾說，從現在到過去，乃至前一、兩屆總統大選時，他都需要這樣的選情模擬模型，而當下更是急切需要。老天，它可能解救美國，也可能讓他們全部致富！

　　到了1958年初，蘇聯已經發射史普尼克II號，成功環繞地球軌道，而比爾此時正對新研究投入極大心力。他日益瘋狂，到了歇斯底里的地步。小珍在信中說他「完全沉浸在自己的投票分析模型，並且太缺乏他人肯定，以至於說話時總愛搶走話題的主導權，炫耀自己在科學上的貢獻」。[43]他甚至拒絕和家人共進晚餐。小珍寫道：「比爾整天都在打字，最扯的是連吃晚餐時都在打字。」她甚至向姊夫抱怨這件事。

　　1958年4月12日週六，小珍帶溫蒂、約翰和莎拉去動物園，米娜烏得以喘息。那天晚上，小珍和米娜烏跑去看電影《冷暖人間》(Peyton Place)。這部電影改編自葛蕾絲・梅特里爾 (Grace Metalious) 所著1956年同名暢銷小說，內容描述新英格蘭區小鎮多名女性的性壓抑和不得志。「印度的夏天宛如女人。」是小說的開場名句。「成熟洗鍊、熱情如火，但又變化莫測。她來去自如：何時來，又何時走，旁人全然不得而知。」故事情節有通姦、強暴、亂倫、墮胎，其中一位主角認為：「男人沒必要存在；男人一點也不可靠，充其量是上天製造出來的麻煩。」[44]電影主演有拉娜・特納 (Lana Turner)。在主要場景中，遭繼父強暴的小女孩用棍棒打死繼父。而在現實生活中，1958年4月初，特納的女兒殺了強尼・史坦帕納托 (Johnny Stompanato)。史坦帕納托和特納是情侶，會對特納家暴。米娜

烏告訴小珍：「我們的社會出了問題，導致很多男人都毀了。」[45]

此話所言不虛：一來當時男人對二戰還餘悸猶存，二來遭到佛洛伊德的女性相關理論所騙，三則困在恐怖的財務困境。此外男人從小到大都被教導既要堅強又不能麻木不仁、既要精明敏銳又得處變不驚——當中分寸可是難以拿捏。小珍在信中對查克說：「該一槍斃了比爾。」[46]隔週，小珍對米娜烏講起報紙上的一則報導，說是有個婦女朝丈夫開了三槍。據小珍形容，米娜烏聞言，「聲音混合著倦怠和希望」說道：「何必呢，我從來沒這樣想。」[47]

■ ■ ■

團隊的男性研究人員常常離開妻小，和其他男性會面討論如何將機器訓練得像人類。而他們所謂的人，指的是「男人」。1958年夏天，比爾於加州聖塔莫尼卡參加福特基金會贊助的電腦模擬會議，協辦者有社會科學研究委員會（Social Science Research Council）和蘭德智庫。[48]蘭德智庫在1958年夏天扮演的角色，為電腦史下了一個傳奇的註腳，重要程度幾乎媲美1956年的達特茅斯人工智慧會議。先前從未設計過程式的人，在此學習程式設計，主要是用蘭德智庫的電腦「JOHNNIAC」。會議出席採預約制，與會者共二十人，多數在當地停留兩、三週。[49]科爾曼也來共襄盛舉。[50]米娜烏、小露和孩子們則留在哈德遜河畔黑斯廷斯的家中。

比爾興高采烈地寫信給9歲的愛子約翰，提到他們開發的神奇機器。「約翰，我在這邊很開心，因為電腦就像給大人玩的電子火車（電腦有UNIVAC、Manniac +『Johnniac』，我處理的是Johnniac）。」[51]而對於妻子米娜烏，比爾則談到他預期從選情預測機器的新計畫賺大錢。「他真的

有辦法像他說的那樣，說賺就賺嗎？」米娜烏的姊姊納悶問道。〔52〕

差不多在這時期（顯然比爾從加州回來不久），比爾花了幾個月，修改日後作為析模公司運作基礎的程式，而米娜烏成了他歇斯底里發洩的垃圾桶。比爾失去了自我，無法自拔。

米娜烏將比爾送到紐約貝爾維醫院（Bellevue Hospital）。相中此處，其來有自：貝爾維醫院最初是救濟場所，和哥大之間頗有淵源。然而，貝爾維醫院的精神病室環境惡劣、淒涼，殘虐無道；這裡的精神病友是孤苦、困頓、遭到遺棄的族群。那年頭，還會對精神病患施以電擊和腦葉切除術。肯・克西（Ken Kesey）於1959年出版《飛越杜鵑窩》（*One Flew over the Cuckoo's Nest*）一書，故事雖設定在別間醫院，但同樣駭人。米娜烏雖然不至於痛下殺手，一槍轟了丈夫，但她也沒有完全逆來順受，所以才將比爾送到貝爾維醫院。

孕育析模公司的地方不少：麥迪遜大道、帕羅奧圖、五角大廈、IBM等，其中最悽慘的是貝爾維醫院的精神病室。走進院內，映入眼簾的是白色牆面、合成地板、封鎖的房門；撲鼻而來的是消毒劑和尿液的味道；耳中只聽見悲慘的呢喃、痛苦的尖叫、煎熬的哭喊、精神錯亂的放聲大笑，以及低鳴的啜泣。比爾用打字機寫信給科爾曼，說米娜烏要讓他住進精神病院。比爾向科爾曼掛保證：「我找到一堆律師，跟她拚了。」律師的事，似乎是他的幻想。

比爾便是在貝爾維醫院不斷構思自己的新理論；他的想法光是打字，就用掉八張投稿用預印本的版面。他也畫下草圖，說明選情預測機器的計畫，以及背後的運作理論。據比爾所說，他計畫打造的，「幾乎是一組思考規則」，目的是「重現或更準確模擬選民的思考行為」。在另一封信中他告訴科爾曼，「那張黃色紙的信」令他的精神科醫師感到困擾：「他們似乎

懷疑這封信的內容是真的嗎？以及是不是真有這個收信人。」〔53〕不過，確實有那個收信人。信中的想法也是真實的。比爾在精神病院中的構思，成了析模公司這間新創企業的核心智慧財產。

比爾出院了。是米娜烏從貝爾維醫院接他回家的。比爾想必承受了莫大痛苦。或許，他曾求助於當時較新的躁鬱症藥物，有著讓人不適的副作用，會使人鎮靜和麻痺。若他有服用這類藥物，那麼很有可能工作不順，因為他原本思緒飛快如同賽車，會因為藥物被拖住，難以行駛。

比爾完成博論後，對哥大指導教授發表選情模擬程式的研究，程式的設計用意為「可全面觀察選民」。〔54〕從基礎面來看，他當時的程式，與劍橋分析公司在2015和2016年分別販售予川普陣營和英國脫歐陣營的服務，並沒有區別。投票研究可從「『微觀』層級的分散單位」探討選民，但比爾的系統可以「在匯聚一切數據後，宏觀觀察整個集成系統的運作」。〔55〕比爾開發出的作品是選情預測機器，相較於此，早期的投票研究不過是扮家家酒。

格林菲非常、非常、非常想要比爾的這個作品。畢竟他打從1952年起，就夢寐以求這樣的東西。米娜烏曾偷聽到比爾對格林菲說話：「電話中悉悉簌簌地，商議一筆大型商業交易。」〔56〕當時比爾向格林菲保證，他倆會因此致富。格林菲採用了比爾的研究〈用於投票系統宏觀動力學的分析模型〉，將它改成他說的「宏觀助選計畫」提案，其中部分修改出自知識份子的思維，也有部分出於商業考量。他想要將愛德華・格林菲公關公司社會科學部轉型為新企業，好落實這項提案，目標鎖定1960年美國總統大選，為民主黨選戰操盤。

格林菲將宏觀助選計畫設為機密，並製作複本，複本的流通對象設下嚴格的選擇基準，畢竟這可是營業祕密。格林菲也知道它會引發爭議。

格林菲提議依據選舉結果和民調,建立宏觀助選計畫「資訊庫」。他們從微觀切入,將選民細分為不同類型,例如「美國北方城市的黑人工人階級」。針對每一類選民,選舉結果和民調的資訊會以議題區分。格林菲寫道:「在這一塊,檯面上運作的也沒什麼神奇。輸入的資訊,就是民調中會取得的真實個人資訊。不過,將這些資訊放到機器高速運轉的儲存設備中,就是不同世界了。」機器載入多類選民和多項議題的微觀資料,發揮「宏觀」的分析功能:使用者可以針對候選人的操作,對機器提出任何問題;機器也能一路分析到全體選民的最細分類。[57]機器使用者好比坐在奧林帕斯山上,諸神圍繞在側,俯瞰眾生。

談論政治時,伯恩斯坦的岳父老是問他:「對,是沒錯,可是這對猶太人有什麼意義嗎?」伯恩斯坦試著向他說明宏觀助選計畫的原理:「這台機器會告訴你對於猶太人有什麼意義!」[58]或者更正確來說,在民主黨人試著了解民權議題時,機器可能提供建議。

格林菲寫道:「假設打選戰時,有人在深南方(南方棉花州)發表民權議題的強烈演說,發生了問題。透過我們的模型,將能針對該地區一千個子群體,預測這類演說帶來的影響,以及在深南方各州各個次族群有多少人。因此我們能以不到1%的差異,預估在深南方各州會產生的影響,並最終指出會影響選舉人團票的州。舉例來說,我們的預測可能會是:在原本無論如何穩操勝算的幾個南方州,這樣的演說會讓我們失去2%至3%的選票,但可能在一些重要的北方州,增加0.5%的選票支持。」[59]

一路走來,格林菲不知何時失去了初衷。或許,他只是對民主黨幾次敗選感到厭煩;或許,最重要的終究是勝選;又或者,他已經一籌莫展,不知如何推動民主黨更抓緊民權議題,而這是他長年來的冀望。政治家之所以應該針對民權議題,在美國南方州發表措辭強烈的演說,原因在於這

是「正確」的事嗎？不能這樣說。政治家之所以應該針對民權議題，在美國南方州發表措辭強烈的演說，原因在於宏觀助選計畫基於分析結果，給出這樣的建議罷了。

開發宏觀助選計畫是為了解決史蒂文森的選情問題。格林菲曾寫道：「我們的機器絕非人類的替代品，而是設計來為人類政治家提供資料，以便於在初期針對如何使民主過程發揮作用，做出確實有見地的決策。」[60]格林菲在當時並非不知情。他坦言：「我認為政治研究人員使用進階電腦程式時，政治道德面會產生問題。也有個看法是，人類總是會以某種方式被洗腦。」這種想法是胡說八道。「機器所做的，就是更快地為人提供更多資料。」此外，「並沒有計畫要對選民做任何事情，所以跟洗腦是八竿子打不著。」他也說，「機器能做的就只是加快連結」，也就是說「針對大型社會的重要議題，機器能建立現有交流的可能性」。[61]

格林菲在紐約將宏觀助選計畫的機密提案寄給在芝加哥的紐頓・米諾。[62]米諾此時三十有三，育有三女，服務於史蒂文森陣營，是他相當親近的顧問，也是史蒂文森律師事務所的合作夥伴；先前兩次總統大選時，米諾也提供諮詢。米諾很有原則，令人敬畏。他畢生最為人所知的身分，是在甘迺迪執政時擔任美國聯邦通訊委員會主席。米諾有個出名的事蹟，是1961年時曾以聯邦通訊委員會主席的身分，公開批評電視是「大荒原」（vast wasteland），敦促為兒童製作教育性的電視節目，並促使國會通過立法，建立公廣集團的製播系統，此為美國公共電視網（PBS）和國家公共廣播（NPR）的前身。米諾是在格林菲幫史蒂文森打1956年選戰時結識他的。

米諾讀了格林菲的提案，下巴快掉下來。震驚之餘，他將該提案寄給史蒂文森的文膽：哈佛歷史學家小亞瑟・史列辛格。提案就這麼送到劍橋

的哈佛大學校內，懷德納圖書館（Widener Library）深處的史列辛格辦公室。米諾此舉對未來影響頗大。

史列辛格當時41歲，現身時幾乎都以招牌領結示人。當時他可以說是最受推崇的美國歷史學家，著作幾乎都以美國總統為主題，並以1945年的作品《傑克遜時代》（The Age of Jackson）斬獲普立茲獎。史列辛格為約翰・甘迺迪立傳，贏得第二座普立茲獎。他對政治權力感到著迷，而一如任何著迷於權力的人，他總是處於陷入權力陷阱的危險之中。

1952年大選時，史列辛格和格林菲同樣原本服務於艾弗瑞・哈里曼陣營，但在伊利諾州州長史蒂文森獲得民主黨提名後，便轉而支持史蒂文森。史列辛格也工於心計和背叛。1956年，他將如何鬥倒哈里曼的內幕消息透露給史蒂文森陣營。[63]1954年他升為哈佛正教授時，甚至同時擔任史蒂文森的文膽，花大把時間為他撰寫講稿。史列辛格和甘迺迪家族熟稔，尤其是約翰・甘迺迪，兩人為大學同窗。史列辛格住在劍橋厄文街（Irving Street）109號，環境幽靜、路樹成蔭。好巧不巧，普爾住處與他相隔兩戶，是105號。

史列辛格的書庫內有間書房，他便是在此鎖上門，閱讀米諾的來信。米諾問：「你記得格林菲嗎？他在1956年大選時，幫我們籌劃所謂的深度研究，雖說這個研究沒有觀察出我們後來有多絕望就是了。」格林菲同意米諾將機密提案寄給史列辛格。米諾希望獲得史列辛格的建議，撰文如下：「在不損及您的判斷下，我本身的見解是這樣的系統（a）沒有用、（b）不道德、（c）應該宣布為非法。請惠予指教。」[64]

史列辛格看了提案，一遍又一遍。普爾極可能早就告知他宏觀助選計畫一案。對於米諾的置評請求，史列辛格謹慎處理。回信中第一句是：「對於宏觀助選計畫，我和您有相同感受。我一想到人類要先等機器分析出結

果才表達自己的意見，就覺得不寒而慄。」說是這麼說，史列辛格也無意
潑冷水：「我確實相信科學，不想當扼殺新想法的人。」[65]

　　米諾是有求助過的：身為美國公民，又是律師，他認為格林菲的提案
是不道德的，並且應該宣布為非法行為。史列辛格則要他不動聲色。

　　於是，宏觀助選計畫續行，沒有喊停。

註釋

1 出自：莎拉・奈哈特（Sarah Neidhardt），和作者電子郵件往返，2019年3月6日。

2 出自：WMc, Curriculum Vitae, c. 1964, in the possession of his son, John McPhee. John McPhee, "A Life Remembered: Dr. William N. McPhee (1921-1998)," in the possession of John McPhee. Rebecca Syzmanski, "Ailing Ex-Professor Chose to End Life," *Albuquergue* [NM] *Journal*, May 29, 2001; John McPhee, interview with the author, July 24, 2018。關於比爾的最完整自傳式紀錄，請參閱：Peter Simonson, "Writing Figures into the Field: William McPhee and the Parts Played by People in Our Histories of Media Research," in *The History of Media and Communication Research: Contested Memories*, ed. Peter W. Park and Jefferson Pooley (New York: Peter Lang, 2008), ch. 12。

3 出自：Emery to Miriam Emery, November 17, 1942, Emery-McPhee Papers。

4 出自：莎拉・麥菲（Sarah McPhee），作者訪談，2018年7月30日；溫蒂・麥菲（Wendy McPhee），作者訪談，2018年7月16日；出自約翰・麥菲（John McPhee），作者訪談，2018年7月24日。

5 出自：WMc, Curriculum Vitae, c. 1964。

6 出自：Betty Friedan, *The Feminine Mystique* (New York: Norton, 1963)。

7 出自：莎拉・麥菲（Sarah McPhee），作者訪談，2018年7月30日；出自：溫蒂・麥菲（Wendy McPhee），作者訪談，2018年7月16日。

8 出自：MMc to Eleanor Emery, May 17, 1951, Emery-McPhee Papers。

9 出自：MMc to Eleanor Emery, Thanksgiving Day, 1952, Emery-McPhee Papers。

10 出自：MMc to Eleanor Emery, April 1, 1953, Emery-McPhee Papers。

11 出自：MMc to Ruth Washburn, June 18, 1953, Emery-McPhee Papers。

12 出自：MMC, "Look at Me Today," in *Watch Me*, with drawings by Heidi Brandt (Colorado Springs, CO: Ruth Washburn Cooperative Nursery School, 1966)。

13 出自：Sylvia Plath, "Daddy," *Ariel* (London: Faber & Faber, 1965)。

14 例如：Sylvia Plath to Aurelia Schober Plath, October 8, 1960, in Sylvia Plath, *Letters Home*；選編者：Aurelia Schober Plath (New York: Harper & Row, 1975, 396。註：作為本章開場白的普拉斯信件出自：Plath to Aurelia Schober Plath, July 19, 1960, in *The Letters of Sylvia Plath*, ed. Peter K. Steinberg and Karen V. Kukil, vol. 2, *1956-1963* (New York: HarperCollins, 2018), 495。

15 出自：MMc to Eleanor Emery, March 27, 1957, Emery-McPhee Paper。

16 出自：MMc to Eleanor Emery, Thanksgiving Day, 1952, Emery-McPhee Papers。

17 出自：MMc to Eleanor Emery, October 31 or November 7, 1951, Emery-McPhee Papers。

18 出自：MMc to Eleanor Emery, June 18, 1953, Emery-McPhee Papers。

19 出自：MMc to Eleanor Emery, October 9, 1951, Emery-McPhee Papers。科、比二人在1950年代密切合作許多專案。兩人工作上深入合作，私交也甚篤，這方面可於下列文獻一瞥：Coleman Papers, Box 53, Folder "McPhee"。

20 出自湯瑪斯・科爾曼（Thomas Coleman），作者訪談，2019年3月18日。

21 科爾曼於1958年斷開這段婚外情。他於信中感慨1950年代的婚姻百無聊賴。出自：JC to Jane

Emery, April 29, 1958, Emery-McPhee Papers。

22 出自：Edward Albee, *Who's Afraid of Virginia Woolf?* (New York: Atheneum, 1962), 34。

23 出自：MMc to Eleanor Emery, January 23, 1953, Emery-McPhee Papers。

24 出自：MMc to Charles Francis Emery, October 23, 1953, Emery-McPhee Papers。

25 出自：MMc to Eleanor Emery, March 13, 1956, Emery-McPhee Papers。

26 出自：MMc to Eleanor Emery, March 9 and 15, 1954, Emery-McPhee Papers。

27 出自：Wendy McPhee to Eleanor Emery, April 1954, Emery-McPhee Papers。

28 出自：MMc to Eleanor Emery, July 7, 1954, Emery-McPhee Papers。

29 出自：Jane Emery to WMc, undated but c. 1956, Emery-McPhee Papers。

30 出自：MMC to Eleanor Emery, February 22, 1955, Emery-McPhee Papers。

31 比爾的體重常為討論話題，主要是因為他體重控制不順。例如，在他約一百公斤時，文獻上說：「他在溫蒂出生後體重就沒增加，所以他有在進步了。」出自：MMC to Eleanor Emery, October 2, 1957, Emery-McPhee Papers。

32 出自：Charles Emery to Jane Emery, November 10, 1955, Emery-McPhee Papers。

33 出自：MMC to Eleanor Emery, April 29, 1951, and see, e.g., Charles Emery to Jane Emery, October 25, 1955, Emery-McPhee Papers。

34 出自：MMc to Eleanor Emery, December 4, 1956, Emery-McPhee Papers。

35 出自：C. Wright Mills to Dr. Paul Lazarsfeld, May 6, 1959, Paul F. Lazarsfeld Papers, Columbia University Archives, as quoted in Glander, *Origins of Mass Communications Research* (Mahwah, NJ: L. Erlbaum, 2000), 211。

36 出自：MMc to Jane Emery, June 21, 1956, Emery-McPhee Papers。達特茅斯工作坊的日期為 1956 年 6 月 18 日至 8 月 17 日。已有的參加者清單資料筆數少，且不見得完整。上頭並未列入比爾，但他可能以觀察員的身分與會。出自：Solomonoff, "Ray Solomonoff and the Dartmouth Summer Research Project in Artificial Intelligence, 1956"。

37 出自：MMc to Eleanor Emery, February 2 and February 17, 1956, Emery-McPhee Papers。

38 出自：Miriam McPhee to Jane Emery, November 4, 1955, Emery-McPhee Papers。

39 出自：Charles Emery to WMc, undated but c. 1956, Emery-McPhee Papers。

40 出自：Jane Emery to Charles Emery, August 23, 1957, Emery-McPhee Papers。

41 出自：Simulmatics, *Human Behavior and the Electronic Computer: An Information Brochure* (New York: Simulmatics Corporation, undated, but c. 1962), Pool Papers, Box 67, Folder "Simulmatics: Correspondence," 7。

42 出自：IP, Abelson, and SP, *Candidates, Issues, Strategies* (Cambridge, MA: MIT Press, 1964), 7。

43 出自：Jane Emery to Charles Emery, February 26, 1958, Emery-McPhee Papers。

44 出自：Grace Metalious, *Peyton Place* (New York: Julian Messner, 1956), 1, 17。也請參閱：Introduction, "Open Secrets: Rereading *Peyton Place*," by Ardis Cameron, in *Peyton Place* (1956; repr., Boston: Northeastern University Press, 2011)。

45 出自：Jane Emery to Charles Emery, April 16, 1958, Emery-McPhee Papers。

46 出自：同上。

47 出自：Jane Emery to Charles Emery, April 21, 1958, Emery-McPhee Papers。

48 出自：Simonson, "Writing Figures," 304。

49 出自：Social Science Research Council, "Simulation of Cognitive Processes: A Report on the Summer Research Training Institute, 1958." *Items* 12, no. 4 (1958): 37-48。艾貝爾森參加一事，有在一本析模公司小冊子的個人介紹提及。出自：Simulmatics Corporation, *Human Behavior and the Electronic Computer*。也請參閱另一初稿，內容可能略有不同，出自：Lasswell Papers, Box 40, Folder 548。

50 出自：IP, Abelson, and SP, *Candidates, Issues, Strategies*, 8, n12。

51 比爾致溫蒂、約翰、莎拉；未載明日期，但應為1958年夏天（由位於加州聖塔莫尼卡的莫尼卡旅館得知）。出自 Emery-McPhee Papers。信中這一段的談話對象為約翰。

52 出自：Eleanor (Cooie) Emerson to Charles and Jane Emery, March 3, 1959, Emery-McPhee Papers。

53 出自：WMc to JC, December 27, no year (the yellow-sheet letter), and WMc to JC, undated (the white-sheet letter), Coleman Papers, Box 87, Folder "McPhee"。

54 比爾提供的是行為理論和數學模型，但是拉扎斯菲爾德的另一名研究生羅伯特·史密斯（Robert Smith）執行了很多原始編程的工作。關於比、史二人的合作事宜，請參閱：Robert B. Smith, "Innovations at Columbia," 2006, typescript, in the possession of Peter Simonson, and Camelia Florela Voinea, *Political Attitudes: Computational and Simulation Modelling* (New York: Wiley, 2016), ch. 3。史密斯於2017年過世。本書出版前，惜無緣訪談。關於該研究，似乎並未於其論文中提及。出自：喬安娜·韓德琳·史密斯（Joanna Handlin Smith），和作者電子郵件往返，2018年7月31日。

55 出自：WMc and Robert B. Smith, "A Model for Analyzing Macro-Dynamics in Voting System," 1959, BASR Records, Box 27, Folder B0395。也請參閱：Robert B. Smith and WMc, "A Fully Observable Electorate," 1961, BASR Records, Box 62, Folder B-0725; and WMc, John Ferguson, and Robert B. Smith, "A Model for Simulating Voting Systems," in John M. Dutton, ed., *Computer Simulation of Human Behavior* (New York: Wiley, 1971), 469-81，惟請注意本論文僅是比爾（1962）和史密斯（1961）二人先前研究的「合輯」。

56 出自：MMc to Eleanor Emery, October 30, 1958, Emery-McPhee Papers。

57 該提案的早期版本出自："Project Macroscope," Pool Papers, Box 93, Folder "McPhee"。本初稿由格林菲所撰，普爾編輯。關於延攬艾貝爾森加入該計畫一事，請參閱普、艾二人1958至1959年的通訊紀錄，同樣位於前述資料夾。

58 出自伊莉莎白·伯恩斯坦·蘭德（Elizabeth Bernstein Rand），作者訪談，2018年8月20日。

59 出自：[ELG], "Project Macroscope" (1959), Stevenson Papers, Box 38, Folder 7。

60 出自：[ELG], "Voting Behavior Machine," Stevenson Papers, Box 38, Folder 7。

61 出自：[ELG], Memo, "Use of Machine Computers in Political Survey Research," Stevenson Papers, Box 38, Folder 7。

62 出自：ELG to NM, March 18, 1959, Stevenson Papers, Box 38, Folder 7。
63 出自：David Marcus, "The Power Historian," *Nation*, October 30, 2017。
64 出自：NM to AS, March 25, 1959, Stevenson Papers, Box 38, Folder 7。
65 出自：AS to NM, April 17, 1959, Stevenson Papers, Box 38, Folder 7。

IBM 704（1959年前後）。

PART
2

仿人機
The People Machine

「普雷斯特威克，我跟你說喔。展望未來，我相信
我們慢慢來到一種時代，宗教和大眾傳播會把人類
所有的不信任和對立都拋在後面，然後學著彼此善加合作。」
「R.V.，那當然是一種想法囉。」[1]
——1965年，麥可・傅瑞恩（Michael Frayn），
《錫人》（*The Tin Men*）

CHAPTER

6

IBM和美國總統大選
The IBM President

如果一台機器能抵十個人，那這十個人何去何從？

——1960年，約翰‧F‧甘迺迪

1960年，甘迺迪選舉手冊（海報文字：如果你的工作被自動化取代，你想要誰入主白宮？）

　　1959年2月18日，析模公司在麥迪遜大道501號上52街轉角處的一棟三十層大樓開業，該大樓樓身以淺色磚砌成，與麥迪遜大道590號IBM全球總部相距僅五條街，走一會兒就到了。凌晨時分，伯恩斯坦在IBM全球總部和IBM 704對戰西洋棋：主教吃掉皇后，城堡吃掉兵，直到機器大聲列印出勝負結果，上面寫著：*** 感謝您下了一盤有意思的棋賽 ***

　　析模公司的營運規模當然比不過IBM：辦公區位於樓上，占地1,625平方英尺（約45坪），不到IBM大廳的三分之一，是用375美元月租向一名二房東承租的；室內最精密的設備是一台打字機。對此，格林菲這麼說：「本公司並未持有（也無意購買）任何電腦設備。」析模公司在草創期是向IBM、哥大和MIT的電腦租時段共用。儘管辦公室外觀陽春，內部人員倒是具備雄心壯志：「本公司擬從事的業務，主要是運用電腦科技，來預估可能會產生的人類行為。」[2]析模公司打算預測未來。

　　3月，格林菲答應米諾：「我們一定要做到。」米諾先前請史列辛格協助停止計畫，史列辛格反而請米諾退一步。然而，這事早就生米煮成熟飯了：格林菲寫信的一個月前，已向紐約州申請成立公司。[3]

　　析模公司（THE SIMULMATICS CORP.）名稱刻在玻璃銘版上，銘版揭幕的那天或許還舉行過某種小型開業典禮，但即便有，比爾也沒有出席。他之前在芝加哥，打算乘坐美國航空320班機飛往紐約，但在最後關頭取消，續留風城。320航班在嘗試於紐約拉瓜地亞機場（LaGuardia）降落時墜入東河（East River）；僅八名乘客生還。比爾終其一生都保留那張未使用的機票，視為幸運符。[4]

　　如果析模公司真有辦開業典禮，在新辦公據點揭開公司銘版，那麼還有別人也缺席了。格林菲先前曾招攬伯迪克[5]，當時伯迪克才剛出版新小說《醜陋的美國人》（The Ugly American），內容近乎赤裸地呈現越南。《醜》

書出版後五個月內二十刷，後來雄踞暢銷書榜單達七十六週。[6]艾森豪在美國總統休假地大衛營（Camp David）待上一週時，讀過這本書[7]，甘迺迪則為參議院每人提供一本（話雖如此，甘迺迪認識伯迪克時寒暄恭維了幾句，提到他欣賞的並非《醜陋的美國人》，而是 1956 年那本《第九道波浪》）。[8]伯迪克並賣出書的電影改編版權，後來電影由馬龍·白蘭度飾演，因此相較於美國政治學會（American Political Science Association）的會議，伯迪克在好萊塢還更為人所熟知。[9]他當時還在柏克萊教政治理論，來辦公室找他的女學生仍然趨之若鶩，但他也開始教授「政治小說」課程，教的不是亞里斯多德和休姆（Hume）的哲學，而是《滿洲候選人》、《間諜》（The Secret Agent）、《國王的人馬》（All the King's Men）以及《裸者與死者》（The Naked and the Dead）[10]，類別均屬政治驚悚。

析模公司有成立研究委員會，由普爾擔任主管；格林菲邀請伯迪克入會時，伯迪克拒絕了，他說自己數學實力不夠資格，他很忙，他在文學界很紅，還有，他認為析模公司聽起來很危險。沒多久，他開始大加撻伐。伯迪克後來警告：「公司可能會走火入魔。很顯然到最後，公司會落得美國人知道的那種政治下場。」[11]

∎ ∎ ∎

美國人先前認知的政治，在 1960 年代畫下句點（這和析模公司無關）。自由派先前於 1950 年代形成的共識雖然普遍，卻不正確，後來分崩離析。民權運動爭取已久，後來開花結果，催生出 1964 年的《民權法案》（Civil Rights Act of 1964）和 1965 年的《投票權法》（Voting Rights Act）。然而，不公不義的現象持續存在，抗議者在街上暴動，警察用警犬、催淚瓦斯、棍棒

和軟管襲擊抗議民眾。美軍投入越戰，深入越南叢林，到頭來卻不知為
何而戰，這不只傷到詹森總統的評價，還傷及其「大社會計畫」（The Great
Society）。後來多間大學爆發抗議潮，學生策劃靜坐，占領建物，有時還會
暴力相脅。新左派（New Left）和新右派（New Right）後來崛起，兩者投入的
政治型態均為對抗、羞辱、擊潰另一方。到1967年時，史列辛格歸納詹
森的每一項抱負和理念，認為「為黑人謀求公平機會、戰勝貧窮、努力解
救城市，以及改善美國的學校」都是「為了越南」。[12] 在那段最黑暗的日
子裡，一整個世代的政治領袖接二連三遇刺：約翰·甘迺迪、麥爾坎·X、
小馬丁·路德·金恩；為這毀滅性十年劃下休止符的，則是羅伯特·甘迺
迪。這十年於1970年5月上旬結束，當時俄亥俄州國民兵（也就是政府本
身）對肯特州立大學（Kent State University）手無寸鐵的學生開槍。

　　析模公司成立於1959年，在1970年破產。上述事件中，析模公司多
半扮演一定角色，其企業發展史也為所有這些事件提供觀察的角度，那也
是1960年代的黑歷史。析模公司的遺澤，並非中間為期十年的故事，而
是一箱待解碼的打孔卡，這些卡片恰似蘊藏祕密的紀實，記述了當時美國
政治遭受的破壞。

　　這段歷史起自民主黨「再度」徵召史蒂文森參選美國總統。此前史蒂
文森已敗選兩次，為何會同意再次參選？答案是為了解救美國免於尼克森
的毒手。艾森豪已當滿兩屆任期，1960大選時，尼克森是共和黨候選人
的首選。史蒂文森無法接受尼克森當上白宮主人，他曾寫道：「好幾代以
來，我們努力提升年輕人和這個世界的自尊；而尼克森的過往充滿誹謗攻
訐、濫用職權、短視近利，他訴諸所有最巧詐的政治工具；我似乎無法想
像尼克森執掌我們的政府。」[13]

　　話雖如此，史蒂文森這時尚未表態參選，而且還拖了好幾個月。一方

面，包括比爾在內，1956年艾森豪的許多支持者贊同史蒂文森對於尼克森的見解，也不想投給尼克森；相較於其他民主黨可能推出的候選人（包含約翰・甘迺迪），他們也偏好史蒂文森。[14]而許多方面來說，史蒂文森在1960年的選情又比1956年時悲觀多了。1959年，筆鋒辛辣的專欄作家瑪麗・麥羅里（Mary McGrory）撰文指出：「哪怕是最死忠欣賞史蒂文森的人，都沒有宣稱他是偉大的總統人選。不過他們仍堅稱，史蒂文森當美國總統會當得很好。」[15]民眾並未忘記史蒂文森競選時背負的負資產：他離過婚，講的笑話很糟，許多欣賞他的人都寧可他沒參加1956年那場毫無勝算的總統大選，而該讓克佛威輸給艾森豪。他們不斷問自己：「如果當初如何如何，現在會是怎樣？」早知如此，何必當初？

格林菲販賣的不僅是預言，他賣的是仿人機，由一支專精於預測局勢的科學家團隊運作，也是為史蒂文森陣營打造的機器。1959年，格林菲在寫信給米諾的夏天前後，同時寫信給史蒂文森的摯友湯瑪斯・K・芬雷特（Thomas K. Finletter）。1956年，格林菲為史蒂文森打選戰時，芬雷特是他的主管；之後，芬雷特成立智囊團「民主黨諮詢委員會」（Democratic Advisory Council）。[16]格林菲將宏觀助選計畫一事告知芬雷特，說明現在已能「開發出能預測其他選戰策略結果的電腦程式」。[17]

在芬雷特的安排下，格林菲向一群富有的捐贈人報告提案。這群金主先前為民主黨諮詢委員會成立了「特別專案委員會」[18]，由慈善家艾格妮斯・E・邁耶（Agnes E. Meyer）主導，她的丈夫是於1933年買下《華盛頓郵報》的尤金・邁耶（Eugene Meyer）。[19]特別專案委員會聘請威廉・艾特伍德（William Attwood）研究史蒂文森的選情。艾特伍德曾任史蒂文森的文膽，以及《展望》（Look）雜誌編輯。[20]格林菲也請該委員會委託他的析模公司研究史蒂文森的選情。

　　這番毛遂自薦獲得委員會首肯。於是1959年5月，格林菲、比爾和普爾前往華盛頓，向民主黨諮詢委員會和全國委員會的會員報告提案。[21] 兩會同意試用四個月，紐約的委員會於是委託析模公司執行單一研究，研究費35,000美元。[22] 11月，他們再次會面，這次拉斯威爾和拉扎斯菲爾德也加入審查委員團隊，委員會再補助一筆30,000美元的研究費[23]（兩筆總計65,000美元，若換算為2020年現值，已逾50萬美元。）普爾喻之為「政治界的一種曼哈頓計畫」[24]，說得好像團隊在製作炸彈似的。

　　當時，析模的「曼哈頓計畫」，是美國史上最大規模的政治科學研究計畫。普爾和比爾先是收集1952年、1954年、1956年、1958年執行的十萬份蓋洛普和羅波（Roper）民調打孔卡。他們將受訪選民分為480類。根據文獻記載，「其中一類選民是：美國中西部、鄉村、基督徒、低收入、女性」。接著，他們將民調問題分為五十種「議題態度」。最後，相關資料全數登記至打孔卡上，建立一組資料，其中納入前述四年每一年的開票結果。

　　析模公司的選民庫中，僅有一小部分是黑人：全部6,564人，其中4,050人在美國北方。不過，光是析模將非裔美籍視為一類選民加以研究——亦即對非裔美籍選民「感興趣」——便已表示美國在評估輿情方面起了重大變化。喬治・蓋洛普（George Gallup）並未將黑人族群納入民調一事惡名昭彰，原因不但在於種族隔離州的暴力和阻投手段，使他以為多數黑人無法投票，也因為其民調結果會刊在全國性報紙上，而美國南方報社威脅若報導黑人的意見，將撤掉蓋洛普的專欄。[25] 過去在美國南方，會要求繳交人頭稅、舉行識字能力測驗，並且公然使用暴力，藉此阻撓投票，黑人會因此無法投票；大多數民調施測人員知道此事，因此黑人選民無論在何處都不受重視。不過，析模想說服民主黨「黑人選票」很重要；為此，公司必須拿到量化數據。[26]

同時，甘迺迪為了獲得民主黨提名，也針對長期支持史蒂文森的知識分子，開始爭取他們的支持。1956年大選時，差點就要由甘迺迪搭檔史蒂文森。兩年後，甘迺迪再次進入參議院，支持率高達73％。[27] 不過，他的身分中有些是負資產：他是天主教徒，美國先前從未有天主教徒當總統。甘迺迪年輕，僅42歲；在公民議題上，他並未嚴正表達立場，再來，自由派也信不過他。甘迺迪一家人和共和黨參議員約瑟夫・麥卡錫關係匪淺：父親曾捐贈麥卡錫陣營政治獻金，胞妹曾與麥卡錫交往，胞弟羅伯特又曾效力麥卡錫。此外，國會以67票對22票通過針對麥卡錫的譴責案時，時任參議員的約翰・甘迺迪因術後近乎致命的多項併發症而住院，且未指定代理人投票，成了參議員中唯一未投票者[28]，對此自由派絕無法原諒他。甘迺迪開始尋求諒解。

史列辛格回憶：「1959年7月中某天早晨，我坐在麻州韋爾佛利特（Wellfleet），甘迺迪從海尼斯港（Hyannis Port）打電話給我，邀請我參加當天晚宴。這是我第一次造訪甘迺迪宅邸。」但不是他的最後一次。史列辛格開始愛上甘迺迪，以及他的妻子。日後史列辛格寫下他當時的觀察：「她彷如覆蓋著一層薄紗，看似惹人憐愛、無足輕重，實則具備強大意識。」財富，魅力，美貌。[29] 而甘迺迪之所以令史列辛格印象深刻，在於他富有活力、決心和智慧，以及史蒂文森所缺乏的決絕果斷、不留情面。史列辛格悄悄地換了邊站。有好幾個月他將自己視為中間人，一方面電話聯絡史蒂文森，一方面拜訪甘迺迪，居中傳遞訊息，安排兩人會面，並試圖讓史蒂文森宣布不選，以支持甘迺迪。[30] 然而這些操作都沒能遂其所願。

1960年1月2日，約翰・甘迺迪宣布爭取民主黨提名。雙肩寬闊的明尼蘇達州參議員休伯特・韓福瑞（Hubert Humphrey）也參選了，只不過後來他挑明說：「我自認不會輸給其他有意參選總統的人，除了史蒂文森。」[31]

但是究竟要選還是不選，猶如「丹麥王子哈姆雷特」的史蒂文森依然閃閃爍爍，只說若獲徵召，將義不容辭。〔32〕而對於焦慮的全體選民而言，這番話難以喚起激情。

■　■　■

1960年甘迺迪入主白宮，是帶有傳奇和神祕色彩的一段歷史，使人感覺天命如此〔33〕，而這泰半得歸功於記者白修德（Theodore H. White）所著《1960年總統的誕生》（*The Making of the President 1960*），這本書定義了當年選情，極受歡迎，成了暢銷書，也拿下普立茲獎。此書強化了甘迺迪「當選總統乃時勢所趨」的論調；事實上，實情比白修德所寫的更加複雜。白修德跟著甘迺迪陣營、青睞甘迺迪陣營，並親近甘迺迪陣營之餘，也親近甘迺迪本人。實際上，甘迺迪投入提名是大膽之舉，到最後一刻都不知鹿死誰手：他勝出的普選，是美國史上極為膠著的一次。

1960年2月，析模公司仍在研究黑人選民時，發生一件事：葛林斯波羅郡（Greensboro）伍爾沃斯商店（Woolworth's）的午餐吧台當時是白人專用區，某日四名就讀北卡農業與技術州立大學（North Carolina A&T）的黑人學生拒絕讓位。他們的意志撼動了整個美國。從田納西州和南卡，從喬治亞州到維吉尼亞、西維吉尼亞州，德州和阿肯色州——在美國南部，靜坐示威活動遍地開花。某天，白人學生手持南方邦聯旗，對黑人學生挑釁：「你們以為自己是誰啊？」這群北卡農業與技術州立大學美式足球隊學生手持美國國旗，跳進來說：「我們是北方聯邦政府軍（Union Army）。」〔34〕此時析模還在以選民和議題的類別分類打孔卡，劃分全體選民。

同時，甘迺迪跑選舉行程時似乎使用新的語言，史列辛格形容是「使

用史蒂文森的措辭風格，強調危難、不確定性、犧牲、目的」。史蒂文森影響民主黨極深，但若甘迺迪的說話風格開始像史蒂文森，大半是因為他和史蒂文森此前的文膽相處所致，包括史列辛格本身也有和他打交道。史列辛格寫道：「甘迺迪以史蒂文森繼承人和實踐者的姿態現身，形成革命性影響。」[35]不過，封甘迺迪為史蒂文森繼承者的，正是史列辛格。

　　共和黨推出尼克森勢在必行。對此，甘迺迪的策略是盡可能以極大差距拿下多場初選，以獲得民主黨提名，讓黨內信服他有能力擊敗尼克森。甘迺迪打造了一支由胞弟羅伯特帶領的選舉團隊，並請另一位胞弟泰迪（Teddy）助拳，其中泰德‧索倫森和勞倫斯‧歐布萊恩（Lawrence O'Brien）這兩位長期助手、新聞工作者皮爾‧沙林吉（Pierre Salinger）和民調人員羅‧哈里斯（Lou Harris）等人也兩肋插刀，出力不少。往後的初選，甘迺迪幾乎無役不與，3月8日從新罕布夏州打頭陣，斬獲85％選票。更重要的一役是4月5日威斯康辛州初選，拿下56％選票，大敗中西部的韓福瑞。韓福瑞觀察甘迺迪陣營的運作後表示：「我感覺自己活像是做小本生意的人在對抗連鎖店！」4月12日，在史蒂文森主場伊利諾州，甘迺迪贏了初選。原先外界認為韓福瑞在西維吉尼亞州初選勝券在握，5月甘迺迪贏得該州初選後，韓福瑞便退選了。[36]另一方面，史蒂文森仍未表態參選或不選。

　　1960年5月15日，析模公司向民主黨諮委會發表第一項研究的結果，研究名為〈美國北方城市的黑人選民〉（Negro Voters in Northern Cities），這篇研究先用宏觀視角切入。1960年總統大選，勝選者必須在全部537張選舉人團票中，拿到269票；其中以下八州的非裔投票率高：紐約州、賓州、加州、伊利諾州、俄亥俄州、密西根州、紐澤西州和密蘇里州，這些州共占210票。由於解放黑奴的林肯為共和黨，所以非裔美國人先前長期支持該黨，但1930年代民主黨的小羅斯福將非裔族群拉進了新政聯盟。根據

析模公司評估，1950年代新政聯盟開始分崩離析：在1956年和1958年，民主黨候選人失去了北方州的黑人選民，其中以中產階級黑人選民為最，原因在於共和黨更強力主張民權議題。析模在報告中說：「選民不是僅僅轉而支持艾森豪這個人，而絕對是政黨忠誠度發生變化。」1958年期中選舉的變化可以佐證此事，當時艾森豪並不在選項中。析模公司說明：「黑人之中換邊站的是因為他們敢改投他黨，他們不是『艾迷』。贏得該族群民心的關鍵，不是艾森豪的父親形象（不過他們也沒討厭這點），而在於政黨服務黑人族群所塑造的形象。」〔37〕共和黨是林肯的政黨，民主黨則是美利堅邦聯的政黨。

　　析模公司簡短歸納出兩個重點：（1）若無黑人選票，民主黨不可能贏回白宮；（2）民主黨若要贏回那些改投共和黨的黑人選票，方法只有對民權議題採取更強烈的立場。要歸納出這樣的結論，似乎不需要一支行為科學家團隊、一台IBM 704和65,000美元的研究費，但總之，還是用上了這許多資源。

　　史蒂文森的支持者或許有發現析模的報告具參考價值，卻未進一步委託任何分析。普爾對此曾詳細說明：「民主黨即將推出代表，而原本支持我們的人，因為一些很明顯的原因，不再覺得有作出承諾的合理依據。〔38〕直到1960年5月史蒂文森都還未表態，而韓福瑞退選了，所以甘迺迪儼然勝券在握。哪怕是多支持史蒂文森的民主黨組織，都沒有立場繼續支持史蒂文森陣營的研究。

　　對普爾來說，這格外形成打擊：析模的工作於5月中擱置，當時學期剛結束，普爾和其他析模旗下的學者剛好最有空閒，能夠完成重大研究。現在可好了，在民主黨大會召開前，他們幾乎無用武之地。

　　民主黨是否提名甘迺迪，仍在未定之天。儘管史蒂文森既未參選，也

未做出任何表態來阻止甘迺迪參選，倒是很多民主黨員試著卡住甘迺迪。德州參議員詹森和一些民主黨人就發起「卡甘」（Stop Kennedy）運動。詹森身形虎背熊腰，身高6呎3（約183公分），很會談事情。他來自德州石牆斯通沃爾（Stonewall），出身清寒，從底層一路爬到掌握權力的位置；他擁護羅斯福的「新政」和杜魯門的「公平政策」。他比參議院任何人都還拚。不過，對於甘迺迪這位含著金湯匙出生、傳承地位穩固的「政後代」，詹森打從心底討厭。詹森當時51歲，甘迺迪43歲，詹森管甘迺迪叫「小男孩」（the boy）倒不是指年紀，而是在揶揄甘迺迪備受寵愛一事。〔39〕

詹森選舉團隊並未進行太多操作，他的操盤與其說是為了選戰，比較像是為了抗議。然而史蒂文森陣營都還沒人表態參選，支持者倒已湊成了一支選舉團隊。《新共和》和《國家》（Nation）雜誌為史蒂文森背書，請他參選。「徵召史蒂文森」（Draft Stevenson）團體在全美各地萌芽。從5月的局勢來看，史蒂文森參選並獲得提名似乎不是不可能。

5月21日為奧勒岡州初選隔日；這一天甘迺迪前往史蒂文森位於伊利諾州利伯蒂維爾（Libertyville）的宅邸，請他在大會上進行提名演說。甘迺迪說：「聽好，我的票足夠獲得提名；如果你不支持我，我會給你好看。我不想搞到這個地步，但如果有必要，我會這樣做。」史蒂文森給甘迺迪碰了釘子。〔40〕

之後史列辛格公開跳船，棄史投甘。他事後表示：「雖然我屬於不希望史蒂文森表態的那批人，但如果史蒂文森公布參選總統，我想我會留在他的陣營。」〔41〕史列辛格認為史蒂文森人品比甘迺迪好，但甘迺迪更適合選總統。〔42〕

史列辛格換了邊站後，開始用自己的力量讓史蒂文森退選。身為哈佛歷史教授，此舉並不尋常，逾越了本分，之後也著實回不來了。5月底，

史列辛格安排史蒂文森和甘迺迪會面。史蒂文森固然拒絕「挺甘」，但也沒有要站隊「卡甘」陣營。6月5日，史蒂文森造訪麻州劍橋，來到史列辛格位於厄文街、與普爾家相隔兩戶的宅邸，從宅邸花園的門出去，就是座落於法蘭西斯大道（Francis Avenue）30號、蘇格蘭裔美國經濟學家約翰‧肯尼思‧加爾布雷斯（John Kenneth Galbraith）的宅邸（史、加兩戶後院相鄰）。史蒂文森又一次拒絕替甘迺迪站台。[43]

接著，知識圈開始互鬥。6月13日，美國一些主要自由派人士向民主黨全國委員會遞交請願書，為史蒂文森背書。這些自由派包括伊蓮諾‧羅斯福（Eleanor Roosevelt）、萊因霍爾德‧尼布爾（Reinhold Niebuhr）、阿契博得‧麥克列許（Archibald MacLeish）、約翰‧赫西（John Hersey）、卡爾‧桑德堡（Carl Sandburg）和約翰‧史坦貝克（John Steinbeck）。四日後，6月17日，民主黨收到一份反請願書，可能由史列辛格撰寫，並由史列辛格和加爾布雷斯為首的知識分子簽署。「在1952年和1956年總統大選時，我們所有人都支持史蒂文森，但他堅稱自己不參加1960年大選，而參議員甘迺迪是我們自由派能引以為傲的人選，也是積極表態、投入選戰的候選人。」請願書敦促「美國的自由派轉而支持參議員甘迺迪參選總統」，並納入甘迺迪對於民權的倡議，其中提到：「針對最高法院的『去除種族隔離』判決，甘迺迪承諾會讓民主黨明確採取相關的國會行動和行政行動。」[44]

並非每個人都隨之跳船。史列辛格的妻子瑪麗安（Marian）告訴報社，她仍然挺史蒂文森。甘迺迪胞弟羅伯特在一封寫給史列辛格的信中，以潦草的筆跡於信末補充道：「你不能管好自己的老婆嗎？還是說你和我一樣？」[45]和許多史蒂文森的支持者一樣，紐頓‧米諾也不動如山，沒有變節。[46]史列辛格等人的聲明，是在史蒂文森造訪他位於厄文街的宅邸後不久發布的，史列辛格事後表示，對此他感到後悔。他說：「我很內疚

沒有先說我會發出那篇聲明。」[47] 不過，這樣的背叛很嚴重。加爾布雷斯的一位朋友指控他做出「美國史上最惡劣的個人背叛」。[48]

普爾也跳船了。他寄了一份析模的極機密報告給甘迺迪的助手泰德・索倫森，內容探討美國北方的黑人選民。信中說：「非常希望您惠賜任何意見，或是以任何方式提供政治用途方面的看法，讓我們得以精進日後的研究。」這番話只是為了讓甘迺迪團隊成為客戶[49]，而索倫森似乎興趣缺缺，或者說起碼在大會之前，他沒有興趣。

■ ■ ■

1960年，民主黨全代大會於位在南加大南邊、剛啟用的洛杉磯紀念體育館（Los Angeles Memorial Sports Arena）舉行。大會原訂於7月11日開始。7月5日，詹森正式參選，目的倒不是要勝選，而是要卡甘。三天後，在CBS News新聞節目上，史蒂文森表示如果受徵召，就會參選，然後他告訴《紐約時報》，他將「竭盡全力勝選」。[50] 此舉使甘迺迪陣營不安。

史蒂文森的競選人員舉辦了一場實際上不存在的活動，前往加州。這場幽靈活動的媒體祕書是年輕作家湯馬斯・B・摩根（Thomas B. Morgan）。好巧不巧，他和格林菲交情匪淺。7月初，摩根從紐約飛往洛杉磯；他的西裝翻領上別著寫有「徵召史蒂文森（Draft Stevenson）」字樣的鈕扣。此行任務是為史蒂文森陣營設立總部。民主黨全國委員會、甘迺迪陣營和媒體均於比特摩爾飯店（Biltmore Hotel）設立總部。記者白修德如此形容：「飯店很大一間，風格老舊，外觀泛黃，高十一層，可以眺望擁綠意盎然的長方形普辛廣場（Pershing Square）。」甘迺迪陣營租了有四間房的8315套房。[51] 不過民主黨全國委員會主管保羅・巴特勒（Paul Butler）禁止史蒂文森陣營

租借比特摩爾飯店空間，理由是他「並非候選人」。為此，摩根在派拉蒙大廈（Paramount building）搭起營帳。大廈就在飯店廣場的對面。史蒂文森陣營全是志工，晚上用睡袋打地鋪。最後，巴特勒同意為史蒂文森陣營提供夾層的兩個小房間，由於簡陋，媒體開始戲稱那是「巴特勒拿來儲存食物的地方」。[52]

甘迺迪於7月9日星期六抵達洛杉磯。史蒂文森也赴洛城，在機場獲得上萬名支持者熱烈歡迎，他們以「**依然愛你，艾德利**」（*still* madly for Adlai）作為口號。[53]史列辛格則來到波士頓洛根（Logan）機場，沮喪的他在日記中說：「如果我還在史蒂文森陣營，他又有任何勝選機會的話，在洛杉磯時我會比較快樂，或至少可以為我自己感到快樂。」[54]

甘迺迪希望拿下第一輪投票（初選時表態投給他的黨代表也別無選擇）。史蒂文森的計畫（或者說其支持者的計畫）則是鎖定未表態的黨代表，爭取到夠多票數，於第一輪投票中先聲奪人，使甘迺迪無法於第二、三輪投票中勝選。湯瑪斯·摩根試圖扭轉這種局面，對每位記者說他也遇到了同樣情形：「假設有黨代表確實支持史蒂文森，但為了卡甘而投詹，或是為了卡詹而投甘，如果史蒂文森能獲得他們的選票，第一輪穩操勝算的人就是史蒂文森。」[55]然而，這可是全國代表大會，變數多的是。

普爾和格林菲也在場。普爾下榻比佛利希爾頓飯店（Beverly Hilton）。他們在言談間吹捧著析模公司，並且在印有析模公司標誌的紙張上記人名，交流在上面寫的筆記內容。析模並未和任一陣營正式合作。不過，普、格二人希望析模那份分析美國北方黑人選民的報告，能確實送到大會的委員會手裡，才能敦促委員會強打民權議題。康乃狄克州前州長切斯特·鮑爾斯（Chester Bowles）是甘迺迪支持者，大會召開前，時任政綱委員會主席的他收到一份析模公司的報告。另一位收到報告的是哈里斯·沃福德。沃福

德是甘迺迪陣營工作人員，也是格林菲的友人，起草政綱的民權部分。[56]
（沃福德該年年初曾寫信給小馬丁‧路德‧金恩：「我給個建議，你近期內
找機會和我的一個好友見面聊聊，他叫格林菲，公關操作手法非常精準。」）
[57] 鮑爾斯任命了一支二十人團隊，負責草擬政綱，由自由派主導；他任
命的南方人僅有四位。政綱委員會於7月10日（週日）開會，認可名為〈人
民權利〉（Rights of Man）的政綱。[58] 政綱中最大膽的部分是納入民權內容，
其中所聲明的立場，是當時美國兩大黨有史以來最自由派的觀點。[59]《時
代》（Time）雜誌形容為「非比尋常的自由派宣言」。[60]

　　檯面下，總統選舉提名大會充滿花招噱頭，周邊所見淨是浮華矯作，
擺了多數人生平首見的浮誇食物和劣質香檳。據史列辛格描述，戈爾‧
維達爾設宴，會中「從出生於俄羅斯的美國新聞記者麥克斯‧勒納（Max
Lerner），到義大利女演員珍娜‧露露布莉姬妲（Gina Lollobrigida）都在這
裡」，也就是說，從嚴謹記者到性感代名詞，八方雲集。[61] 不過，拉票
這檔子事，也會發生在宴會。艾格妮斯‧邁耶（Agnes Meyer）於比佛利希
爾頓飯店舉辦宴會，現場的史蒂文森支持者催他參選。翌晨，米諾造訪史
蒂文森位於希爾頓的別墅；此時別墅已擠滿響應「徵召史蒂文森」活動的
志願者。不同於史蒂文森的多數狂粉，米諾先算好了已表態和未表態的黨
代表人數。他不想史蒂文森挫敗。為了私下談談，他將史蒂文森拉到洗手
間，遠離宴會的嘈雜。

　　米諾說：「州長，你可以聽他們的話，或是聽聽我的見解。伊利諾州
十五分鐘後就會展開預選，幾乎是甘迺迪的囊中物。」也就是說，史蒂文
森的主場州將上演棄史保甘的戲碼。

　　史蒂文森問：「真的嗎？」

　　米諾答：「真的。」

「你的建議呢？」

米諾說：「我建議今天在這裡，你不要表現出一副想求第三次總統大選提名的喪家犬嘴臉。我建議你乾脆表態支持甘迺迪，認同提名他參選，讓黨團結。」〔62〕

史蒂文森聞言猶疑再三。「選，或是不選？這是個問題。」史蒂文森到這節骨眼，內心還在上演《哈姆雷特》小劇場。

▌　▌　▌

7月11日週一，民主黨全代大會召開。當天早晨，在甘迺迪下榻的比特摩爾飯店套房中，其弟羅伯特召開工作人員會議。他脫掉外套，鬆開領結，站到椅子上。羅伯特先是說：「我要談一下民權。我們手上的民權議題政綱是民主黨有史以來最好的。我要大家向各自所屬的代表團聲明，甘迺迪團隊明確支持這一塊。」在史列辛格看來，那是大會史上最出色、最真切、最啟迪人心的一場演講。〔63〕

場外，數千名史蒂文森支持者聚集喊道：「史蒂文森當選！史蒂文森當選！史蒂文森當選！史蒂文森當選！」他們扛著競選旗幟，上面寫著「史蒂文森是君子」、「聰明人的選擇──史蒂文森！」、「和史蒂文森迎接勝利」、「和史蒂文森拚下去」、「只有最好──史蒂文森！」、「面對道德挑戰──史蒂文森」、「史蒂文森當選！」記者白修德坦言：「這不只是表達意見了，根本是造勢。」〔64〕

週二時，場館外的史蒂文森支持者翻倍。史蒂文森仍然拒絕宣布參選，但已開始爭取各州代表團支持。他訪問明尼蘇達州代表團時，史列辛格才剛跟州代表談完。在史蒂文森說話時，史列辛格留下聽講。在講廳後方，

黨代表為史蒂文森鼓掌叫好時，史列辛格啜泣著。他在日記中坦言，落淚是因為感動，雖說他才剛改變想法，認為史蒂文森不但贏不了，還只會「在演說時講古，說些熱情有餘卻又另人煩躁的內容，根本沒人想聽」。〔65〕他的潸然淚下，也彌補了日記內的調侃。

　　週二晚上，史蒂文森來到會議廳。此番來訪，並非是以總統參選人的身分，而是代表伊利諾州。現場掌聲響起，十七分鐘不絕於耳〔66〕，根據白修德報導，從週一到週三，大會的氣氛起了變化。「週一時，黨代表還聽信謠言，以為史蒂文森將提名甘迺迪，週三早上醒來，他們接受了史蒂文森決定參選並且爭取提名。」到了週三下午，報紙刊出新標題：「甘迺迪順風車垮了」和「甘迺迪風潮退燒」。〔67〕

　　史蒂文森請明尼蘇達參議員尤金・麥卡錫（Eugene McCarthy）提名他。史蒂文森陣營的委員會預料將獲得提名，決定讓現場爆滿。這需要一點小手段。他們鎖定持有甘迺迪集會票券、但對史蒂文森有好感的人，取得他們的票券；他們在底層區和看台區收集用過的票券，還將這些票券偷運出去、重複使用。他們賄賂了一名保全人員。〔68〕週三晚上，數千名史蒂文森支持者湧入場館，洛杉磯警察局請求增援。尤金・麥卡錫起身，上台演講。

　　他請求：「別讓這位先知在自己的黨裡失去榮耀。別把他推開。」聽眾欣喜若狂。按照摩根的計算，掌聲持續二十七分鐘之久，掌聲消落後，眾人仍喊著：「史蒂文森當選！」鼓譟未歇。「史蒂文森當選！」支持者展開橫幅海報，上頭寫著「史蒂文森當選！」金色氣球從天花板落下。

　　白修德報導提到：「主席請求現場恢復秩序。」摩根之後撰文形容：「尤金・麥卡錫請求恢復秩序；大會樂團希望用音樂蓋過觀眾鼓譟；燈光關掉後，群眾仍在吶喊『史蒂文森當選』。」〔69〕然後，橫幅沿著走道展開，從看台區揮舞，自廳內的椽子飄揚，一顆巨大的混凝紙漿「雪球」從講台後方

滾出來。這顆雪球由上百萬個簽名的請願書作成，署名希望『徵召史蒂文森』。雪球浮在群眾上方，彷彿是由現場熱情形成的一道波浪在撐起球似的。」巨大白球在頭上飄浮時，有人大叫：「看，史普尼克！」[70]

美國作家H・L・門肯（H. L. Mencken）曾如此形容：「參加全代大會的感覺，介於看一場加演的舞台劇和看一場絞刑之間。」[71] 造勢雪球還叫作「史普尼克」？靠橫幅標語、小喇叭和簽名造勢，都是老套的政治手法了。新手法是靠打孔卡和列印資料執行分析。現場氣氛儼然更加高昂鼓動。不過，底下的黨代表倒是默不作聲，顯得詭異。

尤金・麥卡錫請黨代表不要設限，先不管之前預選或初選時的表態；畢竟，可沒有什麼「合法的手段」能綁住他們的投票決定。不過，預選和初選代表投票者的心聲。這年頭的提名大會上，已經比以前更重視預選和初選。再者，許多黨代表認為自己不能輕易跑票。白修德寫道：「新罕布夏和威斯康辛、西維吉尼亞和密西根、奧勒岡和印第安納這些州的初選一般投票者認為，甘迺迪應該得到他們的票。黨代表知道這一點，但現場與會者不然。」[72]

無論如何，史蒂文森早已敗北。當天稍早，他試著說服芝加哥的李察・戴利（Richard Daley）為他爭取伊利諾州代表團的票，而戴利拒絕了。尤金・麥卡錫手裡握有數字，他知道史蒂文森沒有勝算：尤金・麥卡錫的談話不太像爭取提名，比較像是致敬。當晚，摩根的助理發了新聞稿，這是史蒂文森陣營發出的最後一篇。稿子只有一句話：「在我們爭取提名的過程中發生了有趣的事。」[73]

甘迺迪是十足的務實主義者，他聽進別人的勸說，願意提名詹森擔任副手；而外界原以為詹森不會點頭。不過，詹森是參議院多數黨領袖，如果甘迺迪要選上總統，這項提議對於確保他獲得詹森全力支持，倒是大有

幫助。另一方面，詹森讓甘迺迪跌破眼鏡。甘迺迪和詹森會面後，回來說：「簡直不敢相信。他居然想接受提名！」[74]

7月15日接近傍晚時分，甘迺迪接受民主黨提名，角逐美國總統。精疲力盡的甘迺迪發表了接受提名的演說，由於過於死氣沉沉，對手尼克森鬆了口氣。尼克森信心大振，認為如果舉行電視辯論，他完全可以辯倒甘迺迪。（在米諾的鼓勵下，史蒂文森於1956年民主黨初選時，和克佛威進行電視辯論。這是美國總統候選人史上首場電視辯論，而尼、甘二人是否同意電視辯論，壓力也逐漸升高。）[75]

甘迺迪的演講讓史列辛格感到不安。史蒂文森不同於史列辛格，政治和權力使他反感：他身上令許多人欣賞的特點，也是他無法選上的原因。甘迺迪更堅韌、堅強、更願意戰鬥、更渴望權力，也更不可靠。史列辛格在私人日記中寫道：「我相信他是自由派。我也相信他是心機重的人，而且必要時心狠手辣。」根據長期以來的預測，甘迺迪會任命史蒂文森為國務卿。史列辛格懷疑甘迺迪另有盤算。（果不其然：甘迺迪後來任命史蒂文森為聯合國大使。）對於「甘迺迪勢必參選」，他在日記中語帶哀戚地坦言[76]：「這次大會期間，我更加欣賞甘迺迪的實力和能力。」不過，「我對他本人的喜好和個人的信心都降低了。」史列辛格認為，那年夏天在洛城，有某種東西消逝了：「美國政治失去了我極度珍視的某種東西。」那是艾德利·史蒂文森時代的終結。

隔天，普爾來到甘迺迪總統大選競選總部，對其弟羅伯特正式提案。他對甘迺迪陣營毛遂自薦析模公司的服務。

▌ ▌ ▌

　　許多美國選民發現，很難區分甘迺迪和尼克森兩人：兩位候選人都經過精心包裝，適合出現在玉米片外盒和電視螢幕上，和一般人之間卻有隔閡；二戰時軍事歷練相似；在國會和參議院中也有著類似服務經驗；更別說有著相同的方下巴和波浪捲髮；兩人也是都沒有議題的類型。為了區分二人，史列辛格加緊馬力，寫了本五十頁的書：《甘迺迪或尼克森：有差嗎？》（*Kennedy or Nixon: Does It Make Any Difference?*），書店銷售一空。史列辛格文中說：「面對議題時，如果兩個人有時候看似冷靜，我會說甘迺迪此時在推敲問題，而尼克森不甚關心。」[77]

　　史列辛格寫的這本小書讓尼克森支持者感到不安，政治評論家威廉·F·巴克利寄了一頭活生生的驢子，到史列辛格位於劍橋厄文街109號的家，並附了一張關於《甘迺迪或尼克森：有差嗎？》一書的紙條。史妻瑪麗安將驢子送回巴克利位於康乃迪克的家。巴克利將驢子留下來養，管牠叫史列辛格的名字「亞瑟」。[78]

　　而在兩戶之外的厄文街105號，普爾繼續自薦析模公司的服務，希望獲得甘迺迪陣營青睞；此時甘迺迪陣營已經有了一位民調人員路·哈里斯。當時析模公司既名不見經傳，服務又所費不貲，同時也極有可能分析過慢，導致產品無用武之地。普爾倒是掛保證，指出析模「有設備可以針對現在和11月總統大選之間會遇到的任何政策和選戰策略，一夕之間提出許多問題的相關解答。」[79]

　　在十五頁報告中，普爾描述了「析模公司分析法」，並且承諾：儘管所有早期民調花了數千小時輸入、核實和再次核實初始數據，現在拿任何問題查詢析模公司的數據庫，幾乎都可以立即得到回覆。前置作業費時許久，但現在已經就緒，並且快過其他已有的分析法。普爾說明：「使用IBM 704電腦，可以分析其中一項輸入資料，並在四十分鐘內以任何期望型態重新

組合。列印出分析結果需要再花幾個小時。製作一份分析報告需要一天，最多兩天。」瞧，厲害吧！此外普爾也保證，由於「帶領析模公司服務的主管是稀缺人才，同時具備投票行為的社會科學知識，又能使用IBM打孔卡與電腦」，所以對於甘迺迪陣營來說，該領域沒有更適任的人了。[80]

7月16日，普爾首次寫信給甘迺迪胞弟羅伯特，同時去信勞倫斯‧歐布萊恩。歐布萊恩於1952和1958年時，曾協助甘迺迪競選參議員，並於1960年負責主導甘迺迪總統競選事務。普爾說明，析模公司雖已失去了寶貴時機，但時間還是在走。「我們蓄勢待發。」[81]這番話沒在吹牛，是肺腑之言。

由於析模公司1956年時為史蒂文森陣營服務，因此甘迺迪陣營檢視析模的提案時，很是懷疑。之後，民主黨全國委員會民調顧問喬治‧貝爾納普（George Belknap）也對析模的分析法抱持一些懷疑，主因是析模公司湊來的民調品質參差不齊。[82]然而，析模反覆推銷產品，保證「**能針對尚未發生的事件，測出群眾反應**……析模公司的模擬快速、正確、精準、有效率，能為政治策士提供獨一無二的測試服務，使其行動**前**，針對選民的投票行為，獲知處理特定議題的結果。」[83]

這項服務當時很難讓人輕易買單，但史列辛格可能有為普爾背書，而普爾、格林菲和比爾也想到了一套聰明的話術。他們或許是這麼說的：「本公司目前的資訊服務，以及開發自過去資料的模擬模型，相當於現代天氣資訊和氣候學模型之間的關係。如果我們不只有目前的資訊，還有能用於目前天氣預報的過去資訊型態，明日天氣預報就能發揮最高的精準度。」[84]

甘迺迪陣營心動了。8月11日，他們委託析模公司三份研究報告，而析模也快馬加鞭展開模擬分析。9月26日即將舉行第一次辯論，總統大選則是11月8日。

　　析模馬不停蹄地趕工，將一張張打孔卡輸入至機器。格林菲、比爾，以及先前加入析模的耶魯大學心理學家羅伯特・艾貝爾森（Robert Paul Abelson）三人，來到普爾位於劍橋的宅邸。普爾15歲大的兒子傑瑞米當年夏天和父親一起度過，大人開會時他旁聽在側，看著他們細讀無數張電腦列印資料。[85]之後，他們來到瓦丁河再次開會，當時建築師巴克敏斯特・富勒才正要幫薩福德於格林菲家旁邊打造穹頂建築。[86]他們後來還得加派人馬，讓一名工作人員搭火車來到紐約，將打孔卡輸入哥倫比亞大學的IBM 704，整理電腦列印資料。[87]8月25日，他們前往華盛頓，在羅伯特的辦公據點簡報時，將析模的分析資料呈交給他和甘迺迪陣營高層。[88]

　　析模公司先前第一次研究黑人選民族群時，提出頗有見地的結論，這次的三份研究也不遑多讓。在〈勞動節前的甘迺迪〉這份報告中，他們提到尼克森民調險勝甘迺迪，但將近1/4選民還未決定選誰。報告中寫道：「民主黨支持者大致偏好甘迺迪，共和黨支持者偏好尼克森；而最大差距來源在於宗教議題。」在選民心中，反天主教和宗教偏見的議題可能變得更加重要。若是如此，會發生什麼事？」IF THEN：輸入甲條件，會產生乙結果。他們透過電腦展開模擬，分析深入宗教議題後的影響。針對480類選民，逐一探討（1）過去的投票紀錄、（2）實際投票率，以及（3）對天主教候選人的態度。[89]此番以電腦模擬選舉前所未有，而根據分析結果，析模公司建議甘迺迪直接面對宗教議題，勿逃避批評，要去煽動。[90]報告描述：「模擬分析顯示，如果反天主教的議題會傷害到選情，那目前的甘迺迪早就失去了會流失的多數選票了。最大的淨損失已經形成。」

　　以「若則」假設分析來看：「如果有損選情，甘迺迪會失去一些偏向隱性的新教教徒選票，這一部分票源會流向尼克森，而甘迺迪能另外斬獲

一些天主教和少數族群的票。」不僅如此，如果選情更加拉扯，會有利於甘迺迪，因為「選情中極為不滿的反天主教者會反動，帶動反歧視浪潮，使天主教徒和其他厭惡公然歧視的人支持甘迺迪。」[91]這是「若則」假設分析的結果。如果甘迺迪談論更多他的天主教信仰，會因此遭受攻擊，但這樣的攻擊會在最必要的地方，凝聚對甘迺迪的支持。析模公司指出「黑人選民是甘迺迪陣營的危險點」，猶太人對甘迺迪的支持率相當低，建議「直接攻擊歧視議題，將能吸引這類少數族群，因為在意識形態上，他們傾向於反對這類歧視」。[92]

如果甘迺迪陣營想要避免不確定性，就只能拜讀讀析模公司的報告。另兩份報告名為〈勞動節前的尼克森〉和〈甘迺迪、尼克森與外國事務〉，也採用相同的分析法，給出的建議大同小異：「我們針對過去情境中的資料，呈現如何用於模擬未來的情境。」[93]析模公司團隊相信他們重塑了美國政治。

析模提供的建議內容中，有許多儼然是甘迺迪親信策士會有的尋常政治見解。一群畫大餅的人所留下的文獻紀錄，自然有許多夸夸其談、不合邏輯之處。關於析模公司的報告對甘迺迪陣營造成什麼影響，確實沒有客觀的方法可以評估。普爾坦言：「當甘迺迪決定直接面對陣中的老頑固時，他說不上來自己的哪些決策環節有受到任何證據影響。」[94]話雖如此，在析模公司進行簡報，對甘迺迪提出勞動節後的行動建議後，甘迺迪陣營仍頗確實地遵照析模的建議。[95]

一整個夏天，甘迺迪的民調都落後尼克森，9月初勞動節後回升，有三大因素：倡導民權、對宗教表示立場，和尼克森四場電視辯論的表現。每一因素的背後，都有析模公司的建議支持。

在5月呈交給民主黨全國委員會的第一次報告中，析模公司特別要求

採取更強力擁護民權的態度。該報告於6月時由普爾寄給甘迺迪陣營，並在大會時發送給其他工作人員。大會後，甘迺迪這個「對非裔美籍選民最沒有吸引力」的民主黨候選人，設立民權「部」，由格林菲友人哈里斯・沃福德領導；沃福德先前曾起草民主黨政綱中的民權章節。[96]小馬丁・路德・金恩在亞特蘭大帶領抗議時遭到逮捕後，甘迺迪致電其妻科麗塔・史考特・金恩（Coretta Scott King）表達關切和支持。拜此之賜，10月底，甘迺迪在非裔美籍族群中的聲望大幅提升。而甘迺迪致電金恩夫人這件事，便是沃福德建議的。[97]

9月初，甘迺迪開始公開討論天主教政策。析模公司的第二份報告於8月25日呈送給甘迺迪陣營，其中特別建議採行此舉。甘迺迪陣營並沒有去平息「反天主教」的聲音，而是吸引關注，炒作議題，並譴責宗教歧視，藉此增加甘迺迪回應議題的機會。9月12日的休士頓部長會議（Houston Ministers Conference），甘迺迪受邀對多位新教牧師演講，他單刀直入譴責宗教上的不寬容（religious intolerance）。他說：「我或許是受害者，但明天也可能輪到你。」甘迺迪聲明：「我不是美國總統的天主教徒候選人。我是民主黨的美國總統候選人，並且剛好也是天主教徒。在公共議題上，我發表的意見不代表我的教會，教會的意見也不代表我。」[98]

勞動節後的週末，也是那一年夏天最後在海灘度過的週末，格林菲在他位於瓦丁河的宅邸招待二十位賓客人。「我的老天，他老婆派翠西亞有二十五張嘴要餵。」米娜烏在信中語帶同情寫道。米娜烏和比爾帶了女兒溫蒂作客。約翰和小莎拉也跟著過去。[99]比爾、格林菲和普爾可能為甘迺迪擬訂後續辯論的策略，箇中原因特別在於普爾和比爾是了解政治人物電視形象的頂尖權威。

析模公司呈交予甘迺迪的一份報告中，特別提及即將到來的辯論會，

認為辯論會對尼克森不利：「對尼克森不利的原因在於，民眾原先預期看
到嚴肅和生氣的候選人，但甘迺迪能利用其更討喜的個人特質，使民眾感
受到不同的豐富情緒，包括熱情、幽默、友情和靈性，從而讓尼克森『輸
掉辯論』。」〔100〕日後普爾宣稱，析模的「機器」在甘迺迪的辯論策略上扮
演要角。後來，普爾告訴媒體：「有些人說辯論會可能傷到甘迺迪，有些
人說辯論是決定性關鍵。機器則是甘迺迪參考的另一個意見來源。」〔101〕
普爾口中的機器，就是指「仿人機」。

∎　∎　∎

11月8日大選之夜，甘迺迪待在海尼斯港的家族宅邸。在其胞弟羅伯
特住家的二樓，一間內裝為粉紅色與白色相間的兒童臥室中，孩子們的東
西已經先清空，在這天晚上搖身一變為數據資料中心。白修德寫道：「床
被移開，嬰兒椅排到一側牆邊。」騰出的位置放了一張長桌。民調人員路・
哈里斯在此作業，他反覆思考著「樓下通訊中心、以及四台安裝於隔壁臥
室的通訊社電傳打字機所報告的內容」。〔102〕

甘迺迪整晚來回穿梭草坪，往返於自家和羅伯特家。永遠雍容華貴
的夫人賈桂琳當時已有八個月身孕，正想要休息。只聽見羅伯特家中傳
來電傳打字機的敲打聲。相比之下，當時一般美國人也不是沒有自家的
數據中心。在自己的客廳、孩子的臥室、廚房——只要有電視，那就算
是數據中心了。1960年總統大選是「美國選舉史上，報導速度和品質最
好的一次」。三大電視台都用電腦播報。CBS News 新聞節目用的是 IBM
電腦。〔103〕

電視和電腦這兩種機器，先是於1950年代翻轉了美國的政治文化，

後來在1960年代成為焦點。1952年，是電腦報導美國大選之夜的處女秀，當時CBS電視台利用UNIVAC加總選票，預測投票結果，結果報導得亂七八糟。而到了1960年，IBM推出IBM 7090，速度更快，運算開票結果的速度幾乎是1956年機台的兩倍

　　速度上有看頭，拉鋸程度也不遑多讓——如果1960年總統大選是截至當時計算速度最快的一屆，那也是1880年代以來最膠著的一次。紐約第26街上，座落著CBS News新聞節目選舉總部，其中第65號播報室內，擺了一台IBM的RAMAC 305，負責計算來自171,311個選區的6,800萬張選票。同時，「距離第65號播報室1.25英里的位置，座落著IBM數據中心，同樣使用IBM 7090來預測選情，此時它也展開運算，分析電腦所創造的這些歷史性趨勢。」[104]

　　IBM先前曾想招攬比爾，展開類似宏觀助選計畫的專案，目的並非是設計選戰策略，而是回報開票結果。選前，IBM針對17州502個選區，進行投票行為研究，以過去的選舉為基礎，建立數據庫：「這些州當中的每一州，都有大學的頂尖政治學家在研究該州選區，判定主要的選民特徵。如果某選區選民結構主要是白領，而非藍領選民，那麼會列為白領選區。分類基準大同小異，同樣參考選民背景的農村／城市、種族／族裔和宗教等特徵。每一選區不僅觀察前述特徵和所屬州／地區，也針對1956年、1952年、1948年和1928年等年分，參考可取得的總統和眾議院投票紀錄。」IBM之所以選擇1928年，是因為除了本屆，僅有這一年有天主教徒參選總統，即艾爾・史密斯（Al Smith）。一如析模公司說明：「關於特殊選區的所有這類過去的選情數據，均儲存於IBM 7090電腦的記憶體，以提供全美選民族群中具有代表性的樣本。」[105]

　　IBM套用析模公司率先開發的模型，以選舉行為研究彙編一組歷史數

據，用於執行超快速的預測。在這屆總統大選之夜，IBM 7090於晚上七點二十六分開出第一條預測，當時幾乎所有投票所都還開著，並且所有選區中僅不到1％有匯報結果。CBS電視台態度謹慎地公開預測結果[106]（過了幾年各家新聞台才同意，需等到所有投票所關閉後再預測結果）。

在甘迺迪家族宅邸，大家的心情轉為陰鬱。才沒幾分鐘光景，八點十二分時，IBM 7090給了新預測，此時只有不到4％的選區回報開票結果：甘迺迪贏了51％普選票，尼克森則是49％。CBS電視台在八點十四分報出了這項預測，且預測結果沒有設任何前提——這可是「電視報出甘迺迪勝選的首次預測」。[107]

IBM肯定地說，和預測結果相比，能在現場執行選舉分析是更加有意義的事。17州502個選區均關閉投票所的那一刻，CBS News節目記者在現場致電數據資料中心。中心人員將結果輸入打孔卡，放在傳送帶上輸入至IBM 7090。據IBM報告：「由於電腦能分類票數，比對大量先前內部記憶儲存的數據，因此能迅速全面回答可能要處理的數千種問題，這能針對所有選區、選區組合或整個樣本，探討選票的意義。」IBM 7090能於15秒內回答幾乎所有問題。[108]

最後，IBM選舉預測沒有漏氣。甘迺迪贏得34,226,731張普選票（49.7％），以極些微差距贏過尼克森的34,108,157票（49.5％）。[109]甘迺迪斬獲303張選舉人團票，和尼克森的219票頗有差距。然而，由於普選票拉鋸，在共和黨全國委員會的倡議下，兩度重新計票。其實尼克森不支持這麼做，後來他於私底下透露：「我們國家無法承受憲政危機的折磨，我他馬的也不會為了當總統或啥的，就製造憲政危機。」[110]

如果全美各選區每張票都改投另一人，尼克森就會勝選。如同析模公司的預測，「美國北方黑人選民」在民主黨的勝選中舉足輕重。若沒有這

個族群的選票，甘迺迪就會敗北。[111]

甘迺迪就這樣當上了美國第35屆總統。此後電腦開始宰制美國總統大選，而析模公司也展開一波大肆宣傳。

註釋

1 譯註：R.V. 全名為 Rothermere Vulgurian，在故事中為媒體大亨。

2 出自：The Simulmatics Corporation, Common Stock, offered by Russell & Saxe, Inc., New York, May 15, 1961, Pool Papers, Box 142, Folder "Enquiries"。

3 出自：ELG to NM, March 18, 1959, Stevenson Papers, Box 38, Folder 7。不同於米諾，拉斯威爾寫信給普爾說：「很高興得知那項機器計畫在進行中。」出自：Lasswell to IP, May 5, 1959, Lasswell Papers, Box 77, Folder 975。

4 出自："Chicago-N.Y. Air Crash: Fear 58 of 73 Aboard Die; Find 10 Survivors," *Chicago Daily Tribune*, February 4, 1959. MMC to Jane Emery, February 6, 1959, Emery-McPhee Papers。

5 出自：EB to Sonia Lilienthal (McGraw-Hill), May 18, 1964, Burdick Collection, Box 35, Folder "The 480 — Correspondence"。

6 出自：Christie, *"The Quiet American" and "The Ugly American,"* 38。諾頓出版社大力推廣該書。宣傳上大都由伯迪克本人設計，後來招致許多批評。請特別參閱：Joseph Buttinger, "Fact and Fiction on Foreign Aid: A Critique of 'The Ugly American,'" *Dissent*, Summer 1959, and Burdick's reply, "Imagination and Dreams in Foreign Aid," August 10, 1959, Burdick Collection, Box 19, Folder "Ugly American — Dissent Episode"。

7 關於兩人交情，請參閱：RN to William Lederer, October 10, 1957, and December 19, 1961, William Lederer Papers, Special Collections and University Archives, University of Massachusetts, Amherst, Series 2。

8 出自：AS, *Thousand Days*, 63。

9 伯迪克深陷《醜陋的美國人》電影改編的爭議。請參閱：EB to H. N. Swanson, undated, Burdick Collection, Box 17, Folder "Ugly American Correspondence, Lederer to Burdick," and EB, "Why Can't the Movie Be More Like the Book?," undated typescript, Burdick Collection, Box 23, Folder "From Novel to Movie"。請注意，該文件夾包含原始小說的黑膠唱片音檔。

10 出自：EB, Political Science 194A, Syllabus, Burdick Collection, Box 65, Folder "Political Science 194A"。

11 出自：EB, *The 480*, vii。

12 引言出處：Sean Wilentz's foreword to Arthur Schlesinger Jr., *"The Politics of Hope" and "The Bitter Heritage": American Liberalism in the 1960s* (Princeton, NJ: Princeton University Press, 2008)。

13 出自：Adlai Stevenson, *The Papers of Adlai E. Stevenson: Continuing Education and the Unfinished Business of American Society, 1957-1961*, ed. Walter Johnson (Boston: Little, Brown, 1977), 385, and quoted in John Bartlow Martin, *Adlai Stevenson and the World: The Life of Adlai E. Stevenson* (New York: Doubleday, 1977), 471。

14 溫蒂・麥菲（Wendy McPhee），作者訪談，2018年7月16日。

15 出自：Mary McGrory, "The Uneasy Politician," in *Candidates 1960: Behind the Headlines in the Presidential Race*, ed. Eric Sevareid (New York: Basic Books, 1959), 216, 254, 219。

16 出自：AS, *Thousand Days*, 9-10。

17 出自：TBM, "The People Machine"。關於工作進度報告，請參閱："Project on the Compilation and Detailed Analysis of Political Survey Data: Progress Report," October 15, 1959, Burdick Collection, Box 34（無資料夾）。

18 出自：IP to Lawrence O'Brien, July 16, 1960, O'Brien Papers, Box 16, Folder 10。

19 尤金・邁耶於1946年辭去《華盛頓郵報》出版商的工作，任命女婿菲爾・格雷姆接任。1963年，格雷姆輕生後，該職務由其遺孀凱瑟琳・格雷姆（Katharine Graham）接手。

20 出自：Theodore H. White, *The Making of the President 1960* (1961; repr., New York:Theodore H. White, *The Making of the President 1960* (1961; repr., New York: Pocket Books, 1962), 58。

21 出自：The Simulmatics Corporation, Common Stock, offered by Russell & Saxe, Inc., New York, May 15, 1961, Pool Papers, Box 142, Folder "Enquiries"。

22 出自：IP, Abelson, and SP, Candidates, Issues, Strategies, 15-16。

23 出自：同上，17。

24 出自：TBM, "The People Machine"。

25 出自：Sarah Igo, *The Averaged American: Surveys, Citizens, and the Making of a Mass Public* (Cambridge, MA: Harvard University Press, 2009), 137。

26 關於這段見解，析模公司注意到的是，「外界之所以否定析模公司的這個想法，理由在於許多黑人並非選民。若真是如此，黑人在全體選民中的比重，顯然會以符合比例的方式，小於其人數所能呈現的數據。然而，美國北方的黑人並沒有都不投票。這個想法的依據在於，有些全美民調數字會結合來自北方和南方的數據，以產生足夠案例，進行個別分析。而析模公司在單次處理時，程序上會結合地方和全美民調。此舉能讓本公司初次對未投票行為進行個別比較。比較對象是北方城市的中產階級黑人相對於白人；以及在北方城市地位較低的黑人相對於白人。」出自：Simulmatics Corporation, "Negro Voters in Northern Cities," May 15, 1960, Kennedy Library, Democratic National Committee Papers, Box 212（另一份可見於：O'Brien Papers）。

27 出自：Austin Ranney, "The 1960 Democratic Convention: Los Angeles and Before," in *Inside Politics: The National Conventions, 1960*, ed. Paul Tillett (Dobbs Ferry, NY: Eagleton Institute of Politics, 1962), 7。

28 出自：Gary A. Donaldson, *The First Modern Campaign: Kennedy, Nixon, and the Election of 1960* (Lanham, NJ: Rowman & Littlefield, 2007), 38。

29 出自：AS, *Thousand Days*, 17。

30 關於跳船一事，請特別參閱：Aldous, *Schlesinger*, ch. 11。

31 出自：White, *Making of the President*, 38。

32 出自：Donaldson, *The First Modern Campaign*, 42。

33 相關評論請參閱如：W. J. Rorabaugh, *The Real Making of the President: Kennedy, Nixon, and the 1960 Election* (Lawrence: University Press of Kansas, 2009)。

34 出自：Isserman and Kazin, *America Divided*, 33。

35 出自：AS, *Thousand Days*, 23。

36 出自：Ranney, "The 1960 Democratic Convention," 10。

37 出自：Simulmatics Corporation, "Negro Voters in Northern Cities," May 15, 1960, Kennedy Library, Democratic National Committee Papers, Box 212。

38 出自：IP to Lawrence O'Brien, July 16, 1960, O'Brien Papers, Box 16, Folder 10。

39 譯註：除了詹森，艾森豪稱甘迺迪為「藍衣小男孩」（Little Boy Blue），這也是一首英文童謠的名稱，歌詞內容是喚醒睡著的藍衣小男孩起床照顧牛羊。

40 出自：Ball, *The Past Has Another Pattern*, 158。

41 出自：AS in *"Let Us Begin Anew" An Oral History of the Kennedy Presidency*, by Gerald S. Strober and Deborah H. Strober (New York: HarperCollins, 1993), 9。

42 出自：TMB, "Madly for Adlai," *American Heritage*, August - September 1984。

43 出自：Donaldson, The First Modern Campaign, 43-44。

44 出自：Harold Taylor, "Stevenson Named as Candidate by Group of His Supporters," Press Release, June 9, 1960, and "Petition to Delegates to the DNC on Behalf of the Nomination of Adlai Stevenson" (June 13, 1960), 1960, Presidential Campaign Series, Stevenson Papers。出自："An Important Message to All Liberals" (June 17, 1960), Theodore C. Sorensen Personal Papers, Box 23, Campaign Files, Kennedy Library。出自：AS, *Thousand Days*, 28-29。也請參閱：Donaldson, *The First Modern Campaign*, 44。

45 出自：AS, *Thousand Days*, 28。

46 根據史列辛格指出，米諾「持續支持史蒂文森」，但對後續發展不抱持幻想。出自：AS in Strober and Strober, *"Let Us Begin Anew,"* 8-9。

47 出自：同上，9。

48 出自：TBM, "Madly for Adlai"。

49 出自：IP to Theodore Sorensen, Pool Papers, Box 93, Folder "Negro Vote in Kennedy 1960 Election"。

50 出自：Ranney, "The 1960 Democratic Convention," 10-11。出自：Donaldson, *The First Modern Campaign*, 73-74。

51 出自：White, *Making of the President*, 181。

52 出自：TBM, "Madly for Adlai"。

53 出自：Donaldson, *The First Modern Campaign*, 75。

54 出自：AS, *Journals, 1952-2000* (New York: Penguin Press, 2007), 71 July 9, 1960。

55 出自：TBM, "Madly for Adlai"。

56 出自：IP, Abelson, and SP, *Candidates, Issues, Strategies*, 23。

57 出自：Harris Wofford to MLK, April 1, 1960, *The Papers of Martin Luther King, Jr.*, 5:404-5。

58 出自：Ranney, "The 1960 Democratic Convention," 13。

59 出自："1960 Democratic Party Platform," The American Presidency Project, https://www.presidency.ucsb.edu/documents/1960-democratic-party-platform。

60 出自：Donaldson, *The First Modern Campaign*, 78-79。

61 出自：AS, *Journals*, 73 (July 13, 1960)。出自：紐頓·米諾（Newton Minow），和作者電子郵件往返，

2019年11月11日。

62 出自：Martin, *Adlai Stevenson and the World*, 522-23。於下列文獻重新探討：Thomas Oliphant, *The Road to Camelot: Inside JFK's Five-Year Campaign* (New York: Simon & Schuster, 2017), 244-45。

63 出自：AS, *Thousand Days*, 34。

64 出自：White, *Making of the President*, 195。

65 出自：TBM, "Madly for Adlai"。出自：AS, *Journals*, 72 (July 13, 1960)。

66 出自：TBM, "Madly for Adlai"。

67 出自：White, *Making of the President*, 197。

68 出自：TBM, "Madly for Adlai"。

69 出自：White, *Making of the President*, 198-99。

70 出自：TBM, "Madly for Adlai"。

71 出自：H. L. Mencken, "Post-Mortem," July 14, 1924, in *On Politics: A Carnival of Buncombe* (Baltimore: Johns Hopkins University Press, 1956), 79。

72 出自：White, *Making of the President*, 198-99。

73 出自：同上，200-201。出自：TBM, "Madly for Adlai"。

74 出自：AS, Thousand Days, 49。

75 出自：Lepore, *These Truths*, 570-71。

76 出自：AS, *Journals*, 77-79 (July 15, 1960)。

77 出自：*AS, Kennedy or Nixon: Does It Make Any Difference?* (New York: Macmillan, 1960). Aldous, *Schlesinger*, 213-15。

78 出自：Aldous, *Schlesinger*, 216。

79 出自：IP to RFK, July 16, 1960, O'Brien Papers, Box 16, Folder 10。

80 出自：IP, "The Simulmatics Project," fifteen-page typescript, June or July 1960。

81 出自：IP to Lawrence O'Brien, July 16, 1960, O'Brien Papers, Box 16, Folder 10。

82 出自：George Belknap to Ralph Dungan, August 19, 1960, O'Brien Papers, Box 16, Folder 10。

83 出自：The Simulmatics Corporation, "The Simulmatics Corporation," ninety-one-page type script, August 1960, O'Brien Papers, Box 16, Folder 11。原文如此強調。

84 出自：IP, Abelson, and SP, *Candidates, Issues, Strategies*, 18-19。

85 出自：傑瑞米・德・索拉・普爾（Jeremy de Sola Pool），和作者電子郵件往返，2019年3月5日。

86 出自：艾德溫・薩福德（Edwin Safford），和作者通信，2018年4月24日。

87 公司報告稱，他們在1960年為「電腦花費時間」的費用是22,214.09美元，另外又於「電腦素材」上花費2,393.65美元。出自：Simulmatics stock offering, May 15, 1961。

88 文獻敘述：「呈交時也另外對他與其高層主管簡報。」出自：IP, Abelson, and SP, *Candidates, Issues, Strategies*, 23。

89 出自：Simulmatics, "Kennedy Before Labor Day," August 25, 1960, 17, 22, 23, in O'Brien Papers, Box 16, Folder 11。另一份也藏於甘迺迪圖書館，可於下列位置找到：Democratic National Committee

Papers, Box 212。

90 譯註：甘迺迪後來成為美國首位信奉天主教的總統。

91 出自：同上，25（原文如此強調）。不過，請注意報告該頁並未附於第一份，且僅於之後送交歐布萊恩，因此歸檔於另一資料夾：O'Brien Papers, Box 16, Folder 10。

92 出自：同上，26，33。

93 出自：同上，25a。請同樣注意報告該頁並未附於第一份，且僅於之後送交歐布萊恩，因此歸檔於另一資料夾：O'Brien Papers, Box 16, Folder 10。出自：Simulmatics, "Kennedy, Nixon, and Foreign Affairs," Democratic National Committee Records, Kennedy Library, RFK Pre-Administration Papers, Political Files: 1960 Campaign and Transition Series, Box 212。

94 出自：IP, Abelson, and SP, *Candidates, Issues, Strategies*, 22。

95 例如，據歷史學家觀察，「他們的後續作法幾乎完全符合析模公司的建議。」出自：Edmund F. Kallina Jr., *Kennedy v. Nixon: The Presidential Election of 1960* (Gainesville: University Press of Florida, 2010), 104-5。

96 出自：Donaldson, *The First Modern Campaign*, 155-56。

97 出自：Sargent Shriver, as related in Strober and Strober, *"Let Us Begin Anew,"* 35。

98 出自："Address to the Houston Ministers Conference, 12 September 1960," Kennedy Library, https://www.jfklibrary.org/asset-viewer/archives/IFP/1960/IFP-140/IFP-140。

99 出自：MMC to Eleanor Emery, September 13, 1960, Emery-McPhee Papers。

100 出自：Simulmatics Corporation, "Nixon Before Labor Day," August 25, 1960, p. 2, Pool Papers, Box 187。

101 出自："The People Machine," *Newsweek*, April 2, 1962。

102 出自：White, *Making of the President*, 18。

103 出自：IBM, *The Fastest Reported Election* (New York, 1960), in Pool Papers, Box 141, Folder "POQ Comments"。

104 出自：同上。

105 出自：IBM, *The Fastest Reported Election*。

106 出自：White, *Making of the President*, 14。

107 出自：IBM, *The Fastest Reported Election*。

108 出自：IBM, *The Fastest Reported Election*。

109 出自：Rorabaugh, *The Real Making of the President*, 5。

110 出自：Earl Mazo and Stephen Hess, *President Nixon: A Political Portrait* (New York: Harper & Row, 1967), 249. Edmund F. Kallina Jr., *Courthouse to the White House: Chicago and the Presidential Election of 1960* (Orlando: University of Central Florida Press, 1988), chs. 5-7。

111 文獻敘述：「如果非裔美國人在1960年的投票情形和1956年一樣，甘迺迪很可能會輸掉伊利諾伊州、紐澤西州、密西根州、南卡和德拉瓦州。」出自：Donaldson, The First Modern Campaign, 155-56。

CHAPTER

7

價值十億美元的智囊
Billion-Dollar Brain

「那台機器有多重要啊？有像他們說的那麼重要嗎？」她問。

「電腦這玩意就像拼字遊戲囉，除非你懂得怎麼玩，

否則也不過就是箱垃圾。」我回。

——連‧戴頓（Len Deighton），1966 年，

《冰海叛諜》（*The Billion-Dollar Brain*，直譯為「價值十億美元的智囊」）

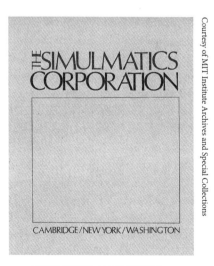

析模公司手冊（1961 年前後）。

1961年1月號的《哈潑雜誌》於聖誕節前一週上架，在甘迺迪就職前幾乎一路熱銷。該期主打內容談到一間神祕到家的組織：「析模公司」，說其中一群「模擬未來專家」（What-If Men）研發了最高機密的電腦「仿人機」，而機器在開票揭曉前，就預測甘迺迪勝出。拉斯威爾聲稱：「這是社會科學界的原子彈」。〔1〕

隨後全美各地均報導《哈潑雜誌》該篇內容，報導如同暴風雨的雨雲，籠罩著即將上任的甘迺迪政權。

《紐約先驅論壇報》（*New York Herald Tribune*）將仿人機形容為「巨大、笨重的怪物，稱為『Simulmatics』，是甘迺迪的『祕密武器』」。〔2〕據《芝加哥太陽報》（*Chicago Sun-Times*）報導，未來所有政客在行動前，都要先「獲得仿人機指示」。〔3〕有間奧勒岡的報社評論指出，甘迺迪陣營透過析模公司的機器，將「你、我、隔壁鄰居到大學教授等選民，都化為打孔卡上的一個個小洞，或是我們的新統治者使用的其他裝置，接著我們被餵進新統治者的嘴裡，形成我們最終必須遵從的新標準，說穿了，就是『公眾』的『典範』。」該文認為，與仿人機的暴政「相比之下，希特勒、史達林與更早的獨裁專制統治者暴力，還只像是鄉下惡霸的低級霸凌」，因為仿人機不僅無法納入不同意見，而且會壓抑不同的聲音。〔4〕

如今21世紀已過了不只一個十年，民眾對電腦和政治表達的問題和疑慮，多數都在1960年代就提出了，當年質疑的對象便是析模公司的仿人機。電腦可以對選舉動手腳嗎？選舉預測對民主有何意義？自動運算對人類有何意義？身處數據的時代，隱私會受到何種影響？這些問題大都早在《哈潑雜誌》最初那篇報導便提出了：「在自由社會，資訊即力量。我們如何避免機器產出的數據造假？」我們在取得共識時，自由和自發性（spontaneity）又會如何？我們仰賴機器提供數據後，是否能依然保有隱私？

《哈潑雜誌》報導並未解答這些問題，而是引用了一句充滿智慧的話，語出行為科學界巨擘哈羅德・拉斯威爾：「對於模擬所帶來的後果，你無法模擬。」[5] 這不啻是鏗鏘有力的諭示。

■ ■ ■

《哈潑雜誌》一文由析模公司的公關湯馬斯・B・摩根主筆。雜誌介紹摩根為自由作家。在這方面，摩根展現了狡黠的一面。他曾寫道：「我說了一口美國中西部玉米帶的口音，那似乎會讓一些人比較自在。」[6]

摩根的身分在日後稱為「新記者」（new journalist），專門寫專題。他聰明但目中無人，最知名的作品是針對小山米・戴維斯（Sammy Davis Jr.）、羅依・科恩（Roy Cohn）、演員賈利・古柏（Gary Cooper）等人撰寫的人物特刊。他日後寫道：「雖然我活得無憂無慮，又事業有成，但可沒有整天想著嘲諷人類的愚蠢，不過現在回頭來看，我以前有這樣做。」[7]

摩根於1926年出生於伊利諾州春田市（Springfield），身高6呎4（195公分），高中時打美式足球。摩根年滿13歲舉辦猶太成人儀式時，父親送給他一支橘色鋼筆，並說：「你想當作家，就用永鋒（Eversharp）的筆來寫作吧。」他家在大蕭條時期失去了一切，包括房產、汽車和家庭經營的店面。摩根在二戰期間曾於美國陸軍航空軍服役，並學習成為軍隊領航員，不過就在準備參戰時，戰爭已經結束。拜適用於退伍軍人的就學優惠法案（GI-Bill）之賜，他進入卡爾頓學院（Carleton College）就讀，1949年取得英語學位，同校妻子瓊・祖克曼（Joan Zuckerman）早他一年畢業。兩人是在1951年結婚的，不久便生下一男一女，分別是凱特（Kate）和尼克（Nick）。在紐約安頓下來後，摩根為雜誌寫稿，頗為多產。1950至1964年間，他發表了百

來篇文章，登載於《展望》（*Look*）、《生活》（*Life*）和《君子》（*Esquire*）等雜誌。他曾推掉少數幾篇約稿，其中之一是報導哲學家安·蘭德（Ayn Rand）的人物特刊，拒絕原因是他讀過蘭德寫的《阿特拉斯聳聳肩》（*Atlas Shrugged*）後，很討厭這本書。而在他接受的委託案中，有篇稿子他從未交出，就是史列辛格的人物特刊。史列辛格曾表示很開心有人寫他的故事，卻永遠禁止摩根引用。摩根坦言：「在他開的條件下，我的文字無法展現他的優秀。他是很豐富的人。」

1960年總統大選也好，仿人機也罷，摩根可沒有淡定看待這些現象。他從以前到現在，向來是支持小羅斯福的民主黨人；1948年首投時就支持史蒂文森當州長。1952年和1956年總統大選時，他為史蒂文森陣營寫文宣，並於《展望》撰文報導。摩根是史蒂文森的粉絲，也曾精準形容史蒂文森是「黑色幽默代表作家約瑟夫·海勒（Joseph Heller）作品中的亨利·詹姆士（Henry James）」。[8]

1960年總統大選時，摩根曾擔任「徵召史蒂文森」活動的媒體公關助理。同時，摩根和格林菲相識已久，交情匪淺。那些年夏天，摩根一家人和格林菲一家人在瓦丁河度過。格林菲一家人在海灘住的居所，是前面章節提及的大型維多利亞風住宅，摩根一家人則住在崖邊平房。[9]1960年夏天，甘迺迪陣營委託析模公司製作三份選情報告，格林菲請摩根擔任報告的編輯。摩根為《哈潑雜誌》寫的文章未坦誠有這些往來。

摩根聲稱自己是沒有利害關係的自由作家，並在〈仿人機〉（The People-Machine）一文中說明了析模公司的歷史、模擬程式的本質，以及析模公司幫民主黨全國委員會和甘迺迪陣營執行的研究內容。談到對於甘迺迪有何影響時，摩根的語氣保守又客氣：他坦言：「對於甘迺迪陣營的選情決策，析模公司中沒有人知情，我自己也沒有接觸管道。」並指出「模擬結果可

能為那些贊成報告結論的甘迺迪陣營分析師，提供了一些心理支持」。若沒有析模公司，選舉結果是否會不同？不好說，但似乎不太可能。儘管如此，歷史證明析模公司的預測是正確的，這點毫無疑義。「回想起來，電腦模擬結果似乎以某種神奇的方式，預示了甘迺迪陣營的方向。」〔10〕

　　當時正值勝選之際，甘迺迪陣營忙著團隊交接。他們對摩根的報導感到光火，認為是赤裸裸地為析模公司宣傳的噱頭。對於這種操作，史蒂文森陣營的助理早在前一年，就曾經針對宏觀助選計畫警告米諾：「選情模擬應該要在戒備最森嚴的地下室進行，房間要上鎖，才不會見光死。」〔11〕對此甘迺迪陣營多少也有同感。他們委託析模公司提供服務，不料析模竟反過來用他們宣傳公司。

■　■　■

　　甘迺迪透過電腦操控選舉一說甚囂塵上，不脛而走之速好比IBM 7090的運算速度。聖誕節前的週日，CBS Radio電台節目評論員指出，析模公司「仿人機」的研發者之一宣稱，這台機器「思考方式如同選民」。〔12〕還真亂來。如果甘迺迪靠機器當選，該如何讓民眾信任他？有通訊社新聞頭版如此下標：「是IBM電腦徵召戰略送甘迺迪進白宮的嗎？」該報導說：「總統當選人約翰·F·甘迺迪旗下的頂尖顧問，導入一台祕密設計的選戰軍師機器人，暱稱『仿人機』，會以另類方法影響選民。」〔13〕此話一出，全美譁然。

　　在甘迺迪陣營看來，關於析模公司的報導恐怕會在甘迺迪就任前，傷及其總統地位。同時，報導頗像史蒂文森陣營用來持續攻擊甘迺迪的操作。就算甘迺迪陣營的人不清楚，析模公司呈交他們的報告是由摩根所編輯，他們也一定知道〈仿人機〉一文作者摩根，就是過去曾在洛城擔任史

蒂文森團隊媒體公關祕書的湯馬斯‧B‧摩根。在民主黨全代大會期間，甘迺迪胞弟羅伯特有一次碰到摩根，當時摩根別著「徵召史蒂文森」活動的扣子，羅伯特冷冷地給了他一記衛生眼。[14]

問題還不只這樣。選戰中，甘迺迪提出了自動化（automation）的議題。某本甘迺迪手冊寫道：「如果你的工作被自動化取代，你會想要誰入主白宮？」手冊內容主打一隻巨大蜘蛛樣貌的怪物，正悄悄逼近身穿吊帶式工作褲、拿著餐盒的男人。「共和黨政府對於自動化議題置若罔聞。尼克森三緘其口，甘迺迪則了解自動化會產生什麼『人為』問題。」甘迺迪先前要求展開再培訓方案，延伸失業補助，並提供新的就業服務。9月，甘迺迪於西維吉尼亞首府查爾斯敦（Charleston）發表演說，講題為「自動化危機與日俱增：談機器取代人工」。[15]沒想到轉眼間他倒是委託用仿人機打選戰。

甘迺迪團隊原先計畫舉行全國規模的對話，討論據稱幫助甘迺迪當選的電腦，但在《哈潑雜誌》上架當天，甘迺迪的白宮媒體公關祕書皮爾‧沙林吉（Pierre Salinger）決定喊停。沙林吉曾在二戰期間擔任海軍上校，後來進入《舊金山紀事報》（San Francisco Chronicle）擔任記者，他固然風趣斯文，卻也遇強則強。當天稍晚他請通訊社發出聲明，結果引起民眾譴責。

通訊社報導於隔日（即12月19日）刊出，內容表示：「所謂電子大腦，係設計用於評估選民對選舉議題的反應，為甘迺迪參議員提供策略建議。不過，甘迺迪高層幕僚拒絕接受機器給的建議。」該報導引用沙林吉的話：「我們沒有使用那台機器。那台機器的研究報告對象也不是我們。」言下之意，沙林吉並未吐實。[16]包括阿布奎基（Albuquerque）、舊金山、奧克拉荷馬市、辛辛那提、印地安納州曼西（Muncie）、檀香山、印第安納波利斯、聖路易、蒙哥馬利和鹽湖城等，全美各城市的媒體均報導了沙林吉矢

口否認一事。媒體的下標像是〈甘迺迪陣營否認使用電子「大腦」〉。[17]

　　儘管許多報紙報導了甘迺迪團隊的立場，並指出沙林吉否認摩根原文，這些報紙仍然刊載了這件事。[18]沙林吉否認一事，反而加大媒體的報導力度。

■ ■ ■

　　早在甘迺迪勝選前，析模公司便已發動宣傳。選前數天心理學家羅伯特・艾貝爾森寫信給普爾：「愛德滿心樂觀。」當時格林菲已經準備攬下甘迺迪勝選的功勞，並預計公司將接單滿檔，委託他們進行分析。[19]普爾急切地想擦亮學術界的聲譽招牌，先前也開始對媒體談話。早在11月13日，距大選後還不到一週，《波士頓環球報》(Boston Globe) 便登載一篇關於析模公司的特刊，名為〈政治預測助甘迺迪進白宮〉，這段敘述說明「蛋頭」對美國政治的影響。根據《波士頓環球報》報導，析模公司先前為甘迺迪提供「行動的理由和內容」，報導並將甘迺迪於辯論勝出和處理民權議題的作法，歸功於析模公司：「甘迺迪和其他美國北方領袖人物閱讀了析模公司的選情分析報告後，決定不能放掉民權議題。」普爾告知《波士頓環球報》：「甘迺迪兄弟在收到本公司報告的當天就讀了。」[20]

　　普爾也打算寫書，談析模公司於1960年美國總統大選扮演的角色；他還起草了故事綱要，標題為〈科學新興領域的夢幻概念如何成為現實〉，並希望說明「有哪些事，模擬分析做得到，民調做不到」。根據普爾所擬的出版企畫書，書中也打算提出一項問題：「電腦模擬（和民調）是民主傳統的終點嗎？」然後口吻堅定地回答：「並不是。電腦不會讓政治人物成為機器人。」[21]

　　然而，在普爾真正執筆前，傳出記者白修德也正在寫書談論該年大選。《紐約時報》談白修德著作《1960年總統的誕生》時，評論說「這本書考究了當時的關鍵決策，以及初選和選舉陣營的基本影響要素與背景」。[22] 普爾的書想著墨其他方向。他是有了一些候選書名，包括簡潔俐落的《1960》，或是《人民自決》(The People Decide)，乍聽就頗有抱負。[23] 摩根建議他簡單命名為《Simulmatics》(執行分析模擬的「析模公司」) 即可，風格上也呼應數學家諾伯特・維納那本《模控學》(Cybernetic)。[24]

　　到了1月，在普爾向記者吹捧析模公司、摩根於《哈潑雜誌》發表文章、廣播與通訊社競相報導之餘，媒體社論也談到有一台最高機密的機器操控了1960年的大選。其中《聖路易郵訊報》(St. Louis Post-Dispatch) 編輯指出：「閱讀『析模公司的電腦』相關報導時，我們或多或少瞠目結舌、大氣不喘一口，想著這個發明像是顆神奇大補丸，為年輕的羅伯特・甘迺迪提供建議，分析宗教等晦澀難解的議題。那台機器劈哩趴啦給出分析結果，並且會『模擬美國人』，比真人還準，畢竟機器甚至比人類更早知道自己的行動。如果甘迺迪先生倚重這台機器，這就能夠解釋他為何險勝。」[25]

　　回頭看當年，再望向當代，可觀察到美國選民已經將這類政治手段視為理所當然。現在各政治組織要打選戰時，除非只是要選收容所的捕狗人員，否則均會委託析模公司一類的企業，借重演算法來輔選；而這類演算法的祖師爺，即為比爾於1959年為仿人機所寫的程式碼。邁入21世紀二十年來，數據和分析業者成千上萬，為各政治團隊提供建議是他們的家常便飯。這年頭的美國，對此已經不會「瞠目結舌、大氣不喘一口」。甚至幾乎沒人注意到這些數據和分析業者。

　　然而在1961年，關注析模公司報導的社論寫手認為他們的作法令人髮指。米諾先前認為宏觀助選計畫不僅不道德，且有違法之虞，社論作家

也有同感。他們認為，使用電腦來預測開票結果，甚至加以操縱，並不符合民主自治精神。甘迺迪算是以某種方式作弊嗎？或許吧。但更大格局地來看，是民主本身遭到破壞。對多數有見地的觀察者來說，沙林吉的否認於事無補。《辛辛那提詢問報》（Cincinnati Enquirer）編輯群表示：「機器知道它說的是什麼；這個事實到現在都沒變。」他們指出，真正的重點「不在於析模公司的機器在上個月結束的選戰中做了多少事，而在於這具顯然相當聰明的機器對於美國政治的未來有什麼意義。」〔26〕美國為民主共和政體，而在機器的挑戰下，是否還能維持人民自決？

　　早在此之前，保守派專欄作家維克多・拉斯基（Victor Lasky）和《新聞周刊》（Newsweek）編輯拉爾夫・德・托萊達諾（Ralph de Toledano）便已合著一本書，內容堅定地支持尼克森。德・托萊達諾曾寫信給尼克森，幫助普爾通過國安資格審查。在拉斯基的推波助瀾下，關於沙林吉發言的報導效應發酵至最高點。拉斯基致電沙林吉施壓，以證據和他對質。

　　「在羅伯特・甘迺迪曾經出資兩萬美元建造仿人機，且這部機器依據其發現所出具的報告亦直接送交羅伯特一事曝光後，沙林吉倒是回想起了一些事情。」拉斯基之後這樣寫道。（拉斯基讓沙林吉承認有委託析模公司，但沙林吉在這一點上說謊，並未透露甘迺迪陣營支付予析模多少報酬。）

　　拉斯基著作《甘迺迪：其人其祕》（JFK: The Man and the Myth）於1963年9月出版，內容對甘迺迪展開猛烈的黨派攻擊〔27〕，大力指控甘迺迪利用機器人，從尼克森手裡偷走選舉。兩個月後，甘迺迪遇刺，出版商停印這本暢銷書；死者為大，拉斯基也全面取消演講和電視宣傳。甘迺迪喪生隔天，他說：「所有計畫都喊停。對我來說，甘迺迪已經不再是批評對象了。」〔28〕也因此，針對析模公司如何影響甘迺迪選情的唯一實質調查，就這樣不了了之。

不過,相信甘迺迪利用析模公司電腦作弊的,不是只有尼克森的支持者。而摩根那篇文章招惹到的,還有為甘迺迪辯護的人。比爾相信摩根「誇大了實情」。〔29〕艾貝爾森對於「CBS電台節目的胡言亂語」感到非常不安,他寄給格林菲一篇新聞稿,希望析模公司正式發表,以免「我們的報導又成為荒謬的熱點」。比爾將新聞稿標題定為〈澄清析模公司於總統大選中的工作角色〉。艾貝爾森堅持要析模準備發表聲明,指出「如果我們宣稱本公司提供的資訊和想法對總統大選有任何決定性影響,那就太自以為是了」。然而,將析模公司先前協助甘迺迪勝選一事告訴媒體,是格林菲商業操作的一環。艾貝爾森知道這事後便想和析模公司切割。之後他雖有再出席析模公司的董事會議,但只做一些不痛不癢的工作。〔30〕

格林菲認為這樣出名不是壞事,眼下的紛紛擾擾正中他下懷。格林菲付給摩根公關部部長等級的薪水,並且有意首次公開發行(IPO)析模公司股票。

1961年1月9日,甘迺迪來到麻州劍橋區。行前,他同意於麻州州議會致詞,但他想於下午舉行私人會面。當時他正在籌組智庫,想招攬心目中最優秀、聰明的人才。詹森將這群人諷為「哈佛幫」(the Harvards)。甘迺迪無意於學校場地舉辦會面,因此手下為他安排在史列辛格家中進行。宅邸周邊布署著美國特勤局(Secret Service)幹員;哈佛和劍橋區警方封鎖厄文街。時年41歲的哈佛大學學院院長麥克喬治・邦迪(McGeorge Bundy)童山濯濯、戴著一副眼鏡,騎著單車經過當地;他之後擔任甘迺迪的國安顧問。史列辛格之後也效力於甘迺迪政權,前往白宮擔任總統特助。〔31〕

　　普爾住在僅僅兩戶之遙處，他可能也獲邀串門子，只不過沒有正式紀錄。全美多間報社報導仿人機，引起譁然。如今已無法得知當天是否有人提到這起風波。在場的人忙於籌劃新總統上任一事。

　　1月17日，艾森豪於白宮發表電視告別演說；此時的他是任內最年長的美國總統，已膝下有孫，又是二戰時的盟軍指揮官。他身穿三件式西裝坐在桌前，演說中他示警美國民主遭受嚴重威脅，並探討了軍備競賽對美國政府和美國價值觀的影響，講得很出色。向國民致詞時，他提到軍工業的規模和影響，說明包含男女共有三百五十萬人為美國的「國防體系」服務，也談及當時軍費規模為美國史上最高，而「國內目前形成的軍工複合體已產生不良影響。姑且不論這樣的影響是否來自我們追求的結果，我們都必須警惕」。即使是「自由的大學」都必須依賴國防工業。艾森豪同時提出自己的觀察：「學術界追求知識的好奇心，幾乎被政府的案子取代；學校裡的每一塊舊黑板，成了數以百計的新電腦。」如果美國的知識分子都只鑽研國防，會有何後果？艾森豪注意到基礎和應用研究的成長，並警告說：「我們應該尊重科學發現，與此同時，我們也必須警惕這會帶來同等的相對風險，即公共政策本身可能成為科技精英的俘虜。」[32]

　　三天後，當時以最年輕總統之姿入主白宮的甘迺迪於華府宣誓就職，負責宣誓者為最高法院首席大法官厄爾‧華倫（Earl Warren）。甘迺迪身後站著的愛妻才剛誕下第二胎，是名男嬰。甘迺迪當天早上和杜魯門會面。杜魯門上次踏進白宮，是1953年卸任後參加艾森豪就職典禮時。[33]

　　前一天，雪下了整晚，破曉時分才停。詩人尤利西斯‧S‧格蘭特（Ulysses S. Grant）當時87歲，在他出生時，美國總統還是羅伯特‧福洛斯特（Robert Frost）。正午時分，格蘭特拾級而上走到講台，對著豔陽費力睜開眼睛，陽光亮晃晃的，他難以讀誦為典禮所寫的詩。詩的內容讚頌著「詩

和力量的黃金時代/於今日正午開啟序幕」(福洛斯特的腦海回想另一首詩來取代)。〔34〕甘迺迪隨後在湛藍的寒空下,沒穿連身大衣,口裡呼著白氣,念出就職宣誓,開始致詞。他宣布:「火炬已經傳給下一代美國人,他們生於這個世紀,歷經戰火,在艱難痛苦的和平中淬鍊,為美國先聖先賢的遺澤感到驕傲。」甘迺迪致詞時談及了長久以來的奮力爭取,為正義,也為和平:「這樣的成就,一百天也無法達成,哪怕千日,或是用盡整個總統任期,或甚至身處這個世界的餘生,也辦不到。」甘迺迪描述冷戰世界時的用詞是:「兩大陣營」因為「致命核武持續擴張,均對此勢感到焦慮,進而使當代軍費不堪負荷」。然而,在甘迺迪「新邊疆」(New Frontier)施政目標中,他鼓勵投入研究:「讓我們兩大陣營去激發出科學的神奇力量,而非科學的恐怖之處。」

那年冬春兩季,析模公司員工和科學家忙著接單,並期望公司能公開發行股票。他們為自己的事業開疆闢土,忙得不可開交。摩根來到析模位於麥迪遜大道的辦公據點,開始撰寫一系列手冊,包括《人類行為和電子計算機》(Human Behavior and the Electronic Computer)。比爾對潛在客戶保證:「析模公司的人才都是所屬領域的佼佼者,無一例外。美國企業中,沒有可堪比擬的團隊。」〔35〕

心情老是起起伏伏的比爾,心情也有所改善。米娜烏在寫給母親的家書中提到:「比爾現在非常高興,析模公司要起飛了。」比爾似乎有告訴妻子當時公司股票已經發行(事實不然)。米娜烏對母親說:「蛋還在孵呢,我可不想現在就數有幾隻雞,可是大家瘋狂買股票,比爾獲得市值五萬美元的股票,因為公司產品是他構思的。」〔36〕她夢想著她能做的所有事,「只要那間析模公司真的能讓我們變成百萬富翁。」〔37〕米娜烏展望未來,似乎是一條康莊大道。

2月初，格林菲於紐約巴克利飯店（Hotel Barclay）召開企業內部會議，為期兩天。[38] 析模決定鎖定三大類客戶：媒體公司、政府部門，以及廣告公司。伯恩斯坦和摩根在向媒體業提案時，所帶的析模公司團隊先前已和美國電影協會（Motion Picture Association of America）、米高梅電影公司（MGM）和哥倫比亞唱片公司（Columbia Records）等單位的高層會面；眾人當時提案彙整的資料分析法，是日後Netflix和Spotify運作原理的濫觴。他們也提議「大眾文化模型」，這個模型會從所有媒體，包括出版社、唱片公司、雜誌出版商、電視台，乃至電影業者等企業那裡，收集消費者資料。在設計上，模型可能用於透過大型媒體和數據公司設定行銷和業務的方向，這類公司聽起來極像今日的亞馬遜公司。[39]

伯恩斯坦報告提到，問題在於一定要有數據才能建立模型。而前述媒體公司對於旗下出版品的讀者群、旗下廣播節目的聽眾群，以及旗下電影作品的觀眾群，手上的數據量居然少得可憐。電視節目倒是個例外，這領域有尼爾森收視率數據。伯恩斯坦並報告：「這些公司不但沒有電影觀眾目前觀影態度和習慣的數據，甚至缺乏進場觀影的數據。他們無法判定某部電影會有多少人進場觀賞。因此，任何模型若要適用於產業，會有個階段用來收集資料。」[40]

政府機關通常擁有數量可觀的數據資料庫。析模公司向政府單位提案的內容，是客製化的模擬服務，涵蓋從空氣汙染到青少年犯罪等特定問題。析模鎖定新上任的甘迺迪政府為客源。史列辛格當時已是總統特助，普爾當時可能要史列辛格還他人情。

史列辛格放下教鞭，向哈佛大學請假；他來到白宮後發現，自己少有發揮本領之處。一來他的辦公地點在白宮東廂，而非西廂[41]，二來雖然總統偶爾就教史列辛格，他也幾乎僅以「白宮史學家」身分提供諮詢。甘

迺迪總統會在開會時說：「我們最好確認在這邊有正式紀錄。」這時史列辛格會從口袋中，拿出隨身攜帶的一疊8乘4吋索引卡，開始筆記。羅伯特・甘迺迪曾形容：「他倒是沒帶一大堆卡片啦，但就是很會變出來。」[42]

紐頓・米諾此時剛就任聯邦通訊委員會主席。早在總統大選兩週後，格林菲便寄給他一張清單，列出「政府或可委託析模公司的服務」，內容為析模可合作的政府單位：可以為郵政部（Post Office Department）建立郵件寄送流向的模型；可以為衛生教育福利部（Department of Health, Education, and Welfare）建立成癮和犯罪的傳染病學模型；可以提供勞工部（Department of Labor）不同職務未來薪資費率變化的模型；可以提供國務院（Department of State）聯合國的投票模型，預測不同條件下的可能族群。格林菲告知米諾：「麻州劍橋的人員會負責這些工作，我希望這能給一些線索，知道華府那邊可以做什麼。」[43]

案子開始進來。析模公司的早期委託案中，有一項是針對政府飲水中添加氟一事，研究政府部門溝通的效用。比爾於研究所時期認識的朋友科爾曼，此時也已任職析模。百時實驗室（Bristol Laboratories）[44]委託他模擬醫師對於新藥的接受度。[45]析模公司的其他早期政府提案，包括為農業部（USDA）研究鄉村通訊系統和鄉村農務，以及為聯邦公路總局（Bureau of Public Roads）模擬汽車流量。[46]析模最初也考慮過為國防部提供模擬服務，後來沒有這樣做。甘迺迪任命的國防部部長，是先前曾任福特汽車總裁的羅伯特・麥納瑪拉（Robert McNamara）。格林菲從1961年3月25日《華盛頓郵報》剪下一篇報導寄給普爾，內容提到麥納瑪拉對於量化系統分析感興趣。[47]普爾將剪報存好備用。

析模公司針對廣告公司客層，設計名為「Media-Mix」的產品。該產品可模擬行銷活動的可能效益。廣告公司不像媒體業，卻又會收集消費者

資料，為客戶執行這類預測。析模公司提議讓這些預測更準確，並且主動評估過去的媒體策略，藉此證明其模擬成效。比爾原先開發的是選情預測模型，Media-Mix形同比爾模型的商業版：選民好比消費者，而改用其他品牌這檔事，就好比改投其他政黨。

模型改版主要由伯恩斯坦負責。摩根寫信給格林菲時提及：「伯恩斯坦認為，比爾的模型可以為企業提升預測媒體公關策略的能力，從現有的60％拉高至完美的95％。我們公司的分析模型基本上是針對行銷活動，評測廣告露出的效益，並可告知客戶一支廣告的受眾人數、單一行銷活動中一組廣告的受眾人數，以及特定期間廣告的觸及次數等資訊。」[48]

析模公司向廣告業者聚集的紐約麥迪遜大道兜售Media-Mix，鎖定的當地廣告商哪怕沒有一網打盡，也有十之八九。此外，還推銷給大型消費產品製造業的內部行銷單位。後來，格林菲在瓦丁河招待客戶高層，遊覽外觀富有未來感的穹頂建築。[49]普、比、伯、格四人的業務電洽或商談對象，都是有頭有臉的美國企業巨擘：菸草商菲利普‧莫里斯（Philip Morris）、寶僑、桂格燕麥、酒商安海斯—布希（Anheuser-Busch）、高露潔棕欖公司、珍柔（Jergens）、固特異輪胎、利華兄弟（Lever Brothers）、百時實驗室、通用食品（General Foods Corporation）、雀巢、雀巢咖啡，以及羅森普瑞納（Ralston Purina）寵物食品。這些就算沒有全部，也大半成了析模的客戶。[50]

析模公司宣稱模擬了縮小版的美國公民庫，以3千人作為美國公民的完美代表，但全為虛擬人物，各自住在共1千戶的人家中。只消稍微修改程式，析模公司便可透過該虛擬公民庫，測試狗食、即溶咖啡、早餐麥片或巧克力糖漿等任何項目。這3千名虛擬公民代表後來分為150類，分類依據是性別、教育背景、宗教、最愛的電視節目等，不勝枚舉。[51]

　　準確來說，析模公司自豪是美國唯一能提供這類分析模擬服務的企業，並稱「擁有唯一有能力建立本公司提案之模型的社會科學家陣容」。不過，析模公司內部報告指出，他們無法永遠保有這項優勢，甚至無法持續太久。[52]即便如此，析模仍在競爭得你死我活的美國廣告業中殺出一片榮景。1962年時，家庭測量機構（Home Testing Institute）這間市調公司提議併購。由於析模公司自信握有該領域的頂尖技術，無人能出其右，倘若併購將會傷害現有的卓著聲譽，因此回絕。再者，析模也懷疑家庭測量機構產出的數據品質。[53]

　　析模公司的銷售提案遭到回絕，有兩項原因：該公司的模型所費不貲，許多客戶「儼然對析模公司開出的價碼大吃一驚」[54]，而且數據不足，無法訓練相關模型，「電訪時，全部都卡在『過去資料』的問題而沒有進展。」[55]即使析模已經準備好公開發行股票，普爾仍提出了公司本身也答不太上來的問題：「這個模型需要什麼數據？」[56]

　　英國時事諷刺雜誌《笨拙》（Punch）觀察指出，析模引以為傲的模擬美國公民庫中，有150類、3千名虛擬美國公民。想當然爾，規模太小。《笨拙》還建議析模公司的Media-Mix索性新增以下類別：「愛狗派、地平論者、甜甜圈沾牛奶吃的人、喝咖啡時先放牛奶的人」，如此一來，在判斷售價75美分粉紅色新款原子筆墨水的潛在客群時，可以知道會不會吸引到：挑週三上賣場採買的民眾、政黨傾向為共和黨的民眾，以及「早餐會榨果汁來喝、憂鬱症多次發作、眼睛輕微散光、家中地毯裁切適中、眼睫毛濃密、表堂兄弟輩中至少一人從軍」的人。《笨拙》文中說：「要分析的資料類型可是包山包海喔。」[57]

1961年5月15日，析模公司股票公開上市，一張2塊。格林菲擔任公司總裁；伯恩斯坦、科爾曼和比爾為副總裁；普爾和艾貝爾森為董事。在280,400張對公司內部發行的普通股中，格林菲持有132,250張，為最大股東；普爾為第二大，持有50,650張。而到頭來，這些股票的價值終究都化為烏有。

在股票公開說明會中，析模公司發表一連串聲明，並勾勒一系列願景，提及公司的工作是收集數據。「公司根據取得的原始數據，納入待分析族群之行為模式的多種假設，以數學語言或邏輯語言去設計和建構（模型），模擬出該族群的行為變化過程。」公司會建立該行為的數學模型，透過電腦「分析該族群在不同假設情境下，可能有哪些行為」。這也是「IF/THEN」運算執行的用意；文獻中，析模指出：「本公司會於提案中，向客戶提交前述模擬的結果」。在此之前，析模打造的模型僅僅一個：模擬1960年美國總統大選的模型。現在它打算建立更多模型。股票投資者對於進場有所疑慮，原因在於「析模公司營運是否成功，取決於其接案能力，以及能夠建立和推銷能獲利、有實用價值的數學模型」。當時，該公司幾乎沒有任何同業競爭。[58]

最初，析模公司股票非常搶手，頭一天交易日，一張漲到9塊。米娜烏曾心情複雜地寫下：「那間該死的析模公司，應該能在6月頭一天就大賺一筆。」她的先生比爾先前獲得25,000張股票，其中半數是最初就約定好的發放張數。對此，公司和比爾簽約，明文禁止他為任何外部單位提供顧問服務，他也同意至少三年內不會將股票兌現。米娜烏寫道：「有我這麼沒有幫夫運的人在旁邊，到時候一張股票大概會跌到一分錢吧。」[59]析模倒是撐了超過三年，但米娜烏這番話仍一語成讖；因為事後諸葛來看，一分錢已經是奢侈了。

　　與此同時，每月讀書俱樂部將白修德的《1960年總統的誕生》選為7月代表讀物。[60]該書選在美國獨立紀念日出版，文中所述甘迺迪陣營的內容引人入勝，作品地位舉足輕重之外，也獲致商業成功，躍入暢銷書之林。白修德固然深深景仰甘迺迪，且不願承認甘迺迪的缺失，但外界仍認為在描述1960年大選和甘迺迪個人這方面，該書均具有標竿地位。[61]所謂缺失，舉例來說，1961年4月甘迺迪總統同意入侵古巴豬玀灣，這場災難性的軍事入侵，不到兩天就以失敗告終。而對於白修德的豬玀灣相關描述，外界實在很難苟同。古巴距離佛羅里達州海岸不過百餘英里。在1953年卡斯楚領導革命之下，古巴於1959年赤化為共產主義國家。艾森豪當權時，CIA早就策劃豬玀灣入侵行動，但甘迺迪並未喊停。行動失敗，持續讓美國政府顏面盡失。

　　在白修德筆下，美國政治或歷史人物中，以甘迺迪最能掌握情勢，也最有決斷力，且政治手腕高明。他略過不提甘迺迪的許多面向：花心（這點無人提起），而且有重大健康問題（其他記者同樣視而不見）。白修德書中也未談到析模公司，以及該公司向甘迺迪提供的選戰策略建議。他反而將甘迺迪描述為完美無瑕的政治謀略家，已經「全面專精權力操作的穿針引線和運籌帷幄，洞悉其中會搞亂美國內部政界的手法」，並且晉用賢能，周遭皆是頂尖人才。這些人才絕頂聰明，「當危機發生時，有能力立即獲取所有必要資訊，並已備好所有替代方案」——我認為這段敘述可能在模糊指涉析模公司。[62]然而，白修德眼中的甘迺迪可不需要電腦來獲取政治上的建議；他有本事當自己的「模擬未來專家」（What-If Men）。

　　析模的股價很快開始下跌。[63]股票發行章程上，將摩根列為股東暨資管人員，月薪一千美元——這資訊似乎還扯了後腿，讓至少一位《哈潑雜誌》讀者要求撤除〈仿人機〉一文。對此摩根澄清自己撰寫《哈潑雜誌》

那篇文章時，尚未受雇於析模公司。此話固然不假，但有一點小小出入。[64]
此外，析模發行的股票也帶有詐騙的味道。全國性金融專欄作家希薇亞‧
波特（Sylvia Porter）的工作是為中產階級提供投資建議，她在一篇文章中提
到，有多間不知名公司利用公關活動哄抬價格，藉此欺騙投資人。析模公
司股票發行首日，原本一張股票兩塊錢，沒幾個小時就漲到九塊，以最初
價格持股的公司內部人士因而「一夜致富」。不過，波特將析模公司股價
起伏一事歸咎於錯誤，而非詐欺。她寫道：「很多這類公司的業務內容太
新奇，以投資標的而言很少見，因此很訝異業者可以對股價全面訂價。公
司成立兩年，淨值是負的，是負的！21,000美元。很驚訝承銷商會接受任
何價格的操作。」[65]

如果是有風險的投資，那麼析模公司就不是詐騙。析模出售股票進帳
將近20萬美元，換算為2020年現值，約175萬美元。析模並未關門或出清，
而是調整業務策略。6月，析模公司相關人士齊聚紐約，在一晚七百美元
的紐威士頓飯店（New Weston Hotel）時髦房型中開會，為期三天。飯店位
於第十五大道和麥迪遜大道入口，離析模公司據點僅一條街。主要人物蒞
臨現場，包括許多賓客，以及拉斯威爾在內的重要股東。

在場人士當時似乎達成共識，認為公司的主要問題在於數據資料稀
缺。他們有三條路可走：靠客戶提供數據，然而客戶端手上的資料稀少，
且往往過時；第二條路是公司自行收集新的數據資料；第三條路則是向數
據收集業者購買。[66]

比爾說：「以後大多數的模型都需要新數據來跑。」

普爾反對，他認為舊數據還能派上用場。

而1962年美國期中選舉在即，在場人士也研議該向政治界客戶推出
何種服務。羅伯特‧甘迺迪是出了名的愛記仇，他對析模憤怒未消。為了

忠於甘迺迪家族，民主黨不會成為析模公司的客戶；不過若要析模為共和黨提供服務，科爾曼說：「我們會先在華盛頓自我了結吧。」由於民主黨可能表現不佳，比爾建議公司或多或少要跳過1962年美國期中選舉。在場人士大致同意先別做期中選舉的生意，另尋新聞機構當客戶。科爾曼格外擔心羅伯特‧甘迺迪會火冒三丈。不過，他不認為析模公司「因為可能冒犯羅伯特‧甘迺迪，就怯於面對公共活動」。[67] 眾人處境為難。

最後，他們同意普爾的提案，即優先改良 Media-Mix 服務。[68] 打鐵要趁熱，伯恩斯坦指出：「兩年後，我們公司的營業祕密就不再是祕密了。」[69] 實際上，變化來得更快。

■ ■ ■

米娜烏在給母親的家書中，說析模公司的科學家和商人「對待自己的老婆像對待糞土，除非你親眼看到，否則絕不會相信」。不過，1961年學年結束時，米娜烏開始準備與這群男人，以及飽受他們羞辱的髮妻，一起去長島海灣度過夏天。米娜烏覺得自己別無選擇。[70] 她打包著孩子們與自己的行李箱，將毛巾、玩具、泳衣、筆和文具都塞進去。她寫了一本童書《床上的樂趣》（*Fun in Bed*），並寄給戴爾（Dell）。她在給母親的信中笑談書名：「我該寫一本兒童版、一本成人版才對！」[71] 她十分肯定的是，那一年夏天，會是全家人團圓的最後一個夏天。比爾當時狀況很糟，米娜烏決心離開他。[72] 全家前往長島海灘前，她將此事告知十四歲的溫蒂，溫蒂聞言哭泣。[73]

格林菲所冷落的那位甜美、有藝術氣息的妻子派翠西亞，此時正著手整理自家位於海灘的房子，準備度假，同時也整頓隔壁的房子，也就是那

座穹頂建築，此時建築師巴克敏斯特‧富勒才剛完工。該建築的地板為夾板，窗戶作三角形，從穹頂望過去可以看到長島海灣，內部則看起來像座蜂巢。[74]

派翠西亞和格林菲安排所有公司員工的家庭就近租屋，有的座落於海灘邊，有的在崖邊，有的在小溪邊。普爾也邀請了拉扎斯菲爾德，但後者夏天都會去佛蒙特。後來拉扎斯菲爾德寫信給普爾表達後悔：「外界一大堆謠言傳得繪聲繪影，在談你們的八卦。」[75]招待大家的工作落在派翠西亞肩上，她還得同時照顧子女麥可、安妮和蘇珊，他們分別為九歲、七歲和六歲。格林菲非常疼孩子，每當有新的人來到鎮上，他便會帶小孩一起去車站接送。孩子們會在鐵軌上放硬幣，以祈求好運。[76][77]

眾家庭來到長島海灘，帶來一張張海灘椅、一雙雙拖鞋、一隻隻寵物狗，以及一台台電晶體收音機。那裡就像行為科學家的小聚落，而他們也逐漸習慣聚落裡的「村民」生活。孩子們游泳、划船，並在沙灘上蓋沙堡。他們建砂壩，挖掘淡菜給母親加菜；烹調時，他們從殼中取出貝肉蒸煮。海灘上暗藏春色，隨處可見幾近全裸的肉體。那年夏天，派翠西亞的胞妹未婚懷孕。她會在沙灘上挖個洞，躺在上頭，把肚子埋進去，一旁的孩子們張大眼睛，瞧著這一幕。[78]約翰則在公眾海灘上學游泳。溫蒂感到無聊之餘，倒是迷上了科爾曼，這是她殺時間的方式。溫蒂、約翰這兩個比爾家的孩子和格林菲家的孩子們去市集時，七歲的莎拉無法同行，又很想家，大家只能為她帶回一隻藍白相間的玩具貓熊，那是在射擊場贏得的獎品。莎拉將貓熊取名「麥可」；對她而言，這個名字很迷人。[79]

起初，米娜烏覺得其他太太很難打交道。早先撰文提到科爾曼的妻子「小露」露‧科爾曼（Lu Coleman；原名「露西爾‧里奇」）時，米娜烏寫道：「小露是我覺得唯一聊得來的人。」米娜烏雖然覺得普爾的老婆珍似乎也

頗能親近，但普爾一家下榻之處太遠了。[80]普爾一家人帶了四歲大的亞當，以及時年十六歲、正值慘綠年華的兒子傑瑞米。格林菲請傑瑞米當麥可的數學家教。普爾注意到傑瑞米一臉無聊，就拿FORTRAN語言手冊給他看，說：「傑瑞米，這個你可能會有興趣。」析模公司的社會科學家開會時，會讓傑瑞米坐在一隅。傑瑞米會聽他們討論，不會偷瞄內容。[81]大人們會傳報告，由孩子們跑腿，穿梭各個房子遞送。7月某個漫漫長日，格林菲在報告中詢問普爾：「根據我們的模型，你所能作出最大膽的分析是什麼？」[82]格林菲會大膽分析，其他人也不讓他專美於前。

下雨天時，析模眾員工的孩子們會在格林菲家中玩耍，那裡有十四個房間。米娜烏的房子小，四房。整個家裡像沙漏似的，慢慢積滿沙子。米娜烏寫信給母親時提到：「夏天到了尾聲時，我預計家裡的沙子會比海灘上的還多。到時候我要向琴借吸塵器清一清。」在少有的靜謐時刻，米娜烏會趁機看書；她想從摩根的妻子瓊那裡借書，但左看右看，析模公司科學家的太太們書櫃上，都只有《冷暖人間》。「印度的夏天宛如女人。成熟洗鍊、熱情如火，但又變化莫測。她來去自如：何時來，又何時走，旁人全然不得而知。」米娜烏已經讀過不只一次，電影版也看過了。說正格的，她像是在演書中角色的真人版。就在瓦丁河這裡，故事真實上演。

摩根家有間房子就在不遠處。米娜烏的女兒莎拉和摩根女兒凱特同年。這兩家人的孩子會沿著溪走在一起，米娜烏家養的黑色貴賓犬史普尼克涉水而行，一路走到格林菲位於海灘上的房子，去找他們的女兒安。這群孩子將格林菲的家當成宇宙的中心。凱特認為普爾是拉比：「他背負著重要的使命。」一段時間後，這群太太慢慢形成姐妹會。米娜烏在給母親的信中說：「我必須說，這個團體的成員是群好太太。」[83]紐約長島上演的真實《冷暖人間》秀，由派翠西亞、露、琴、瓊和米娜烏主演。

比爾情緒較穩定時，會教女兒莎拉游泳。他會去莎拉踩不到地的水深處，大喊：「快游！」[84] 他們家裡沒有電視機，但比爾會吩咐小孩去其他人家裡拿《電視節目導覽》（TV Guides），然後畫上記號，寫著「coding」（編碼）。[85] 析模需要為 Media-Mix 收集資料，特別是電視節目的播出資料。比爾要負責寫出〈用於電視節目檔案的初始程式碼（Media Mix）〉這份報告，他把這個功課轉給小孩們做。不過，析模公司某客戶曾向格林菲抱怨：「有個嚴肅的問題，就是你們公司的編碼設備是否足夠靈敏，能讓產出的資料有參考價值。」[86] 哪有什麼編碼設備？不過是溫蒂和約翰罷了。

科爾曼研究後發現，收集的數據是否足夠用來訓練模型，還不是唯一問題。探討消費者關注什麼內容，這個議題驅策著 21 世紀初社群媒體時代的成長，而早在半世紀前，科爾曼就預測到可將消費者關注的內容加以商品化。那年 8 月，他在報告中寫到，問題在於如何評測消費者的關注內容：「重點在於消費者的注意力是有限的，且新事物會不斷出現，而隨著消費者接觸到的各種刺激不一樣，他們關注的內容也不盡相同。」[87] 那麼什麼樣的模型能持續追蹤這些事物呢？

到了晚上，格林菲家裡大人會飲酒，聽唱片，又或者派翠西亞會彈鋼琴，大家都會跳舞。孩子扮演酒保，送上威士忌酸酒、曼哈頓和琴通寧等雞尾酒。大人們喝得身體搖來晃去。孩子們會在黑暗中玩踢罐子遊戲。[88] 溫暖的夜晚時分，他們會在海灘上聚會，烤著營火。孩子們吃完要烘烤的棉花糖時，派翠西亞和米娜烏會跑去商店補貨。[89]

那年夏天，在那座海灘，劈腿、爭吵、謾罵都是家常便飯；哪一天沒了劈腿、爭吵、謾罵，才是太陽打西邊出來。「我老覺得我在演舞台劇。」米娜烏如此寫道；隔年，愛德華·阿爾比的舞台劇《靈慾春宵》問世，這齣具破壞性的作品談的是職場婚姻。劇中，阿爾比筆下的角色瑪莎

（Martha）說：「我們倆一直哭，之後我們做的事是哭，然後收集淚水，放到冰桶內，放進該死的製冰盒裡，直到淚水都結凍，然後我們把結凍的淚水放到……我們的……飲料裡。」這段台詞要說米娜烏可能講過，那也不奇怪。在瓦丁河，眾人喝酒喝個不停。哪怕是沒有玩床伴大風吹的夜晚，也沒有一夜好眠。比爾、科爾曼、格林菲和摩根，四家人的婚姻都在崩解。

夏天來到尾聲時，米娜烏在家書中對母親說：「我邊睡覺，便作檸檬水。」她決定搬回科羅拉多州。〔90〕就在米娜烏去信母親，說明搬家計畫的那一天，普爾寫了份報告，提到比爾分析消費者改用他牌的模型，建議一併考量「婚姻、轉職、移居其他城市」〔91〕等細項。他們的老婆，儼然也「改用他牌」了。

米娜烏帶走溫蒂、約翰、莎拉和史普尼克。她賣掉哈德遜河畔黑斯廷斯的房子，飛到科羅拉多。這下她總算逃離丈夫的圈子了。

不過兩人婚姻尚未走到終點。比爾也正要離開紐約。那年夏天尾聲，比爾赴加州，擔任行為科學高等研究中心的研究員。對析模公司而言，比爾沒在身邊會出問題；可是太近，也會有問題。畢竟他個性古怪，又很難相處。數個月來，他一直在處理 Media-Mix 專案。後來普爾來電，兩人才決定比爾要抽手，如此一來比爾離開後，專案仍能繼續執行。普爾去電後回報：「他最想做的案子，是模擬酒精中毒的生理狀態。」〔92〕孤苦的比爾渴望戒酒。後來，比爾從加州帕羅奧圖寫信給在丹佛的女兒溫蒂，信中說：「跟你說，我把酒戒掉囉。我答應你媽，在我回去前會把酒戒掉，否則就不會回去！我現在已經克服戒酒的痛苦了。」不過，比爾從未真正離開杯中物，米娜烏也沒有真正帶他回去過。〔93〕

8月時，在瓦丁河那座穹頂建物內，格林菲向公司股東發表一份報告，談論新的政府合作案。衛生教育福利部委託析模公司，模擬公衛創新方案

的成果[94]。摩根發出新聞稿，宣布「由於電子計算機模擬發展出新技術，拜此之賜，『在不久的將來，商業、經濟和社會研究各階段，均可能發生一場意義深遠的革命』。」[95]後來，《紐約時報》因此出了篇析模公司的報導，內容極盡吹捧之能事，並附上格林菲和普爾的照片，當中兩人沒罩上外衣，只穿襯衫，站在穹頂內的黑板旁邊。[96]

關於摩根於《哈潑雜誌》發表的報導，後來是由普爾收拾殘局。普爾對《新聞周刊》說：「所謂的仿人機，又不是什麼吃人玩意。實際上，它甚至不是機器，那是一種活動，用來預測人類的行為。」[97]報導出刊後，公司股價開始回穩。那年夏末，有位股票交易員向股民建議：「如果想要少見的 RANK 投資標的，並且是高風險但前景看好的股票，建議深入研究析模公司。」[98]

孩子們會永遠記得那年夏天，以及長島海灘的沙。格林菲一家人後來有時候會去劍橋厄文街拜訪普爾，附近就住著史列辛格和經濟學家加爾布雷斯。普爾的老婆琴很喜歡格林菲的老婆派翠西亞，兩人會在廚房聊近況。最受美國人愛戴的名廚茉莉亞·柴爾德（Julia Child）當時就住在隔壁的厄文街103號，她與琴很熟。格林菲的女兒蘇珊可以從樓上的客房窗戶，聽到茉莉亞用她嘶啞的獨特高音大聲叫喚她的先生。[99]

在自家後院，普爾和兒子亞當蓋了間遊戲室，結構是長島穹頂的縮小版。[100]只見陽光流瀉，照進穹頂的蜂巢結構，也照進父子倆的小小世界。

註釋

1　出自：TBM, "The People Machine"。

2　出自：Roscoe Drummond, "People Predictor Revealed as Kennedy's Secret Weapon," *New York Herald Tribune*, December 19, 1960。格林菲樂得將剪報寄給拉斯威爾。出自：January 11, 1961, Lasswell Papers, Box 39, Folder 544。

3　出自：Editorial, "The People Machine," *Chicago Sun-Times*, December 28, 1960。關於其他代表性報導，請參閱："Kennedy's 'Thinking Machine,'" *Montgomery* [AL] *Advertiser*, December 24, 1960; Tom Donnelly, "Damned Internal, These Machines," *Washington* [DC] *News*, December 21, 1960; "Of 'Machine' Politics," *Arkansas Gazette* (Little Rock), December 21, 1960; "And Now, a 'People Machine,'" *Charlotte* [NC] *Observer*, December 22, 1960; and "The Test," *Intelligencer* (Wheeling, WV), December 20, 1960。

4　出自：Editorial, "No Dissent for People Machine," *World* (Coos Bay, OR), January 12, 1961。

5　出自：TBM, "The People Machine"。

6　出自：TBM, *Self-Creations: 13 Impersonalities* (New York: Holt, Rinehart & Winston, 1965), 3。

7　出自：同上，1。

8　出自：TBM, "Madly for Adlai"。

9　出自：TBM, *Self-Creations*, 3-15。出自：凱特‧塔洛‧摩根（Kate Tarlow Morgan），作者訪談，2018年7月2日。出自：Marc Weingarten, *Who's Afraid of Tom Wolfe? How New Journalism Rewrote the World* (London: Aurum, 2005), 44-46。出自：Douglas Martin, "Thomas B. Morgan, Writer, Editor and Lindsay Press Aide, Dies at 87," *NYT*, June 18, 2014。

10　出自：TBM, "The People Machine"。

11　出自：James E. Doyle to NM, May 6, 1959, Stevenson Papers, Box 38, Folder 7。威斯康辛州律師詹姆士‧E‧道爾（James E. Doyle）擔任史蒂文森總統大選全國委員會（National Stevenson for President Committee）執行主任。關於道爾，請參閱：James E. Doyle Oral History Interview, January 15, 1966, interviewed by Charles T. Morrissey, Kennedy Library。

12　至今無法找到CBS廣播報導音檔，但可於下列出處找到敘述和引言：Robert Abelson to IP, December 22, 1960, Pool Papers, Box 96, Folder "Simulmatics: Abelson, Robert"。

13　出自："Did IBM Computer Draft Strategy Send Kennedy to White House?" *Press & Sun-Bulletin* (Binghamton, NY), December 19, 1960。

14　出自：TBM, "Madly for Adlai"。

15　出自：Labor's Committee for Kennedy and Johnson, *If Automation Takes Over Your Job... Who Will You Want in the White House?*, brochure, 1960, Burdick Collection, Box 53, Folder 4。

16　出自："Top Aides Deny It: 'Brain' Assist Seen in Kennedy Campaign," *Los Angeles Times*, December 19, 1960。

17　請參閱Newspapers.com列出的UPI報導。該篇出自：*Albuquerque Journal*, December 21, 1960。

18　出自："Did IBM Computer Draft Strategy Send Kennedy to White House?," *Press & Sun-Bulletin*

(Binghamton, NY), December 19, 1960。沙林吉稱析模公司產品為「人類預測器」（People Predictor），該詞首度由羅斯科·德拉蒙德（Roscoe Drummond）使用，最初使用文獻為：*New York Herald Tribune* and continuing in "The People Predictor," *Christian Science Monitor*, December 28, 1960。其他地方也廣為採用，例如："The 'People Predictor' Gives Politicians One More Advantage over the Electorate," *Charleston* [WV] *Mail*, December 23, 1960。

19 出自：Robert Abelson to IP, November 3, 1960; IP to Robert Abelson, November 10, 1960; IP, "Book Outline," Pool Papers, Box 96, Folder "Simulmatics: Abelson, Robert"。

20 出自：Ian Forman, "Political Weather Map Put Kennedy Up There," *Boston Globe*, November 13, 1960。

21 出自：IP, "Book Outline," Pool Papers, Box 96, Folder "Simulmatics: Abelson, Robert"。

22 出自："Books — Authors," *NYT*, September 30, 1960。出自："Work in Progress," *Philadelphia Inquirer*, September 11, 1960。

23 出自：IP, "Book Outline," Pool Papers, Box 96, Folder "Simulmatics: Abelson, Robert"。

24 出自：TBM to IP, March 2, 1961, Pool Papers, Box 142（資料夾未命名）。

25 出自：Editorial, "Delphi Revisited," *St. Louis Post-Dispatch*, January 4, 1961。

26 出自：Editorial, "Politics' Ultimate Weapon?" *Cincinnati Enquirer*, December 22, 1960。

27 出自：Victor Lasky,"People Machine' Helped Kennedy," *Indianapolis Star*, September 4, 1963。也請參閱：Victor Lasky, JFK: *The Man and the Myth* (New York: Macmillan, 1963), 428-30。

28 出自："Presses Stopped on Anti-J.F.K. Bestseller," *Des Moines Register*, November 25, 1963, as typed into notes kept by EB, Burdick Collection, Box 35, Folder "General Notes: 'The 480'"。

29 文獻引言：「他（比爾）說，甘迺迪方先前肯定看過析模公司為民主黨諮委會提供的分析結果，但甘迺迪完全沒有買單，認為那些分析結果充其量對選情只有邊際效應。」出自：John F. Maloney to William Lederer, September 7, 1961, William Lederer Papers, Special Collections and University Archives, University of Massachusetts, Amherst。

30 出自：Robert Abelson to IP, December 22, 1960, and [Robert Abelson], "<u>PRESS RELEASE:</u> CLARIFYING THE ROLE OF THE SIMULMATICS CORP. PROJECT IN THE PRESIDENTIAL CAMPAIGN," [December 22, 1960], Pool Papers, Box 96, Folder "Simulmatics: Abelson, Rober"。

31 出自：Aldous, *Schlesinger*, 5, 219-20。

32 出自：Dwight D. Eisenhower, Farewell Address, January 17, 1961。

33 出自：AS, *Thousand Days*, 164-65。

34 出自：同上，3。出自：Robert Frost, "Dedication," 1961, in Alan Wirzbicki, "The Poem Robert Frost Wanted to Read at John F. Kennedy's Inauguration," *Boston Globe*, January 20, 2011。

35 出自：The Simulmatics Corporation, *Human Behavior and the Electronic Computer*。

36 出自：MMc to Eleanor Emery, January 15, 1961, Emery-McPhee Papers。公司律師建議：「為了保護公司和所涉個人，宜通知公司的控制人（controlling person）勿買賣析模公司股票。本質上，這是在禁止出售股票。」出自：Donald H. Rivkin, Memo, May 22, 1961, Pool Papers, Box 142,

Folder "Publicity"。

37 出自：MMC to Eleanor Emery, January 25, 1961, Emery-McPhee Papers。關於析模公司科學家針對股票選擇權的詳細討論，請參閱：JC to ELG, January 17, 1961, and enclosures of notes, Coleman Papers, Box 65, Folder "Simulmatics Corp., 1961"。該資料夾亦包含科爾曼和析模公司的正式接觸。

38 出自：Synopsis of Results of Simulmatics Conference, Hotel Barclay, February 5-6, 1961, Lasswell Papers, Box 39, Folder 144。

39 出自：TBM to Abelson, JC, ELG, WMc, TBM, IP, and others, Call Report, April 6, 1961, Pool Papers, Box 142（資料夾未命名）。

40 出自：AB et al. to Abelson, JC, ELG, WMc, TBM, IP, and others, Call Report, April 6, 1961, and AB and TBM to Abelson, JC, ELG, WMc, IP, and others, Call Report, May 5, 1961, Pool Papers, Box 142（資料夾未命名）。

41 譯註：西廂有橢圓形辦公室和內閣會議室。

42 出自：Aldous, *Schlesinger*, 224, 227。

43 出自：ELG to NM, November 20, 1960, and "Possible Government Uses of Simulation," November 1960, Stevenson Papers, Box 38, Folder 7。伯恩斯坦製作了更全面的提案。請參閱：AB, "Simulmatics Models for Government and Industry,"（未註明日期，年分1960），也請參閱："Clients and Models: Preliminary Survey of Opportunities in Governmental and Industrial Areas for The Simulmatics Corporation," STRICTLY CONFIDENTIAL, Prepared for Meeting of The Corporation, February 5-6, 1961, Coleman Papers, Box 67, Folder "Simulmatics Corporation, 1961"。

44 譯註：藥廠必治妥施貴寶（Bristol-Myers Squib）前身的生產工廠。

45 出自：Simulmatics Corp., "Simulmatics Physicians Drug Acceptance Model," March 17, 1961, Coleman Papers, Box 65, Folder "Simulmatics Corp., 1962." Addenda, Box 87, Folder "Simulmatics"。也請參閱：JC to James F. Dodd (J. B. Roerig & Company), January 18, 1962, Coleman Papers, Box 65, Folder "Simulmatics Corp., 1962"。

46 出自：IP to Carl Barnes (USDA), Draft Proposal, June 9, 1961。也請參閱：William W. Cochrane to IP, August 30, 1961, Pool Papers, Box 142, Folder "Agr"。

47 出自："McNamara Reported Ordering Study on Prevention of Accidental A-War," *Washington Post*, March 25, 1961, Pool Papers, Box 142（資料夾未命名）。

48 出自：TBM to ELG, Memo, June 23, 1961, Pool Papers, Box 142（資料夾未命名）。

49 例如：ELG and IP to Abelson, JC, WMc, TBM, IP, and others, Call Report, June 27, 1961。出自：Pool Papers, Box 142（資料夾未命名）。

50 從電話報告到正式提案，向客戶推銷服務的計畫散見於：Pool Papers，主要存放於：Box 142。其他兜售紀錄甚至若干報告存放於：Coleman Papers。特別是：Boxes 53, 64, 65。關於改用他牌啤酒的計畫細節，請參閱：JC to Charles Ramond (Advertising Research Foundation), September 24, 1963, Coleman Papers, Box 53, Folder "Simulmatics, 1960-63"。關於普瑞納寵物食品，請參閱：James Tyson (Simulmatics) to Arthur S. Pearson (Ralston Purina Company), September 27, 1963。同

一資料夾含附件和該廠商的其他通訊紀錄。雀巢的相關文件存放資料夾也在：Coleman Papers，但科爾曼的「針對雀巢的數學分析」完整報告存放於：Box 64, Folder "Nescafe, 1962-3"。然而，析模公司在廣告行銷業（和其他業界）的實際客戶資料多數均未存放於普、科二人的個別文件庫（Pool Papers 和 Coleman Papers），這是因為兩人並非從事業務端的工作。這些紀錄原本應存放在紐約據點，最後付之闕如。

51 出自：IP to Richard Casey (Benton & Bowles), Memo, July 6, 1961, Pool Papers, Box 142, Folder "Media Mix — Early Notes"。

52 出自：Sidney C. Furst, "Simulmatics White Paper: Part One — Sales Approach," April 17, 1961, Pool Papers, Box 142（資料夾未命名）。

53 併購提案的相關資料存放於：Coleman Papers, Box 64, Folder "Simulmatics, 1962"。

54 出自：Memo to Abelson, AB, JC, ELG, IP, and others, October 29, 1962, Pool Papers, Box 142（資料夾未命名）。也請參閱：「普爾也在報告提到了，那就是我們目前的問題是客戶抗拒 Media Mix。原因在於針對他們手上的大批客戶，跑一次分析的費用太貴。」出自：James Tyson (Simulmatics) to AB, ELG, IP, and others, Memo, December 5, 1962（同一資料夾）。普爾的報告：IP to ELG and others, Memo, November 21, 1962（同一資料夾）。

55 出自：Sidney C. Furst, "Simulmatics White Paper: Part One — Sales Approach," April 17, 1961, Pool Papers, Box 142（資料夾未命名）。

56 出自：IP to Abelson, AB, JC, Furst, ELG, WMc, and TBM, Memo, April 24, 1961, Pool Papers, Box 142, Folder "Media Mix-Early Notes"。

57 出自：Basil Boothroyd, "Computer v. Consumer," *Punch*, September 19, 1962, 423-24。

58 出自：Simulmatics stock offering, May 15, 1961, Pool Papers, Box 142, Folder "Enquiries"。

59 出自：MMC to Eleanor Emery, May 12, 1961, Emery-McPhee Papers。

60 出自："Book Notes," *New York Herald Tribune*, May 9, 1961。

61 請參閱如：Orville Prescott, "Books of The Times," *NYT*, July 5, 1961。

62 關於白修德筆下的甘迺迪與現實形象的差距，請參閱：Robert Dallek, foreword to Theodore H. White, *The Making of the President* (1960; repr., New York: Harper-Perennial, 2009)。

63 出自："Recent Hot Issues Cool in Quiet Trade," *Los Angeles Times*, May 24, 1961。

64 出自：Editors, "The People Machine," *Harper's*, [September?] 1961。

65 出自：Sylvia Porter, "Getting In on New Stock Issue 'Deals' Risky Business; Rigging Faces Probe," *Santa Fe New Mexican*, December 24, 1961（本專欄刊載於全美各地的報紙）。關於波特的影響，請參閱：Glenn Fowler, "Sylvia Porter, Financial Columnist, Is Dead at 77," *NYT*, June 7, 1991。

66 舉例來說，普爾請廣告代理商班頓與波斯公司（Benton & Bowles）提供以下數據：「在時間上，民眾如何安排一天的活動」、「製表用數據，可用來以活動為劃分依據，探討媒體使用情形」，以及「觀眾改看其他電視節目的頻率相關數據」。出自：IP to Frank Stanton (Benton & Bowles, Inc.), September 5, 1961, Pool Papers, Box 142（資料夾未命名）。

67 出自：Simulmatics Conference, June 2, 3, and 4, 1961, Revised Agenda; and ELG to The Simulmatics

Corporation, Memo, June 6, 1961, Box 142（資料夾未命名）。不久後，析模公司顯然拒絕了某次為一名共和黨候選人服務的機會。出自：Newton Steers Jr., to TBM, October 23, 1961, Coleman Papers, Box 64, Folder "Simulmatics, 1961"。

68 出自：IP to Abelson, AB, JC, Furst, ELG, WMc, and TBM, Memo, May 16, 1961, Pool Papers, Box 142, Folder "Media Mix—Early Notes"。

69 出自：Simulmatics Conference, June 2, 3, and 4, 1961, Revised Agenda; and ELG to The Simulmatics Corporation, Memo, June 6, 1961, Box 142（資料夾未命名）。

70 出自：MMc to Eleanor Emery, March 27, 1961; May 26, 1961; and July 18, 1961, Emery McPhee Papers。

71 出自：MMC to Miriam Washburn Adams, June 21, 1961, Emery-McPhee Papers。

72 出自：MMC to Eleanor Emery, October 24, 1960, Emery-McPhee Papers。

73 出自：溫蒂・麥菲（Wendy McPhee），作者訪談，2018年7月16日。

74 出自：艾德溫・薩福德（Edwin Safford），和作者通信，2018年4月24日。

75 出自：Paul Lazarsfeld to IP, August 18, 1961, Pool Papers, Box 141, Folder "POQ Comments"。

76 出自：蘇珊・格林菲（Susan Greenfield），作者訪談，2018年7月27日。

77 譯註：美國小孩子玩的一種遊戲，將錢幣放在鐵軌上，待列車輾過後，壓平整枚硬幣，會變得更光滑閃亮。

78 出自：溫蒂・麥菲（Wendy McPhee），作者訪談，2018年7月16日。

79 譯註：可能暗指莎拉喜歡格林菲家的麥可。兩人相差六歲。

80 出自：MMC to Miriam Washburn Adams, June 21, 1961, Emery-McPhee Papers。出自：MMc to Eleanor Emery, July 13, 1961, Emery-McPhee Papers。出自：莎拉・麥菲（Sarah McPhee），作者訪談，2018年7月30日；

81 出自：傑瑞米・德・索拉・普爾（Jeremy de Sola Pool），作者訪談，2018年5月23日。

82 出自：ELG to IP (at Wading River): "What is the most daring claim you can make for our theory?" July 22, 1961, Pool Papers, Box 142, Folder "Publicity"。

83 出自：MMc to Eleanor Emery, July 20, 1961, Emery-McPhee Papers。出自：凱特・塔洛・摩根（Kate Tarlow Morgan），作者訪談，2018年7月2日。出自：MMC to Eleanor Emery, August 14, 1961, Emery-McPhee Papers。

84 出自：莎拉・麥菲（Sarah McPhee），作者訪談，2018年7月30日；

85 出自：溫蒂・麥菲（Wendy McPhee），作者訪談，2018年7月16日。出自：約翰・麥菲（John McPhee），作者訪談，2018年7月24日。

86 出自：Ted Cott to ELG, July 19, 1961; Edward P. Seymour (Simulmatics) to IP (at Wading River), August 15, 1961; WMc, "Preliminary Codes for Television Program File (Media Mix), August 21, 1961, Pool Papers, Box 142（資料夾未命名）。

87 出自：JC to IP, AB, WMc, and Abelson, Memo, August 4, 1961, Pool Papers, Box 142, Folder "Media Mix—Early Notes"。針對消費者的關注內容，參考文獻如：Tim Wu, *The Attention Merchants: The*

Epic Scramble to Get Inside Our Heads (New York: Knopf, 2016)。

88 出自蘇珊・格林菲（Susan Greenfield），作者訪談，2018年7月27日。

89 出自：MMc to Eleanor Emery, July 20, 1961, Emery-McPhee Papers。出自：凱特・塔洛・摩根（Kate Tarlow Morgan），作者訪談，2018年7月2日。出自：MMc to Eleanor Emery, August 14, 1961, Emery-McPhee Papers。

90 出自：MMc to Eleanor Emery, March 27, 1961, and August 22, 1961, Emery-McPhee Papers。

91 出自：IP to Jerome Feniger, August 22, 1961, Pool Papers, Box 142, Folder "Cigarettes"。

92 出自：IP to ELG and AB, Memo, October 23, 1961, Pool Papers, Box 142, Folder "Media Mix—Early Notes"。

93 出自：WMc to Wendy McPhee, postmarked May 27, 1962, Emery-McPhee Papers。

94 出自：ELG, "To our Shareholders," August 21, 1961, Pool Papers, Box 142, Folder "Publicity"。

95 出自：TBM, "Computers and Behavioral Science Are Combined in New Applications: Predict Revolution in Business Research," Press Release, August 25, 1961, Pool Papers, Box 142, Folder "Publicity"。

96 出自：William M. Freeman, "Advertising: Life Is Imitated for Research," *NYT*, August 27, 1961。

97 出自："The People Machine," *Newsweek*, April 2, 1962。

98 出自：*Louis Sapir Weekly Newsletter*, August 31, 1961，（原文如此強調）。「如果想要少見的RANK 投資標的，而且是高風險但前景看好的股票，會建議深入研究析模公司。這檔股票可以臨櫃交易，股價是5塊到5塊半。這間新公司的業務內容是透過使用人類行為因子和電腦內的其他數據，為產官界引進一種新概念。他們的應用層面琳瑯滿目，例如：都市更新、交通方式，新產品的引進，以及廣告選擇和行銷策略。析模公司的長官是學界有頭有臉的社會科學家，畢業自約翰霍普金斯大學、哥倫比亞大學、耶魯大學、哈佛大學，以及MIT。美國衛生教育福利部已經有一個案子委託析模公司。析模公司目前正在加談一筆80萬美元的生意。析模公司是未來幾年風險和獲利均高的投資標的。」出自：Pool Papers, Box 142, Folder "Enquiries"。也請參閱該新聞稿的其他報導，包括："'Simulmatics' Backtracks Behavior," *Christian Science Monitor*, September 9, 1961。

99 出自：蘇珊・格林菲（Susan Greenfield），作者訪談，2018年7月27日。

100 出自：亞當・德・索拉・普爾（Adam de Sola Pool），作者訪談，2018年5月19日。

核戰爆發令
Fail-Safe

電腦太重要了，不能留給數學家用。
——尤金・伯迪克和哈維・惠勒
1962年，《核戰爆發令》

彼得・塞勒斯（Peter Sellers）和IBM 7090。
出自導演史丹利・庫柏力克於1964年推出的電影《奇愛博士》。

　　紐約時報大樓位於西四十三街（West Forty-Third Street），高十五層，結構上既有拱門，又有尖頂，看起來活脫脫像是座臃腫的法國城堡。頂多只有固定在最高塔樓的「TIMES」一字的招牌，字型使用無襯線字體，打燈後亮晃晃的，倒是簡潔俐落。距時代廣場一條街之遙的這棟大樓被稱為「工廠」（the Factory），數十年來，在建築外部的後方，起起降降的卡車載運區和上了油的卸貨機運送著印刷機、放繩機和印刷版，並接收運來的大型紙捲和成綑紙張。《紐約時報》在此播報、調查、撰寫和編輯新聞，同時也生產報紙。日復一日，載運區的工人會將一大捆又一大捆的報紙裝運到等待的卡車上。這些報紙要是堆疊起來，會高過紐約東河至哈德遜河的所有摩天大樓。〔1〕

　　隨後，運來了龐然大物。1962年秋天，由於預計運來一台四公噸重的IBM 1401（相當於20世紀中葉電腦業界的「Model T」），載運區和卸貨機必須強化結構才能承受重量。〔2〕機台以木箱裝載，外層裹著太空時代為解決鋸屑問題而開發的全新包材：氣泡袋〔3〕。這台IBM 1401是析模公司為客戶《紐約時報》而下訂的。

　　《紐約時報》委託析模報導1962年的期中選舉。一直到數十年後，才開始有人使用「資料新聞學」（data journalism）一詞，但自《紐約時報》和析模簽約合作的那一天起，紐約時報大樓就在用這個概念製作新聞了。〔4〕

　　《紐約時報》成立於1851年，向來快速採用時下新科技來報導選舉。1852年，《紐約時報》透過鐵路和驛馬快信系統，來報導大選結果。同年，《紐約時報》眼光宏大，發表了以電報傳播訊息的計畫，以求「投票所關站後隔天早上，全美報業便能宣布全國大選結果」。最起碼以總統大選而言，《紐約時報》創社數十年才達成此一創舉。畢竟一直到1896年總統大選，《紐約時報》都還在用信鴿計算開票結果。而到了1904年，《紐約時

報》如同其他大城市報紙，用盡了各種辦法，在獲知開票結果後，盡快告知讀者。大選之夜時，《紐約時報》位於紐約的大樓搖身一變，彷彿化身燈塔，用探照燈來宣達開票結果，三十英里外都能看見。探照燈向西持續亮起時，代表共和黨於總統大選中獲勝，向東持續亮起則是民主黨拿下勝利。燈光以不同組合閃爍時，是在宣告國會和州長的勝選者。這也是英文「news flash」（快訊）一詞中有「flash」（閃光）一字的由來。[5]

即便到了1920年代廣播興起，《紐約時報》仍用探照燈報導選情，最後是電視和電腦將這樣的風潮畫下句點。《紐約時報》最後使用探照燈是在神奇的1952年，也就是哥倫比亞廣播公司新聞節目在電視上透過UNIVAC開票的那年。到了1960年，CBS電視台引進了IBM 7090。1960年美國總統大選之夜，《紐約時報》內部進行選後分析，結論是：任何報社就算從早到晚印刷再多版次，都快不過在電腦輔助下以電視播報選情。

新浪潮席捲的不是只有大選之夜。報紙媒介苦戰電視媒體，電視的發明加快了媒體報導，一年到頭，每天都能播新聞。1960年時，美國人只要晚上收看新聞，便能了解白天時事。認知上，很容易將兩種媒介之間的競爭比喻為賽跑，賽跑的關鍵是「速度」。不過，頂級報社了解到競速不算是真正關鍵，對報紙而言，「深度」才是最佳著力點。[6]拜此認知所賜，1960年代美國報業品質獲得前所未有的提升。報社不僅僅要記錄事件時序，還要調查、分析，這強化了業界競爭、報導力度和同業的對立程度，記者也對歷史進程本身產生質疑。

這種轉變始於1950年代。正如當時某電台評論員所言：「麥卡錫崛起迫使正派報社發展出一種報導形式，將麥卡錫這類人士的發言放到報導脈絡內。」1958年，《紐約時報》新增〈新聞分析〉報導，這類報導使報社甚至得以在頭版就刊出預設觀點。《美國報社編輯學會公報》（*Bulletin of the*

American Society of Newspaper Editors）於1963年評論：「從前新聞故事就像錄音機，如今不再是如此。希特勒和戈培爾，史達林和麥卡錫，自動化、類比電腦和導彈——大時代發生了形形色色的事件，讓我們認知到更多面相。」[7]回頭來看，當時是美國報社的報導黃金年代，就是在這個年代，美國頂尖報社的政治線記者不再看政府臉色，而變得更加批判。1960年，《紐約時報》每十篇報導中有九篇是敘事性；到了1976年，超過半數都加上詮釋。[8]

1960年大選後，《紐約時報》高層展開選後分析，他們自知宣布開票結果快不過電視媒體，但了解本身另有優勢：分析。《紐約時報》之所以在編輯部樓層安裝大型電腦，正是因為決定廣泛投入新聞分析。同時，《紐約時報》還必須安裝能「現場」分析選情的系統，以協助報導1962年期中選舉。如此一來，內部記者利用最可能入手的優質資訊，整晚作業後，便能寫出訊息最全面的報導，刊在隔日早報。讀者一來能得知勝選者，二來也能讀到探討勝選原因和支持者的分析文章。[9]

《紐約時報》和IBM展開一系列討論，之後拿到析模公司的提案。由於羅伯特・甘迺迪對析模抱有敵意，而析模又決定不將1962年期中選舉納入業務範圍，也不向民主黨陣營販售其服務，因此由中間人牽線也是最合情理的決定。1960年，析模公司為CBS News新聞節目提供選情模擬服務，成果令人驚艷；1961年10月，析模向《紐約時報》提交十頁的企劃書，允諾提供相同服務，宣稱可讓《紐約時報》「即時」（real time）評估選情。「即時」一詞在當時還太過新穎，析模的科學家還得費大把心力釋義。

即時電腦運算打破了當下時事和分析機器之間的距離。析模公司將選情報導比喻為觀察來襲的導彈：兩者均關乎立即評估數據，處理不得延遲，因為一旦拖沓時機，便可能招致失敗，甚至災難。析模公司企劃書中

說明：「即時電腦運算的一個例子是SAGE系統。在早期示警系統中，電腦必須在雷達螢幕上出現光點時，展開立即、準確的反應。」大選之夜的選情報告問題，「顯然就是操作即時性的問題」。[10]

析模公司允諾為《紐約時報》提供大選之夜早期示警系統，用以觀察開票結果，就好比警戒來襲的導彈。《紐約時報》的辦公大樓內，編輯群圍著長木桌開會。對於是否採用析模的服務，與會者意見分歧。在這之前，格林菲先做了一次花俏的簡報。他帶來公司旗下的頂尖科學家：普爾畢業自MIT，科爾曼畢業自約翰霍普金斯大學，伯恩斯坦來自麥迪遜大道上的析模公司，儼然個個學經歷顯赫。不過，《紐約時報》決策群仍躊躇不前，事後諸葛來看，他們倒是後悔莫及。

■ ■ ■

最後的報導標題是「《紐約時報》預計加速計算期中選舉結果」[11]。1962年，似乎一切都在加速。美國軍方投入軍備競賽，NASA則是投入太空競賽。國防高等研究計畫署正籌建一個網路，好讓電腦彼此能遠距通訊。不久之後，電腦不僅能即時處理資料，還能即時相互通訊。歷史學家稱當時為「大加速時代」（Great Acceleration）。

同一時間，析模公司也投入自己的競賽。廣告業飛快搭上了析模開創的模擬服務風潮。普爾認知到「分秒必爭」，急切地請普查服務業者提供媒體數據。[12]1961年初，普爾會見當時廣告公司龍頭BBDO的董事，結果發現BBDO對析模公司興味盎然，甚至想著手打造自己的模型和析模競爭。[13]該年秋天，BBDO宣布自家版本「media-mix」的開發計畫。[14]短短不到一週，格林菲便趕出一份析模公司業務推廣手冊，說明其Media-

Mix產品。[15]這不啻是一場媒體模擬分析界的軍備競賽。

析模公司的Media-Mix初次亮相,便斬獲大量關注,也帶來許多客戶,包括《麥考爾》(*McCall*)雜誌、雀巢、美國無線電公司(RCA)、羅森普瑞納寵物食品公司、高露潔棕欖公司和通用食品等大型廠商。[16]普爾也去貿易展場活動兜售自家產品,其中之一為美國行銷協會(American Marketing Association)年會,於華爾道夫・阿斯托里亞飯店(Waldorf Astoria)舉行。普爾當時的演講題目為「模擬分析:它如何幫助行銷業者?」(Simulation: How It Can Help the Marketer)[17],是大會觀眾最踴躍參加的活動。析模於1962年2月提供了一本小冊子,宣布推出「電腦模擬服務,可模擬美國民眾的行為活動,以協助業者解決行銷經費的分配問題」;這項服務是設計用於讓「廣告業者、廣告代理商或媒體本身以極為可靠的方式,先行預測電視、廣播、報章報紙和週日增刊號等媒介各類內容的受眾」。小冊子提到一個磁帶捲盤,內含「2,944位虛擬公民的詳細資料」,這個虛擬族群可全面模擬全美民眾。「數據都是打哪來的?答案是:五花八門,彙整資料就花了大半年。」[18]

析模公司的電腦模型固然優於BBDO的模型,但無法維持優勢,甚至無法撐過伯恩斯坦先前所預測的兩年。[19]BBDO和麥迪遜大道上另一間業者Y&R廣告公司(Young & Rubicam)均於1962年發表自家的媒體模擬模型,此前一週,新穎時尚的智威湯遜(J. Walter Thompson)廣告公司才剛承諾「到1963年將會擁有一台電子大腦」[20]。就這樣,一台台IBM電腦裝在怪獸般大的紙箱,用氣泡袋包裹住,前仆後繼送到美國廣告業的大本營麥迪遜大道。不同於析模公司,這些廣告業者內部先前就有了市場、媒體、產品和消費者的相關資料,因此手上數據的品質都優於析模的數據。此時廣告業收集形形色色的數據已有數十年之久。智威湯遜於1877年起

家；BBDO成立於1891年；Y&R在1923年開業。數據來源上，析模公司東拼西湊，取自普查資料、消費者物價指數等公開數據，以及客戶可提供的任何資訊。然而若要索取多組大型數據，別無他法，只能求人了。查爾斯・雷蒙博士（Charles Ramond）是廣告研究基金會（Advertising Research Foundation）會長，析模公司向他索取基金會的資料時，他表示愛莫能助，分享對象僅限於有加入會員的廣告業者。[21]此外，還有個更重要的原因：BBDO、Y&R與智威湯遜等大公司，都有能力也願意在自家辦公室投資和安裝電腦，這點不同於析模的做法。[22]

廣告業者採購電腦是否能為客戶提供更多實質價值，這倒是很難說。有一封廣告業的通訊曾譴責1962年的「電腦大騙局」（The Great Computer Hoax）。廣告業者對使用電腦計費，獲利數百萬美元，但該篇評論說：「電腦只有在輸入資料後才有參考價值。」再者，劣質數據到處都是。[23]然而，在經濟飛快成長的1960年代，儼然無人在意這點批評。為了吸引消費者，大型廠商願意掏錢，請廣告業者行銷所有最新、最好、令人眼睛為之一亮的產品。大家都想要一台仿人機。

很明顯，這也包括《紐約時報》。1962年4月，「電腦大騙局」達到高峰時，《紐約時報》最終決定與析模公司簽約，請析模針對即將到來的期中選舉，提供分析服務；同時，若該合作順利，也將延伸至1964年總統大選。[24]《紐約時報》此舉形同點亮新的探照燈。

▋ ▋ ▋

析模公司就近《紐約時報》據點，在四十四街上租了更多房間。《紐約時報》同意析模公司標案的報價：服務統包費用34,000美元，獲取1962

年期中選舉選情分析；1964年總統大選分析費用則待定。[25]

《紐約時報》的委託案由科爾曼和伯恩斯坦主導，植基於當年析模公司針對1960年總統大選的分析，以及Media-Mix。對於與《紐約時報》高層的合作，科爾曼和伯恩斯坦決定側重於全美各地少數選舉活動：紐約州州長和參議員選舉、其他八州的州長競選、其他七州的參議員選舉，以及四十二席眾議員競選。科、伯二人用析模早期開發的模型寫了一個程式，用於評測過去投票的偏差，也執行迴歸分析，來檢視不同群體的投票方式，並直接展開選情預測，使《紐約時報》能於大選之夜即時分析時，說明特定群體的投票考量。[26]

科、伯二人在本合作案的對口是哈羅德・費伯（Harold Faber），他在《紐約時報》擔任每日採訪調派編輯（assignment editor）。費伯畢業自城市學院（City College），也是二戰老兵，戰時擔任通訊員，意志堅韌，曾在報導韓戰時失去一條腿。對於常春藤名校教授和IBM旗下的聰明小夥子，費伯沒有太多耐心，他認為這些人的才華言過其實，實績不足，被外界賦予過度期待。[27]合作案的前置作業比科、伯二人預期的還曠日廢時得多，又或者該說，遠遠超出費伯的耐性。如今都還不清楚析模公司當初是否有準備好當年11月6日的大選分析。

前置作業棘手，科、伯二人寫的程式有bug，難以測試；機台也跟著出紕漏。訊息必須透過一系列不同接點來傳送，而過程中任何接點都可能失效。原本計畫是要在四十三街紐約時報大樓的編輯樓層安裝兩台IBM 1401，再透過電話線連到五十街上IBM數據中心的IBM 7090。[28]每台機器內含兩萬多個機械元件，以及五萬多個電子元件；只要其中一個元件故障，系統就可能全面當機。[29]在設計上，IBM的1400系列為商業用途，7000系列為科學用途。兩者都用磁帶儲存；一只標準捲盤可處理相當於四

十萬張打孔卡。[30]相關數據在《紐約時報》內部收集後,於IBM進行分析。在《紐約時報》內部收集數據的步驟繁多。針對先行完成開票的選區,美聯社會透過電話和電傳打字機,將選舉結果傳送至報社內部。接聽電話和閱讀電傳打字資料的工作團隊由阿巴科女士(Mrs. Arbuckle)帶領,團隊會將資訊記錄至紙張上,交給負責輸入的女性工作人員,由她們將資料輸入至打孔卡讀取機器。打孔卡會由IBM 1401讀取至磁帶,再以數據機傳送至放在五條街外的IBM數據中心的IBM 7701,接著由一台IBM 7090執行實際分析。[31]這條作業鏈中只消有一處差池,系統都會全面當機。

到了10月初,案子進展並不順利。正當《紐約時報》準備發表「首次有報社使用電腦來準備新聞報導」一事時,報社高層猶豫了。由於相關電腦還未交付,《紐約時報》考慮中止這項合作案。[32]此時發表幾乎只會是最壞時機,因為紐約市七間日報的電傳打字服務業者合約即將於12月初到期,準備展開罷工,主因是電傳打字工會主張針對作業自動化要求賠償,而紐約市報紙發行業者不願意達到工會的要求。由於電腦造成失業,電傳打字服務業者揚言要罷工。[33]在這種情況下,還要將一台台巨大電腦設備送到《紐約時報》大樓,似乎不是明智之舉。

報社要罷工固然不用挑黃道吉日,但選舉前一個月罷工卻非上策。還有個原因是美國正處於核戰邊緣,只不過民眾尚渾然未覺。

■　■　■

10月8日,美國駐聯合國大使艾德利·史蒂文森在紐約聯合國總部警告道,美國雖不會主動侵略古巴,但也不會容忍古巴侵略美國。自前一年豬玀灣入侵行動以來,蘇聯便一直在古巴建立軍備。美國人擔憂蘇聯將古

巴作為導彈的基地。史蒂文森發表甘迺迪政府的警告時說，美國將建立導彈基地視為侵略行為。10月14日，史蒂文森在紐約會見甘迺迪。當天，由中情局運作的U-2在古巴執行祕密偵察任務，其拍攝的照片顯示，在聖克里斯托佛（San Cristóbal）有一座發射台與至少一枚核導彈。[34]

古巴導彈危機已然開始。接下來十三天，美國（以及全世界）比冷戰期間任一時刻，更接近核戰全面爆發的危機。甘迺迪呼籲在白宮舉行一系列祕密會議，首場於10月16日星期二召開。會議小組稱為「ExComm」，即「國安委員會執委會」（Executive Committee of the National Security Council）的簡稱。國安委員會執委會由羅伯特·甘迺迪主持，成員包含國務卿迪恩·魯斯克（Dean Rusk）和國防部長羅伯特·麥納瑪拉。國安顧問麥克喬治·邦迪另外出示多張照片，可辨識出三座SS-5 IRBM站點的第一座。邦迪主張空襲以移除導彈，史蒂文森則除了主張尋求聯合國決議，也提出放棄美國位於古巴關塔那摩（Guantánamo）的軍事基地作為讓步條件。國安委員會執委會在會中針對這些可能的行動方針進行辯論。10月18日週四，甘迺迪在白宮與蘇聯外長安德烈·葛羅米柯（Andrei Gromyko）對質（葛羅米柯此前曾否認蘇聯於古巴部署導彈，顯然撒謊）。週五，甘迺迪離開華府，為即將到來的期中選舉，赴俄亥俄州和伊利諾州為民主黨參選人站台。不過到了週六，甘迺迪為了不引起民眾慌張，佯稱感冒，取消剩下的助選活動，返回華府。[35] 美國民眾仍被蒙在鼓裡。

10月21日星期日，尤金·伯迪克和哈維·惠勒（Harvey Wheeler）合著的小說《核戰爆發令》（*Fail-Safe*）於書店上架，內容描述美國總統與蘇聯總理之間的核對峙。《核戰爆發令》成為暢銷書，獲得《週六夜郵報》（*Saturday Evening Post*）選為每月讀書俱樂部讀物，成為重要著作，轟動市場。克利夫頓·法迪曼（Clifton Fadiman）在評論界舉足輕重，也是文學界先驅，他

指出：「該書至少是這十年來我讀過最刺激的小說。」〔36〕化學家暨和平主義運動家賴納斯·鮑林（Linus Pauling）為這本書寫推薦：「對我激起的情緒迴響，強過以前讀過的任何作品。」〔37〕某位《紐約時報》書評稱該書是「令人興奮的懸疑作品」。〔38〕《紐約時報》政治記者傑克·雷孟德（Jack Raymond）表示，這本小說也「在五角大廈引起大量關注」。〔39〕

　　想當然爾，該書掀起熱門話題。不過話說回來，1962年時，伯迪克出版的任何新書都會引起轟動。原因在於他在1958年與威廉·萊德勒（William Lederer）上尉共同推出的鉅著《醜陋的美國人》獲致驚人成功，影響深遠。《醜》書引起美國和全球關注，總統和國會競相閱讀之外，該書也遭到《異議》（Dissent）雜誌攻擊，〔40〕以及參議院現場批評。〔41〕全球各地掀出版潮，甚至出現阿拉伯文盜版。〔42〕

　　《醜陋的美國人》故事背景設定於虛構的東南亞國家薩爾干（Sarkhan）。作者用意是揭露美國外交使節團的失能、腐敗、貪汙和無知，以及美援計畫管理不當。布雷德洛夫（Bread Loaf）寫作營是作家聚集和交流的場所，萊德勒和伯迪克兩人是在該活動1948年的聚會上認識的。萊德勒通曉六種亞洲語言〔43〕，戰後他從事記者，但仍在東南亞以海軍情報軍官的身分持續服役，一直到1958年退役時，成為《讀者文摘》（Reader's Digest）遠東地區駐地作者。伯迪克在1957年時在夏威夷為雜誌寫一篇報導，這一年他和萊德勒再次碰面，兩人決定合作著書，談「美國聲望持續下跌，並於遠東地區失去影響力」一事。〔44〕伯、萊二人的《醜陋的美國人》書名改自格雷安·葛林的《沉靜的美國人》。然而，不同於《沉》書，《醜》書並未提倡撤出東南亞，而是提倡以更有效的方式投入東南亞事務。〔45〕《醜》書角色眾多，包括孟瑞先生（U Maung Swe）。他是一名緬甸記者，曾長期待在美國。他喜歡他認識的美國，並且提出以下觀察：「美國人一來到異地，似乎會發生

謎樣的變化：他們會將自己隔絕於社會。他們的生活方式變得矯揉造作。他們吵雜、愛炫耀。」[46]「薩爾干」實際指涉哪個國家無庸置疑。伯、萊二人最初撰寫《醜陋的美國人》時，將其視為越南研究，而非虛構作品。[47] 舉例來說，原始大綱中有個章節是談「西貢怎麼會沒有人講越南話（我是說沒有美國人說越南話）」。[48] 然而，諾頓（Norton）出版社編輯說服他們將書改寫為虛構故事。[49] 不過，書中有個跳出故事內容的後記，兩位作者在當中堅稱《醜》書內容沒有虛構。[50]

伯迪克 1962 年推出暢銷書《核戰爆發令》時，也以同樣方式宣稱並非虛構故事。該書序言中，伯迪克和同為政治學教授的惠勒聲稱：「專家一致認為，戰爭可能因意外一觸即發，加以防禦系統中機器製造的零組件日趨複雜，因此戰爭爆發的可能性也有所升高。」[51] 原文書名「fail-safe」係指一處臨界點，過了這個點之後，便無法召回前去投下核彈的飛機。小說中，由於電腦內部單單一條保險絲燒毀，引發機械故障，進而導致美國戰略空中司令部（Strategic Air Command）無法與 B-52 小隊通訊。當時 B-52 小隊正以每小時 1,500 英里速度飛往俄羅斯，且每一架均搭載兩顆二千萬噸級炸彈。主要是因為遭到蘇聯無線電干擾，美國總統無法召回其中兩架轟炸機，起先便命令戰鬥機追上並執行擊墜任務；任務失敗後，美國總統試圖說服蘇聯總理赫魯雪夫，說明美軍飛去鎖定莫斯科是意外。

小說多數內容為電話交談紀錄。電話透過總統桌上的專用熱線撥打。

美國總統說：「赫魯雪夫總理，我現在用的電話線，是貴國政府和我國政府同意應該隨時保持開放的線路。這是第一次用。」[52]

由於無法說服赫魯雪夫投彈任務是無心之過，也知道赫魯雪夫除了報復別無他法，美國總統因而下令轟炸紐約，這是避免世界末日的唯一途徑了。由於電腦故障，無法叫停航程上的美國轟炸機，莫斯科將夷為平地。

為了向全球證明毀滅莫斯科的行動為意外之舉，美國不得不犧牲紐約。最後，美國總統和蘇聯總理雙雙表示惋惜。在克里姆林宮等死的赫魯雪夫說：「人類發明了機器，我們成了機器的囚犯。」

美國總統頓了一下。電話線上傳來一片寂靜。

「赫魯雪夫總理？」美國總統語氣聽來裹足不前。

「怎麼了，總統先生？」

「我們的這場危機，就像您所說的，是個意外……從某種意義上說，這不是人類的錯。沒有任何人犯了任何錯誤，想辦法找戰犯並沒有意義。」美國總統頓了一下。

「我同意，總統先生。」……

美國總統體內有一部分持續放聲思考：「……就好比人類全都蒸發了，而電腦取代了人類的容身之處。然後，你和我，兩個人在這裡坐了一整天，都在戰鬥，我們對抗的對象不是彼此，而是這台背叛人類的巨大電腦化系統；我們用盡心力，避免電腦炸毀世界。」

克里姆林宮內，坐在赫魯雪夫身旁等待死亡降臨的美國大使插話道：「總統先生，我能聽到東北方傳來爆炸聲。天空非常亮，像是超巨大升空火箭排成一長列。幾乎美麗得像是國慶煙火。」只聽到一陣尖叫，然後是一片寂靜。一瞬間，莫斯科消失了。接著，為了拯救世界，美國總統下令炸毀紐約市。〔53〕

■　■　■

219

1962年10月22日週一,《核戰爆發令》出版後隔天,美國軍方將警戒提高到三級戒備狀態(DEFCON 3)。甘迺迪致電杜魯門、艾森豪以及英國首相說明危機狀態。然後,他決定警告美國民眾。當晚七點,甘迺迪態度卓絕,在白宮橢圓形辦公室發表電視談話。當天稍早他已將待發表聲明的副本和一封信發送給了赫魯雪夫。信中,甘迺迪對這位蘇聯總理說:「對於您或其他任何理智人士,我從未設想你們會在當今這個核武時代,令世界陷入戰爭。顯然,沒有任何國家會是贏家,包括侵略者在內,全世界都會承受災難性後果。」那天晚上,甘迺迪在電視上說話的口吻,美國人從未聽過。甘迺迪透露了蘇聯在古巴有導彈基地,並說:「這些基地的用意,無非就是要對西半球進行核攻擊。」他詳談自己和蘇聯外長葛羅米柯之間的對話,大加撻伐蘇聯赤裸裸的欺騙行為。甘迺迪決定採取行動:徹底封鎖古巴。同時,他向赫魯雪夫發出以下明確威脅,相關內容要是放到《核戰爆發令》書中也不會突兀:「對於發射自古巴,意圖攻擊西半球任何國家的核導彈,美國會將其視為蘇聯對美國的攻擊,必須因此對蘇聯全面報復。」最後,甘迺迪呼籲蘇聯總理赫魯雪夫:「放棄統治世界的路線,並展開歷史性行動,終結危險的軍備競賽,以改變人類的歷史。」[54] 全美各地,只見民眾坐在電視機前,聽甘迺迪總統吐出最後幾句話後,便不發一語,呆若木雞,沉靜良久。

隔天,父母不讓孩子上學,店家關門,甘迺迪和詹森取消所有競選活動。《紐約時報》刊登了令人不寒而慄的三行頭版標題:

美國對古巴實施軍備封鎖,
以應對進攻型導彈基地;
甘迺迪擬與蘇聯攤牌[55]

美國人為戰爭蓄勢待發。

蘇聯並沒有退縮，相反的，危機升級了。10月24日週三，美國觀察到蘇聯船隻在隔離區現身，而且正如麥納瑪拉通報的，船隻由蘇聯潛艇掩護。同一時間，史蒂文森和小亞瑟·史列辛格合作，準備向聯合國安全理事會演說。史蒂文森在10月23日對安理會說：「有一條路可以通往和平。」他並且敦促會員：「往後人們記住的這一天，不會是世界瀕臨核子戰爭邊緣的一天，而是人們決心不讓任何人事物阻礙他們追求和平的一天。」兩天後，史蒂文森向蘇聯大使出示導彈相片作為證據時，怒氣沖沖，判若兩人。《美國人紐約新聞報》（*New York Journal-American*）頭版標題打上〈史蒂文森痛擊蘇聯大使〉。甘迺迪在白宮橢圓形辦公室觀看史蒂文森的談話時說：「我都不知道史蒂文森有這一面。」[56] 在華盛頓，美軍將警戒狀態提高到有史以來最高的二級。[57]

災難一觸即發，緊張萬分，世界可能就此敲響喪鐘。《紐約時報》報導此一態勢的同時，又面對報業工會揚言罷工，眼見選舉在即，必須立刻決策。儘管必須雇用武裝警衛來保護機器，無論「是否面臨罷工威脅」，《紐約時報》仍於10月23日點頭，硬著頭皮安裝電腦。10月26日週五上午11時30分，第一台IBM 1401在《紐約時報》大樓卸貨。那一天，白宮收到了赫魯雪夫的密電，係透過電報發給美國國務院。內容同樣大可放到《核戰爆發令》書中。這位蘇聯總理發文如下：

　　總統先生，您既然已經繫上戰爭的結，我們和您便不應該拉扯這條繩的兩端，畢竟我們愈是拉扯，結只會愈緊。我們恐怕會面臨這樣的時刻：結太緊，以致繫繩人本身也無法解開，因此必須將結剪開。此話含意為何，並非由我向您解釋，因為您完全能理解我們兩國所要處

理的可怕力量。因此，如果無意收緊那個結，導致世界遭到熱核戰的災難，那麼，我們不僅要放鬆拉緊繩子兩端的那股力量，也要採取措施解開那個結。我們已經準備好了。

赫魯雪夫的這封信，儼然提供了擺脫危機的出路。他主動提議移除導彈，交換條件是美國解除封鎖之外，也承諾不會入侵古巴。[58]

然而，到了隔天週六，赫魯雪夫以正式外交管道寄出了一封內容完全不同的信。信中針對移除導彈的交換條件是：美國必須同意從土耳其一處基地移走其導彈。形勢依然惡化：在古巴上空，一枚蘇聯地對空飛彈擊落了一架美國U-2偵察機，駕駛員死亡。在國安委員會執委會上，甘迺迪旗下若干顧問敦促即刻空襲位於古巴的導彈基地。不過羅伯特‧甘迺迪勸告總統，對赫魯雪夫的第二封信睜一隻眼、閉一隻眼，並依據第一封信宣布協議內容。美國政府祕密承諾，將移除部署於土耳其的導彈（史蒂文森最初就如此倡議）。[59]10月28日週日，赫魯雪夫同意該項安排。[60]

一如降臨時突如其來，這場危機亦倏乎結束。在甘迺迪的掌舵下，世界之船駛離了核戰危機。

在那折騰人的十三天，有了一些永久變化。對於赫魯雪夫於10月26日發送的三千字密電，美方花了將近十二小時來接收、解碼和翻譯。白宮讀到該訊息後，赫魯雪夫尚未收到美方任何答覆，便已經發出了第二條訊息，立場更強硬。拖延可能招來致命後果。伯迪克與惠勒二人在《核戰爆發令》中指出，電腦哪怕只是小故障，通訊端若發生錯誤，恐怕都可能導致世界末日。古巴導彈危機結束後，美蘇代表在日內瓦開會，簽署「兩國直接通訊管道建立合作備忘錄」（Memorandum of Understanding ... Regarding the Establishment of a Direct Communications Link），即在克里姆林宮和五角大廈之

間，以電傳方式建立熱線。伯迪克將此想法的功勞攬在自己身上，因為在《核戰爆發令》中，正好有一條連接莫斯科和華府的熱線。伯迪克說：「故事安排這樣的熱線能賦予戲劇性。」他指出當初撰寫小說時，曾問甘迺迪是否真有這類熱線。伯迪克憶起對方的回答：「他答沒有，但坦言這主意或許還不賴。」[61]

廣義來說，古巴導彈危機也改變了冷戰的發展過程。核戰曾差點一觸即發。過去對此事知之甚少的人，這才領悟到任何攻擊均環環相扣，世界毀滅只在旦夕之間。此時軍備競賽還沒結束；美蘇兩國並未解除武裝。不過每個人都已看到，資本主義與共產主義之間的二元論戰並不需要靠核武觸發，一般地面戰即可進行。美國因此更加涉入越戰。1961年，甘迺迪任命喬治・鮑爾為國務次卿。鮑爾為史蒂文森先前的法律事務夥伴，也長期操盤其選務。針對派遣更多「顧問」前往越南一事，當甘迺迪就教身邊最親近的幕僚時，鮑爾是唯一反對的人。鮑爾警告，局勢可能會升級，沒多久，可能就會有三十萬名美軍在越南稻田中徘徊。甘迺迪笑道：「鮑爾，說你是華盛頓這裡最聰明的人也不為過，想法卻瘋成這樣。」[62]

▌▌▌

兩台超大型IBM電腦運抵四十三街紐約時報大樓時，正值古巴導彈危機如日中天之際。10月29日星期一，即危機結束後的第二天，機器將於中午「啟動運行」。運抵時間洽洽趕得上當天傍晚的試運轉。費伯針對試運轉，製作以小時為單位的紀錄。試運轉時初期不順，中間不順，結束時仍然不順。費伯寫道：「阿巴科女士在下午六點通報後，又立刻通報IBM 1402讀卡有問題。」此外在他看來，這次運作儼然是場災難。當晚檢討會

中費伯表示,操作不順的主因是「析模公司的人顯然不懂操作機器」。[63]

　　10月31日星期三,預計再次試運轉。這一天適逢萬聖節,傳言稱午夜時大樓外將有罷工隊伍,但家家戶戶玄關、門廊和陽台仍吊掛著塑膠製的橘色南瓜怪燈籠。這一次,運轉效果差強人意,自IBM租來所有機台的《紐約時報》要求IBM運回所有設備。伯恩斯坦無法使《紐約時報》大樓中的1401與IBM大樓中的7701連線。莫斯科和華盛頓之間需要熱線,顯然《紐約時報》和IBM也得搞一條。IBM決定原地保留設備,他們認為無論如何,大選之夜若能試用IBM設備,會有許多收穫。此時科爾曼在簽報告時,署名「來自一如既往般急切的科爾曼」[64],費伯盛怒之下致電格林菲,稱「他的手下很外行」。費伯說,析模公司「老實說不僅低估,還完全誤判了合格技師的重要性。」IBM介入了,承諾在大選之夜派來許多「女作業員」。她們可不像析模公司人員,她們懂得如何實際操作。[65]

　　格林菲和普爾來觀看下一場試運轉。到了這節骨眼,析模公司科學家在費伯的心中已經沒有價值;他認為這群人沒半點本事。費伯在他的筆記中寫道:「普爾和格林菲在11月1日和2日來到現場觀看,除了析模公司的人以外,每個目睹試運轉的人都覺得他們沒有價值。」[66]在《紐約時報》的編輯樓層,只聽得機器運作,傳來嗡嗡隆隆的聲響,打孔卡上被打掉的孔屑飛飄在空氣中,好似焚燒的灰燼。

　　1962年11月6日大選之夜,IBM的「女作業員」在傍晚六點來到《紐約時報》大樓,此時夜幕已開始低垂。晚上六點三十分,還沒有投票所完成開票,就有一部數據電話壞了。1401仍然難以和7701連線。一箱箱打孔卡像瀉出的水一般被踢倒,眾人也老是被電線絆倒。為了在房間一頭為巨型電腦騰出空間,所有編輯和記者的辦公桌都擠在一起。在場的「男作業員」負責聽電話作筆記,再將筆記傳給負責輸入資料的「女作業員」。

他們傳送文件時得穿過整個房間，但地上淨是電線，倒讓他們看起來像穿過蛇窟似的。〔67〕

開票結果開始進來，顯示甘迺迪對古巴導彈危機的處理表現，使民眾更支持他和民主黨。尼克森競選加州州長慘遭滑鐵盧。民主黨同時保住了參眾兩院，這個優勢使得1964年和1965年民權立法寫下里程碑。大選之夜時，在《紐約時報》大樓應該要有人料到這項成就，但少有人能預見，倒是多位記者遭線路絆倒成了更鮮明的光景，畢竟那裡可是一團混亂。屋漏偏逢連夜雨：美聯社的早期開票通報比預期晚，耽誤了大家的作業。〔68〕之後數據進來，卻來得不是時候。記者抱怨道：「看到有一批預測數據傳來，我們忙著先打出第一份報告，但都晚上這時候了，這批預測數據不但已經沒有意義，在開票夜的節骨眼還占用桌面。」〔69〕整個場面除了混亂，還是混亂。

普爾從劍橋來到現場察看。他說，析模的員工「工作的樣子，是戰後我第一次看到有人這麼賣力」。〔70〕《紐約時報》的人可不作此想。

之後《紐約時報》發表最新的社內通訊，試圖擦脂抹粉：「電腦機器的時代，在大選之夜進駐了《紐約時報》大樓。選舉日程上的135名男女以最快速度一直影印、彙整表格，並且推估趨勢；電子計算機如僕從隨侍在旁，它固然是台冰冷的機器，但具備高效工作能力，能吸收回傳的熱呼呼開票結果，產出預測，並以出色的準確率執行分析。」〔71〕

不過，據《紐約時報》內部的工作人員報告，析模公司的工作「活脫脫是場亂上加亂的混亂」。析模的科學家帶著機台說明書走來走去，想快速讀完手冊。有職員以冷酷語氣寫道：「不過才上三堂陽春的課程，根本學不會操作1401或7090電腦系統。」經費處理也有問題。《紐約時報》只需要五箱影印紙，析模卻收取十六箱的費用，計1,045美元。《紐約時報》

報告指出，IBM縱然也令人不甚滿意，但析模公司「糟到無以復加」，文中寫道：「我不否認，這些人有政治學家兼社會學家的光環，但我懷疑他們除了電動打字機，還有沒有看過其他商用機器。」[72]

　　除了伯恩斯坦，析模公司科學家如同當時多數科學家，幾乎沒有實際操作IBM機器的經驗。費伯寫道：「他們向我們保證，他們的人是電腦技術領域的專家，但事實證明，他們寫程式很行，卻不懂操作。」[73]回溯過往，當時這類機台的操作者向來是女性。對於客戶認為析模公司科學家該投入這類女性作業員的工作，科爾曼不置可否；他認為科學家只該做高階思考的工作。翌晨，他寫了封信，語氣憤怒：「在大選之夜找四名大學教授前去《紐約時報》大樓，還要他們做昨晚那樣的工作，這種不當安排難辭其咎。」[74]

　　話雖如此，在若干資深記者看來，析模公司所謂的「高階思考」也很漏氣，科爾曼、伯恩斯坦與普爾三人對於非裔美籍選民的選情預測尤其如此。小萊蒙・羅賓遜（Layhmond Robinson Jr.）開先例，以黑人記者的身分任職於《紐約時報》；他跑政治線，精明幹練。1960年大選前數天，羅賓遜曾經不依賴電腦，正確預測甘迺迪將獲得紐約的黑人選票（當年甘迺迪贏得全美黑人票的68％）。羅賓遜還注意到，「甘迺迪致電小馬丁・路德・金恩牧師其妻」一事，對於民主黨候選人甚有幫助。他說：「艾森豪總統在近期國會短期會議上提出兩項民權法案，遭甘迺迪先生和參議員詹森決定推翻後，引起忿恨。而那通電話彌補了一些這樣的忿恨。」[75]羅賓遜於1925年出生於路易斯安那州，二戰期間曾在海軍擔任攝影師，之後取得錫拉丘茲大學（Syracuse University）和哥倫比亞新聞學院（Columbia School of Journalism）的學位。他於1950年服務於《紐約時報》，說到非裔美籍選民這個族群的投票，他是全美最有見地的人。[76]而析模公司團隊準備大

恐怖矽谷 回憶錄

安娜・維納（Anna Wiener）◎著｜洪慧芳◎譯

隨著網路深入眾人的生活、資訊科技主導世界的發展，一批批新創科技企業強勢崛起，他們暢言創新與顛覆，這群「獨角獸」敢要、敢拿，動輒獲得天文數字般的資金挹注，使得匯集之地矽谷，如今成了媲美華爾街的財富與權力中心。新創科技產業總自詡「要讓世界變得更美好」，但實情究竟如何？

二十五歲左右，安娜・維納原本從事被視為步入夕陽的出版業，儘管她曾因文化使命而樂在其中，但爾後隨著工作內容漸無成長空間、薪資水平停滯不前，她亟思改變。這時，她注意到了遙遠的那一頭，洋溢著一片樂觀的新創科技業。幾經思考，她決定擁抱新數位經濟的前景，於是她辭去了出版工作，在矽谷一家大數據新創企業中謀得職務，自此從紐約遷居矽谷所在的舊金山。

維納來到矽谷時，適逢一場巨大的文化變革。科技業正迅速轉變成一個媲美華爾街、甚至猶有過之的財富與權力中心。在這裡，她獲得了想都沒想過的高薪，然而她也觀察到，這個新世界充斥著太多始料未及的矛盾。這是一部犀利又深刻的警世故事，對新創科技產業與它帶起的文化風潮，提出發人深省的質問。

榮獲亞馬遜網路書店、《紐約時報》、《華盛頓郵報》與美國獨立書商協會選書，並獲得選《Vogue》、《ELLE》與《Esquire》等眾多雜誌力薦！

掀起檢討矽谷文化的狂潮！
直言不諱的矽谷超現實職涯內幕，
公認界定新數位經濟的經典著述。

掃描這個QR Code可以下載閱讀《恐怖矽谷》的電子試讀本。

掃描這個 QR Code 可以察看行路出版的所有書籍，歡迎善用電腦版頁面左上角按鍵「訂閱出版社新書快訊」。

選之夜的服務時，從未諮詢他。

後來羅賓遜跟費伯說：「我從普爾先生和另一名析模公司員工那裡得知，他們在大選之夜只有在紐約使用一個黑人查驗點（Negro checkpoint），而在紐約州40萬名黑人選民中，有大約35萬人住在紐約市。那個查驗點在第109街，那裡根本不是全黑人區，而是混住著白人、黑人和波多黎各人。」這很荒謬。羅賓遜告訴費伯：「除非我們下一次能更準確探討黑人選票，我想我們就別管這次了，不要讓我們的讀者困惑。這次很失敗。」[77] 費伯同意他的意見。

選後隔天早上，處於「11月7日週三嚴峻的政治曙光」中，《紐約時報》專欄作家湯姆·威克（Tom Wicker）評估新聞編輯室因為先前電腦之亂造成的損失，其中一位「憔悴的打字機戰士」打出了最後的報告。[78] 這一天由民主黨人拿下勝利。不過即時選情報導沒有辦到，至少在當時還沒有。

■　■　■

選後數週，析模公司和《紐約時報》陷入爭端。析模公司接案時，預計費用為32,500美元，但結案時報給《紐約時報》的價格卻高達89,400美元。格林菲堅稱，當時機台過載無可厚非，甚至在所難免：「由於在電腦程式設計史上沒有先例，我們這個案子是實驗性質，所以初期給的任何預估數字都可能超標。」[79]《紐約時報》期望析模公司吸收56,900美元的差額。格林菲請求《紐約時報》調整價格，甚至請對方「提供一些資金援助，讓他的公司撐過7月1日」。《紐約時報》同意當初機台過載原因之一，可歸咎於其新聞部要求析模執行更多分析，這是原合約並未記載的內容。因此《紐約時報》同意支付格林菲7,500美元作為補貼，同時提供一

筆17,500美元的貸款，利率為6％。〔80〕報社此一決定引起爭議。費伯發
牢騷道：「我認為我們沒有道義幫助一家成本嚴重低估到這種地步的公司。
報社知道析模公司故意壓低報價來拿到這個案子。」〔81〕實情也不出費伯
所料。析模公司想必是為了擠掉IBM，而故意報低價。最後，析模公司
光是針對電腦作業時間，便開出29,545美元的價碼。回頭看當初全案報價
32,500美元，只有荒謬。〔82〕

　　與此同時，報業也展開先前揚言已久的罷工。12月8日，《每日新聞》
（*Daily News*）、《紐約時報》、《世界電訊》（*World-Telegram*）、《太陽報》（*Sun*）
等紐約四大報，以及《美國日報》（*Journal-American*）在內的印刷業者離開
崗位。三小時後，紐約所有七間日報的出版商都按照集體罷工計畫行動，
關閉了印刷廠。當時，這些工廠每天總計印刷570萬份報紙。關廠導致大
約一萬七千名紐約人失業。聖誕購物業績受挫。1963年1月10日，報業
和郵件投遞業工會（Newspaper and Mail Deliverers' Union）成員參加罷工，後
來更多工會加入。紐約既沒有新聞出刊，也沒有報紙廣告，飯店住客減少，
汽車業和房地產銷售也下滑。近2月底時，《紐約郵報》的出版業者與工
會談判，原本團結的出版商開始出現裂痕。

　　大報罷工（Great Newspaper Strike）為期114天，直到1963年3月31日才
畫下休止符。工會和報社達成協議，規範了針對機器的限制：「允許作業
在一定程度上自動化，但前提是不會使任何排版工人失業。」〔83〕

　　那年春天，《紐約時報》和析模公司也重議原合約，達成協議。針對
析模於1962年美國期中選舉提供的服務，《紐約時報》說：「清楚顯示電
腦作業可為本報的記者和編輯提供莫大價值。」儘管如此，《紐約時報》憂
慮「在財務上，析模公司是否有能力持續營運。」〔84〕1963年6月，雙方修
訂合約並簽署，《紐約時報》設下條件，規範析模公司的持續運作能力，

其中針對1964年總統大選，析模公司必須自費「延攬受過訓練的人員，這些人員應於1964年大選之前操作，並數次試運轉」。[85] 析模顯然無法兌現這項約定，因為1963年11月5日選舉日那天[86]，《紐約時報》副主編通知格林菲，報社將終止合約。通知書中寫道：「本報社認為，過去和未來，貴公司的服務均無法獲得選舉報導的所需資訊。」[87] 這項挫敗幾乎擊沉了析模，只是普爾當時已開始將公司推向新領域服務：心理戰。仿人機既然能贏得選票與吸引客戶，何妨用它摸透人心呢？

■　■　■

　　1962年12月12日，普爾飛往華盛頓，應邀於國防高等研究計畫署演講，內容為社會科學的心理戰，這是首次有人演講該主題。在五角大廈深處，普爾面對約百位聽眾，點選投影片與析模公司的各類圖表。

　　普爾說明：「去年秋天的古巴危機使我們全都意識到：在國際爭議的演變和在預防武裝衝突中，通訊扮演核心角色。克里姆林宮和五角大廈之間的熱線是一回事，」[88] 普爾認為，還須建立另一種通訊管道：「在某些危機中，重點是不僅要和克里姆林宮通訊，還要與蘇聯人民通訊。」[89]

　　但該如何做？普爾向國防高等研究計畫署演示析模公司的 Media-Mix 模擬服務，針對電視、雜誌和報紙等媒介，詳細介紹析模公司在曝光度、頻率和關注度方面有何發現。其中細分項目有男性、女性、城市、農村、郊區。[90] 原先鎖定目標是洗髮精和狗食市場，但後來衍生出新的冷戰應對措施：「共通計畫」（Project ComCom），「ComCom」即「共產主義者通訊」（Communist Communications）的縮寫。

　　「共通計畫」後來由MIT國際研究中心執行，經費來源為國防高等研

究計畫署。普爾說明：「美國政府不是要挑釁，而是要達到威懾目的，為此必須研究蘇聯決策者是如何關注和解釋資訊的。我們必須知道洩密、謠言和故意揭露的資訊如何擴散。」他已經準備好交出數學模型，那是他早期對社交網絡的研究；他也會提供析模公司的Media-Mix。普爾解釋：「我們打算透過形形色色的研究方法，包括使用電腦模擬，來探討蘇聯和中共的通訊機制。」實際上，普爾先前已研究過蘇聯媒體如何挑選美國新聞，包括「以小時為單位，分析美國新聞報導、新聞稿和廣播」，它們「揭露了六次危機的對話模式」。然而「共通計畫」並非僅只於此。他寫道：「我們打算複製某些心理實驗。」普爾要求的預算為225,000美元，實驗為期一年半。[91]

普爾擔任「共通計畫」的負責人，後來該案多年來成為他的工作重心。收集數據需要付出大量心力。普爾提問：「以農夫族群為例，他們每天閱報幾分鐘？看哪些類型的報導？……諸如此類。」要找到這類問題的答案需要大量經費，以及一輪又一輪的補助款。研究永無止盡，普爾也因此大量使用MIT電腦。到了1962年時，在MIT計算機中心（Computation Center）使用電腦比以往更加容易，當時已是IBM 7090。約翰·麥卡錫（John McCarthy）為MIT人工智慧計畫合夥創案人，他率先開發後來所謂的「分時」（time-sharing）機制，也就是使用一台電腦同時執行多項作業。[92]

「共通計畫」並非析模公司的專案，但大量借用該公司的研究內容。普爾請來處理「共通計畫」的MIT學生，過去也常處理析模公司的工作。畢竟，他們基本上只是在調整相同的電腦程式。普爾的工作人員包括三名大學生：湯姆·范·弗雷克（Tom Van Vleck），主修數學；電影製片人埃洛·莫里斯（Errol Morris）的胞兄諾埃爾·莫里斯（Noel Morris），主修電子工程；以及山姆·波普金（Sam Popkin），主修數學和政治學。普爾指派范·弗雷

克和莫里斯的工作地點，是一間沒有窗戶的辦公室，位於第十四大樓圖書館書架之中，配備單獨一台IBM 1050終端機。辦公室門上告示寫著「T・萊勒（T. LEHRER）、N・莫里斯（N. MORRIS）」。其中萊勒從未現身，他的全名為湯姆・萊勒（Tom Lehrer），是哈佛數學家，後來成為作家暨諷刺歌手。[93] 普爾指派波普金至附近房間工作。

　　普爾聘用范・弗雷克和莫里斯處理「共通計畫」，經費來自計畫預算。最初，他找波普金來析模任職，更新1960年選舉研究的最新資料，供1964年大選使用。波普金為所有原始研究重新編寫程式，並增加1962年期中選舉的更新數據。然而，波普金也是「共通計畫」的一員，他和范・弗雷克都有領取「共通計畫」的經費，三人會前往各地，參加探討「如何處理資料歸檔」的會議。[94]

　　針對「共通計畫」，范・弗雷克和莫里斯花費心力分析普爾提供的任何資料，藉此建立共產黨族群的模擬資料庫。他們的資料主要來自東歐國家的普查數據、經濟調查，以及訪談叛逃者／政治逃犯所得。這些叛逃者／政治逃犯穿過鐵幕來到西方，過去曾有訪談者詢問他們如何獲取訊息。所有這些資料輸入到打孔卡後，范・弗雷克和莫里斯便將它們輸入程式，以生成表格和計算統計數據。在設計上，這些表格和統計數據可以推敲出，這群虛擬的共產黨族群如何回應不同的政治訊息。常常有人對范・弗雷克和莫里斯說：「聽好，你們就只要把每個變數根據其他變數製表，然後印出卡方比較大的表格就好了。」當時在MIT有句玩笑話：如果能取得三個重要的卡方，就能取得碩士學位，不過博士學位需要七個卡方。[95]

　　范・弗雷克認為「共通計畫」不完善，他曾評論：「數據不夠。」同時，普爾自認有本事將民眾對於所處世界的認知，歸納為「IF/THEN：輸入甲條件，算出乙結果」的反應鏈，而范・弗雷克不同意，他憂心「共通計畫」

骨子裡沒有理論根基。范・弗雷克回憶道：「當時MIT沒有開政治哲學的課程，只有為期一週的柏拉圖課程。」先別說有沒有「通過驗證」了，如果連個用來支撐的「已知」人類行為理論都沒有，那麼范・弗雷克看不出來「共通計畫」能產出什麼有意義的預測報告。不過范・弗雷克和莫里斯都還只是大學生，他們需要錢，和普爾教授爭辯也不是兩人的分內事。〔96〕

　　普爾手下的學生研究員為他工作多年，波普金就讀MIT博士課程，普爾是指導教授。莫里斯輟學，但繼續為普爾工作。范・弗雷克畢業，但留任為全職人員。范・弗雷克和莫里斯密切合作了好一段時間，兩人的辦公室是同一間，終端機也用同一台，該機台連到MIT的分時作業電腦。對於提升合作品質這件事，兩人會有創意發想。由於兩人通常不會同時段工作，聯絡時會留下硬碟文件，名稱打上「給范・弗雷克」或「快讀我」。范・弗雷克和莫里斯曾經有個想法，而MIT計算機中心的一些人也曾作此想：那就是寫出一種指令來寄送郵件。范・弗雷克和莫里斯問：「聽起來不錯，上哪裡找？」別人回他們：「大家都太忙了，沒有空寫這種指令。」他們回：「好吧，我們來寫。」他們還真的寫出來了。1965年，在普爾手下工作的這兩人，就這樣發明了電子郵件。〔97〕

■　■　■

　　行為科學家該扮演何種公眾角色？1962年年底，伯迪克和索爾已經分道揚鑣。普爾多數時間都待在五角大廈，而伯迪克則大都待在好萊塢。他們彼此都認為對方是危險人物，會危及美國政治學界，甚至整個國家。伯迪克信不過將國安重大資訊放在電腦上，而普爾不贊成學者成為名人。

　　大學學界和公眾領域之間如何劃界，很難有一個蘿蔔一個坑的標準。

232

伯、普二人以各自方式越過了界線。史列辛格也跨界發展。他離開哈佛歷史系的崗位，休假了半年。屆滿後，為了能在白宮服務，他要求展期，盡量延長至最長期限（即兩年）。史列辛格先前寫信給大學校長，說道：「歷代校史中，沒有任何職業歷史學家能在白宮這個最高殿堂工作，我知道如果自己推掉這個機會，會一輩子後悔。」1962年1月，史列辛格兩年假已經到期，校方無意展期。史列辛格就教甘迺迪，這位哈佛畢業的總統告訴他：「我認為，你在白宮，會比在大學教那些有特權的小孩來得有價值。」史列辛格聞言辭去教授職務。〔98〕

伯、普二人各以不同方式和所屬大學漸行漸遠。柏克萊和MIT訂下與哈佛不同的條款，並提供更多補貼。伯迪克的知名度不斷攀升。馬龍白蘭度主演的電影《醜陋的美國人》於1963年4月首映，美國作家協會（Writers Guild of America）提名它「最佳寫作劇情獎」（Best Written Drama）。〔99〕伯迪克名氣此時扶搖直上，獲得百齡罈艾爾啤酒代言機會，只見廣告中宣傳台詞如此問答：「誰是百齡罈艾爾啤酒俠？」（WHO IS THE ALE MAN?）「渴望暢飲更有男人味的啤酒」（A MAN WITH A THIRST FOR A MANLIER BREW）。雜誌宣傳中，百齡罈艾爾啤酒為伯迪克打理的造型，是他背負著水肺裝備，剛從水裡浮出，面罩瀟灑地掛在頭部後方；另一畫面則是他在自己的書桌和打字機前，正準備暢飲一大杯啤酒，並搭配伯迪克的廣告台詞：「探索海底，探索文學──就愛艾爾啤酒。」（Underseas explorer ... literary man ... Ale man）。百齡罈電視廣告裡，只見伯迪克穿上水肺，潛入水底深處後浮出水面，之後畫面切換至他坐在打字機前，再來畫面又一轉，伯迪克身處雞尾酒宴，單手拿著玻璃杯，旁白低聲說道：「喝百齡罈，你也能當艾爾啤酒俠。」（Let it make an Ale man out of you.）〔100〕

而就連核彈危機問題，伯、普二人也是各顯神通。這一廂，伯迪克

撰寫《核戰爆發令》；那一頭，普爾打造了「共通計畫」。伯迪克期望這部小說改編為電影，由備受推崇的導演薛尼·盧梅（Sidney Lumet）執導，亨利·方達（Henry Fonda）飾演美國總統，並由新成立的美國娛樂公司（ECA，Entertainment Corporation of America）製作。然而1963年2月，普爾推出「共通計畫」的同時，導演製片人史丹利·庫柏力克（Stanley Kubrick）對伯迪克提出訴訟。

庫柏力克在倫敦拍攝了電影《奇愛博士》（Dr. Strangelove; or, How I Learned to Stop Worrying and Love the Bomb），劇情講述一場無意引發的核戰爭，由彼得·塞勒斯（Peter Sellers）領銜演出，哥倫比亞影業公司製作。哥倫比亞影業為《奇愛博士》投入一百七十萬美元預算，不僅是巨額投資，也代表公司對導演庫柏力克信心十足。庫柏力克於1960年執導《萬夫莫敵》（Spartacus），於1962年推出改編自1955年弗拉基米爾·納博科夫（Vladimir Nabokov）小說的電影《一樹梨花壓海棠》（Lolita）。1961年《一樹梨花壓海棠》正要殺青之際，庫柏力克讀了彼得·喬治（Peter George）於1958年創作的小說。這本小說主題是核武毀滅危機，於美國出版時名為《紅色警戒》（Red Alert），在英國出版時名為《毀滅倒數兩小時》（Two Hours to Doom）。庫柏力克決定買下翻拍版權。儘管他最終拍攝的電影和該小說關係甚微，但他控告伯迪克所依據的正是這些翻拍版權。庫柏力克、喬治和哥倫比亞影業公司在紐約聯邦法院提出訴訟，控告伯迪克、惠勒、其書商，以及ECA電影公司。前者指控《核戰爆發令》「大幅抄襲」《紅色警戒》，並籲請ECA電影公司放棄翻拍。[101]

不僅無證據顯示伯、惠二人合著的《核戰爆發令》是抄襲之作，而且許多證據指出，庫柏力克此番控告只是騷擾訴訟（nuisance suit），主要目標是讓《奇愛博士》搶先在盧梅的《核戰爆發令》之前上映。伯、惠二人的《核

戰爆發令》原型是短篇故事〈亞伯拉罕1958：核武幻想記〉（Abraham '58: A Nuclear Fantasy），由惠勒於1956或1957年所著，最初遭多間大型文學雜誌拒登，後來由《異議》雜誌於1959年相中。惠勒為共和國基金會（Fund for the Republic）在紐約一場午餐會討論他的故事。伯迪克當時也在場，沒多久他致信惠勒，詢問是否有興趣改編為電影。兩人最後決定共同執筆，以小說形式出版。[102] 伯迪克堅稱他是之後（1961年某天）才從李奧·西拉德（Leo Szilard）那兒聽說《紅色警戒》。西拉德原為物理學家，後來投入和平運動，他曾經將《紅》書送給腦海中浮現的所有人選，其中剛巧有伯迪克的多名友人。這群友人閱畢《紅》書後，由於知道伯、惠二人正在合作寫書，便提醒伯迪克，告知該書和兩人手上合著頗有相似之處。[103]

伯迪克反過來指控庫柏力克作賊喊抓賊。1961年12月，伯迪克去信庫柏力克，內附《核戰爆發令》的部分草稿和綱要，說明「供您參考，可用於評估購買全球電影和相關版權」。當時庫柏力克已經買下了《紅色警戒》的版權，他了解到伯迪克很可能將版權出售給他人，且可能控告他的電影抄襲《核戰爆發令》，於是便將一本《紅色警戒》掛號寄給伯、惠二人，告知他們自己擁有該書的「全球唯一電影版權和相關權利」。這封掛號信順理成章成為後來的法庭證據，伯、惠二人因此無法聲稱自己先前從未聽過喬治的這部小說，來為抄襲指控辯護。雙方官司糾纏不休，最後在1963年4月以庭外和解畫下句點。哥倫比亞影業從ECA手中取得《核戰爆發令》版權，並確保這部電影要等到《奇愛博士》上映後至少半年後才能上映。[104]

庫柏力克《奇愛博士》於1964年1月上映，盧梅《核戰爆發令》電影則於八個月後發行[105]；盧梅版以黑白紀錄片呈現，無任何配樂，餘韻無窮，頗獲影評人青睞。庫柏力克的作品是精彩的毀滅性諷刺之作，盧梅則詮釋出極度寫實、驚悚的況味，將熱核戰描寫為電腦鑄成的錯誤，而非人

為錯誤，情節安排如同《奇愛博士》。[106]

　　《核戰爆發令》於1964年10月上映，票房失利。伯迪克大概也不在意。畢竟，就在同一個月，他推出了執筆以來最野心勃勃的作品《480類選民》，這部讓人愛不釋手的驚悚之作，正是以析模公司為主角。

註釋

1 關於該建築，請參閱：David W. Dunlap, "Copy!," *NYT*, June 10, 2007。

2 譯註：福特T型車（Ford Model T）為福特汽車公司於1908年至1927年推出的車款，其問世使1908年在工業史上極具意義。

3 出自："The IBM 1401," http://ibm-1401.info/1401 Guide Poster V9.html. Computer History Museum, *IBM 1401 System 50th Anniversary*, https://www.youtube.com/watch?v=FVsX7HNENo. Computer History Archives Project, *1970's IBM Vintage Computer Promotional Film — Historical Educational*, https://www.youtube.com/watch?v=wijgZhAjQS4。

4 指標性出版品是1973年作品：Philip Meyer, *Precision Journalism: A Reporter's Introduction to Social Science Methods* (Bloomington: Indiana University Press, 1973)。

5 出自：Chinoy, "Battle of the Brains," 82-86, 106。

6 出自：Jill Abramson, *Merchants of Truth: The Business of News and the Fight for Facts* (New York: Simon & Schuster, 2019), 4。

7 出自：David Starr, "The Quiet Revolution," *Bulletin of the American Society of Newspaper Editors*, April 1963, 2, quoted in Matthew Pressman, *On Press: The Liberal Values That Shaped the News* (Cambridge, MA: Harvard University Press, 2018), 35。

8 出自：同上，6，26-27。

9 出自：Harold Faber to Mr. Turner Catledge, Memo, November 21, 1962, NYT Records, General Files, Box 123, Folder "Simulmatics Reports"。接洽《紐約時報》之前，析模公司便提案和IBM合作大選之夜的報導。請參閱：JC to David Holzman (IBM), August 1, 1961, Coleman Papers, Box 67, Folder "Simulmatics Corporation, 1961"。註：關於析模公司為《紐約時報》提供的服務，散見於：NYT Records: General Records, Box 123, Folder "Elections 1962"; Clifton Daniel Papers, Box 33, Folder "Simulmatics Project"; Daniel Papers, Box 33, Folder "Simulmatics Reports"; Daniel Papers, Box 33, Folder "Simulmatics Articles"; and General Records, Box 25, Folder "Simulmatics Project"。

10 出自：JC, WMc, and IP to Joseph Herzberg, Harold Faber, and Chester M. Lewis, Memo, October 31, 1961, NYT Records, Daniel Papers, Box 33, Folder "Simulmatics Project"。

11 出自："The Times to Speed Fall Election Dàta," *NYT*, June 1, 1962。

12 出自：IP to Leslie Kish (Survey Research Center, Ann Arbor), October 15, 1961, Pool Papers, Box 142, Folder "Media Mix: Sampling Points"。

13 出自：Edward Seymour (Simulmatics) to Abelson, ELG, and IP, Call Report, November 1, 1961, Pool Papers, Box 143, Folder "Media Mix: Publicity"。他透露曾和BBDO公司的克拉克・威爾森博士（Clark Wilson）談過：「我單刀直入問他，為什麼對析模公司沒特別有好感。他回答我，去年春天他聽到析模公司的時候，就去找普爾博士。見面後，他感覺析模對於幫廣告業者建立模型時會碰到什麼問題，並不了解。此外，析模公司當時沒有聘用數學家，但他覺得這點對建立電腦模型非常必要。他感覺自己無法再等，不如自己建立模型。」

14 出自：Charles Mangel, "BBDO Applies Computer Process to Selecting Media: Will Give Principle

to All Agencies," Press Release, November 13, 1961, Pool Papers, Box 142, Folder "Media Mix: Publicity"。也請參閱：TBM to AB, JC, ELG, IP, and others, Memo, November 17, 1961, Pool Papers, Box 143, Folder "Media Mix: Publicity"。摩根曾寫到日後和雷蒙在基金會見面的事：「查爾斯·雷蒙邀請了BBDO的勒納與會。勒納將請C-E-I-R的謬特·高弗瑞（Milt Godfrey），以及班頓與波斯公司的班·利普斯坦（Ben Lipstein）來談線性編程。利普斯坦會請析模公司的伯恩斯坦來談模擬分析。」

15 出自：ELG, "Simulmatics Media-Mix I: First General Description," November 22, 1961, Pool Papers, Box 143, Folder "Media Mix: Publicity"。

16 出自："The Simulmatics Corporation," brochure, c. 1965, p. 6, Pool Papers, Box 67, Folder "Simulmatics Correspondence"。

17 出自：IP, "Simulation: How It Can Help the Marketer," American Marketing Association, March 15, 1962, Pool Papers, Box 67, Folder "Simulmatics Correspondence." On attendance, see Ray Berland to IP, March 27, 1962, Pool Papers, Box 142, Folder "3/6 1962"。

18 出自：ELG, "Simulmatics Media-Mix I: General Description" February 1962, p. 2, Pool Papers, Box 67, Folder "Simulmatics Correspondence"。

19 傑洛姆·菲尼傑（Jerome Feniger）讀過Media-Mix草稿後寫道：「我會深入說明你們的服務和線性編程之間的差異，因為CEIR在賣他們家服務的同時，貴公司也會投入市場。」出自：Jerome Feniger to ELG, March 19, 1962, Pool Papers, Box 142, Folder "376 1962"。

20 出自："Y&R, BBDO Unleash Media Computerization," *Advertising Age*, October 1, 1962, Pool Papers, Box 142, Folder "NAEA meeting Chicago, 1963, Jan. 21"。也請參閱：Lee Mcguigan, "Selling the American People: Data, Technology, and the Calculated Transformation of Advertising" (PhD diss., University of Pennsylvania, 2018)。

21 出自：ELG, IP, and Edward Seymour to Abelson, AB, JC, WMc, TBM, and others, Call Report, June 27, 1961, Pool Papers, Box 142,（資料夾未命名）。針對這個年代的廣告行銷史，雷蒙提供了極富參考價值的紀錄，請參閱：Charles Ramond, *Advertising Research: The State of the Art* (New York: Association of National Advertisers, 1976), 30, 70-72。若要更深入了解雷蒙，請參閱：John Pope, "Charles Ramond, Who Forecast Currency Values and Measured Advertising's Impact, Dies at 83," *Times-Picayune* (New Orleans), August 4, 2014。注意雷蒙曾於1966至1967年時在西貢服務於析模公司。

22 文獻紀錄為：「他們剛好將在年底以前安裝好自己的電腦。」出自：Edward Seymour (Simulmatics) to Abelson, ELG, and IP, Memo, November 1, 1961, Pool Papers, Box 142, Folder "Media Mix—Publicity"。

23 出自：Bernard P. Gallagher, "The Great Computer Hoax," *Gallagher Report* (trade newsletter), November 26, 1962, Pool Papers, Box 142（資料夾未命名）。

24 出自：The Simulmatics Corporation, Newsletter, no. 5, June 11, 1962, Pool Papers, Box 67, Folder "Simulmatics Correspondence"。也請參閱："New York Times Breakdown," Coleman Papers, Box

48, Folder "Simulmatics 1962," and "New York Times Project—1962, <u>General Cost Breakdown</u>," Coleman Papers, Box 53, Folder "Simulmatics, 1960-63"。

25 出自："New York Times Breakdown," Coleman Papers, Box 48, Folder "Simulmatics 1962," and "New York Times Project—1962, <u>General Cost Breakdown</u>," Coleman Papers, Box 53, Folder "Simulmatics, 1960-63"。

26 關於該計畫的初期版本，請參閱：Simulmatics Corporation, Memo, May 1, 1962, Coleman Papers, Box 48, Folder "NYTimes, 1961-62," and JC, Memo, June 15, 1962, Coleman Papers, Box 48, Folder "New York Times Paper, 1962"。關於最終報告，請參閱：JC, Ernest Heau, Robert Peabody, and Leo Rigsby, "Computers and Election Analysis: The *New York Times* Project," *Public Opinion Quarterly* 28 (1964):For the final report, see JC, Ernest Heau, Robert Peabody, and Leo Rigsby, "Computers and Election Analysis: The *New York Times* Project," *Public Opinion Quarterly* 28 (1964): 418-46。關於該辦公據點，請參閱：Leo Rigsby to James Coleman and Robert Peabody, Memo, June 1, 1962, Coleman Papers, Box 48, Folder "NYTimes, 1961-62"。

27 出自：Dennis Hevesi, "Harold Faber, Longtime Reporter and Editor for The Times, Dies at 90," *NYT*, January 18, 2010。

28 出自：JC et al., "Computers and Election Analysis," 429。

29 出自："The IBM 1401," http://ibm-1401.info/1401GuidePosterV9.html。

30 出自：Computer History Archives Project, *1970's IBM Vintage Computer Promotional Film—Historical Educational*, https://www.youtube.com/watch?v=wIjgZhAjQS4。

31 出自：JC et al., "Computers and Election Analysis," 429。

32 出自：Ray Josephs Public Relations, "Preliminary Version of Basic Simulmatics New York Times Story," Press Release, November 1, 1962, NYT Records, Daniel Papers, Box 33, Folder "Simulmatics Project"。關於該分析提案，請參閱：JC to Hal Faber, Memo, September 16, 1962, Coleman Papers, Box 48, Folder "Regression, 1962"。

33 出自：A. Kuhn, "The New York Newspaper Strike," *International Communication Gazette*, May 1, 1964; James F. Tracy, " Labor's Monkey Wrench: Newsweekly Coverage of the 1962-63 New York Newspaper Strike," *Canadian Journal of Communication* 31 (2006): 541-60。

34 文件存放於："13 Days in October," Kennedy Library, online exhibit, https://microsites.jfklibrary.org/cmc/oct16/index.html。

35 出自：Martin, *Adlai Stevenson and the World*, 719-21。

36 出自：Clifton Fadiman, Review, *Book of the Month Club News*, October 1962, in Burdick Collection, Box 40, Folder "F.S"。

37 出自：Linus Pauling, Comments on *Fail-Safe*, Burdick Collection, Box 40, Folder "FS"。

38 出自：Orville Prescott, "Books of The Times," *NYT*, October 24, 1962。

39 出自：Jack Raymond, "Pentagon Backs 'Fail-Safe' Setup," *NYT*, October 21, 1962。

40 出自：Eugene Burdick and Joseph Buttinger, "*The Ugly American*: Imagination and Dreams in

Foreign Aid," *Dissent* (Winter 1960)。

41 出自：J. William Fulbright, "The Ugly American," *Congressional Record*, September 7, 1959, pp. 16820-24。萊德勒和伯迪克多次去信傅爾布萊特。請一併參閱這些信件和刊登於1959年11月28日《紐約時報》上的諾頓廣告。以上文獻均出自：Burdick Collection, Box 19, Folder "Ugly American — Dissent Episode"。

42 出自：Eric Swenson (Norton) to EB and William J. Lederer, August 8, 1962, Burdick Collection, Box 17, Folder "Ugly American Correspondence, W. W. Norton"。

43 出自：EB to Eleanor Roosevelt, May 19, 1958, Burdick Collection, Box 17, Folder "Ugly American Correspondence, W. W. Norton"。

44 出自：EB to Alan Collins, November 1, 1957, Burdick Collection, Box 17, Folder "Ugly American Correspondence, W. W. Norton (Part 2)"。

45 出自：EB, "The Search for a Title," *San Francisco Chronicle*, September 28, 1958。

46 出自：EB and William J. Lederer, *The Ugly American* (New York: Norton, 1958), 144-45。

47 出自：Contract between William J. Lederer and EB and W. W. Norton, November 18, 1957, Burdick Collection, Box 17, Folder "Ugly American Correspondence, W. W. Norton (Part 2)"。原書名：《*Americans in the Far East*》（直譯：身處遠東的美國人）。

48 出自：William Lederer to EB, Burdick Collection, Box 91, Folder "Lederer, Correspondence"。

49 「在《醜陋的美國人》中……我們一開始是要寫成非虛構作品……後來根據書商建議，寫成小說……此外，也避開美國人那種用善惡二元來詮釋歷史的路線。」出自：EB, Lecture Notes, "The Political Novel," January 7, 1959, Bur-dick Collection, Box 65, Folder "The Political Novel Lecture"。

50 後記部分描述事實，似乎由萊德勒執筆。他原先反對納入。萊德勒認為，如果哈麗雅特‧比徹‧斯托（Harriet Beecher Stowe）的《湯姆叔叔的小屋》（*Uncle Tom's Cabin*）也加入描寫事實的後記，引起的迴響效果便會大打折扣。出自：William Lederer to Eric Swenson (Norton), June 7, 1958, Burdick Collection, Box 17, Folder "Ugly American Correspondence, W. W. Norton"。

51 出自：EB and Harvey Wheeler, *Fail-Safe* (New York: McGraw-Hill, 1962), 192, 277-80。

52 出自：同上，190。小說場景是否精準描繪，引起諸多討論和若干爭議。而物理學家愛德華‧泰勒（Edward Teller）讀了這本書，要求和伯、惠二人會面。1962年10月15日，三人在伯迪克家晚餐。泰勒告訴兩人，小說場景的安排大致相當合理。請參閱："Wheeler Recollections of the Dinner Discussion with Edward Teller," Burdick Collection, Box 40（打字稿，未註明日期；無資料夾）。

53 出自：同上，280。

54 出自：*The Red Threat: President Orders Cuban Blockade*, newsreel, October 22, 1962, https://archive.org/details/1962-10-22_The_Red_Threat. Martin, *Adlai Stevenson and the World*, 719-21。

55 出自："U.S. Imposes Arms Blockade," *NYT*, October 23, 1962。

56 出自：Aldous, *Schlesinger*, 292-93。亦請參閱："The World on the Brink: John F. Kennedy and the Cuban Missile Crisis—Day 10," Kennedy Library, https://microsites.jfklibrary.org/cmcloct25/。

57 出自：Martin, *Adlai Stevenson and the World*, 728-37。

58 出自：”The World on the Brink: John F. Kennedy and the Cuban Missile Crisis—Department of State Telegram,” Kennedy Library, https://microsites.jfklibrary.org/cmc/oct26/doc4.html。

59 出自：Aldous, *Schlesinger*, 290。

60 出自：Martin, *Adlai Stevenson and the World*, 728-37。

61 出自：Paine Knickerbocker, “Gene Burdick Attacks a ‘Lie’ on ‘Fail-Safe, *San Francisco Chronicle*, October 9, 1964。

62 出自：Isserman and Kazin, *America Divided*, 78. David L. DiLeo, *George Ball, Vietnam, and the Rethinking of Containment* (Chapel Hill: University of North Carolina Press, 1991), 56。

63 出自：Harold Faber to ELG, November 15, 1962, NYT Records, Daniel Papers, Box 33, Folder “Simulmatics Project”。

64 出自：JC to Solveigh Archer (*NYT*), Memo, Fall 1962, Coleman Papers, Box 48, Folder “Regression, 1962”。

65 出自：Harold Faber to Robert Garst, October 19, 1962, NYT Records, Daniel Papers, Box 33, Folder “Simulmatics Reports”。出自：Harold Faber to ELG, November 15, 1962, NYT Records, Daniel Papers, Box 33, Folder “Simulmatics Project”。「女作業員」為：馬琳・麥克拉莉（Marlene McClary）、葛雷斯・派翠尼亞（Grace Pecunia）、賈姬・馬堤諾（Jackie Martino），以及海倫・奇爾（Helen Quill）。

66 文獻紀錄：「你們有幾個人聲稱，析模公司在10月15日那天做好了八成的準備，IBM準備好兩成；在我看來，析模公司充其量只準備好五成。」至於誰是選舉之夜的主管？文獻紀錄上說：「我們開始作業時，由科爾曼博士負責；10月15日測試失敗後，改由格林菲先生負責；幾天後，換伯恩斯坦先生負責。」出處：”IBM personnel backstopped Simulmatics personnel starting on Oct. 29,” Harold Faber to ELG, November 15, 1962, NYT Records, Daniel Papers, Box 33, Folder “Simulmatics Project”。

67 出自：”Meeting Between New York Times and Simulmatics Corporation, Post Election Critique,” November 9, 1962, p. 5, NYT Records, General Files, Box 123, Folder “Elections 1962”。

68 文獻紀錄：「我們進入選舉的狀況不夠快。我們原先對共和黨勝差的報導是不正確的。原因在於我們獲得關鍵選區開票結果的速度不夠快；沒有過濾所有重要的開票結果給主要的報導記者；選戰極為複雜，無法跟隨新趨勢的變化隨機應變。」出自：Harrison E. Salisbury, “Election Post Mortem,” Memo, November 19, 1962, NYT Records, Daniel Papers, Box 33, Folder “Simulmatics Project”。

69 出自：Leo Egan and Clayton Knowles, “Joint Report to Mr. Adams on Simulmatics,” November 8, 1962, NYT Records, General Files, Box 123, Folder “Elections 1962”。

70 出自：IP to Faber, November 8, 1962, NYT Records, Daniel Papers, Box 33, Folder “Simulmatics Reports”。

71 出自：”Man and the Machine,” *Times Talk*, November 1962。

72 出自：J. I. Henry to Harold Faber, Memo, November 19, 1962, NYT Records, Daniel Papers, Folder

"Simulmatics Reports"。

73 出自：Harold Faber to Turner Catledge, Memo, November 21, 1962, NYT Records, General Files, Box 123, Folder "Simulmatics Reports"。

74 出自：JC to Harold Faber, November 7, 1962, NYT Records, Daniel Papers, Box 33, Folder "Simulmatics Reports"。

75 出自：Layhmond Robinson, "City Negroes Seen Behind Kennedy," *NYT*, November 3, 1960。

76 出自：Daniel E. Slotnik, "Layhmond Robinson Jr., Who Paved Way for Black Journalists, Dies at 88," *NYT*, July 11, 2013。

77 出自：Layhmond Robinson Jr., to Harold Faber, Memo, November 18, 1962, NYT Records, Daniel Papers, Box 33, Folder "Simulmatics Project"。普爾顯然並未在其各類筆記中提到和羅賓遜之間的對話：Pool Papers, Box 95, Folder "NY Times Analysis, 1962"。

78 出自：Tom Wicker, "Election Returns Bring into Focus the Personalities for '64," *NYT*, November 11, 1962。

79 出自：ELG to Turner Catledge, Memo, December 12, 1962, NYT Records, Daniel Papers, Box 33, Folder "Simulmatics Project"。

80 出自：Joseph Alduino, Memorandum for File, June 3, 1963, NYT Records, Daniel Papers, Box 33, Folder "Simulmatics Project"。

81 出自：Harold Faber to Clifton Daniel, Memo, April 10, 1963, NYT Records, Daniel Papers, Box 33, Folder "Simulmatics Project"。原合約出處：ELG to Clifton Daniel, April 20, 1962, NYT Records, Daniel Papers, Box 33, Folder "Simulmatics Project"。

82 出自：ELG to Clifton Daniel, "Cost of NEW YORK TIMES Project," May 10, 1963, NYT Records, Daniel Papers, Box 33, Folder "Simulmatics Project"。

83 出自：A. Kuhn, "The New York Newspaper Strike," *International Communication Gazette*, May 1, 1964。

84 出自：Joseph Alduino, Memorandum for File, June 3, 1963, NYT Records, Daniel Papers, Box 33, Folder "Simulmatics Project"。

85 出自：NYT to ELG, June 6, 1963, NYT Records, Daniel Papers, Box 33, Folder "Simulmatics Project。

86 譯註：1963年11月5日舉行州長選舉。

87 出自：NYT to ELG, October 30, 1963, and Clifton Daniel to ELG, November 5, 1963, NYT Records, Daniel Papers, Box 33, Folder "Simulmatics Project"。

88 出自：IP, "Research Program on Problems of Communication and International Security," February 21, 1963, Pool Papers, Box 176, Folder "Eval of ComCom Project 1963"。

89 出自：IP, "Description of Research Program on Problems of Communication and International Security," Pool Papers, Box 20, Folder "Project ComCom"。

90 出自：J. P. Ruina (ARPA) to IP, July 23, 1962; IP to Ruina, October 5, 1962; and assorted charts and tables from the speech, Pool Papers, Box 32, Folder "Speeches — ARPA, 1962 December 12"。普

爾早先曾向析模公司報告，提及他有在1961年10月第八屆機密軍事行動研究研討會（Eighth Classified Military Operations Research Symposium）專題演講，題目為「建立冷戰模型」。會中約四百人執行機密研究。出自：IP to Abelson, AB, JC, ELG, TBM, and others, Memo, October 23, 1961, JC Papers, Box 64, Folder "Simulmatics, 1961"。據他通報，他在會中得知「針對核打擊之後的復原工作，顯然已完成一次大型模擬分析」。他有意為析模公司設計標案，並說：「我們必須先取得敲門磚。」這方面後來的工作進度不可考。

91 出自：IP, "Research Program on Problems of Communication and International Security," February 21, 1963, Pool Papers, Box 176, Folder "Eval of ComCom Project 1963"。

92 出自：Tom Van Vleck, "Project MAC," Multicians website, https://multicians.org/project-mac.html。

93 出自：山姆・波普金（Sam Popkin），作者訪談，2018年5月16日。

94 設備和車馬費收據存放於：Pool Papers, Box 95, Folder "Com-Com/Supplies, computer tape, and Xerox reimbursing"。

95 譯註：在統計上，卡方探討的是質性資料的各類別相關性。找到愈多相關性，會愈困難。

96 出自：湯姆・范・弗雷克（Tom Van Vleck），作者訪談，2018年6月1日。

97 出自：同上。Tom Van Vleck, "The History of Electronic Mail," originally posted February 1, 2001, http://www.multicians.org/thvv/mail-history.html. Errol Morris, "Did My Brother Invent E-mail with Tom Van Vleck?" Opinionator, *NYT*, June 17, 2011。

98 出自：Aldous, *Schlesinger*, 272-74。

99 伯迪克於1963年4月10日出席在Trans-Lux East戲院舉行的一場黑色領結首映晚會。他入場的兩張票根存放於：Burdick Collection, Box 18, Folder "Publicity — The Ugly American Movie"。該劇本入圍美國作家協會（The Writers Guild of America）的1963年最佳原著劇本決選。關於證書和通訊紀錄，請參考：Burdick Collection, Box 18, Folder "General Correspondence — Ugly American Movie"。

100 請參閱：Ballantine Ale, "Who Is the Ale Man?" appeared in *Life* in 1961 and 1962。關於該電視宣傳，請參閱：Ballantine Ale, Storyboard, 1962, Burdick Collection, Box 75, Folder "Ballantine Ale"。

101 出自："Stanley Kubrick's Point of View," *Variety*, February 27, 1963. Anthony Gruner, *London Report*, February 25, 1963.《核戰爆發令》劇本的第二版初稿由瓦特・伯恩斯坦（Walter Bernstein）所撰，文件日期為1963年3月15日，其中多處更改可能出自伯迪克之手，存放於：Burdick Collection, Box 41, Folder "Fail-Safe Screenplay"。

102 出自：Harvey Wheeler, "The Background of Fail-Safe," undated typescript, Burdick Collection, Box 41, Folder "Fail Safe (Red State)" and Harvey Wheeler to EB, May 12, 1962, Burdick Collection, Box 41, Folder "Fail Safe (Red Alert)"。惠勒的發言紀錄有其他出處佐證，包括：Hallock Hoffman to Harvey Wheeler, January 28, 1963. 其中赫勒克・霍夫曼（Hallock Hoffman）特別提到惠勒於1957年11月4日初次提及故事構想。請參閱：Burdick Collection, Box 41, Folder "Fail Safe (Red Alert)"。

103 出自：Jim Truitt (*Washington Post*) to EB, October 26, 1961, Burdick Collection, Box 41, Folder "Fail

Safe (Red Alert)"。

104 和解聲明初稿擬於1963年4月,於7月簽署。請參閱和解文件:Burdick Collection, Box 41, Folder "Fail Safe (Red Alert)"。和解協議並未要求伯、惠二人(以及ECA、其出版商麥格羅希爾)向庫柏力克或喬治(以及哥倫比亞影業、喬治的出版商)付款。反而是哥倫比亞影業向伯、惠二人支付《核戰爆發令》的權利金,計三十萬美元。抄襲指控基本上是撤銷了,然而庫柏力克的官司耽誤了電影時程。

105 出自:Peter Krämer," To Prevent the Present Heat from Dissipating': Stanley Kubrick and the Marketing of *Dr. Strangelove* (1964)," *In Media 3* (2013)(線上造訪)。

106 請參閱如:Richard L. Coe, "'Fail Safe' Is a Spellbinder," *Washington Post*, October 16, 1964。

CHAPTER

9

480 類選民
The Four-Eighty

現在全都不在了。

—— 1965年，小亞瑟·史列辛格，《白宮千日》

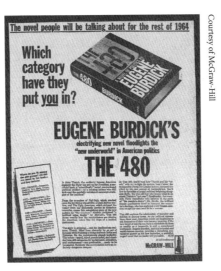

尤金·伯迪克1964年著作《480類選民》的廣告文案。
（文案文字：熱度延燒至1964年年底的話題小說……你被歸為哪一類選民？
……尤金·伯迪克精彩新作《480類選民》帶你一窺美國政治不為人知的一面）

245

1963年11月22日週五，達拉斯發生槍擊案。伯迪克和妻子卡蘿聽聞消息時正在海灘。他們圍著身邊最近的廣播收音機，眼中只見天線抽向天空，耳中只盼獲悉甘迺迪總統究竟是生是死。美國國家廣播電視公司廣播網（NBC Radio Network）節目在午間插入快報。內容教人費解、心神紛亂：

> 「有槍手在達拉斯對總統開了數槍。本台將於十五秒後為您帶來最新消息；NBC所有站台待命中；本台將於十秒後為您帶來最新消息；本台將於五秒後為您帶來最新消息。」

兩人等待著。

> 「槍手在達拉斯對總統開了數槍。」

NBC新聞記者羅伯特・麥克奈爾（Robert MacNeil）在現場播報。麥克奈爾先前隨著甘迺迪陣營去德州採訪，此時以電話播報，話聲聽來遙不可及，音質不均而顫動著：

> 「甘迺迪總統車隊行經達拉斯市中心時，有槍手對總統開了數槍。車隊經過時，群眾尖叫，趴在草地上。警方突破現場，穿過若干鐵軌，開始追查不明槍手。目前不知道槍手目標是否是總統。重複一次：目前還不知道槍手目標是否是總統。」

NBC播報員傳來美聯社的報導：

　　總統重傷。本消息確認。現在是突發快訊。重複一次：現在是突發
快訊。

　　伯迪克一家人此時在海灘，他們同全美民眾感到哀戚，內心沉重，失
去支柱。任憑腳趾沾上海沙，而大海依然是大海，太平洋依然遼闊廣袤，
然而世界的巨輪似乎倏地轉動。

　　NBC播放二十秒的管絃樂，之後節目傳來十秒低鳴聲後，只聽到：

　　「NBC所有站台待命中……倒數十秒……倒數五秒。」

　　NBC記者鮑伯・索頓（Bob Thornton）與來自達拉斯的電話通話，內容
短促急快，彷彿缺氧般大口吸氣。

　　「現在資訊還很不完整。我們才剛和兩名目擊者搭上話，他們是一
對夫妻，當時站在總統車隊附近。他們說槍響從身後傳來，剛開始以
為是炮竹聲。接著一位女性目擊者告訴我們，總統頭部遭槍擊後，倒
向第一夫人賈桂琳的懷裡。現在這位目擊者還是歇斯底里的狀態。」

　　接著節目播放音樂，然後又是低鳴聲。

　　「NBC所有站台待命中。」

　　他們應該在海灘等嗎？還是該開車回家守著電視新聞報導，途中先聽
車上廣播？一股無助感油然升起。

「有一名黑人男童和一名白人表示，他們看到在一棟建築物的窗內，有一名男子持槍遠眺著屋頂。以上是記者羅伯特·麥克奈爾為您報導。」

伯迪克頂著百齡罈艾爾啤酒俠的代言形象，在廣告宣傳中說著：「渴望暢飲更有男人味的啤酒。」話雖如此，現實生活的他身體並不好。1959年，他和研究生打壁球時心臟病發，在奧克蘭的醫院躺了兩個星期。伯迪克心臟衰弱，至今仍疾患纏身，所以應該多注意勞累、壓力和驚嚇。他可以感受到自己的心臟猛烈重擊、加速跳動。[1]

當晚，伯迪克一家人共喝了兩夸脫的伏特加，想要撐過這個時刻，安定情緒，並舒緩哀傷與憤怒。[2]

「總統身體癱軟倒在妻子懷裡，被緊急送往帕克蘭（Parkland）醫院。」

兩夸脫的酒還不算夠。

「總統還在急救中。」

海浪拍打岸邊，太陽照耀大地，要說萬物依昔如舊，也不盡然，世界的面貌儼然不再一樣了。

「兩位羅馬天主教神父被請去急診室。」

伯迪克心跳加速，如同胸膛安裝了愛車Jaguar的馬達，馬力全開。NBC電台和NBC電視合力同步播報新聞。

「總統已經接受輸血。命危，但還活著。」

伯迪克自然想到自己在寫的那本小說《候選人》（*The Candidate*）[3]，他正寫到1964年舊金山共和黨全代大會的高潮情節。伯迪克和書商訂於會議前數天出版。情節主要著墨在共和黨候選人的選戰徒勞無功，正因為對手是甘迺迪這位人氣爆棚、所向披靡，還曾解救世界免於末日毀滅的男人。[4]不過，甘迺迪顯然也是血肉之軀。

警方於達拉斯逮捕一名身材瘦高的白人男性；他是行刺嫌犯李・哈維・奧斯華德（Lee Harvey Oswald）。有謠傳指出副總統詹森也遭到槍擊，各種傳言甚囂塵上。時間一分一秒地過去，總統是生？是死？多名醫師打電話找來神經外科醫生。神父執行最後的儀式。塗上聖膏，主可以在祂的慈愛與憐憫中，以聖靈的恩惠幫助你。總統遭槍擊三十分鐘後，NBC廣播節目說：

> 「來自達拉斯的突發快訊。甘迺迪總統身邊的兩名神父表示，總統已經過世……重複一次：甘迺迪總統身邊的兩名神父表示，總統已經過世……重複一次。本台以最沉痛的心情播報本則突發快訊，兩名神父指出……」[5]

伯迪克感到一陣眩暈，彷如愛車Jaguar困在胸膛中。他開車去找主治醫師（也可能是卡蘿載他），照了心電圖。檢查結果沒事，但他感覺一切都不對勁。

十天後，伯迪克的狀態仍不穩定，便寫信給唐納・里夫金（Donald Rivkin）。里夫金曾榮獲羅德獎學金，是國際間聲望卓著的律師，也出任析

模公司副總裁。伯、里二人有多年交情。伯迪克說明：「現在要捲起袖子好好寫，把腦中的想法都寫出來。現在寫的新書中，有個必須處理的部分是遇刺情節。」此時他納悶：析模公司有可能寄給他機密報告，以及摩根1961年那篇《哈潑雜誌》報導嗎？伯迪克承諾：「我保證，寫書時會善加處理析模公司的情節，書中也會多加宣傳析模公司。你可以幫忙傳話給格林菲或是任何負責人嗎？」〔6〕伯迪克知道，格林菲不會白白放掉宣傳的機會，從來不會。

■　■　■

11月23日，天色黯淡，還有數小時才迎來黎明，此時覆蓋國旗的甘迺迪靈柩運抵白宮。白宮東廳中，羅伯特・甘迺迪心情不定，請史列辛格打開靈柩看一下已故胞兄的大體，以決定在華盛頓當地國葬時是否開放瞻仰遺容。甘迺迪總統半顆頭顱被轟掉。史列辛格回來後說：「很駭人。」國防部長羅伯特・麥納瑪拉也在現場。對於不開放觀看元首的靈柩，他納悶是否穩妥。而史列辛格身為白宮的歷史學家顧問，信手拈來就是一個例子，他表示從前小羅斯福的靈柩也是掩著的。羅伯特・甘迺迪下了決定：「那就別開放吧。」〔7〕兩天後，甘迺迪總統的遺體移往阿靈頓國家公墓（Arlington National Cemetery）長眠。甘迺迪的三歲幼子穿著小小夾克、及膝長褲，以及一雙童鞋，在教堂中對父親靈柩敬禮的照片，自此長存於美國人民的記憶中。〔8〕

甘迺迪死後數小時，詹森宣誓就職，成為美國總統，並於11月27日對國會聯席會議致詞。「哪怕一無所有，假使能換來今天不要站在這裡，那我會很樂意交換。」詹森如此開場，每個字說得既緩慢又心平氣和，彷

佛都是句尾：「當代最偉大的領袖，因為當代最惡劣的行徑而離世。」詹森誓言持續甘迺迪的未竟之業，繼續兌現美國在越南的任務，之後國會也終於通過一項新的民權法案。「我們已經討論很久，要賦予所有美國人同等權利，不論他們是什麼膚色、什麼種族。」他的話音未落，國會議員便報以掌聲。詹森續道：「我們已經探討這個議題一百多年了。現在是時候寫下新的篇章，載入我們的法律史冊。」[9]

後來，詹森誓言落實他的「大社會計畫」，並執行「抗貧計畫」。詹森建立美國聯邦醫療保險（Medicare）和醫療補助（Medicaid）制度，以聯邦體系支援大眾教育，為老、病、窮提供照護。詹森擅長擺平立法系統，他之後曾私下嘲諷：「甘迺迪連讓國會通過十誡的本事都沒有。」詹森的路線不是甘迺迪從前的路線；相較於詹森，甘迺迪是保守派。甘迺迪為何喪命？詹森嘴上說原因不明，但他順水推舟：「我得接受故總統的路線，視之為殉國者的志業。」[10]詹森對越戰興趣缺缺，對國內政策倒是有著宏大的願景。在詹森身上，看不到甘迺迪對外交事務的著迷和投入。詹森希望不是由美國對抗越共把持的北越，而是由南越自己去對抗：「讓美軍離開那些傢伙，離開越南叢林，打爆一些共產黨員，然後我要他們滾出我身邊，因為在美國國內，還有更重要的事要做。」[11]

詹森的外交路線未定，先是留任了甘迺迪多數核心外交政策顧問，包括國防部長麥納瑪拉與國安顧問邦迪。詹森並未續聘史列辛格。

甘迺迪遇刺隔天，史列辛格著手研究甘迺迪政權史。詹森受理史列辛格的辭呈。史列辛格準備寫書，名為《白宮千日》（*A Thousand Days*），一半是回憶錄性質，一半記錄歷史，形同獻給甘迺迪的紀念品。[12]

詹森說，他留給甘迺迪的最佳紀念品，就是通過民權法案。他說：「盡快通過法案，才是對甘迺迪致上最高敬意。任何紀念致詞或悼詞，都比不

上通過法案。」〔13〕國會最後同意通過《民權法案》，詹森於1964年7月2日簽署，成為美國法律。

伯迪克何時起心動念，想寫有關析模公司的小說，這點已不可考。他的書並非單純紀念甘迺迪，畢竟先前已構思多年。1961年時，《讀者文摘》就詢問過《醜陋的美國人》共同作者萊德勒，是否有意撰文談析模公司。萊德勒的編輯在推進這項企劃時寫道：「析模公司似乎進展很順利。在我認識的人裡面，你是最佳人選。」〔14〕萊德勒曾去信普爾，詢問：「如果要寫一篇關於析模公司的文章，你那邊有沒有足夠的素材和憑據可以提供？」「如果有的話，你想寫嗎？」「你希望我寫嗎？還是我們一起寫？」普爾回道：「可能會有不錯的故事吧。」〔15〕

萊德勒從未交出這篇關於析模公司的文章，或許他告訴過伯迪克他考慮寫這麼一篇文章。就在那一陣子，普爾請波普金幫忙，以1960年總統大選為主題寫作；這是他耽擱已久的計畫。畢竟那曾經是個精彩的故事，普爾想親力親為，不假他人之手。

伯迪克對於自己那本關於析模公司的書，總說那是他過去在行為科學高等研究中心服務一年的結晶。〔16〕這本書最初便是以小說和電影劇本的形式，同時撰寫和發行。霍普影業公司（Hope Pictures Inc.）從事電影和戲劇製作，由喜劇演員鮑伯‧霍普（Bob Hope）創立。1963年的夏天，伯迪克和霍普影業簽約，計畫製作預計在小螢幕上播出的電影《候選人》，由伯迪克操刀腳本。故事中，主角候選人所屬陣營遭一台電腦操控。〔17〕到了1963年10月，伯迪克讀了改編後的劇本時大吃一驚。〔18〕他在律師信中說：「英雄變成壞蛋，壞蛋成了英雄。而且『政治遭電腦操控』的主軸只在劇本內提及，也沒有確實描述。」不僅如此，沒有一個畫面有電腦設備，但是伯迪克曾「強調具體呈現電腦的樣子很重要，這樣一來，觀眾才會對劇

情重點有若干概念」。[19]

伯迪克此時陷入困境。他和霍普影業談判與簽約時，並未諮詢律師和版權代理人。[20]依合約條款規定，他無法獲得確實補償；他也無法讓《候選人》這部電影停拍。伯迪克固然能更改小說書名，讓小說與其小螢幕電影版脫鉤，但無論如何更名，最起碼在 1970 年以前，他都無法再將電影權利賣給任何人。後來，伯迪克將小說改名為《480 類選民》。1963 年，環球和派拉蒙表態有意翻拍小說，伯迪克只得坦言已經讓出改編權利。[21]這就是為什麼從未有《480 類選民》電影版，也充分說明析模公司的故事為何會銷聲匿跡得這麼快。

無法售出電影改編權利一事，傷到了伯迪克。不僅是因為他有財務需求，也如同某評論人精準指出的，故事本身「就像報紙，是有時效性的」。[22]後來，他離開原書商，就《480 類選民》一書從麥格羅希爾出版公司收了 20 萬美元的預付金（2020 年現值約為 160 萬美元）。[23]1960 年，麥格羅希爾請普爾寫一本有關析模公司的非虛構書籍，但是普爾到了 1963 年，連手稿都無法交出。此時麥格羅希爾已經和伯迪克簽約，對普爾的書不再感興趣。普爾後來改與麻省理工學院出版社（MIT Press）簽約。最後，普爾的書在伯迪克的書上市幾週後推出，結果乏人問津。

∎ ∎ ∎

《480 類選民》（伯迪克先前長期命名為《候選人》）主人翁為美國工程師約翰・薩奇（John Thatch），外型粗獷、英俊，因為成功調停印度和巴基斯坦兩國的關係而成為國民英雄。1964 年，共和黨需要一位總統候選人來當砲灰，因此徵召薩奇尋求黨內支持；之所以稱砲灰，是因為「無論共

和黨推出誰，都會是甘迺迪的手下敗將」。共和黨實際上青眼有加的是布萊恩‧克拉克博士（Dr. Bryant Clark）。黨內只想為1964年大選先找個犧牲者，將克拉克博士這個棋按兵不動，1968年大選時再出馬，免得屆時身上背個敗選紀錄。[24]

甘迺迪遇刺後，伯迪克差點棄寫這本書，畢竟書中情節已經失去意義。後來伯迪克福至心靈，想到將遇刺一事融入選舉情節中。如此一來，內容更切合時勢，且薩奇角逐白宮大位時，改為面對詹森，選戰不會一面倒。由於詹森並非勝券在握，要論鹿死誰手，故事會更有嚼頭。在劇情安排上，伯迪克決定讓共和黨因為勝算增加之故，更想成功徵召薩奇。小說中，為了確保候選人說話的內容和時機都符合期望，該黨委託一間名為「模擬企業」（Simulations Enterprises）的公司提供服務。而為了寫好這個環節，伯迪克需要析模公司提供更多素材。

有很長一段時間，析模的人會配合伯迪克，滿足他索取素材的許多要求，這些素材會以報告提供，並註記為「機密」。[25]畢竟伯迪克先前在愛德華‧格林菲公關公司服務，是析模公司的圈內人。格林菲或許不信任伯迪克，但期望能沾他的光，順勢帶旺析模，點亮公司知名度。因此伯迪克索取資料時無往不利。

有析模公司高層寫信給伯迪克說：「1960年的兩份選舉報告是機密文件，但我寄給你，讓你了解我們為甘迺迪陣營分析選情時發揮的功能。」這封信是回覆伯迪克第一封寄給里夫金的信。[26]伯恩斯坦則寄給伯迪克多份未發表的報告、影印資料，甚至一疊疊打孔卡。他在寄送資料的封面註記：「如果你重建報告中的選民類型時，遇到任何問題，打電話給艾貝爾森，他在紐哈芬（New Haven）。如果還有我能幫忙的，打給我。」[27]

小說中，伯迪克將虛構公司「模擬企業」設定為「析模公司」的對手

（伯迪克有時搞混這兩者，加上書的校對品質不佳，因此反覆出錯）。

有位共和黨操盤手詢問模擬企業的行為科學家：「有人在選舉中用過析模公司的這台設備嗎？」伯迪克將這位行為科學家取名為麥迪遜・卡佛（Madison Curver），用典繁複：「麥迪遜大道上的廣告人」（Madison Avenue ad man），字首音轉為「狂人」（mad man），工作上是「量化分析者」（quantifier），也是「激起改變的策劃者」（curve plotter）；最後略稱為「Mad Curver」（瘋狂策劃者），呼應「Madison Curver」一名。

卡佛答道：「甘迺迪在1960年用過。他有興趣看到艾森豪的人氣因為尼克森掉多少。所有專家都說：『不用管黑人選票。只要艾森豪離任，就會換民主黨掌權。』析模公司的人拿出磁帶，輸入至電腦，分析發現黑人不但轉而支持艾森豪，政黨支持傾向亦轉向共和黨。」[28]

換句話說，小說具有高度論示性。《醜陋的美國人》固然有其影響力，但它與其說是小說，反而更像短篇故事集，故事未經雕飾、粗俗不雅，角色塑造也非常粗糙，更適合理解為一篇篇寓言。書評將其與連環漫畫比較，指出「創作的細膩度好比一把榔頭。」[29]《480類選民》也不遑多讓，甚至有過之而無不及。伯迪克將析模公司大小報告中的內容一段段謄上小說，還納入他設法從里夫金、格林菲、伯恩斯坦三人擠出來的各據點通訊內容。伯迪克甚至將析模公司480類選民列為附錄，資料來自該公司的紐約據點。他的編輯曾在信中告訴他：「**析模公司是勉為其難提供這480種選民資料的。**」[30]伯迪克也兌現承諾，拉抬析模公司的宣傳論調：甘迺迪能選上總統，是拜析模公司的仿人機之賜。

「析模公司的人有教甘迺迪在1960年電視辯論中如何表現嗎？」

麥迪遜・卡佛答：「有。」

1964年1月，就在伯迪克即將完成書稿之際，他想到了新書名《480

類選民》，顧名思義，指涉析模公司的480種選民類型。〔31〕其他譯本的書名則接近原書名《候選人》，如義大利語譯本書名為《Il Successore》〔32〕；當時伯迪克的事業如日中天。2月，《紐約時報》刊載圖文〈校園中的作家〉，探討聲譽卓著的美國作家身兼教職、又執學術界牛耳的多重身分。報導中，伯迪克這位永遠的「艾爾啤酒俠」以一襲短褲和背心亮相，打著壁球，期許自己順利。同期焦點作家還有芝加哥大學的索爾・貝婁、羅格斯大學的羅夫・埃利森（Ralph Ellison）、本寧頓學院的伯納德・瑪拉末（Bernard Malamud），以及普林斯頓大學的菲利普・羅斯（Philip Roth）。〔33〕

4月，麥格羅希爾示警伯迪克，請他注意《出版者週刊》發的一篇聲明：「麻省理工學院出版社將於8月19日出版《1960年總統大選模擬戰》（*SIMULATION OF THE 1960 PRESIDENTIAL ELECTION*），主題為『引人入勝全紀錄：史上首次以電腦模擬來打美國總統選戰』。」《出版者週刊》稱此書「政治學家必讀」。〔34〕伯迪克去信麻省理工學院出版社，索取普爾、艾貝爾森和波普金合著的析模公司主題書紙本。該書取了個沒有看頭的書名：《候選人、議題、策略》（*Candidates, Issues, Strategies*）。〔35〕伯迪克的《480類選民》發行日期早了兩個月，《出版者週刊》稱其「故事緊湊、驚悚，探討總統提名選舉若遭電腦操縱的可能後果」。〔36〕普、艾、波三人擔憂之餘，決定和伯迪克的書商會面。想當然爾，他們幾乎一籌莫展。

■ ■ ■

1964年春天，析模公司由於客戶流失，失去了在廣告業的優勢，需要找到新利基切入市場。該公司原先計畫和《紐約時報》合作，報導1964年總統選情，後來雙方解約，析模因而受到重創。析模公司原本靠選情分

析打響名號，但此時選舉將屆，它手上卻沒有政界的客戶。保守派亞利桑那州議員貝瑞・高華德（Barry Goldwater）當時正尋求共和黨提名，對上紐約溫和派候選人尼爾遜・洛克菲勒（Nelson Rockefeller）。高華德是強硬右派：對於判決種族隔離法律違憲的「布朗訴教育局案」持反對立場，對於1964年《民權法案》也投下反對票，此外還貌似願意（甚或說急切）投入核戰。高華德陣營於1964年4月聯絡析模公司，而至少就格林菲的說法來看，析模推掉了他的委託。格林菲語帶驕傲地告訴媒體：「錢買不走我們對民主黨的忠誠。」〔37〕

壓力快壓垮了格林菲。甘迺迪遇刺一事令他的心情跌到谷底——令所有人的心情都跌到谷底。他愈來愈貪戀杯中物，此外也開始外遇，對象是正值風華鼎盛之齡的娜歐蜜・史帕茲。他和派翠西亞離異後，曾吃起回頭草，兩人溫存期間之長，讓女方懷上第四胎。接著格林菲又回去找娜歐蜜。派翠西亞接近預產期前，曾在瓦丁河宅邸的外面，遇到格林菲開著娜歐蜜的敞篷車，載著娜歐蜜來到宅邸外。〔38〕此時格林菲仗著自身魅力吃得開的日子，已所剩無幾。

格林菲認為伯迪克的書有助於公司業績，但析模公司內部較有想法的高層則開始擔憂，該書上市恐怕會不利於他們爭取和民主黨合作。姑且不論析模是否和高華德陣營有過節，公司迫切想獲得詹森陣營的案子。1964年6月10日，析模公司高層和麥格羅希爾高層會面，對方也派來正在撰寫《480類選民》新聞稿的公關主任。析模公司內部若干人士獲得閱讀手稿的機會。讀罷後他們感到吃驚，後悔合作。析模堅持該書的新聞稿要納入以下聲明：「析模公司發言人指出，公司不同意伯迪克先生所著《480類選民》一書的結尾。」〔39〕

1964年，以析模公司為主題的第三本書出版，故事設定年代為2033

年。這本《三重模擬》（*Simulacron-3*）為反烏托邦小說，作者是科幻作家丹尼爾・F・加盧耶（Daniel F. Galouy）。他應該沒有析模公司的機密內部報告，卻將其運作情形描述得維妙維肖。小說中，公司一名科學家表示：「模擬器是針對一般族群模擬的一種電子數學模型，能夠遠距預測行為。」《三重模擬》為加盧耶第三部小說，雖然在英國以《偽造的世界》（*Counterfeit World*）書名出版，但除了廉俗科幻雜誌感興趣之外，並未引起多少注意。[40] 析模公司的人當時是否聽過此書，已不可考。

析模公司和麥格羅希爾會面的隔天，普爾針對詹森陣營彙整一份提案。共和黨提名人選固然尚未定案，但詹森正設法獲得民主黨唯一提名，而且無論共和黨商議人選是誰，詹森料能輕鬆勝選。普爾固然知道詹森勝率極高，但也堅稱「詹森的勝選方式會深刻影響美國未來的政治」。其中部分關鍵在於副總統人選：「我們提出的析模公司研究，將針對每一關鍵州可能流失或獲得的選票，提供客觀的估計值；推估時會分析詹森總統和搭檔的可能個別競選決策。」這份企劃的基礎，是1960年析模公司為甘迺迪執行的分析。文獻中寫著「本公司的分析法結合行為科學和電腦科技」，並利用析模公司的480種選民類型，以及「析模公司數據庫」。普爾建議，在共和黨大會前不久繳交第一份報告，並於民主黨大會後不久繳交結案報告。他曾寫道：「這類報告、研究數據，以及本公司研究的所有其他環節，都將保持絕對機密。」鑑於析模才剛將甘迺迪選情報告洩露給伯迪克，這項承諾儼然難以兌現。執行案子的推估成本為7萬3千美元，換算為2020年現值相當於60萬美元。[41]

普爾將析模公司提案寄給詹森陣營當週，《週六夜郵報》刊出了《480類選民》第一部的內容。小說緒論有篇摘要，開頭寫著：「美國政治界中，有個立意良善的地下世界，裡頭的人天真地秉持著善意的初衷，打造一處

新的地下天地。他們工作時，會用計算尺、執行運算的機器和電腦。這些人大都受過高等教育，而就我所知，他們踏入政治分析的初衷，並非要惡意傷害美國民眾。不過，他們卻可能從根本上重塑美國的政治體系。」〔42〕約十天後，詹森陣營回絕析模公司的提案。〔43〕

那年8月，析模公司官方書籍發行時，出版者麻省理工學院出版社附上自己的免責聲明：「析模公司於1960年為甘迺迪陣營執行的研究，已成為許多爭議性文章（甚至一篇聳動小說）的探討主題。本書最末針對電腦模擬附上完整、正確的報告，可實際看出電腦模擬如何用於當年選情分析……讀者閱畢後，想必無法忘懷書中地下政治世界的驚人情節。這一點已經有部分人士探討過。」〔44〕要說這邊會有什麼問題，那就是幾乎沒人會讀析模公司自行推出的官方書籍。讀者反而會看伯迪克的那本。7月時，就在共和黨全代大會召開數天前，《480類選民》攻占《紐約時報》暢銷書榜第十名。〔45〕

■　■　■

《480類選民》一位角色說：「『模擬企業』這公司名字取得很糟。」不過，模擬企業的最高層行為科學家戴芙琳（Devlin）博士外型美豔。拜其冷酷、黑暗、詭奇的丰采所賜，連她手上的主機電腦似乎都魅力四射。

戴芙琳博士說：「這台是IBM的7094，很美對吧？」她動手往六個灰色箱子一指，每個箱子的尺寸都約莫等於一只直立棺材。〔46〕

此時，《480類選民》虛構的共和黨大會即將召開。戴芙琳博士的角色

類似《007》電影大反派「金手指」，她以IBM 7094執行模擬，結果顯示約翰・薩奇幾乎篤定獲得提名。這點醒了布萊恩・克拉克博士的支持者。克拉克博士是大學校長，二戰期間出於道義而拒服兵役；這個角色的原型似乎是伯迪克的友人兼老闆：加州大學校長克拉克・柯爾（Clark Kerr）。由於共和黨候選人面對的敵手已不是甘迺迪，而是詹森，克拉克的支持者決定挑戰薩奇，爭取提名。他們提出克拉克的名字，並且揚言要對媒體透露薩奇陣營遭到模擬企業操縱。

「要做就去做啊，」麥迪遜・卡佛嗆道：「你們以卵擊石。只要出現一個短篇報導，把薩奇寫成背後靠機器選舉，你就會另外看到五篇報導，把克拉克寫成以良心道義為由拒絕上戰場，躲在自己安逸的小圈圈，圈裡的其他男孩在打管。」[47][48]

故事一路無情開展到舊金山牛宮（Cow Palace）的共和黨大會。這座一萬兩千席的場館在現實世界中，也是1964年共和黨大會預定場地。小說的高潮情節是克拉克陣營威脅向媒體爆料：二戰期間，薩奇的菲律賓妻子為了保命，委身於一名日本獄卒。困頓之下，薩奇妻子去舊金山金門大橋跳河自殺，卻於緊要關頭由戴芙琳博士出手相救，撿回一命。到頭來，比起選戰輸贏，戴芙琳博士更在意大是大非。愛擊敗了恨，人類擊敗了機器。

■ ■ ■

從書中跳回現實世界，共和黨全代大會於牛宮召開的前夕，《480類選民》的最後一部於《週六夜郵報》刊出，全美各地政客辦公桌上人手一本。書商的新聞稿玩了歐威爾《1984》書名的梗，將《480類選民》稱為「1964年的小說」。[49]麥格羅希爾贈書予各州州長與每位參議員，並附上

來自總編輯的推薦信，譽為「敝社有史以來推出的最重要作品之一」。〔50〕

伯迪克先前曾要求麥格羅希爾，也贈閱電視記者和主播一本。他還曾特別要求以作者名義送書給甘迺迪的親信，包括沙林吉和史列辛格。〔51〕伯迪克和史列辛格長期通信，會看彼此的作品，也欣賞彼此的產能。伯迪克有次寫信給史列辛格：「在我這邊，你的書愈堆愈多，我都捨不得處理掉，真讓人沮喪啊。」並恭喜他再次出書：「要嘛是我的文學代謝率該提升，要嘛就是你的文學代謝率該下降。」〔52〕

《480類選民》書評帶動伯迪克這本新書的銷量，使它成為繼《醜陋的美國人》和《核戰爆發令》之後的噩夢三部曲最新作，並且頗有翻拍為電影之勢。《紐約時報》的《480類選民》書評是與其半版廣告一同刊出的，書評稱譽此書是「精彩的故事」，但也說沒有寫得很好。該報評論家表示，這本書提出了避免不了的情況：「想像一下，有人用這類技術惡意煽動民眾；想像一下，有學者型的人自負擁有聰明才智，製造虛假危機，還花錢請人讓危機假戲成真——每一齣戲碼，都只是為了讓他們描繪的英雄更加英雄？電腦能模擬的事無窮無盡。」〔53〕其他書評家提出相同疑慮。《芝加哥論壇報》一篇書評作者說：「這有可能發生嗎？也許1960年的總統大選就發生了。」但該書評最後提到，有也好，沒有也罷，伯迪克讓「電腦模擬變得像牙痛一般真實」。〔54〕

普爾將《480類選民》書評從報紙小心翼翼地剪下，甚至還收集了《美國行為科學家》（*American Behavioral Scientist*）刊出的書評，這本學術期刊的編輯為他的史丹佛舊識阿爾・德・葛拉西亞（Al de Grazia）。此期刊書評可能是普爾本人執筆，其中指出伯迪克開創了新的創作類別：行為科學類的科幻作品。該書評結論道：「伯迪克教授塞給我們他的新小說，對此生氣也於事無補。」〔55〕這番話或許緩解了普爾心裡的痛，但有兩篇文章令他

不甚滿意，他用鉛筆在這兩篇文章上做了註記，收進同一個資料夾裡。這兩篇文章均出自《紐約時報》：一篇讚揚《480類選民》，另一篇作者為記者班・巴迪坎（Ben Bagdikian），專門寫調查式的深入報導。巴迪坎的文章是評論新書《看不見的政府》（*The Invisible Government*），該書主題是CIA，書中稱「MIT國際研究中心實際上由CIA運作」。巴迪坎指出：「這有可能是真的。」[56]

不過，普爾在資料夾中還加了最後一篇文章，內容可說對伯迪克砲火全開。原文出處亦為《紐約時報》，作者是芝加哥大學教授西德尼・海曼（Sidney Hyman），先前曾擔任甘迺迪的文膽。海曼將《480類選民》、《醜陋的美國人》和《核戰爆發令》三本小說全歸類為不愛國之作：《醜陋的美國人》以不公平的方式指控美國的外交團隊；《核戰爆發令》充其量就是暴露軍事祕密；而伯迪克在《480類選民》書中說1960年甘迺迪陣營曾委託析模公司提供選情分析，則都是謊言。海曼說，他先前和甘迺迪選舉陣營總召勞倫斯・歐布萊恩（Lawrence O'Brien）談過，「如果歐布萊恩先生聽過析模公司，那他聽過就忘了。」[57]這項否認很有意思，但沒有可信度。在歐布萊恩的文件中，至今仍找得到他和析模的通訊紀錄，另外附有1960年每一篇大選報告。

《480類選民》一書令析模公司貌似有貢獻卻居心叵測；甘迺迪陣營不認帳則使析模的服務顯得欠缺價值還暗懷鬼胎。時年四十四歲的厄文・克里斯托爾（Irving Kristol）當時是基礎書籍出版社（Basic Books）的編輯，他針對伯迪克這本著作寫了一篇書評〈電腦政治學〉（Computer Politics），當中寫道：「現實的析模公司規模很小，經營不順。儘管析模公司在1960年總統大選時，曾幫助甘迺迪陣營處理一些問題，但自那之後便入不敷出。」[58]問題都出在哪裡？

■ ■ ■

1964年7月13日，紛紛擾擾的共和黨大會於舊金山牛宮召開。在早期選舉研究的時期，對於1950年代美國政黨體系，當時的美國民眾鮮有人知道「liberal」（自由派）和「conservative」（保守派）二字的差別；而說到哪個黨符合其中哪一種意識形態，就更少人知道了。這樣的政黨體系到了1964年夏天消失殆盡。美國自此開始壁壘分明。

那年夏天史稱「自由之夏」（Freedom Summer），全美大學生試著協助種族隔離的南方黑人選民進行投票登記。他們也抗議共和黨的右翼運動。加州大學柏克萊分校的學生來到牛宮，在會議廳外抗議，但徒勞無功。保守派運動於1955年首次揚旗，這一年，小威廉·F·巴克利創立《國家評論》，誓言力挽狂瀾。1964年，保守派首次成為共和黨全代大會的主要組成。溫和派的洛克菲勒在講台上呼籲溫和路線時，他們加以譴責並投以噓聲。他們譴責場上對於溫良得體的呼籲。他們嘲笑媒體，攻擊他們的自由派偏見。一名黨代表與《NBC夜間新聞》（*NBC Nightly News*）主播切特·亨特利（Chet Huntley）和大衛·布林克利（David Brinkley）共乘電梯時說：「跟你們說，這些晚間新聞節目在我聽來，就像莫斯科製作的節目。」他們讚許那些中止民權改革的呼聲：如果有政綱支持1964年《民權法案》合憲，那麼共和黨代表中，十人有超過七人投票反對。原本是林肯這位美國史上「偉大解放者」所屬的政黨，自此走上截然不同的路線。

兩年前，尼克森於加州州長競選中落敗後，發表了提名亞利桑那州參議員高華德的演說。尼克森這位政治倖存者咬著牙替對方站台說：「他身為保守派先生……在史上最偉大的選戰過後，將成為美國總統。」7月15日舉辦第一輪投票，高華德輕鬆擊敗洛克菲勒；共和黨路線急轉向右。和

洛克菲勒對壘的右派極端主義者拿下勝利。高華德準備接受提名的那一天，有一位記者來堵他，詢問下次選舉時，民主黨是否會操作「高華德投票反對《民權法案》」這件事來對抗共和黨。高華德反問：「在詹森這個美國最大的騙子之後嗎？他在今年以前都反對民權。就讓民主黨的人操作這個議題吧。詹森是有史以來最假的人。」[59]高華德在提名演說中痛斥溫和派路線，他說：「在保衛自由時，極端主義絕非壞事；追求正義時，溫和絕非美德。」

　　詹森不願意更全面投入越戰，高華德抓緊這點來打選戰。詹森依然游移不定，想等選後再看著辦。北越持續占上風。西貢政府因為內鬥和貪腐而分裂，政情每況愈下；南越似乎眼看就要垮台。詹森問麥納瑪拉：「我們之中誰有軍事頭腦，能擬訂一些軍事計畫贏下越戰？我們至今還沿用1954年以來的方針，現在需要有人給出更好的計畫。」[60]詹森的一些（非白宮圈）友人建議他自越戰抽手。1963年12月，時任參議院軍事委員會（Senate Armed Services Committee）主席的喬治亞州議員理查・羅素（Richard Russell）告訴詹森：「我們應該抽手。」1964年5月，麥納瑪拉赴軍委會，羅素聽取他的證詞後警告詹森：「他應該全面了解越南那邊的歷史和背景。我不太確定他是否有足夠的認識。」羅素認為轟炸北越徒勞無功，建議抽手：「你擋不住他們的。」[61]詹森將這話當馬耳東風。

　　麥納瑪拉擬訂計畫，打算在選後升高美國的越戰參與幅度，與此同時，詹森則有意找個藉口，在越南大秀美國的軍事肌肉。而8月初有個機會讓詹森遂其所願。8月2日，共和黨大會已經落幕、民主黨大會尚待舉行，在這個短暫而平靜的夏日空檔，多艘北越的魚雷船於越南沿海的北部灣，攻擊美國海軍馬多克斯號驅逐艦（USS *Maddox*）。美國選擇冷處理，直到8月4日遭到第二次攻擊。現在幾乎可以肯定，當年根本沒有第二次攻擊。

麥納瑪拉當時告訴總統：「我的建議是，在美國船隻遭到第二攻擊後，確實展開報復。」

國務次卿鮑爾仍是唯一的異議者。他一而再、再而三地強烈反對美國投入越戰。他說：「一旦跳到老虎背上，就不會知道什麼時候該跳下。」〔62〕詹森對此充耳不聞。

詹森反而聽從麥納瑪拉的建議，要求國會通過授權使用武力的決議。他只差沒有宣戰，但美國還是投入越戰，結果殊途同歸。詹森首次派美軍轟炸北越。北越第一次抓到的美國戰鬥機飛行員，是26歲的小艾弗列特‧阿爾瓦雷茲（Everett Alvarez Jr），其戰機於8月5日遭擊墜，後來當了八年多的戰俘。美國國會於兩天後通過《北部灣決議案》（Tonkin Gulf Resolution）。

8月24日，會議槌落下，民主黨全代大會召開，美國進入更全面的戰爭狀態，此時有沒有宣戰都沒差了。《紐約時報》暢銷書榜單上，《480類選民》躍升至第七名。民主黨於亞特蘭大召開大會。若共和黨勢力移轉到美國西部（尤其加州），則民主黨希望鞏固南方選民，但其黨代表團也未能處理種族平等議題的挑戰。南方各州的代表團多為全白人，黑人無法有效投票。密西西比州的黑人在民權運動家芬妮‧露‧哈默（Fannie Lou Hamer）帶領下，抗議該州的代表團全為白人。哈默是密西西比自由民主黨（Mississippi Freedom Democratic Party）的創黨人，出生佃農之家，自1962年以來便負責學生非暴力協調委員會（Student Nonviolent Coordinating Committee）籌畫活動，為投票權請命。她常穿著有花朵圖案的洋裝，臉型寬闊，身體飽經風霜，背負著種族隔離和民權抗爭的傷疤，講起話來像傳道牧師。哈默從小採棉花長大，受小兒麻痺症所苦，曾遭到強迫絕育。她在資格審查委員會（Credentials Committee）演說，呼籲納入密西西比自由民主黨68位黨代表，以取代密西西比的全白人代表。這場談話被視為會史

中最鼓動人心的重大演講。詹森不希望電視轉播哈默的演講，因此在她發表談話的當下召開記者會，但當天稍晚，電視台還是轉播了哈默的演講。

哈默將她為了爭取登記投票的抗爭遭遇，告訴美國民眾。她失去工作，失去家庭。她遭到逮捕。獄中，她聽到其他人遭到毆打和折磨，被害人有男有女。有位密西西比州的巡邏員這樣跟她說：「我們會讓你生不如死。」哈默被強制帶到一張上下舖的床上，遭兩名男子毆打數小時，直到兩男筋疲力竭才停手。[63]她語調揚起說道：「我遭遇這些，全都只是因為我們想登記投票，想成為美國一等公民罷了。而且如果自由民主黨現在無法獲得席次，我會質疑這個國家。美國自詡為自由的大地、勇氣的國度，但我們晚上還得刻意不擺好話筒，避免騷擾才能圖個一夜好眠，因為我們的生命每天受到威脅——這些就因為我們想在這樣的美國像樣地活著。」[64]

密西西比自由民主黨並未獲得席次，愈來愈多美國人開始懷疑美國。但自由民主黨也誓言，不能再產生由全白人選出的代表。8月27日，大會最後一天，羅伯特・甘迺迪主持典禮紀念胞兄甘迺迪故總統；全場站立鼓掌二十二分鐘。他幾近垂淚，引用了《羅密歐與茱麗葉》(*Romeo and Juliet*)的台詞：「當他死時，他將成為繁星，他將使天空的門面燦爛，全世界都得以戀上夜晚，不再崇拜那耀眼的太陽。」甘迺迪終身為政治務實主義者，死後成了理想主義者。

甘迺迪死後的白宮，籠罩在破碎的陰影下，詹森此時贏得檯面下的選戰，使羅伯特・甘迺迪居於候選人的順位後半，詹森因此獲得黨提名，與明尼蘇達州的休伯特・韓福瑞搭檔競選。只見詹森身後掛著故總統的巨型橫幅，宣布繼任美國總統。他用緊繃、短促的聲音說：「讓今晚在此處的我們大家，我們每一個人，我們全部的人，再次投入，讓故總統約翰・甘

迺迪點燃的那把承諾的黃金火炬持續燃燒。」[65]之後，詹森是承接了火炬，但卻點燃了整個國家。

▮　▮　▮

數天後，學生回到加州大學柏克萊分校，迎接秋季的開學。他們之中有許多人在暑假時從事政治抗爭，為種族隔離的美國南方黑人選民登記投票，並在舊金山共和黨全代大會的場外抗爭。這些學生回到校園後，被告知不准再在二十五英尺紅磚廊道發送政治小冊子。這處紅磚廊道位於校園內塞勒拱門（Sather Gate）下方，靠近班克勞馥道（Bancroft Way）和電報街（Telegraph Avenue）交接的轉角，學生們先前固定在這裡進行政宣活動。學生在共和黨大會外面抗議惹火了加州保守派，因此對校方董事施壓，發出前述禁令。[66]

這番對學生的壓迫，自然是引起反彈。學生將禁令視同攻擊民權運動。他們開始以民權運動的名義抗議，以言論自由的名義抗議；他們反對美國高等教育殿堂目前的德行：學校成了工廠，將學生視為數據，把數據餵進電腦，然後吐出分析結果。9月21日，七百名學生於柏克萊校區史布勞爾行政大樓（Sproul Hall）發起靜坐活動。研究生也參與了這場運動，伯迪克任教的政治學系中，幾近大半學生共襄盛舉。[67]學生在史布勞爾行政大樓靜坐時，一位新鮮人寫起家書要給母親：「親愛的母親：我們一開始是要求言論自由，後來也訴求全面探討教育的意義。我們對自己不過是張IBM電腦卡感到憤怒，我們對官僚體制感到憤怒，我們對於拿錢去用科技分析人類感到憤怒。」[68]學生有一大堆訴求，其中一項是教育自動化。他們舉著標語：「我們學生不是IBM電腦卡。勿將我們的心靈程式化」

（WE STUDENTS AREN'T I.B.M. CARDS — DON'T PROGRAM OUR MINDS）。[69]

　　禁止學生於塞勒拱門從事政宣一事，雖非校長克拉克・柯爾下令，但他也不願撤回。沒多久，柯爾成了學生們悲憤的出口。1950年代時，面對麥卡錫主義，經濟學家柯爾的堅毅態度頗獲稱許。他近期發表一系列著名公眾演說，將當代的研究型大學比喻為公司，認為研究型大學是「知識產業」的一環，而大學並非是在教育，而是為了經濟成長而「產出、散播和消費知識」。[70]在學生看來，柯爾這番見解形同將加州大學和艾森豪示警的「軍工複合體」等量齊觀。柯爾將工程和電腦等領域的地位，置於藝術和詩學之上。他放棄了有長久基礎的學識原則，以及大學和公民生活的原則：即學術自由、表達意見的自由、允許充分提出異議的活潑環境、個體和人文學科的重要性。針對柯爾提倡的所有價值觀，學生脖子上掛著IBM打孔卡作為抗議象徵。他們需要用這些打孔卡來選課。此時他們在卡片上穿洞打出「言論自由」的字樣。他們的標語寫著：「我是加州大學學生；請勿把我對折、彎曲、旋轉、毀損。」哲學系大四學生馬里奧・薩維奧（Mario Savio）暑假時前往密西西比，協助選民登記活動。他爬上史鮑爾廣場（Sproul Plaza）一台警車的車頂。廣場上此時聚集數千名學生，急切著想聽到對機器時代的控訴。薩維奧的聲音急促中帶著疲憊：「有一段時間，機器的運轉變得令人厭惡，讓我們打從心底感到噁心，噁心到我們無法置身其中，連默默參加都不行；我們必須把自己的身體放在齒輪、輪子、槓桿，以及所有設備的上面，我們必須讓這一切停止。」[71]讓這一切停止。

　　柯爾是個舉止得宜、循規蹈矩的人，他苦惱著該如何回應。11月，警方單單一天就逮捕了八百名學生。同月，詹森大勝高華德，拿下44州與六成普選票。美國保守派掀起的反動似乎潰敗。這一潰敗並未緩和柏克萊學生的抗議活動。薩維奧告訴記者：「在加州大學，學生還不如一張

IBM電腦卡。」〔72〕12月，柯爾在校園內的希臘劇場（Greek Theatre）舉行會面，以期平息抗議聲浪，但收效甚微。柯爾致詞結束後，薩維奧爬上舞台，但正當他接近麥克風時，三名校警將他拖走。〔73〕現場一大票學生目睹薩維奧遭打壓的同時，正揮舞著挪揄IBM的企業標語：「思考」（THINK）。〔74〕

　　那年秋天，伯迪克不常現身校園，而是在外宣傳《480類選民》。他對這場言論自由運動（FSM，Free Speech Movement）和相關訴求並不特別有共鳴，他稱之為「FSM之亂」（FSM ruckus）。〔75〕他和柯爾同一陣線。一方面，伯迪克一如許多20世紀中葉的自由派白人，同意學生的訴求，也對電腦時代感到憤怒；但另一方面，對於學生抗議的本質，他感到苦惱〔76〕；他私底下對親近的同事說過，對「極左的操作」感到遺憾。〔77〕

　　而在檯面上，他對學運著墨不多。新書宣傳之旅想必有折騰到他，畢竟雖然伯迪克身體微恙，飽受痛風和糖尿病之苦，心臟症狀也在惡化，他很可能兩黨的大會都有去。伯迪克也很久沒執教鞭了。1965年1月，他申請病假。〔78〕春季學期時，他回到柏克萊校園，但並未開設任何課程，主要是想休息。

　　1965年年初，先前意興闌珊的詹森，決定以強有力的猛烈態勢投入越戰。詹森回拒參議院多位民主黨員和韓福瑞提出的警告，並於策略上拉高對應層級。〔79〕他在早先的決議中說：「身為美國總統，我不會讓東南亞像中國那樣赤化。」1965年3月，美軍展開「滾雷行動」（Operation Rolling Thunder），開始轟炸北越。首支美國地面部隊於峴港登陸。4月，詹森增兵駐越美軍至六萬人，並首次投入地面戰。美軍增兵一事，詹森並未告知美國民眾。他說謊了。一顆顆炸彈空投而下，一雙雙陸戰隊軍靴踏上越南的土地，一具具美軍遺體在野外倒地，一張張鋼製棺材運回美國。這些為的是哪樁？1965年3月24日，麥納瑪拉的國防部助理部長草擬報告，內

容屬最高機密，當中以數字剖析美國投入越戰的理由：一成原因是幫助南越民眾「享有更好、更自由的生活」；二成是使南越免於遭中共赤化；七成是「避免使美國挫敗，惹人恥笑」。[80] 詹森想讓戰爭畫下句點，但戰爭才剛拉開序幕。就這樣，往後十多年，美國深陷於越戰的泥淖。

對於戰事的實際發展，儘管許多美國民眾是霧裡看花，但也按捺不住。特別是美國各大學的師生，由於越戰長期徵兵，此時他們早已厭煩。密西根大學的左派學生先前成立「學生民主會」（SDS，Students for a Democratic Society）。而在美國海軍陸戰隊登陸峴港兩週後，密西根大學的教師舉辦了「宣講會」。這是越戰期間首次舉辦這類活動。教師在演講廳和三百多名學生會面，會中以他們本身的名義，針對當時最新情勢展開全面說明和沙盤推演。在午餐吧台、餐廳和公車上，有多場靜坐活動，也連帶推高這場民權運動。後來宣講會帶動反戰浪潮，於全美遍地開花。學生民主會呼籲展開反華府遊行。兩萬三千人湧進華盛頓國家廣場（National Hall），站在華盛頓紀念碑與林肯紀念堂之間——距今不到兩年前，小馬丁・路德・金恩才在此處發表過「我有一個夢」演說，使得這裡成了民權聖地。

1960年，葛林斯波羅郡（Greensboro）發生午餐吧台靜坐事件，是美國史上首次以學生為領袖，帶領國家政治運動：包括非暴力協調委員會、言論自由運動到學生民主會在內，一場場運動在校園間多點開花。不過，那一年最大規模的反戰聚會，要屬5月時在加州大學柏克萊分校舉辦的宣講會。三萬人共襄盛舉，聚會長達36小時。小說家諾曼・麥勒（Norman Mailer）告訴柏克萊大學的群眾：「如果我們要從別人手裡拿走他們的國家，我們至少要夠強韌、夠有勇氣，才能在實戰中打倒他們。」薩維奧在柏克萊宣講會發言指控這場戰事，兒科醫師班傑明・史巴克（Benjamin Spock）

也上台說話。民俗歌手菲爾‧奧克斯（Phil Ochs）高歌他的作品〈我不再行軍〉（I Ain't Marchin' Anymore），他唱道：「我聽到很多人在撒謊／我看到更多人死亡」（I heard many men lying / I saw many more dying）。即便如此，詹森仍將五萬名士兵送上越南戰場；那一年夏天，美軍仍然高唱戰歌。

伯迪克首次點頭，要在柏克萊的宣講會上台；當時僅有兩人願意為詹森政府說話，他是其中之一。最後一刻，他退出了。[81]

伯迪克每下愈況。美國也是。這位「代言艾爾啤酒、渴求更有男人味的啤酒」的人，這位美國學界的詹姆士‧龐德，身體日益羸弱。他的冷戰即將告終，他的自由主義品牌正在死去。

不過，析模公司自此才總算時來運轉。美國國防部國防高等研究計畫署去信請析模提案，探討「使用動態模型作為工具，處理壓制政治反抗運動的問題」。[82]於是普爾著手研究。1965年夏天，析模已在西貢設點。

伯迪克至死都不知道這件事。6月，體力不支的他寫道：「柏克萊發生的一切都走樣了。最近我和史丹佛的一位教授談話，其間我問他史丹佛的情形如何。他說：『這個嘛，我們也是一大早起床，然後讀報，看看柏克萊的情形如何。』」[83]

1965年7月26日，伯迪克不顧醫囑參加網球比賽，心臟病發死去，年僅46歲。他筆下的故事，並未著墨美軍在越戰的真實情形。析模公司接了越戰的案子，表面上獲利更豐，實際上卻是在幫美國政府打一場從未贏下的戰爭。

註釋

1　出自："Eugene Burdick, Author of "The Ugly American," *Washington Post*, July 28, 1965。關於伯迪克當時的身體狀況，請參閱：Francis L. Chamberlain, M.D., to William C. Kuzell, M.D., October 10, 1959, Burdick Collection, Box 144, Folder "Burdick, Medical"。

2　出自：EB to Donald Rivkin (Simulmatics), December 2, 1963, Burdick Collection, Box 87, Folder "Rivkin, Donald"。關於里夫金，請參閱："Donald Rivkin, International Lawyer, 77," *NYT*, August 4, 2001。

3　關於當時書名《候選人》(*The Candidate*)，請參閱：Edward Kuhn Jr. to EB, November 4, 1963, Burdick Collection, Box 61, Folder "McGraw-Hill"。

4　「在甘迺迪遇刺那天，我幾乎要放棄寫這本書。之前寫這本書的想法是，甘迺迪會像現在的詹森一樣讀這本書。不過，後來我決定保持書的基調，而且要繼續寫完。實際上，現任總統任期不到一年，他能否當選總統，這個問題令人玩味。」出自：EB to Sonia Lilienthal (McGraw-Hill), May 18, 1964, Burdick Collection, Box 35, Folder "The 480—Correspondence"。

5　出自：NBC Radio Network, November 22, 1963, available at https://www.youtube.com/watch?v=OC-Y8Pm8RDU。

6　出自：EB to Donald Rivkin (Simulmatics), December 2, 1963。

7　出自：Aldous, *Schlesinger*, 1-2。

8　出自：Isserman and Kazin, *America Divided*, 103。

9　出自：LBJ, "Address to Joint Session of Congress," November 27, 1963。

10　出自：Isserman and Kazin, *America Divided*, 110, 107。

11　出自：Ken Burns and Lynn Novick, dirs., *Vietnam*, episode 5, " This Is What We Do' (July 1967-December 1967)" (PBS, 2017)。

12　出自：Aldous, *Schlesinger*, ch. 17。

13　出自：LBJ, "Address to Joint Session of Congress," November 27, 1963。

14　出自：John F. Maloney to William Lederer, September 7, 1961, William Lederer Papers, Special Collections and University Archives, University of Massachusetts, Amherst。伯、萊二人會不時一起向《讀者文摘》推薦作品。請參閱通訊紀錄：Burdick Collection, Box 90, Folder "*Reader's Digest*"。

15　出自：William Lederer to IP, May 26, 1962 and IP to William Lederer, May 26, 1962, William Lederer Papers。

16　出自：EB to Ralph Tyler (CASBS), April 15, 1964, Burdick Collection, Box 145, Folder XLIII。

17　霍普影業於1963年夏天簽約。出自：J. D. Burdick to EB et al., August 8, 1963, Burdick Collection, Box 50, Folder "Kamina, Inc., Correspondence #1"。尤金·伯迪克公司（EB, Inc.）似乎同意不改編為電影、電視或廣播節目，且1970年7月1日之後才能將版權售予他方。出自：Martin Gang to Eugene Burdick, October 10, 1963, Burdick Collection, Box 50, Folder "Kamima, Inc., Correspondence #1"。

18　「我已經確認了霍普影業和尤金·伯迪克公司雙方於1963年7月1日達成的協議。如您所知，該協議在談判和簽署時，顧問全部（或大都）不知情。我之所以提及這一點，是因為合約和《讀者文

摘》有關。該合約為霍普影業賦予「非專有的永久權利」，可根據霍普影業有權於所有媒體中永久公開的作品來製作，包括劇情片；惟電視首播之前，不得以戲劇形式公開。」出自：Martin Gang to EB October 10, 1963, Burdick Collection, Box 50 "Folder Kamima, Inc., Correspondence #1"。

19 出自：EB to Martin Gang, October 21, 1963, Burdick Collection, Box 53, Folder "Gang, Martin"。

20 出自：Martin Gang to EB October 10, 1963, Burdick Collection, Box 50, Folder "Kamima, Inc., Correspondence #1"。

21 出自：EB to Martin Gang, October 21, 1963, Burdick Collection, Box 53, Folder "Gang, Martin"。不過，馬丁・岡恩（Martin Gang）另尋他法。1964年4月14日，他與《醜陋的美國人》導演喬治・恩格倫德（George Englund）會面。文獻紀錄：「恩格倫德同意我的看法，如果《480類選民》要拍成電影，拍片成本會非常高，因為會找強大的演員陣容，300萬美元跑不掉……他和米高梅談好了。」出自：Martin Gang to EB, Burdick Collection, April 14, 1964, and George Englund to Martin Gang, April 14, 1964, Box 35, Folder "The 480—Correspondence"。

22 出自：D. B. Willard, "Book of the Day," *Boston Globe*, January 30, 1964。

23 出自：Martin Gang to EB, October 10, 1963, Burdick Collection, Box 50, Folder "Kamima, Inc., Correspondence #1"。

24 出自：EB, *The 480* (New York: McGraw-Hill, 1964), 17-18。

25 文獻紀錄：「當前有個非常熱門的大議題，就是高華德會不會在共和黨大會中出線。我認為，如果可以找來兩位電視名嘴，叫他們說《480類選民》書裡提到的方法可能可以讓「艾森豪—斯克蘭頓—尼克森—洛克菲勒」的支持者用來擊敗高華德，那麼這個話題在出書後第一個月會很有看頭。」出自：EB to Sonia Lilienthal (McGraw-Hill), May 18, 1964, Burdick Collection, Box 35, Folder "The 480—Correspondence"。

26 出自：James H. Marshall (Simulmatics) to EB, December 5, 1963, Burdick Collection, Box 35, Folder "The 480—Correspondence"。

27 出自：AB to EB（日期未明，但在1963年前後）。伯恩斯坦寄素材給伯迪克，包括："Project on the Compilation and Detailed Analysis of Political Survey Data: Progress Report," October 15, 1959, Burdick Collection, Box 34（無資料夾）。

28 出自：EB, *The 480*, 51-57。

29 出自：*Saturday Review*, October 4, 1958。出自：*Reporter*, October 16, 1958。

30 出自：Edward Kuhn, Jr. (McGraw-Hill) to EB, March 31, 1964, Burdick Collection, Box 61, Folder "McGraw-Hill"。

31 出自：EB to Martin Gang, January 3, 1964, Burdick Collection, Box 50, Folder "Kamima Inc., Correspondence #1"。

32 出自：McGraw-Hill to EB, January 7, 1965, Burdick Collection, Box 51, Folder "General Correspondence, January-June 1965"。

33 出自："Writers on Campus," *NYT Magazine*, February 16, 1964。

34 出自：Edward Kuhn to EB, April 20, 1964, Burdick Collection, Box 52, Folder "General

Correspondence 1964, January-May"。

35 出自："Gentlemen: Will you kindly send me a copy of 'Simulation of the 1960 Presidential Election' which I understand is to be published in August." EB to MIT Press, April 29, 1964, Burdick Collection, Box 52, Folder "General Correspondence 1964, January-May"。MIT 於 7 月 14 日寄給伯迪克一組印刷樣本。出自：Howard Levin (MIT Press) to EB, July 14, 1964, Box 39（訂在印刷樣本封面上）。

36 「……6 月時將在《週六夜郵報》連載。第一刷五萬份。15,000 美元用於廣告行銷、合作廣告、廣告看板、海報。」出自：*Publishers' Weekly*, June 22-26, 1964, and in Burdick Collection, Box 35, Folder "The 480—Correspondence"。

37 出自："Simulmatics: How to Make an Instant President," *Sunday Times* (London), November 1, 1964。

38 出自：娜歐蜜‧史帕茲（Naomi Spatz），作者訪談，2018 年 5 月 24 日；安‧格林菲（Ann Greenfield），作者訪談，2018 年 6 月 9 日。

39 出自：Sonia Levienthal (McGraw-Hill) to EB, June 10, 1964, Burdick Collection, Box 35, Folder "The 480—Correspondence"。文獻紀錄：「我隨函附上了與析模公司人員一起制訂的最終版本。他們來找我吃午餐。」隨附的新聞稿包含免責聲明：「『析模公司發言人指出，公司不同意伯迪克先生《480》書中的結論。他強調伯迪克本人說：『對析模公司的研究與其相關意義，純粹出自本人的詮釋。』」（新聞稿，未註明日期，第 2 頁）。

40 出自：Galouye, *Simulacron-3*（引言出自第 9 頁）。

41 出自：IP, "Simulmatics 1964 Preconvention Project," June 11, 1964, Pool Papers, Box 143（無資料夾）。

42 出自：EB, "The 480," Part 1 of 3, *Saturday Evening Post*, June 13, 1964。

43 出自：Thomas D. Finney Jr. to Walter Jenkins, July 24, 1964; Richard Scammon to Walter Jenkins, Memo, July 28, 164; Walter Jenkins to Thomas Finney, July 31, 1964, Johnson Library, White House Central File, Box 352, Folder PR 7/1/64-8/9/64。

44 出自：MIT Press, "Advance Information," undated but mid-1964, Burdick Collection, Box 34（含印刷樣本）。

45 出自：Edward Kuhn to EB, July 8, 1964, Burdick Collection, Box 35, Folder "The 480—Correspondence"。

46 出自：EB, *The 480*, 78-79。

47 出自：同上，250。

48 譯註：「打管」為注射成癮物質（「成癮物質」相當於目前成癮醫學界較不使用的貶義詞「毒品」）。由於原文「shoot up」為同義俚語，此處選擇以俗名對譯。

49 出自："Eugene Burdick's THE 480: A Novel of Politics," Press Release, June 24, 1964, Burdick Collection, Box 34, Folder "The 480—Correspondence"。

50 出自：Edward Kuhn Jr. to [Governor or Senator *********], June 1964, Burdick Collection, Box 34, Folder "The 480—Correspondence"。

51 出自：EB to Sonia Lilienthal (McGraw-Hill), May 18, 1964, Burdick Collection, Box 35, Folder "The 480—Correspondence"。

52 出自：EB to AS, November 13, 1958, Burdick Collection, Box 116, Folder "Nixon, Richard"。

53 出自：Orville Prescott,"'The New Underground' of Politics," NYT, June 24, 1964。

54 出自：Victor P. Hass, "The New Kingmakers," Chicago Tribune, June 18, 1964。

55 情節摘要指向了「模擬企業（Simulations Enterprises）這間虛擬公司（顯然不會有版權讓渡這回事），套用了現實中析模公司的概念」。出自："Behavioral Science Fiction," American Behavioral Scientist 81 (1964): 40。

56 出自：Ben H. Bagdikian,"Working in Secret," NYT, June 28, 1964。書評的對象《看不見的政府》由大衛・懷茲（David Wise）和湯瑪斯・B・羅斯（Thomas B. Ross）所撰。懷茲是《紐約先驅論壇報》華盛頓分局局長，羅斯則是《芝加哥太陽報》記者。出自：Pool Papers, Box 95（資料夾未命名）。

57 出自：Sidney Hyman, "If Computers Called the Tune," NYT, June 28, 1964。海曼進一步指出，析模公司的所作所為都記錄在歐布萊恩的選舉手冊中，而這項宣稱如果不是資訊不足，就是故意作假。歐布萊恩初試啼聲，是1960年大選時，他為甘迺迪陣營所寫的手冊更新版。舉例來說，內容有一頁半在談民調，但並未提及析模公司的分析手法。出自：[Lawrence O'Brien], The Democratic Campaign Manual, 1964 (Washington, DC: Democratic National Committee, 1964), 31-32。

58 文獻紀錄：「現在，我就像其他人一樣，喜歡受末日科幻故事挑動的感覺，我可以眼睛眨都不眨，整天都在讀科幻作品。不過，一開始就發現伯迪克先生似乎不懂政治學和政治科幻小說的區別，還真讓人不安呢。」出自：Irving Kristol, "Computer Politics," Observer, October 4, 1964。

59 出自：Rick Perlstein, *1964 Republican Convention: Revolution from the Right," Smithsonian Magazine, August 2008。

60 出自：Burns and Novick, Vietnam, episode 5。

61 出自：Isserman and Kazin, America Divided, 117-18。也請參閱：Fredrik Logevall, Choosing War: The Lost Chance for Peace and the Escalation of War in Vietnam (Berkeley: University of California Press, 1999)。

62 出自：Isserman and Kazin, America Divided, 134。

63 出自：Earnest N. Bracey, Fannie Lou Hamer: The Life of a Civil Rights Icon (Jefferson, NC: McFarland, 2011)。

64 出自：Fannie Lou Hamer, Testimony Before the Credentials Committee, Democratic National Convention, August 22, 1964。

65 出自：LBJ, Acceptance Speech, Democratic Convention, August 27, 1964。

66 出自：Clark Kerr, The Gold and the Blue: A Personal Memoir of the University of California, 1949-1967, vol. 2, Political Turmoil (Berkeley: University of California Press, 2003), 176。出自：Mario Savio, The Essential Mario Savio: Speeches and Writings That Changed America, ed. Robert Cohen (Berkeley: University of California Press, 2014), 11。

67 出自："Percentage, by Department, of Faculty and TA's Observing Strike," 1964: twenty-nine out

of thirty TAs in the Political Science Department did not cross picket lines. Free Speech Movement, Press Release, December 4, [1964]. "Of 637 demonstrators interviewed, 597 were students, which included 62 from Political science." Free Speech Movement: Pamphlets, Flyers and Bulletins, 1964-1965, Widener Library, Harvard University。

68 出自：Margot Adler, "My Life in the FSM," Adler to her mother, December 2, 1964, at nine p.m., in Robert Cohen and Reginald E. Zelnik, eds., *The Free Speech Movement: Reflections on Berkeley in the 1960s*, ed. Robert Cohen and Reginald E. Zelnik (Berkeley: University of California Press, 2002), 119。

69 出自：Ray Colvig, *Turning Points and Ironies: Issues and Events—Berkeley, 1959-67* (Berkeley, CA: Berkeley Public Policy Press, 2004), 93。

70 出自：Mark Kitchell, dir., *Berkeley in the Sixties* (First Run Features, 1990)。

71 出自：Colvig, *Turning Points and Ironies*, 79. Fred Turner, *From Counterculture to Cyberculture: Stewart Brand, the Whole Earth Network, and the Rise of Digital Utopianism* (Chicago: University of Chicago Press, 2006), 2 and ch. 1。

72 出自：Turner, *From Counterculture to Cyberculture*, 12。

73 出自：Ralph Gleason, "The Tragedy at the Greek Theater," *San Francisco Chronicle*, December 8, 1964。

74 出自：Kitchell, *Berkeley in the Sixties*。

75 出自：EB to Robert Scalapino, December 16, 1964, cc to Clark Kerr with a cover note, dated December 19, 1964, Burdick Collection, Box 51, Folder "General Correspondence, January-June 1965"。

76 那年春天，伯迪克於柏克萊收集的素材中，在頁面邊緣用鉛筆寫了個字：「偏執」(Paranoid)。出自：Berkeley Citizens' Committee of Inquiry, April 22, 1964, Memo and Informational Flyer。也請參閱：David Andrews to Thoughtful Citizens Concerned About American Freedom, Memo（未註明日期）。均位於：Burdick Papers, Box 116, Folder 46。

77 出自：Robert Scalapino to EB, May 12, 1965, Burdick Collection, Box 51, Folder "General Correspondence, January-June 1965"。

78 出自：EB to Robert Scalapino, December 16, 1964, from the Savoy Hotel, London, and Scalapino to Dean William B. Fretter, Sproul Hall, with a cc to EB, January 21, 1965, Burdick Collection, Box 51, Folder "General Correspondence, January-June 1965"。

79 出自：Logevall, *Choosing War*。

80 出自：Isserman and Kazin, *America Divided*, 137。

81 出自：Martina E. Greene to EB, May 20, 1965, and EB to Greene, June 3, 1965, Burdick Collection, Box 51, Folder "General Correspondence, January-June 1965"。

82 出自：R. L. Sproull (ARPA), to Simulmatics, October 6, 1964, Pool Papers, Box 143（無資料夾）。

83 出自：EB to Bruce M. Polichar, June 1, 1965, Burdick Collection, Box 51, Folder "General Correspondence, January-June 1965"。

析模公司越南小組制服臂章（1966年）。

PART
3

心靈與心智
Hearts and Minds

空投汽油彈的，是機器人。它們一沒意識，二沒迴路，
所以無法想像地面上的人類會怎樣。
——1969年，寇特‧馮內果（Kurt Vonnegut），
《第五號屠宰場》（*Slaughterhouse-Five*）

CHAPTER

10

夜幕下的大軍
Armies of the Night

越南是我們有過最佳的社會科學實驗室！

—— 1966年，伊塞爾·德·索拉·普爾

Courtesy of Maureen Shea

1966年，析模公司攝於越南西貢。莫琳·謝伊為左邊數來第四位。
菊秋陽為左邊數來第二位。山姆·波普金為後排右三。

「你們的乖女兒順利抵達西貢囉。」1966年8月16日，莫琳・謝伊（Maureen Shea）寫了封家書。這一天，她來到越南，這塊有著靛藍色海灣、黃綠色叢林、水稻田和泥土路的國度，道路兩端是成排香蕉樹，樹頂活像拖把。她23歲，身形嬌小，身穿一襲無袖連衣裙，腳踩一雙磨損的涼鞋，頂著侍童般的髮型，臉上掛著一抹慧黠的笑容。大學畢業後，謝伊搬到紐約，公寓鄰居向她介紹了這個派駐越南的工作，由於只有她應徵，因此她順利入選。大學時，謝伊曾在巴黎待了一年，能說法語；析模倒是沒有建議她學越南話。謝伊打包行李時，還放了花生醬。[1]

她搭乘軍機飛到越南，途經菲律賓的克拉克空軍基地（Clark Air Base）。軍機目的地是空軍基地新山一（Tan Son Nhut），由法國人建於1930年代，起初作為簡便機場。從空中就看得出，越南這塊土地先後承載著中、法、日、又是法國，以及美國等外力前仆後繼統領失敗的遺緒。二戰期間，日軍將這座起降用的簡便機場作為運輸基地。戰後，越南再次受到法國殖民帝國的強權侵擾，此處擴大成為軍事基地。1960年代，隨著美國深入投入越戰，新山一可說是全球最繁忙的機場，轟隆作響的噴射引擎聲像是雨季時的大雨。不過漫長越戰中，聲聲入耳的是直升機旋翼那「咻　、咻　、咻　」的噪音，好比揮之不去的咆哮。

只見謝伊的班機落地滑行，直至不動。她在第一封家書中寫道：「周圍淨是空軍轟炸機和直升機，我們漂亮的噴射機要降落有點難呢，但我們辦到了。」一輛車子在機場接了她，載她到一條法國人稱為「卡蒂納街」（Rue Catinat）、但越南人改名為「自由之街」（Tu Do）的大道。她穿過一輛輛自行車和電動三輪車、索雷克斯機車、雷諾計程車、寶獅雪鐵龍，以及美國陸軍卡車。她在信中這樣形容電動三輪車：「天曉得它們是燒什麼來發動的，但會噴出很濃的黑煙。」）這些運具活像穿過莽原的一群群羚羊、

瞪羚、水牛、牛羚、斑馬和犀牛。謝伊在家書中說：「法國人大發慈悲，把他們出色的交通品味留給越南。每一條街都像凱旋門。」〔2〕

　　頭一晚，她下榻位於「城內的酒吧區」自由之街上的「西貢宮」（Saigon Palace），同處一室的還有蜥蜴和老鼠各一隻。〔3〕隔天，謝伊在西貢市內繞了一圈。《華盛頓郵報》戰地記者沃德・賈斯特（Ward Just）曾將那年夏天的西貢描述為「集1930年代的維也納、1940年代的倫敦、1950年代的阿爾及爾」之大成。〔4〕謝伊年輕、認真，但沒有少不更事。她注意到每樣東西都有三個價格：「一是越南價，二是法國價，三是美國價，依序愈來愈貴。」她會用法國價買東西。〔5〕

　　她聽得見遠處如夏雷般隆隆貫耳的轟炸聲；一台台坦克駛過街道，發出巨響，揚起的塵埃恰似一朵朵雲；沙包作為路障，擺滿了美軍和GVN的軍事建築；GVN就是越南政府（Government of Vietnam）。那年頭，什麼都要來個縮寫：縮寫是ARPA的國防高等研究計畫署座落在河畔碼頭，辦公據點位於白藤碼頭（Ben Bach Dang）4A號；縮寫是JUSPAO的美國聯合公共事務辦公室在黎利路（Le Loi）和阮惠路（Nguyen Hue）轉角處〔6〕；蘭德智庫（RAND）租用的辦公室位於巴斯德街（Pasteur）176號，是兩層樓的法國別墅，由一道十英尺的混凝土牆增加防禦縱深，牆上設有帶刺鐵絲網。〔7〕IBM總部是有設防的別墅，在米蘭飯店（Milan Hotel）對面的明命巷（Minh Mang）115號，離張進寶路（Truong Tan Buu）不遠。IBM員工在別墅院子內設了槌球球道；那院子一到季風季節就會淹水，此時IBM員工會戲稱為「沃森湖庭院」（Lake Watson）。美國軍事援越司令部（MACV，Military Assistance Command, Vietnam）俗稱「東方五角大廈」（Pentagon East），最初據點是公理路（Công Lý），但後來搬到機場附近更大的建築，目的或許是為了有空間設置IBM電腦室，由MACV資料管理機構經營。MACV資管機構每天列印

的報表重量超過一千四百磅，運送時簡直像在搬一籃籃的米。[8]

美國空軍汰換掉 IBM 1410，這是 1962 年《紐約時報》於美國大選之夜時使用的型號。美國運來的新主機裝了足足十八個木製大貨箱，員工將外包裝一層層褪下，好似蛇脫皮一般。八天後，空箱不翼而飛，原來是被多戶越南人家搬走。越南家庭可說是越戰難民中最貧窮的族群，他們帶走空箱改造成棚戶般的房子，也因此房子玄關刻有「IBM」字樣，顏色就是 IBM 商標的經典藍。[9]

謝伊抵達越南時，析模公司團隊多數員工早已來到當地。普爾這年 48 歲，頭髮日益稀疏。他是在 6 月 26 日來到西貢的[10]；謝伊和普爾碰面後，對雙親說：「他很迷人。」[11] 普爾原本受託帶領國防部的行為暨社會科學計畫（Behavioral and Social Science Program），但他推掉了，因為他想來西貢的東方五角大廈。[12]

普爾將析模公司的未來賭在越南上。他賭的這一把，初期似乎是明智之舉。析模進軍越南的頭一年，獲利為其歷史上單一年份最高。[13] 析模打算徹頭徹尾摸清越南人的心智和思維。

■ ■ ■

美國進軍越南，是人類首場由電腦發動的戰爭。先前於二戰時，電腦曾用於彈道瞄準和破解密碼，但從未用於籌畫和發動戰爭。[14] 以「若則」假設分析來看：若軍隊人數 x，坦克數 y，則傷亡人數會是 z。若電台廣播次數 x，手冊數量 y，則叛逃人數會是 z。一而再、再而三地模擬運算，形同一場無盡戰爭的無限迴圈。

這場戰爭，是電腦之戰，也是麥納瑪拉的戰爭。談到軍事計畫時，麥

納瑪拉會說：甲行動勝率65％，乙行動勝率30％云云，好似預測都能化為精確的數據。鮑爾則會講出更精確的數據來消遣麥納瑪拉，說甲的勝率該是64％，乙是29％才對。麥納瑪拉對鮑爾的幽默可不買單。[15]

麥納瑪拉外型像十九世紀的銀行家，頭髮往後梳，戴著眼鏡，肩形渾圓。高華德給他起了「人體IBM」這個綽號。這渾名不是叫好玩的[16]，麥納瑪拉還真打算將軍事精簡成一門電腦計算科學。他曾就讀哈佛商學院，先前擔任過福特汽車公司總裁，帶領福特的期間，便曾利用電腦跑系統分析。麥納瑪拉將此做法帶到國防部[17]，詹森的助理曾形容他「好比亞瑟王鍛鑄石中劍一般，打造電腦和相關數據」。[18]言下之意，他好像在施魔法。

麥納瑪拉將其系統分析化為「壓制政治反抗運動」的理論。他和普爾這類冷戰鬥士認為，冷戰的核心問題源自發展中國家的政治革命，而這些革命是蘇聯或中共煽動的叛亂。政治反抗運動的始作俑者，來自蘇聯或中共的煽動。在壓制政治反抗運動時，既能以拿下戰役、捕捉戰俘和攻破游擊戰等軍事方式策劃，也能採取行為科學的路線，對此，麥納瑪拉習慣稱為「心靈與心智」（hearts and minds）。[19]普爾則認為，因應政治反抗運動時，上上之策並非「壓制」，而是「未雨綢繆」。1961年，美國政府的首要之務，是阻止拉丁美洲遭到共產黨赤化。為此，普爾去信甘迺迪政府，說信中的提案能預測發展中國家的政治反抗運動。析模公司隨後展開一系列行為科學實驗，首先簽約的合作案，便是針對拉丁美洲政治反抗運動的大規模壓制。1963年，析模公司派出三人前往委瑞拉首府卡拉卡斯；他們在當地的工作場所是發展研究中心（Centro de Estudios del Desarrollo），不但是委瑞拉中央大學（Universidad Central de Venezuela）關係單位，也和MIT的國際研究中心長期合作。三人的目的不外乎是模擬委內瑞拉的整體經濟[20]，為

此，他們計畫將委內瑞拉相關的所有可用經濟數據，輸入至位於麻州劍橋的電腦，執行模擬程式，並根據實際執行數據，為委內瑞拉政府提供經濟發展的解決方案，以協助委國免遭共產革命染指。[21]不論在政治層面還是外交層面，析模公司的計畫都頗有間諜行動的味道，也帶有一觸即發的性質。「大家在委內瑞拉都非常焦慮。」伯恩斯坦於家書中說道。他心情愁苦，基於思家之情而從卡拉卡斯寫信給愛妻；他的妻子此時在布魯克林照顧兩人剛誕下的寶寶。[22]伯恩斯坦當初為IBM設計下西洋棋的程式時，可沒料到要來委內瑞拉做這種工作。

1964年，在普爾帶領的委員會發表一份報告之後，美國陸軍宣布啟動「卡美洛專案」（Project Camelot）。專案名稱用典自亞瑟王傳說，以紀念遇刺的美國總統甘迺迪。這是美國史上最大的行為科學研究專案，相當於析模公司委國行動的大型版本。卡美洛專案的協助籌劃者有科爾曼、德．葛拉西亞等析模公司現任員工，不久之後也加入析模的其他成員。不過，專案企劃書卻僅引用某一學者的研究：普爾。[23]軍方的說法是：「卡美洛專案的研究目標，是判定能否開發一個通用的社會系統模型，來預測與影響全球發展中國家的社會變遷中，重要的政治面向。」[24]

卡美洛專案之於政治反抗運動，好比SAGE（半自動防空管制環境）之於核打擊，本質上都屬於早期示警系統。專案的行為科學家會收集數據，設計出電腦模型，模型必須「及早發現和預防引發（政治反抗運動）之因子」。[25]卡美洛專案預算為六百萬美元，最初針對拉丁美洲，並預期增額至五千萬美元；若換算為2020年現值，約四億美元。當時這筆錢足以使美國拿下的倒不是軍備競賽，而是專案負責人所說的「心智競賽」（The Minds Race）。[26]

伯恩斯坦在委內瑞拉並未久待，但他先前的焦慮無可厚非。透過電腦

模擬來建立大規模社會系統的模型，會需要設定形形色色的目標和大膽構想，但卡美洛專案的用意，儼然是左右其他國家的政經發展方向，其目的不僅是要壓迫革命，還要壓迫政治表述本身。卡美洛專案為人所知後點燃了政治風暴。早在1965年，有位智利人類學家將該專案告知在首都聖地牙哥的同事後，智利參議院便發出譴責。美國也不例外。最著名的是參議員J‧威廉‧傅爾布萊特（J. William Fulbright）。傅爾布萊特對越戰持批判立場：「在卡美洛專案的『壓制政治反抗人士』概念中，隱含的假設是革命運動會危及美國利益，且即使美國未實際參與，也必須協助平定。」〔27〕

多位美國學者也譴責卡美洛專案，批判其代表軍方從事帝國主義、電腦建模和行為科學。人類學家馬歇爾‧薩林斯（Marshall Sahlins）在美國人類學協會（American Anthropological Association）發表演講，題目為「既定秩序：請勿把我彎曲、旋轉、毀損」，此題名是向柏克萊大學言論自由運動中標舉的訴求「反電腦打孔卡分析」致敬。會中，薩林斯將卡美洛專案的興起稱為「陷阱和妄想」，並警告「冷戰研究人員恐怕是權力的僕人，他們立場是在吹捧對國家沒有幫助的科學或公民精神」。〔28〕薩林斯這番話說穿了，就是在針對普爾。1965年7月，國防部由於無法（或不願意）為卡美洛專案背書，而終止這項計畫。

此舉並未平息眾議。同年年底，美國議會以「行為科學和國家安全」為主題召開公聽會，會中明白指出，除了國防和情報圈子，鮮少人知道析模公司研究對政治反抗人士的壓制，而五角大廈內對此倒是知之甚詳。西摩‧戴契曼（Seymour）為國防部特別助理，負責業務為壓制政治反抗運動，公聽會中，他曾妙答眾議員但丁‧法賽爾（Dante Fascell）的問題。法賽爾是佛羅里達州的民主黨人，身兼委員會主席。針對「行為科學領域的軍用分析」，法賽爾逼問戴契曼有關電腦使用的問題。

戴契曼：關於在行為科學領域使用電腦一事，目前很多研究執行中。

法賽爾：在哪裡？

戴契曼：在國防部。

法賽爾：我剛就在問這個。

戴契曼：特別是我們目前觀察到的用途，非常明顯，也是你投入的領域。

法賽爾：你指的是？

戴契曼：儲存和擷取許多地方、書本、論文等等素材裡面已經有的資訊。講到分析，電腦能不能派上用場，一點都不清楚。我們正在大量探討這一點。

法賽爾：有間業界組織叫「析模公司」，他們或許能給你某些想法。

戴契曼：我們非常清楚這點。〔29〕

由於卡美洛專案，許多行為科學家無法再拿到國防部的委託研究費。這邊說的可不是普爾。多年前，普爾還因為遭疑是共產黨員，而未通過國安資格審查；他早已不是當年那個焦慮的年輕人，已經堅定新的立場許久，他會像穿戴一堆緞帶和獎牌一樣，戴著他的反共認證。1966年也是美國參與越戰的轉捩點；普爾個性固然溫和有禮，倒是很激情地研究對政治反抗運動的壓制，以及社會科學家所扮演的助手角色。普爾曾盛怒之下寫出〈為政府進行研究的社會科學家：論其必要性〉一文，文中堅稱沒有什麼東西比卡美洛專案一類計畫更崇高、更明智、更真實。

普爾將社會科學描述為「20世紀的新人文科學」，他表示，過去政治家會諮詢哲學家、文學家和歷史學家，而冷戰時代的政治家必然得探討行為科學。普爾認為，「麥納瑪拉革命」重新塑造了「美國國防政策，其重

塑的依據，為1950年代後期於蘭德智庫公司萌芽的一系列觀念」。面對「一是道德主義，二是依照社會科學制訂政策」的二擇一選擇時，普爾欣然指出，國防部長拒絕人文學科和道德主義，選了行為科學和理性。〔30〕

越戰愈遭人唾棄，普爾就投入愈深；他不僅愈往五角大廈靠攏，也愈深入白宮圈。他開車前往白宮所在的賓夕法尼亞大道1600號時，有時會帶上幼子亞當，並將他放在橢圓形辦公室；亞當會坐在詹森的椅子上假裝是美國總統。有一次，普爾在一場政治學系的棒球賽中腿部骨折，之後無法去華府開會，結果勞駕國安顧問邦迪和國防部長麥納瑪拉前往劍橋區，改成在他家後院開會。普爾家在厄文街上，兩戶之外便是史蒂文森和故甘迺迪總統曾經拜訪的史列辛格宅邸，那是才沒幾年前的事，如今美國已時移世易。〔31〕

■ ■ ■

一般戰爭中，軍隊戰勝的方式是取得領土，並透過戰線的移動來評估戰情進度。而在壓制政治反抗運動時，行動目標並非真要取得領土，因此難以評估戰情。越戰時，國防部在麥納瑪拉的執掌下，決定將戰情標準設為反抗人士遭殺害的人數。這種量化方式反而鼓勵濫殺，包括屠殺平民。不過，麥納瑪拉領銜的國防部很難算出「未遭赤化的人口比例」。他們無法達到「摸透人心」的目標。為此，國防部需要招攬服務於蘭德智庫（以及析模公司）這種單位的行為科學家。

負責研究壓制政治反抗運動之行為科學的，是國防部國防高等研究計畫署，尤其是於1961年特設的「迅捷專案」（Project Agile）。有了迅捷專案的資金挹注，蘭德智庫於1964年將一支研究團隊派往西貢，目標是針對

「動機與士氣」（M&M，Motivation and Morale）這項研究，訪談北越人，以及越共的囚犯和叛逃者，以期回答麥納瑪拉的問題：「越共是什麼人？他們的行動動力是什麼？」M&M研究的早期結果顯示，越共的棘手程度遠超乎美軍任何人所能預見。〔32〕

　　當初，M&M研究或許在說服詹森放棄越南，結果卻事與願違。詹森反而決定視而不見。詹森的國務次卿喬治・鮑爾閱讀了M&M研究，得出的結論是無法打贏越戰。1965年，鮑爾向詹森書面報告，指出蘭德智庫研究顯示西貢政府是笑話，越共很強大。鮑爾寫道：「美軍在南越密切投入登陸戰一事是誤判，後果很難收拾。如果要伺機技術性撤退，就是現在了。」鮑爾是詹森政府中，在正式文件裡引用M&M研究的最後一人。〔33〕

　　說歸說，M&M研究還是使麥納瑪拉緩了下來。越南軍事援助總司令威廉・魏斯特摩蘭將軍（William Westmoreland）要求加派十萬美軍時，麥納瑪拉告知詹森他面臨二擇一：一是和平協議，二是增兵。他也警告詹森，美軍的勝率了不起就三分之一。詹森決定增派部隊。〔34〕

　　不過，要管理更多部隊，要有更快的電腦、更出色的模擬能力。1964年年底，國防高等研究計畫署告知析模要採取一項新作法，即探索使用動態模型能否提升電腦模擬的水準，達成壓制政治反抗運動的目的。動態模型要比析模先前的作品來得複雜。析模公司從前是以電腦程式進行模擬：建立一個虛擬族群組成的擬真世界，接著跑問題，一次性測出各種變化的結果。動態模型則是建立一個擬真世界，並將其設定為自行運作。詹森先前已轟炸北越，派了海軍陸戰隊，也派了陸軍戰鬥部隊，美國仍然在越戰中節節敗退。國防高等研究計畫署希望招攬懂電腦運算的行為科學家設計出一種機器，讓該機器思考這場使詹森政府陷入困境的戰爭。國防高等研究計畫署說明：「目標是讓實驗人員能親眼看到模型模擬的過程；觀察變

數和參數更改後的影響；並快速、連續地嘗試替代的模型結構；簡言之就是自由探索模型的模擬過程，並透過先進的計算設備和技術，展開有創意的思考。」〔35〕目的是設計一款即時戰爭遊戲。

蘭德智庫從西貢的別墅展開新研究「因子和內容分析」，分析對象即為越南戰情。來自哥大的年輕科學家喬爾・愛德曼（Joel Edelman）曾於蘭德智庫航天部門服務，也受託初步設計一個電腦程式，據他後來描述，「這個程式要能透露趨勢發展，並針對人類期望的方向給出一些預測——也就是分析人類評估事物的進程。」蘭德智庫研究人員收集以下項目的各種數據：搏鬥事件、戰死比例、投入人數、投票趨勢、天氣、月之盈虧，以及報紙報導。對於這些資料，他們聲稱「找到了編碼方法」。愛德曼說：「你能想到的，我們都有資料。他們連越南的阿貓阿狗都納入數據。」然後他們編寫了一個比蘭德智庫過去試作品更大、更複雜的程式；這台預測機器，是越南版的仿人機。

人的動機無邏輯可循；人的苦痛無法計量；人的戰爭更非道德產物——綜此，由於FORTRAN語言的邏輯運算能力弱，其系統分析確定無法考量到這些面向。蘭德智庫的程式在IBM 7090上執行時一直當掉。愛德曼談到其產出的結果，表示回頭來看雖然精確（precise），但未必準確（accurate）：「從運算結果可以得知局勢，精確到小數點第二位，但我們不知道是否真是如此。」整個過程讓愛德曼非常痛苦，之後十多年間，他仍對電腦避之惟恐不及。〔36〕

他們不斷計算，算了又算。南卡羅萊納參議員弗里茲・霍林斯（Fritz Hollings）造訪西貢時，魏斯特摩蘭將軍（General Westmoreland）告訴他：「每十個人我們會殺掉一個。」在魏斯特摩蘭將軍帶領下，敵方死亡人數節節攀升，但對霍林斯來說，這些數字就算正確，這麼做仍是錯的。霍林斯回答：

「美國人不會在乎十個當中的那個『十』，他們在意的是那一個死者。」[37]魏斯特摩蘭將軍對這句話左耳進右耳出。

1962年年初，麥納瑪拉便宣稱：「我們手上的所有量化工具都顯示，我們會打贏。」美軍於1966年開始撤軍，而麥納瑪拉在1965年便預測：「所有的測量結果都指出會獲勝。」然而《華盛頓郵報》戰地記者沃德・賈斯特指出這項預測毫無意義。賈斯特1966年在越南時因手榴彈爆炸而受傷，隔年離開該國。他的報導挖苦麥納瑪拉：「他想要一種新算法，更像是一種新的微積分，用來算出變化值與變化值幅度，以便在一場沒有前線的戰爭中算出軍情進展的幅度（無論是否有進展）。」不過根本沒有方法能算出麥納瑪拉最渴望的目標。賈斯特的文章反問：「要如何量化計算被動的抵抗？」[38]北越能撐多久？我們何時能贏？這些問題沒有答案。

越戰考驗了麥納瑪拉的政策，以及蘭德智庫和析模的行為科學：以數字來決策，在不考量人性的情況下獲取知識，並將未來以數字呈現。後來它失敗了，但並未消失殆盡。到了21世紀，行為科學數據打造了我們的日常生活、政治、戰爭、商業———切的一切。

■ ■ ■

1966年年初，普爾開完一連串會議後，在華盛頓的機場拔腿狂奔，撞到施特恩・史登（Fritz Stern）。史登是哥大的歷史學者，出生於波蘭，學術研究主題是納粹的興起；普爾停下來向對方打招呼。當史登說到他先前都待在華府抗議越戰時，普爾坦言震驚，並提出異議：「越南是我們有過最好的社會科學實驗室！」[39]

在析模公司，越南這座實驗室已規劃多年。戴契曼從1964年以來，

便主導國防高等研究計畫署對於政治反抗運動的壓制作為。卡美洛專案產生爭議，多間大學又日益反對美軍參加越戰，戴契曼了解到大學學者夾在雙方之間，大都不再願意接受國防部的委託案。此時，類似析模公司的企業願意跳出來，便顯得格外有吸引力；析模將美國最頂尖的一些行為科學家引介給國防高等研究計畫署，且不需要和大學直接簽約。[40]

伯恩斯坦早先寄給戴契曼一份研究企劃案，探討都市的政治反抗運動，他寫道：「近年來，已有許多研究人員探討壓制政治反抗運動，而目前為止的游擊戰，其實大都發生在熱帶地區的鄉間。不過，無法肯定現況不會改變……我們遲早會發現，自己終有一天得在西貢、加爾各答或馬尼拉這樣的地方戰鬥，或是支援戰鬥。」伯恩斯坦提案用電腦運算分析從空中拍攝的偵查照片。國防高等研究計畫署並未資助這項企劃案[41]，反倒主要和析模公司簽約合作，研究國防部的心理戰行動，為期四年，補助金達數百萬美元。析模駐紮越南時就像在美國境內一樣，自己從未有過電腦設備，而是執行研究、製作報告，協助國防高等研究計畫署更善加利用其電腦設備，以及蘭德智庫撰寫的動態模型程式。

析模公司的研究方法以問卷調查為大宗。公司的科學家應該實際田野調查，進行訪談、施放問卷，以磁帶錄音，並將錄音帶帶回西貢，由謝伊等行政助理謄稿，再交由研究人員統計其結果。國防高等研究計畫署期望析模公司的頂尖科學家能撰寫這類報告。

普爾主導整個企劃的研究，並希望MIT放暑假時，他能外派越南。他的研究自1966年夏天正式開始。6月16日，他帶妻子琴和8歲的兒子亞當離開劍橋區，到夏威夷度假、看海豚、游泳，然後造訪日本京都，欣賞宮殿和寺廟。普爾接著去西貢，琴和亞當則飛往香港。普爾會在週末去香港找妻小，或三人另外約在菲律賓。他常寄家書，文字且透露關愛之意，

記錄自己駐越的點點滴滴；另一方面，他也寄信給人在紐約的格林菲，以及在華府的戴契曼，內容也是駐越報告，但更加正式。

普爾本身遊歷豐富，而他並不喜歡西貢：「這座城市既溼又熱，既破舊又受盡折磨，被戰爭摧殘殆盡。」不過，由於普爾將美國參加越戰視為成功之舉，他也認為西貢這座城市「令人感動又振奮」。他形容：「美國人在這裡實踐的理想主義實際上是很出色的。美國人一天工作十二小時，一週工作七天，對越南人表現出極大善意。最驚人的是，許多證據顯示，真正支持越共的人非常少。」[42] 普爾在報告中說：「我們會贏。」他告訴自己，我們會贏。

普爾抵達越南後沒幾天，析模公司田調團隊也來到西貢，開始前往鄉間展開訪談。[43] 或者說，他們是來督導進行訪談的越南口譯人員（主要是大學生）。據田調團隊於第一年夏天回報：「在越南，投票和調查的研究比最初想像（或比多數人想像）的內容還容易得多。就像其他國家，雖然也有所保留，但民眾幾乎毫無保留地批評政府，大方說出自己的期望。」[44]

更為敏銳的一些美國觀察家不同意前述觀點，其中最犀利的是弗朗西絲·費茲傑羅（Frances Fitzgerald）。費茲傑羅是美國記者，年輕，頂著一頭紅髮。她的母親過去長期是史蒂文森的情婦（史蒂文森在1965年死於心臟病發，病發時正與費茲傑羅的母親一同走在倫敦街道上）。1966年初，時年26歲的費茲傑羅便從越南發出報導。[45] 她在以越戰為主題撰寫的獲獎著作《湖中之火》（*Fire in the Lake*）中提到：「蘭德智庫和析模公司的年輕人開著 Land Rover，穿梭於越南鄉間，研究『鄉村精英的向上流動性』或『土地改革與農民政治動機之間的相互關係』」。費茲傑羅發現，她之所以能和越南農民攀談，是因為農民認為她不可能是特務。一來她是女性，二來她來到當地時並非乘坐軍用吉普車。而他們對於蘭德智庫和析模公司年輕

研究員的看法，可就不一樣了。「農民想必會猜：『又來個美國佬，八成是CIA的人。』而如果你四周都有軍方人馬護送，要做好訪談根本是天方夜譚。民眾這時候只會閉嘴。」[46] 費茲傑羅認為，蘭德智庫和析模公司的年輕研究員天真、自負、自以為是；他們的研究一無是處。費茲傑羅如此嘲笑他們的荒唐預測：「想都不用想，他們會一面清空M/45衝鋒槍的彈匣，一面有點不知天高地厚地說：『要是越南政府知道南越地方軍和南越民兵的實力，那麼不用幾週，就能剿清村層級的低階越共份子了。』」[47]

其實蘭德智庫和析模的年輕研究員倒也不是全都如此傲慢。普爾的學生中有幾位發展前景備受看好，波普金是其中之一；他也於1966年前往西貢。在許多人看來，波普金就像個緊張的大孩子，這一點頗像赴越的多數士兵、水手和海軍陸戰隊員。他固然知道普爾的軍事工作有爭議，但他欽佩普爾的公正感、求知欲——以及幽默感。有一次，一名左派教授升等時，普爾的一些同事抱怨此人過於激進。普爾打趣道：「聽好，他不過是寫《共產黨宣言》（*Communist Manifesto*），我們才投票讓他升助理教授；等哪一天他寫了《資本論》（*Das Kapital*），我們就給他終身職吧。」[48]

波普金抵越之前還認為，他在越南遇到的所有美國人，都會盡力幫助南越努力維持自北越獨立。波普金有個就讀威斯康辛大學的弟弟，因為反對越戰而鋃鐺入獄。波普金也認為美國出兵越戰不具正當性。對他而言，研究越南，是避免投入越戰的一種方法。當時他大學畢業，因為還未讀研究所，所以可能入伍。由於他以析模公司員工的身分赴越，國防部准許緩召。他認為析模的研究有助於說服詹森政府改變路線，停止投彈。[49]

波普金抵越不久便自西貢寫信回家，當中提到：「連在越南待了一個多月、深入接觸當地人的人，都無法簡單回答任何問題。」某日，他在市中心泡了一整個下午，和民眾一起看《蝙蝠俠》（*Batman*）。《蝙蝠俠》是

1960年代中期的電視節目，走古怪搞笑的風格；民眾透過放在一座迷你寺廟模型中的21吋電視機，觀看越南語配音的《蝙蝠俠》，看得不亦樂乎。波普金在家書中寫道：「身為美國人，既沒武裝，也沒撒錢，我用這樣的條件創下『摸透最多人心』的個人單日紀錄了。」[50]

波普金在西貢時，聽了很多丹尼爾・艾斯伯（Daniel Ellsberg）的事。艾斯伯先前長期擔任蘭德智庫的分析師，並曾於海軍陸戰隊服役，在愛德華・蘭斯代爾上校的手下做事。蘭斯代爾為 CIA 幹員，曾於 1954 至 1957 年執行心理戰任務；他曾以為自己就是格雷安・葛林 1955 年的小說《沉靜的美國人》中那位美國人，其實不是；不過伯迪克於 1958 年推出的小說《醜陋的美國人》中，艾德溫・希倫代爾（Edwin Hillandale）這位英雄角色，確實是以蘭斯代爾為原型。伯迪克筆下的希倫代爾曾說：「每個人和每個國家都有一把鑰匙，能夠打開他們的內心。」[51]1961年，艾斯伯曾短暫造訪越南，隔年於哈佛大學獲得經濟學博士學位，並於 1964 年進入美國國防部，負責分析越南，是不折不扣的冷戰鬥士。[52]1966年，當時艾斯伯34歲，他會帶著槍和手榴彈前往鄉間巡邏，追求戰鬥的快感，有時甚至用了迷幻藥。蘭斯代爾曾警告他：「別再玩士兵遊戲了，」後來波普金曾這樣說道，「如果你處於黑暗中心的附近，稍一不慎，黑暗就會改變你，」「要變成艾斯伯那樣不難。」[53]

波普金自己倒沒有變成艾斯伯那樣。他只是單純害怕，混合著天真、困惑、焦慮和動搖。他和手下五名越南口譯員曾經到一座村莊，當時遭到南越砲擊，村長的妻子喪命，兩名子女負傷；波普金設法透過急救車將他們救出。[54]他因此很快就看清局勢：越南的戰況早就不對勁了。

■ ■ ■

　　菊秋陽（Cuc Thu Duong）於1966年擔任析模公司口譯員，美國同事都稱她「菊小姐」，普爾則稱讚她是「我們最好的訪談者」。[55]菊秋陽當時26歲，身形苗條，留著長及下巴的波浪狀短髮。她信奉佛教，訂婚對象超世良（Sieu The Luong）曾就讀哈佛，擔任過吳廷琰總理的顧問。菊秋陽的父親在她為析模公司服務後不久身亡，由於菊秋陽還在服喪，所以她與未婚夫的婚事延宕。她的父親是革命家，反對法國，但也反對共產主義。菊秋陽跟隨父親的腳步，她說：「我覺得自己也在為和平奮鬥，沒有共產黨的和平。」由於菊秋陽為美國人工作，她在西貢的熟人都討厭她、鄙視她。菊秋陽痛恨共產黨，她認為美國能協助滅共。不過，後來她終於明白，析模公司根本無濟於事。[56]

　　普爾從軍方訂購了基礎越南語課程，含六十捲錄音帶，但如今少有證據顯示，析模公司旗下的任何美國人能說個幾句越南話[57]（普爾在這方面數據紀錄有誤，之後受到國防高等研究計畫署調查。舉例來說，普爾聲稱有個美國女研究員曾在西貢大學交換學生三年，實際上她在該大學待不到一年，且事後證明她無法用越南語在餐廳點餐。[58]）析模的美籍員工沒有學越南話，而是聘請菊秋陽等越南籍口筆譯人員。

　　析模的美籍和越南籍員工均穿制服，色調採幼童軍制服的藍色，制服臂章為橢圓形，顏色是向日葵黃，繡有一對錄音機捲盤、一頂越南農帽，以及「SIMULMATICS SAIGON」（析模公司越南工作小組）字樣。[59]要說美、越員工有什麼相似之處，也就只有穿上制服的時候了。

　　對於公司執行的研究，析模既沒有與菊秋陽或任何越南籍口譯人員商量，也沒有做任何解釋。這令菊秋感到惱火。訪談團隊前往村里展開田調時，析模的行為科學家會身穿類似軍裝藍的襯衫，且交通工具要不是軍用直升機，就是美國陸軍的卡車；下榻的地方也往往是軍官宿舍。賈斯特指

出，這群科學家給大家的印象是：早上在別墅醒來，穿上藍色的非洲野外探險服，奔往甲地或乙村訪問若干村民，然後就想著回西貢吃晚餐。[60]越南籍翻譯人員則是住在軍營，過著士兵般的生活。[61]

　　菊秋陽認為，公司提供的訪談問題空洞而沒有意義。析模公司的問卷希望菊秋陽如此訪問受訪者：「我們人都想要從生命中追求某種東西。思考一下你人生中具有重大意義的事物，你對未來有什麼期許和希望？也就是說，如果你最終能獲得幸福，你所能想像最好的未來，會是什麼樣的光景？」[62]

　　多數人的答案是：「我們希望和平。」

　　「但那代表什麼呢？」菊秋陽應該這樣問，「什麼是和平？是我們的和平？還是越共的和平？」

　　村民不會回答。村民會說的，是他們認為訪問者想聽到的答案。村民還能給什麼其他答案呢？

　　菊秋陽認為這種訪談無濟於事。析模的研究人員來到當地、進行訪問，回去時不是坐上直升機，就是爬回軍用卡車。這群研究人員是外人，根本沒人想對外人掏心掏肺。菊秋陽認為，析模公司不會有任何斬獲。[63]

■ ■ ■

　　析模公司在越南的研究不太順利。文獻紀錄中，國防高等研究計畫署談及和析模的合作案時，大吐苦水，多數是在指控析模公司行為科學家執行專案時指導無方；雙方合作之前，該署期待析模派的行為科學家可不是這種等級。

　　除了普爾，創辦析模公司的科學家中，沒有人同意去越南。普爾和格

林菲找來二流科學家，以及根本不是科學家的人：有的怪裡怪氣、有的過氣、有的是其他單位不要的人。析模公司最初的西貢研究案之一，是探討南越地方軍（RF）和南越民兵（PF），由德州大學心理學家菲利普・沃歇爾（Philip Worchel）帶領。英文中，兩者（RF/PF）發音會合稱「Ruff Puff」。他們由一團團民兵組成，並未加入軍隊，但會保衛村莊。沃歇爾團隊花了半年訪問1,300名南越地方軍和民兵、其妻子和村民，內容含心理測驗與訪談；團隊找來翻譯人員合作，通常是越南籍大學生。波普金聽到謠傳，說沃歇爾先前兼差，幫人寫些不入流的文章，上一份工作還是被趕走的。[64]儘管對於探討南越民兵和地方軍的研究多所抱怨，由於國防高等研究計畫署比析模公司更缺人手，終究還是委託了沃歇爾，請他在西貢帶領旗下的行為科學研究。[65]

另一項析模公司的早期國防高等研究計畫署研究，主持人是華特・史洛特（Walter Slote），他是紐約的心理分析師，也是格林菲的友人（格林菲外遇對象娜歐蜜曾和他參加一場派對，娜歐蜜便是在會場上認識史洛特的。她告訴我，史洛特的豐功偉業便是和他的多名個案上床）。[66]在國防高等研究計畫署的資助下，析模公司幫史洛特買機票飛往西貢。史洛特於1966年7月開始，為四名越南籍異議人士進行心理分析，他告訴受試者：「再次強調，這不是軍事用途，是為了做社會研究。」有一次，析模公司一名員工打斷訪談，受試者直接打住話題，告訴史洛特：他非常確定那名員工是CIA的人。

史洛特不是特務，他是佛洛伊德主義者。

1966年7月至8月初，史洛特幾乎每天都會訪談四名受試者，報告中這四人的姓名付之闕如：一個是26歲越南籍學生，遭軟禁在西貢外部的寺廟（報告曾提及「他似乎在我和其他人身上非常積極地尋找父親的慰

299

藉」）；一位是越共領袖戰俘，關在警察審訊中心，經史洛特問及夢和性時，向史洛特透露自己曾遭虐待；一位是禁欲的佛教僧侶；最後是一名56歲的知識份子，為在法國受過教育的數學家，後來改行寫作，先前曾遭 廷琰囚禁多年。

　　史洛特分析時會提問，施行羅夏克墨漬測驗（Rorschach test）與主題統覺測驗（Thematic Apperception Test），並且全面記錄與所有受試者晤談的內容。在史洛特的報告中，那名身分僅揭露為「56歲知識份子」的男子，據悉是越南政治家暨文學家胡有祥（Ho Huu Tuon）。胡有祥先前就讀馬賽大學，首次遭法國人逮捕是1932年的事。跟普爾一樣，在1930年代時，胡有祥還是個托洛斯基主義者，但是到了1950年代，他放棄信奉托洛斯基主義和馬克思主義。1957年，胡有祥再次入獄，因飢餓骨瘦如柴，差點精神失常。雖然史洛特感興趣的，主要是胡有祥的兒童時期和夢境內容，他還是紀錄了他的整段人生經歷。胡有祥向史洛特講了一個夢，夢中他和印度黑天神、佛陀、摩西、孔子、老子、耶穌、穆罕默德和馬克思等人開會。胡有祥說：「首先發難的是馬克思，他念出對我的指控。」（為的是放棄馬克思主義這一樁。）胡有祥隨後描述了他何以在夢中變成猴子。史洛特問起當猴子的事：「這是一種象徵。你對這隻猴子有什麼想法？」

　　胡有祥和史洛特的其他受試者（同樣為遭拘禁折磨的人）會閃爍其辭，這點倒不令人意外。相對而言，史洛特很健談；他告訴受試者自己持反戰立場。

　　史洛特：我認為，一個國家不可能直接將一種政府形式導入另一個國家。政府形式必須由內而生，符合那個國家的真實情況，並且或許也要適合人民。我真的不認為，我們美國人有資格決定哪一種政府形

　　式對越南人民最好。我認為那要交由越南人民自己決定。

　　異議人士：是沒錯，這也是我要站出來奮鬥的原因。[67]

　　然而，史洛特對於越南異議人士進行的動機研究分析中，並未引用前述原因。他在其結案報告〈針對越南人性格的心理動力學結構觀察〉中，主要探討全部四名受試者如何「樹立美國無所不能、全盤付出的父親形象，彷彿扮演替代品角色的機構取代了他們童年期失去的一切」。[68]

　　此時越南的男女老少在死亡邊緣掙扎、挨餓、遭槍殺、遭炸死、遭焚燒，或是遭燒夷彈灼傷；美國士兵則是被裝在箱子、棺材或屍袋中，送回美國。美國政府還花錢請來紐約上西城佛洛伊德派的心理分析師，說明越南人的民族性有戀母情結。

　　普爾堅稱史洛特的研究很出色。國防高等研究計畫署的看法則冷淡得多，有位評論者更是輕描淡寫地說了句「反應不好」。[69]更正式的評論則認為史洛特的報告「在方法學上嚴重不足」，以致無法使用，原因在於「從一個社會找來四個異於常人的人加以研究，是很難歸納出有建設性的發現的」。[70]此外，格林菲同意支付給史洛特的薪水，顯然接近他在紐約的年薪五萬美元；為析模公司服務，史洛特的薪水僅扣了二成，這代表他的報酬高過國防高等研究計畫署幾乎所有人[71]（格林菲可能也是史洛特的病患，他前後求診多位心理醫師，包括一名怪異的治療師，格林菲的小孩管他叫「椰子醫生」）。[72]此外，國防高等研究計畫署的析模公司專案經理蓋瑞・契恩（Garry Quinn）日後曾寫信給普爾，信中透露：如果普爾知道析模付給史洛特多少錢，就不會贊同派史洛特到西貢去。[73]契恩對普爾說：「就算是我幫你工作，也不會跟你收那麼多錢。」[74]

　　在新任打字員謝伊報到前不久，史洛特便結束研究，帶著研究素材返

美，要在析模的紐約據點謄打出內容。析模的紐約據點原先位於麥迪遜大道501號高樓層套房，後來搬到東四十一街16號，是紐約常見的褐石建築，顏色彷彿兔子洞，距離紐約公共圖書館僅一箭之遙。在新據點的打字員是24歲的安・彭納（Ann Penner）。當時在職場上，彭納、謝伊等冰雪聰明、學歷優秀、觀察敏銳的年輕女性無法找到其他工作，幾乎只能靠打打字討口飯吃。一如紐約據點的其他員工，彭納也反戰。

彭納看了一下史洛特用來對四位受試者施測的主題統覺測驗用卡片。這些卡片是越南版，上頭的人物臉部用亞洲特徵蓋掉歐洲特徵。[75]彭納並沒有資格查看史洛特的報告，更不用說謄打報告了，其他人更不在話下。同一時間，西貢據點的某位析模公司員工向媒體洩露了史洛特的報告，且對象有意挑過，是洩露給《華盛頓郵報》的賈斯特。[76]由於謝伊才剛報到，是唯一沒有嫌疑的人。此外賈斯特也說，謝伊是「藏不住祕密的人」。[77]當然，更不可能是史洛特了。

■　■　■

1966年8月，時值夏天，是謝伊來到西貢的季節，也是承上啟下的時節：一場戰爭畫下句點，另一場戰爭正要開始。到了1966年年中，越戰（或者說美國人眼裡的越戰）才變成賈斯特所說「不折不扣的戰爭」。[78]

在1966年之前，儘管全美各地大學校園舉辦多場宣講會，美國人民對於參加越戰並沒有危機感。如賈斯特指出，高階美國軍官中，沒有人為了參軍放棄職涯，而戰爭似乎還頗有距離：「西貢本身就是這種情形的縮影。這一廂，是雞尾酒派對和迷你裙；那一頭，則是在轟炸兵舍。」[79]時序進入1966年，美軍駐越部隊有184,300人，2,344人死亡。1966年之前，

每個月會徵召一萬名極年輕的男性。派來越南的男性多數貧窮；中產階級的小孩和大學生則獲得教育緩徵，或用其他方式規避。這種情形開始起了變化。每月徵召的年輕男性人數從一萬增至三萬，超過24歲者無法適用教育緩徵。這代表美國政府首次徵召中產階級白人男性（或者說「男孩」），將他們派往越南。1967年底，越南有48萬5,600名美軍，20,057人死亡。〔80〕此外，美國報導越戰愈來愈棘手。

傳奇戰地記者瑪莎・蓋爾霍恩（Martha Gellhorn）大約與謝伊在同一時期抵達越南，當時她57歲，文筆犀利。1929年時，她才20歲，便於《新共和國》（New Republic）發表第一篇文章。蓋爾霍恩曾在歐洲撰文報導希特勒崛起之事，也是最早撰寫納粹集中營報導的美國記者之一。1940年代，她嫁給作家海明威（Ernest Hemingway）。1966年，她為《婦女家庭報》（Ladies' Home Journal）撰寫以越南為主題的報導，但內容可一點都不婦女。

「西貢紅十字會截肢中心（Red Cross Amputee Center）是一座波紋狀錫片蓋成的棚屋，裡頭滿載傷患，空氣悶熱厚重，舒適程度跟待在烤箱內有得拚。」蓋爾霍恩這樣報導，筆觸有股難以言喻的熟悉感。對她來說，戰爭既不高貴，也沒有目的可言；戰爭既邪惡，又殘酷；既多餘，又無法饒恕。據她說明，西貢紅十字會截肢中心的義手與義足已經用完，多數肢體殘廢的老百姓還在排隊等著裝上義肢。蓋爾霍恩詢問這些男女老幼他們是怎麼受傷的，然後列出受傷原因清單。「六人遭越共地雷炸傷；有一人在田裡工作，遇到越共和美軍機關槍駁火，遭流彈打傷；有一人是先前第二次世界大戰時，因日軍轟炸而失去一條腿，形同悲愴地提醒了戰火綿延的無盡慘痛與徒勞。而摧殘程度最嚴重的一位，是臀部以下兩腿都已切除，一隻手臂截肢，另一隻手剩兩根手指，受傷原因是遭到美軍車輛撞倒，而該車事後逃逸。」〔81〕蓋爾霍恩希望《婦女家庭報》讀者知道這場戰事有多麼可

怕、多麼毫無意義、多麼罪孽深重，且無法挽回。

謝伊抵達西貢兩週後，由於將初次和田調小組前往鄉間，析模公司便為她配槍。在家書中她寫道：「我不忍心告訴他們，我只敢開槍射自己的手。」她登上八人座飛機，飛往南部沿海美軍第101空降兵駐紮的城市潘切（Phan Thiet）；與此同時，析模公司員工在附近訪談越共叛逃者。在潘切的第二晚，第101空降兵部隊一名18歲士兵喝醉後在市區酒駕，駛離道路，輾了八名越南人，其中三名孩童與一名老婦死亡，三人受傷；謝伊說三名傷者難逃一死。如果他們倖存，可能移往西貢紅十字會截肢中心——這還是假設他們很走運、非常走運的情況。這是謝伊第一次瞥見戰爭的樣貌。〔82〕就是這幾瞥，她的想法產生了變化。

那年夏天，《紐約時報》的尼爾・希恩（Neil Sheehan）吐露真言，說經過痛苦的長期觀察後，他對越戰的想法變了。1962至1964年，他曾待在越南，當時有17,000名美國軍人駐紮；到了1965年，他返越再待一年，駐軍人數已超過30萬。1966年10月，希恩看著「被炸毀的小農村，孤兒在西貢街上行乞、偷竊，被燒夷彈灼傷的女人與小孩躺在醫院的床上」，他納悶：「無論是美國還是任何其他國家，是否有資格為了自己的目的，讓另一個民族承受這種痛苦和崩壞？」〔83〕

謝伊也有此疑問。她與菊秋陽走得愈來愈近。謝伊在家書中寫道：「菊小姐很棒，人好又有趣，是很棒的員工。越南生活的所有資訊都是她告訴我們的。」菊秋陽教導謝伊如何縫製越南傳統女裝「長襖」、怎麼烹飪越南料理，以及佛教葬禮中隊伍行進順序的意義。〔84〕至於自己怎麼看越戰，菊秋陽三緘其口。

不像菊秋陽毫不知情，先前就有人向謝伊透露析模公司若干研究的本質。她在家書中寫道：「我們的目的是提供建議來改進『招回計畫』（Chieu

Hoi program），並讓更多越共叛逃；越南文『Chieu Hoi』意指張開雙臂。」[85]
「招回計畫」是心理戰，目的為說服越共士兵叛逃，加入南越陣營，並承
諾會張開雙臂歡迎他們。計畫用了老式的宣傳手法，例如空投傳單。同
時，也有脅迫和逼降等手段，例如轟炸、除葉和噴灑農作物，目的是消
耗敵軍，使其飢餓、絕望。這些做法同樣使得平民陷入飢餓與絕望，而
這只會煽動並使北越人民更加仇恨美國人。析模公司訪問住在各「招回
中心」的越共叛逃者；這是一系列專案的一環，最終目的是建構越南人
的思維模式。[86]

　　為此，析模公司就「戰略性村落計畫」（Strategic Hamlet Program），向國防
部提供建議，[87]並敦促成立「村落資料庫」（Hamlet Data Bank），國防部不久
之後採納，成立「村落評估系統」（Hamlet Evaluation System）。這座資料庫存有
每一村莊的已知資訊，並時常立即更新，屬於動態模型。[88]

　　當時展開一連串「和平化」（pacification）計畫[89]，為期數十年，戰略
性村落計畫是其中最新的一項，內容是讓軍方促使（最終強迫）南越人民
離開家園，進入受到武裝防衛的村落，防衛者是美軍和越南共和國陸軍
（ARVN，Army of the Republic of Vietnam）組成的聯軍。費茲傑羅曾如此形容
戰略性村落：舊村落廢墟的下方，還有著更舊的村落，裡面擠滿農家，農
家的父輩和祖父輩合力搭建村莊周圍的泥巴牆堡壘。[90]

　　與此同時，析模公司成長快速，需要物色更寬敞的據點。普爾離開西
貢後前往華府，尋求國家安全委員會支持，對象包含羅伯特・柯默（Robert
Komer）和華特・羅斯托（Walt Rostow）。柯默先前就讀哈佛商學院，長期於
CIA擔任分析人員；羅斯托則是普爾長期友人兼MIT同事，彼時取代邦迪
成為國安顧問。謝伊於10月家書中寫道：「普爾博士去華盛頓找柯默和羅
斯托；白宮上下對於研究的進度報告都『非常』驚豔。」隨著研究順利進

行，並可能獲得更多資金，析模公司請菊秋陽和她的母親找別墅，而且要是奢華的別墅，作為西貢的新總部。〔91〕在距美式風格的帆船飯店（Caravelle Hotel）不遠處，他們找到落腳據點，隨後遷入。謝伊開始叫新據點「灰之館」（La Residence Grise）。〔92〕

這座灰之館後來沾上了不光采的事。析模公司西貢據點的主管是查爾斯・雷蒙。雷蒙出生於路易斯安那州，是麥迪遜大道的廣告人，也是格林菲的友人，曾在析模公司早期為廣告業提供服務時，提供經營建議。雷蒙帶來妻子瑪麗；瑪麗和夫婿一樣，完全沒有資格在戰時為國防部進行行為科學研究。雷蒙一家人鋪張奢侈，下榻的別墅也不遑多讓；國防高等研究計畫署並未確實批准買下這間別墅。謝伊在家書中寫道：「雷蒙博士和析模公司之間隔著太平洋，你來我往寫信發洩情緒，如果裝訂成冊，會是用打字機作的書當中最精彩的幽默小品。」〔93〕還有，雷蒙也不應該將老婆帶來越南。析模公司受軍事合約規範，應遵循軍事預算和軍方規定，其中包括禁止攜帶家眷。縱使有此規定，雷蒙、沃歇爾和析模公司科學家李・威金斯（Lee Wiggins）還是攜家帶眷（其中雷蒙和威金斯也安排妻子在析模工作領薪）。〔94〕

1966年11月1日，南越迎來國慶日，遊行隊伍慶祝推翻吳廷琰政權三週年；吳廷琰遇刺一事，剛好發生在甘迺迪總統遭暗殺三週前。析模公司員工決定曬日光浴、烤熱狗，將南越國慶日當作美國國慶日來慶祝。北越則藉由轟炸西貢來慶祝。沃歇爾的研究團隊是新成立的年輕團隊，才剛抵達當地，準備著手南越地方軍和民兵的研究。謝伊在家書中提到，他們「來到一個地方，得知要把人行道上的血刷洗乾淨，都嚇傻了」。〔95〕另一頭別墅內的光景，則是雷蒙一家人端出雞尾酒。別墅外，民眾在街上瀕臨死亡，遭到砲擊和肢解，血肉四濺。

■ ■ ■

　　格林菲於1966年11月抵達新山一空軍基地。他這時49歲，體重增加，留著更長的頭髮，翻領和領帶也變得更寬。格林菲抵達時，析模公司員工前來接機，舉牌上面寫著：「格林菲是剝削無產階級知識份子的資本家。」或許，他們只是想加薪；或許，這是在消遣他──再也沒人記得了。

　　謝伊稱呼格林菲為「我們偉大的白人領袖」──這位推銷時畫得好一張大餅、忙得不可開交、傲得不可一世的美國商人，此時似乎別無所求，只想盡快逃離。

　　「有我的信嗎？」只聽得格林菲大叫，且語速愈來愈快：「去曼谷要多久？去香港要多久？去柬埔寨要多久？你可以去新加坡嗎？」[96]

　　格林菲的朋友多半反對越戰；他的老婆反對越戰，他自己也不贊成。他成立公司的初衷不是賺這種錢：他原先是想幫助自由派的美國民主黨人勝選，幫羅森普瑞納賣寵物犬食品，幫吸菸的人改抽他牌香菸。壓制政治反抗運動？這可不是他開公司的初衷。剝削無產階級知識份子的資本家？那正是他想擺脫的身分。

　　另外，在律師協議離婚時，格林菲愈來愈嗜酒。他想要四名子女的部分撫養權，並且希望派翠西亞出售兩人在第二十二街持有的房子（瓦丁河海灘住宅是女方持有），但派翠西亞不想出售，格林菲便以耀武揚威的方式折磨派翠西亞。說來殘酷，德・葛拉西亞在1965年的日記中這麼寫著：「在第八大道附近的第二十二街，格林菲家舉辦派對。格林菲的情婦娜歐蜜到現場參加派對，而正宮就在她海邊的房子。」[97]

　　在西貢時，格林菲酒喝太多，謝伊不得不藏起酒瓶。他黃湯下肚後會搖頭晃腦、口齒不清地滿嘴胡言亂語。他是有計畫的人，他有盤算，這一

次打算在南亞開設析模的子公司，以泰國為據點。他滔滔不絕地暢談自己的計畫。他必須解決一切問題！據謝伊的家書描述，格林菲「自顧自地談論析模公司的過去和未來，也說到既然他像個聖誕老人一樣，大老遠飛了一萬英里來到越南，自然知道問題都在哪裡囉！！！」[98]謝伊可不覺得他幽默。

那年11月，普爾飛往西貢參加析模公司高層會面。他沒有住在別墅，而是和艾斯伯在一起；當時兩人是朋友。艾斯伯後來談到普爾時說：「他是個非常有魅力的人。」不過，「我覺得他是我看過最道德敗壞的社會科學家，這點毫無疑問。」[99]格林菲和普爾在高層會議爭吵，過程激烈。謝伊只對父母提到「還蠻憤怒的」，略提所有「暴力細節」。[100]

格林菲回到紐約後，仍然試著將妻子趕出二十二街的房子。[101]「格林菲從西貢返美後，變得更疼小孩，也更強勢堅持出售房子。」派翠西亞在那年夏天給親兄弟的信中如此透露。[102]她發現自己很難和格林菲抗衡。格林菲使人心累，他一向使人心累。

打從普爾和格林菲於西貢會面後，兩人就不再正眼直視對方了。畢竟析模公司的越戰委託案出自普爾之手（而非格林菲）。越南，是普爾的實驗室。不過，對於析模公司搞砸的很多事情，普爾想必怪罪過格林菲，包括雷蒙一家子鋪張浪費、眾人私自攜家帶眷來越南，以及史洛特的事情。無論格林菲對析模公司抱持何種願景，能如何幫助美國成長，都早就陷入越戰的泥淖之中，一如倖存的美國自由主義。

謝伊的越南出差之旅才剛開始，就要畫下句點。1966年感恩節，她與普爾、其他六位客人到艾斯伯家裡作客，在距離美國甚遠的異鄉歡慶美國節日。[103]無論普、格二人如何不合，都是普爾贏了。感恩節後一週，普爾滿懷樂觀地寫道：「我們正在和國防高等研究計畫署談新約。對方打

算設立析模公司田調部門，有點類似蘭德智庫部門目前的運作結構。」[104]

謝伊已經準備好離開越南，並開始寄聖誕禮物回美國。她在別墅設晚宴，以美式料理招待所有為析模公司服務的越南人：有翻譯人員、有廚子、有女侍，還有司機。「我們好幾次請雷蒙一家人準備一次這樣的晚宴，他們都沒做；我們就趁他們離開的時候設宴了。」謝伊煮了義大利麵，為賓客獻上櫻桃派，佐以香草冰淇淋。[105]

1967年1月14日，這是她首次抵達西貢後五個月。謝伊返美，此時的美國人比之前更加憤慨。[106]他們問，越戰將持續多久？美國何時會獲勝？這些問題析模公司答不出來。

有個傳言提到那一年在五角大廈發生了什麼事。[107]詹森說：「沒有電腦能算出和平會在哪一天的幾點到來。」[108]但是在五角大廈的地下室，顯然有台大型電腦，麥納瑪拉部下將打孔卡輸入這台電腦，卡片上有著越南的一切可能資訊（這個傳言中的電腦，大概是將西貢和華盛頓兩地的電腦混為一談了）。卡片上，有部隊、船、飛機、直升機的數量；有人口規模；有針對水牛、米價、茅草可燃性的調查數據；有死亡人數、死亡比例、農民思考的縝密程度、人心的重量。1967年某天週五，麥納瑪拉部下將最後一張打孔卡送入那台大型電腦的輸入孔內。他們問：「我們何時會打贏越戰？」

機器嗡嗡作響，發出低鳴，燈號閃爍，然後又嗡嗡作響、低鳴、閃爍、低鳴，就這樣運作整個週末。到了週一，麥納瑪拉的手下回來了。放置輸出資料的紙盤上只有一張打孔卡，上面寫著：「您在1965年獲勝了」。

註釋

1　出自：MS to Everyone, August 16, 1966, Shea Letters。出自：莫琳・謝伊（Maureen Shea），作者訪談，2018年5月22日

2　出自：MS to Everyone, August 16, 1966, Shea Letters。

3　出自：同上。

4　出自：Ward Just, *To What End: Report from Vietnam* (1968; repr., New York: Public Affairs, 2000), 1。針對賈斯特，請參閱："Ward Just, *Washington Post* Reporter and Acclaimed Political Novelist, Dies at 84," *Washington Post*, December 19, 2019。

5　出自：MS to Everyone, August 16, 1966。

6　出自：Just, *To What End*, 8, 11。

7　蘭德智庫相關細節出自：Mai Elliott, *RAND in Southeast Asia: A History of the Vietnam War Era* (Santa Monica, CA: RAND Corporation, 2010)。

8　出自：Oliver Belcher, "Data Anxieties: Objectivity and Difference in Early Vietnam War Computing," in *Algorithmic Life: Calculative Devices in the Age of Big Data,* ed. Louise Amoore and Volha Piotuhk (London: Routledge, 2015), 130。出自：Dan E. Feltman, *When Big Blue Went to War: The History of the IBM Corporation's Mission in Southeast Asia During the Vietnam War, 1965-1975* (Bloomington, IN: Abbott Press, 2012),14-16, 22。

9　出自：Feltman, *When Big Blue Went to War,* 57。

10　出自：IP to Jonathan Robert Pool, June 1966, Pool Family Papers。

11　出自：MS to Everyone, August 16, 1966, Shea Letters。

12　出自：IP to D. MacArthur, July 29, 1966, Pool Papers, Box 74, Folder "Correspondence 1961-66"。

13　出自：Gilbert W. Chapman (chairman of the board) and ELG, to Simulmatics Stockholders, September 5, 1967, Coleman Papers, Box 65, Folder "Simulmatics 1966-1967"。

14　出自：Donald Fisher Harrison, "Computers, Electronic Data, and the Vietnam War," *Archi-varia 26* (1988): 18。

15　出自：Ball, *The Past Has Another Pattern*, 174。

16　出自：J. Peter Scoblic, "Robert McNamara's Logical Legacy," *Arms Control Today 39* (2009): 58。

17　出自：Mark Solovey, "Project Camelot and the 1960s Epistemological Revolution: Rethinking the Politics-Patronage-Social Science Nexus," *Social Studies of Science* 31 (2001):178。

18　出自：David Halberstam, *The Best and the Brightest* (1972; repr., New York: Ballantine, 1993), 405。

19　出自：Elizabeth Dickinson, "A Bright Shining Slogan: How 'Hearts and Minds' Came to Be," *Foreign Policy*, August 22, 2009。

20　出自：Simulmatics Corporation, *Dynamic Models for Simulating the Venezuelan Economy* (Cambridge, MA: Simulmatics Corporation, 1966). Simulmatics Corporation, *The Development of a Simulation of the Venezuelan Economy with the Simulmatics-CENDES Global Model* (New York: Simulmatics Corporation, 1965)。也請參閱析模公司新聞稿中的報告，日期和存放位置為：May 3, 1963, and

July 26, 1963, Lasswell Papers, Box 39, Folder 544。

21 出自：Simulmatics Corporation, "The Simulmatics-CENDES Economic Study of Venezuela: Background and First Report on Operations," October 1963, Burdick Collection, Box 35（無資料夾）。出自：Edward P. Holland (director, National Economic Systems Studies, Simulmatics Corporation), "Principles of Simulation," 1962, Burdick Collection, Box 35（無資料夾）。針對 MIT CIS 和 CENDES 的合作，請參閱：Center for International Studies Records, MIT Institute Archives and Special Collections, Box 7, Folders 27-30。

22 出自：AB to June Bernstein, 1963；持有者：伊莉莎白‧伯恩斯坦‧蘭德（Elizabeth Bernstein Rand）。

23 出自：Irving Louis Horowitz, ed., *The Rise and Fall of Project Camelot* (Cambridge, MA: MIT Press, 1967), 4-5, 49。

24 出自：Michael Desch, *Cult of the Irrelevant: The Waning Influence of Social Science on National Security* (Princeton, NJ: Princeton University Press, 2019), 132。

25 出自：Project Camelot, Working Paper, December 5, 1964, in Horowitz, *The Rise and Fall of Project Camelot*, 50-55。

26 出自：Solovey, "Project Camelot and the 1960s Epistemological Revolution," 171-206; Philip Y. Kao, "Shelling from the Ivory Tower: Project Camelot and the Post-World War II Operationalization of Social Science," *Focaal: Journal of Global and Historical Anthropology* 80 (2018): 105-19; Ron Robin, *The Making of the Cold War Enemy: Culture and Politics in the Military-Intellectual Complex* (Princeton, NJ: Princeton University Press, 2001), ch. 10; Ellen Herman, "Project Camelot and the Career of Cold War Psychology," in *Universities and Empire: Money and Politics in the Social Sciences During the Cold War*, ed. Christopher Simpson (New York: Norton, 1998), 97-134; and Rohde, *Armed with Expertise*, ch. 3。也請參閱：Michael T. Klare, *War Without End: American Planning for the Next Vietnams* (1970; repr., New York: Vintage, 1972), ch. 4, "Social Systems Engineering: Project Camelot and Its Successors"; and Gene M. Lyons, *The Uneasy Partnership: Social Science and the Federal Government in the Twentieth Century* (New York: Russell Sage Foundation, 1969), 167-69, 194-96。

27 馬歇爾‧薩林斯著作中提及傅爾布萊特："The Established Order: Do Not Fold, Spindle, or Mutilate," in Horowitz, *The Rise and Fall of Project Camelot*, 77。

28 出自：Sahlins, "The Established Order," 75-76。

29 出自：Subcommittee on International Organizations and Movements, House Committee on Foreign Affairs, *Behavioral Science and the National Security, Report No. 4*, December 6, 1965, 102-3。

30 出自：IP, "The Necessity for Social Scientists Doing Research for Governments," *Background* 10 (August 1966): 111-22。

31 出自：亞當‧德‧索拉‧普爾（Adam de Sola Pool），作者訪談，2018年5月19日。出自：蘇珊‧格林菲（Susan Greenfield），作者訪談，2018年7月27日。

32 出自：Elliott, *RAND in Southeast Asia*, ch. 2。也請參閱：Robin, *The Making of the Cold War Enemy*,

ch.9。

33 出自：Elliott, *RAND in Southeast Asia*, ch. 3。出自：DiLeo, *George Ball, Vietnam, and the Rethinking of Containment*, 75, 150-51。

34 出自：Burns and Novick, *Vietnam*, episode 5。

35 出自：R. L. Sproull (ARPA) to Simulmatics Corporation, October 6, 1964, Pool Papers, Box 143（兩份附錄；無資料夾）。

36 出自：Elliott, *RAND in Southeast Asia*, ch. 2。

37 出自：Burns and Novick, *Vietnam*, episode 5。

38 出自：Just, *To What End*, 66-68。

39 出自：Fritz Stern, *Five Germanys I Have Known* (New York: Macmillan, 2007), 247。也請參閱：Jean Pool to Adam de Sola Pool, January 28, 1967, Pool Family Papers。

40 出自：Seymour J. Deitchman, *The Best-Laid Schemes: A Tale of Social Research and Bureaucracy* (1976; repr., Quantico, VA: Marine Corps University Press, 2104), 298-311。

41 出自：AB to Seymour Deitchman, Memo, undated, Pool Papers, Box 67, Folder "Simulmatics Vietnam Correspondence"。也請參閱：Simulmatics Corporation, "A Proposal for Research on Urban Insurgency," January 1965 (Pool Papers, Box 145, Folder "Insurgency")。戴契曼去信普爾，告知他有將伯恩斯坦的提案轉給利克里德。利克里德主導國防高等研究計畫署的行為科學計畫，他指出：「我和他都被西貢恰巧在這時展開政治反抗運動所吸引。」廷琰總理殘酷鎮壓佛教徒，引發多場抗議，導致1963年底被捕和遇刺。戴契曼開玩笑道：「這是你搞的嗎？」出自：Seymour Deitchman to IP, February 13, 1964, Pool Papers, Box 67, Folder "Simulmatics Vietnam Correspondence"。

42 出自：IP to Jonathan Robert Pool, July 26, 1966。

43 出自：Simulmatics Corporation, "Simulmatics Efforts in Vietnam," February 1968, Pool Papers, Box 67, Folder "Simulmatics Vietnam Correspondence"。

44 出自：Simulmatics Field Team, First Progress Report, August 12, 1966, Pool Papers, Box 67, Folder "Simulmatics Vietnam Correspondence"。

45 鮑爾前往倫敦取回史蒂文森的遺體。史蒂文森的告別式辦在華盛頓，會場中，鮑爾啜泣時，詹森前來攀談，一隻手搭在他的肩上說：「鮑爾，如果一個男人不會因為好友而哭，那我也無法信任他。」出自：Ball, *The Past Has Another Pattern*, 152。

46 出自：弗朗西絲・費茲傑羅（Frances FitzGerald），作者訪談，2019年1月3日。

47 出自：Frances FitzGerald, *Fire in the Lake: The Vietnamese and the Americans in Vietnam* (Boston: Little, Brown, 1972), 362。

48 出自：山姆・波普金（Sam Popkin），訪談，2018年4月27日。

49 出自：山姆・波普金（Sam Popkin），作者訪談，2018年4月27日、2018年5月16日。

50 出自：SP, "Dear World," undated but late fall 1966, Pool Papers, Box 145, Folder "Vietnam Correspondence"。

51 出自：Burdick and Lederer, *The Ugly American*, 181；Christie, *"The Quiet American" and "The Ugly American,"* 44-45；James Gibney, "The Ugly American," *NYT*, January 15, 2006；Louis Menand, "What Went Wrong in Vietnam," *New Yorker*, February 26, 2018。

52 出自：Daniel Ellsberg, *Secrets: A Memoir of Vietnam and the Pentagon Papers* (New York: Viking, 2002), 4。針對艾斯伯於1966至1967年的越南行，請參閱：chs. 7-11。

53 出自：Tom Wells, *Wild Man: The Life and Times of Daniel Ellsberg* (New York: Palgrave, 2001), 248-49。

54 出自：MS to Everyone, December 18, 1966, Shea Letters。

55 出自：IP to Jean Pool, July 15, 1967, Pool Family Papers。

56 出自：菊秋陽（Cuc Thu Duong），作者訪談，2018年6月11日。

57 出自：A. Ficks to IP, April 13 and 14, 1966, Pool Papers, Box 67, Folder "Simulmatics Viet Nam correspondence"。

58 出自：Lieutenant J. Stephen Morris, Memo for the Record, August 19, 1966, Project Agile Records, Box 49, Folder "Simulmatics—Problem Analysis, NN3-330-099-009"。也請參閱：IP to Colonel John Patterson, May 18, 1967（同資料夾）。非常感謝夏倫·瓦恩伯格（Sharon Weinberger）協尋迅捷專案的紀錄。

59 謝伊持有析模公司的制服，她這樣形容臂章的標誌：「兩捲帶子，破長茅上有個錢的符號。」出自：MS to Everyone, December 18, 1966, Shea Letters。

60 出自：沃德·賈斯特（Ward Just），作者訪談，2019年1月2日。

61 出自：Lieutenant J. Stephen Morris, Memo for the Record, August 19, 1966, Project Agile Records, Box 49, Folder "Simulmatics—Problem Analysis, NN3-330-099-009"。

62 出自：L. A. Newberry (Research and Development Field Unit, Vietnam), Memorandum for the Record, December 17, 1967, Project Agile Records, Box 49, Folder "Simulmatics—Problem Analysis, NN3-330-099-009"。

63 出自：菊秋陽，作者訪談，2018年6月11日。

64 出自：山姆·波普金（Sam Popkin），作者訪談，2018年5月16日。波普金的博論探討和平化計畫的失敗。他認為：「如果越戰的作戰方式，重視保護農民的程度大於殺死越共，那麼和農民相關策略比起來，戰爭結果就會對越共遠遠更加不利。」出自：SP, "The Myth of the Village: Revolution and Reaction in Viet Nam" (PhD diss., MIT, 1969)。

65 出自：Rohde, "The Last Stand of the Psychocultural Cold Warriors," 232-50。

66 出自：娜歐蜜·史帕茲（Naomi Spatz），作者訪談，2018年5月24日。

67 引言完整謄自1966年原始訪談，持有人：波普金。

68 史洛特最初報告出自：Slote's initial report is Walter H. Slote, "Observations on Psychodynamic Structures in Vietnamese Personality," undated draft, Pool Papers, Box 145, Folder "Vietnam Walter H. Slote"。國防高等研究計畫署不希望發布此報告。史洛特日後發表版本：Walter Slote, "Psychodynamic Structures in Vietnamese Personality," in *Transcultural Research in Mental Health*,

ed. William P. Lebra (Honolulu: University Press of Hawaii, 1972), ch. 8。也請參閱：”Study Reveals Viet Dislike for U.S. but Eagerness to Be Protected by It,” *Washington Post*, November 20, 1966。

69 出自：Colonel William B. Arnold to Seymour Deitchman, August 22, 1967, Project Agile Records, Box 49, Folder “Simulmatics—Problem Analysis, NN3-330-099-009”。

70 出自：Abraham Hirsch to Colonel John Patterson, June 30, 1967, Project Agile Records, Box 49, Folder “Simulmatics—Problem Analysis, NN3-330-099-009”。

71 出自：IP to Garry Quinn, July 30, 1967, Project Agile Records, Box 49, Folder “Simulmatics—Problem Analysis, NN3-330-099-009”。

72 出自：蘇珊‧格林菲（Susan Greenfield），作者訪談，2018年7月27日。

73 出自：Garry Quinn to IP, August 14, 1967, Project Agile Records, Box 49, Folder “Simulmatics—Problem Analysis, NN3-330-099-009”。

74 出自：Garry Quinn to IP, July 24, 1967, Project Agile Records, Box 49, Folder “Simulmatics—Problem Analysis, NN3-330-099-009”。

75 出自：安‧彭納‧溫斯頓（Ann Penner Winston），作者訪談，2018年6月7日。

76 出自：Seymour Deitchman to Dr. Charles M. Herzfeld, ARPA/RFDU-Thailand, November 29, 1966, Project Agile Records, Box 49, Folder “Simulmatics—Problem Analysis, NN3-330-099-009”。

77 出自：沃德‧賈斯特（Ward Just），作者訪談，2019年1月2日。

78 出自：Just, *To What End*, 61。

79 出自：同上，71-72。

80 出自：Isserman and Kazin, *America Divided*, 200。

81 出自：Martha Gellhorn, “Civilian Casualties, 1966,” *Ladies’ Home Journal* (January 1967), reprinted in *Reporting Vietnam*, part 1, *American Journalism, 1959-1969* (New York: Library of America, 1998), 289-90。

82 出自：MS to Everyone, August 29, 1966, Shea Letters。

83 出自：Neil Sheehan, “Not a Dove, but No Longer a Hawk,” *NYT Magazine*, October 9, 1966, reprinted in *Reporting Vietnam*; quotations from 299, 315。

84 出自：MS to Family, September 24, 1966, Shea Letters。

85 出自：MS to Everyone, August 16, 1966, Shea Letters。

86 其中許多訪談仍留存。訪談歸檔於：Pool Papers, Boxes 131 and 132。例如：「萬女士」（Mrs. Van）是19歲女裁縫師，已婚，也是家庭主婦，來自建豐省（Kien Phong Province）常樂社（Thuong Lac village）。萬女士由丹‧葛雷帝（Dan Grady）訪談，聯訪者有菊秋陽、唐（Sanh）、祿（Loc）等人。日期是1966年9月7至13日，地點在西貢的國家招回中心（National Chieu Hoi Center）。曾於NLF擔任小隊隊長，為期約兩年。出自：”Interview, September 13, 1966,” in Pool Papers, Box 131。

87 出自：Zalin Grant, “Vietnam by Computer: Counting Strength That’s Not There,” *New Republic*, June 13, 1968。

88 出自：Simulmatics Field Team, First Progress Report, August 12, 1966, Pool Papers, Box 67, Folder "Simulmatics Vietnam Correspondence"。

89 譯註：「和平化」一詞在當時有特殊脈絡，為持續為南越政府獲取農村支持一事。對美國而言，「和平化」計畫常指美國軍方「贏得南越人的心」的作為。

90 出自：FitzGerald, *Fire in the Lake*, 339-40。

91 出自：MS to Everyone, October 1, 1966, and October 15, 1966, Shea Letters。

92 出自：MS to Everyone, October 28, 1966, Shea Letters。

93 出自：MS to Everyone, October 15, 1966, Shea Letters。

94 出自：Deitchman, *Best-Laid Schemes*, 313-14。

95 出自：MS to Everyone, November 4, 1966, and October 15, 1966, Shea Letters。

96 出自：同上。

97 出自：ADG, diary entry, July 23, 1965, Grazian Archive。

98 出自：MS to Everyone, November 15, 1966, Shea Letters。

99 出自：丹尼爾‧艾斯伯（Daniel Ellsberg），作者訪談，2018年8月22日。

100 出自：MS to Everyone, November 16, 1966, Shea Letters。

101 出自：溫蒂‧麥菲（Wendy McPhee），作者訪談，2018年7月16日。

102 出自：Patricia Greenfield to Edwin Safford, Greenfield Papers（未註明日期，但介於1967年11月12月之間）。

103 出自：MS to Family, November 29, 1966, Shea Letters。

104 出自：IP to John Vann, December 1, 1966, Neal Sheehan Papers, Library of Congress, Box 27, Folder 2。

105 出自：MS to Family, December 10, 1966, Shea Letters。

106 出自：MS to Everyone, December 23, 1966, Shea Letters。

107 出自：Alexis C. Madrigal, "The Computer That Predicted the U.S. Would Win the Vietnam War," *Atlantic*, October 5, 2017。出自：And see Harry G. Summers, *American Strategy in Vietnam: Critical Analysis* (New York: Dover, 2007), 11。

108 出自：LBJ, "Remarks in New York City upon Receiving the National Freedom Award," February 23, 1966。

CHAPTER

11

負重
The Things They Carried

自由派學者絕不會是和科技國度開戰的那方。

這麼說吧，假設未來世界中，建了有空調的窖室，

最後僅存的人類生存其中，那麼管理者自然便是這群自由派學者了。

——1968年，諾曼・梅勒，《夜幕下的大軍》

1967年，湯馬斯・摩根和愛女參加紐約的反戰遊行。

　　1967年4月15日，紐約的週六早晨下著雨。此時正值春天時分，中央公園綿羊草皮（Sheep Meadow）迎來第一場反戰抗議活動。現場有學生，有孩童；有商人，有主婦；有老面孔，也有新成員；甚至有人帶小嬰兒來；有人彼此認識，有人初次照面；有老兵，也有新兵，還有截肢的軍人。雨天潮濕，抗議民眾難以點燃火柴；他們燒毀徵兵卡，只聽得火舌在煙霧中嘶嘶作響。有的人搭地鐵來，有的人自公車蜂湧而出，有的人徒步抵達。有的人帶著象徵榮譽的美軍紫心勳章。有的人身體殘疾，他們或轉著輪椅，或拄著拐杖。有的人帶著相機。有的人帶著報紙，夾在腋下。有的人帶著旗幟、橫幅和標語；有的人帶著包包、點心、電晶體收音機、雨傘、雨衣、花束，口袋裡放著零錢。他們肩上扛著小孩，懷裡抱著嬰兒；皮包內放著死者遺照，那些是他們逝去的愛子、父親、手足、丈夫，都是摯愛。他們推著嬰兒車。沒有人帶著電腦。

　　1967年，析模公司獲利淨值為一百萬美元，換算為2020年現值則為八百萬美元，其中七成收益來自美國國防部委託的越南專案。[1]1967年，在南越的美國、南越、韓國、泰國、澳洲和菲律賓兵力攀升至130萬人，相當於每15位平民就有1位士兵。[2]相比之下，住在西貢別墅的析模公司科學家人數只是九牛一毛。他們帶著錄音機。他們帶著問卷。有些人帶著槍。他們研究自己提出的假設。他們規避從軍。他們身上的筆和記事本印有「析模公司」英文字樣。他們想幫助人。他們不確定自己能否派上用場。他們滿腹疑竇。

　　1967年，美國反戰運動升至全國規模；抗議者奮力不懈，吶喊出反戰訴求。美國在1960年代初期，便迎來葛林斯波羅郡午餐吧台的大學生靜坐活動，掀起全國思潮，之後自由乘車運動」（Freedom Rides）、自由遊行、自由之夏、言論自由運動、華盛頓遊行，以及民權運動家哈默在民主

黨全代大會演說。轉眼來到1965年，這一年有為了爭取投票權的阿拉巴馬州塞爾瑪市（Selma）遊行，且宣講會風潮已然展開。只見全美大學校園、演講廳、研討會教室和美式足球場上，討論越戰的活動點點開花。而到了1967年，小馬丁・路德・金恩打破沉默談越戰，探討民權運動與和平運動之間的關聯。他說：「在美國，黑人和白人至今無法上同一間學校，但我們卻在電視上不斷看到，年輕的黑人士兵與白人士兵同為這個國家殺敵與赴死，這多麼殘酷又諷刺啊。」[3] 越戰使得他的知名演說「我有一個夢」成了噩夢。

1967年4月15日這天，雨還在下，且雨勢愈來愈大，數十萬民眾在中央公園草地上集合後，便前往第五大道遊行，並到達聯合國總部。一大群抗議民眾占滿二十個街區，開路先鋒抵達聯合國總部時，遊行隊伍尾巴還在中央公園。當天。曾和析模公司有一次公關合作的摩根也來遊行，隨行的還有女兒凱特。他離職已久，和格林菲的友情分崩離析，原因正是析模投入越戰研究，為詹森和麥納瑪拉支持的這場不道德的戰爭提供服務。

這一天，退伍軍人舉起「越南退役軍人反戰」（VIETNAM VETERANS AGAINST THE WAR）的標語；4月15日之後，退伍軍人組成自己的反戰組織。此外，小馬丁・路德・金恩也來到當天遊行現場，只見他穿著長版羊毛外套，排扣為了防風全部扣緊。他來到聯合國總部外面的小型舞台，爬上去後開始談話，一字一句從嘴裡吐出，彷彿在佈道。他說民權訴求與和平訴求都有「相同的道德依據」：爭取種族平等，也是在爭取國家的平等。小馬丁・路德・金恩喊「停止轟炸」，民眾也跟著喊「停止轟炸」。他說：「我們大家的吶喊如雷貫耳，是唯一比轟炸聲還大的聲音。」[4] 雨彈擊打著民眾身軀，他們吶喊得更響亮。

由於小馬丁・路德・金恩參加反戰遊行，多位民權運動領袖與他切

割；他們認為這會稀釋、削弱民權運動主張的急迫性。小馬丁・路德・金恩不置可否，他說：「正義無法分割，這是我的信念。我關切的對象是全人類。」〔5〕4月15日這一天，舊金山那頭也有數十萬民眾遊行。那天之後，全美反戰組織結盟，形成「終止越戰全美動員委員會」（National Mobilization Committee to End the War in Vietnam），由大衛・戴林傑（David Dellinger）帶領。戴林傑當時51歲，為和平主義者，二戰時以良心道義為由拒上戰場。往後每年秋天和春天，都有他們遊行的身影，直到越戰落幕。之後沒過多久，某天，其中若干人轉而抗議新的目標：析模公司。

■　■　■

　　儘管普爾百般詢問意願，1959年一同創立析模公司的行為科學家都拒赴越南，只有普爾自己願意去。普爾在1967年寫給科爾曼的信中說：「我戴著析模公司的帽子拚命找人，找願意去越南的人。現在這個節骨眼，我最迫切需要的，或許是一位擅長實驗設計、檢驗和測量的心理學家，而且願意在越南待上十個月或是一年。」〔6〕科爾曼不感興趣，他似乎也不願意推薦人選給普爾。

　　普爾寫信給在科羅拉多的比爾：「我還在找人做西貢的電視研究。你確定真的不參加嗎？」比爾不為所動。

　　普爾向國防高等研究計畫署承諾，會派遣最出色、最聰明的人才，之後卻一直送去差勁的人選。普爾詢問政治學家德・葛拉西亞是否有意願被派往西貢時，說明他正在尋找人才，「對方要能在越南建立心理戰的操作中心」。普爾和德・葛拉西亞為大學時期友人，接著一同在芝加哥大學攻讀研究所，並且一同就讀史丹佛。不過，史丹佛拒絕為德・葛拉西亞提供

終身職後，他有點成了學術界的浪人。[7]德·葛拉西亞仍有在紐約大學和普林斯頓執教鞭，不過他最為人所知的特色，在於他是最捍衛心理醫師曼紐·維科夫斯基（Immanuel Velikovsky）的美國人。維科夫斯基可是相信著古埃及和其他古文明都受到地球和其他星球碰撞的影響。

普爾碰了好些個釘子，此時益發絕望。由於析模公司發生各式各樣的不當管理情事，國防高等研究計畫署已經無法容忍，其中包括向媒體洩漏情資，這近乎析模公司西貢據點人員的「叛變」行為，另外還有未能繳交所需報告，以及普遍不了解指揮系統。後續還發生安全紕漏，儘管國防高等研究計畫署祭出輕微懲罰，但析模公司依然故我，狀況有增無減。[8]1966年12月，國防高等研究計畫署一位了解內情的官員寫道：「目前認真考慮是否要進一步給析模公司資金，這讓我有點苦惱。」[9]

1967年1月，格林菲找上德·葛拉西亞，詢問他的意願。德·葛拉西亞的紀錄中說，格林菲要在西貢「設立和帶領一間準軍事行動研究中心」。格林菲會提供完整的工作津貼。德·葛拉西亞可望獲得優渥報酬：第一年三萬美元，續任則加薪，析模公司的股票選擇權和獎金另計。[10]德·葛拉西亞仍躊躇不決，主因是兩人每次見面談條件時，格林菲都喝醉。

「格林菲常常一喝就是八小時。」德·葛拉西亞在日記中如此寫道，而他們碰頭的隔天，安排和蓋瑞·契恩碰面，也就是那位隸屬於國防高等研究計畫署的析模公司專案經理。儘管德·葛拉西亞對於曼紐·維科夫斯基的理論有各種不切實際的幻想，他倒是看透了格林菲：「他過於自戀，會逼周圍的人遷就他。我喜歡他這個人，還蠻欣賞的，但他最好注意這一點。他在析模公司的舊識和合作夥伴現在都很提防他，與他的關係也變糟了。只要再出幾次紕漏，公司就會流失關鍵客戶與合作夥伴。此時可是析模公司能投入大量分析，大幹一票的時候。」[11]

　　德・葛拉西亞猶豫後，終究決定接下委託。他在日記中寫道：「快要到必須飛往越南的那一天了。」[12]為了這個決定，七名子女中有些人揚言斷絕親子關係。德・葛拉西亞執意赴越。[13]當時，許多美國家庭為了越戰分崩離析。鮑伯・狄倫（Bob Dylan）的歌詞中就有一句：「你的愛子和愛女，已經不是你能控制的。」[14]麥納瑪拉的兒子克雷格（Craig）在外地就讀私立預科學校時，房間牆上掛著一面越共旗幟，後來上大學時還參加反戰運動。[15]普爾的兒子傑瑞米1967年時就讀哈佛；他熱切參與反戰活動，且從未真正原諒過父親為析模公司涉入越戰一事。父子倆相處時，會對此避而不談。當越戰話題浮出檯面，普爾會告訴兒子：「你不知道我知道什麼。你無法掌握的所有內幕我都知道，因此爭論毫無意義，因為你是缺乏資訊才會有那樣的見解。我們的資訊不對等。」[16]析模公司內部其他對父子，則是以不同方式爭辯。1967那年，格林菲兒子麥可15歲，父子倆是以大吼大叫互相溝通。[17]

　　析模公司那些社會科學家的兒子，都沒有去越南打仗。普爾的長子喬納森自願加入土耳其的和平隊（Peace Corps）。家書中，他跟父親聊到他造訪廢墟，並考慮申請研究所。[18]還有許多其他員工的兒子也都有寫家書，不同的信卻都承載著相同的恐怖。美國小說家提姆・歐布萊恩（Tim O'Brien）日後以征討越戰的美國士兵為主題，寫下《負重》（The Things They Carried）一書，當中寫道：「他們帶著所能承受的一切；他們帶著的東西有著恐怖的力量，而他們也帶著對這股恐怖力量的沉默敬畏。」[19]

　　海軍陸戰隊排長馬力安・李・肯普納（Marion Lee Kempner）少尉於1966年9月的家書中寫道：「我的小隊陷入混亂，而且（暫時）失去了一名成員。我！我沒事。我沒事⋯⋯拜託，現在，我沒事⋯⋯P.S.我完全沒事！！」肯普納傷好之後回到戰場。兩個月後，他在仙富（Tien Phu）附近

因地雷引爆喪生。〔20〕他的遺體，由家人「帶著」。

█ █ █

　　1967年4月，數十萬名紐約人上街反戰，德‧葛拉西亞打包行李前往西貢。此時，《紐約書評》上開始出現一系列報告，作者為瑪麗‧麥卡錫（Mary McCarthy）。

　　瑪麗‧麥卡錫時年54歲，結婚四次，是著名的散文作家，以1963年暢銷書《她們》（The Group）而聞名，該小說講述八位瓦薩學院同學的困境，常被拿來與貝蒂‧傅瑞丹（Betty Friedan）的虛構作品《女性的奧祕》（Feminine Mystique）比較。這兩本書同年發行，後者取材自作者的史密斯學院同學。

　　瑪麗‧麥卡錫親訪越南後，譴責析模公司的作為。她並未點名析模公司，卻精確描述其研究內容。此外，她也未提到一名24歲的越南女性金麗（Kim Le）；她倆是在西貢認識的。金麗不良於行，但還是拄著拐杖陪著瑪麗‧麥卡錫在越南繞；她先前為析模公司服務。

　　金麗是家中獨女，1942年出生於河內郊外，父親為省法官。1946年，舉家搬往叢林，和胡志明軍一起對抗法國，但1954年南北越分裂時，他們因反對共產主義而逃往南越。金麗因先前錄取美國教育課程，去田納西大學修習社工，於1966年畢業返回越南。她想幫助南越人避免受到共產主義踐躪。金麗在析模服務半年，過程並不愉快，她曾說：「不了解文化就想操作心理戰，未免太天真了。」後來她成為沃德‧賈斯特和弗朗西絲‧費茲傑羅等多位美國記者的在地嚮導。由於金麗說她讀過《她們》而且很愛這本書，所以瑪麗‧麥卡錫特別喜歡她。兩人花很多時間相處。〔21〕

　　瑪麗‧麥卡錫為《紐約書評》寫的文章中，認為發明原子彈的物理學

家因二戰聲譽卓著；另一方面，行為科學研究的是人心，相較於原子彈的物理學，行為科學是更悄然無聲、更暗潮洶湧的學問，其地位現在因為越戰而提升。她的看法是，行為科學家比物理學家更危險，原因在於：「你有辦法立法禁止原子彈，但人心如何禁止？」她評論普爾的「共通計畫」時，提到在1950年代「以大學系統的資源來研究敵人行為，樣本是逃往自由世界的叛逃者所提供的素材；然而，一直到越戰提供了一座活生生的實驗室，才得以實際檢測新武器，也就是學術界的B-52」。瑪麗‧麥卡錫這番話利用了析模公司本身宣傳過的比喻，也就是將仿人機比作「社會科學界的原子彈」，是很勁爆的類比。[22]

德‧葛拉西亞於1967年4月19日抵達西貢，身分是析模公司東南亞地區新任專案主管。雖然他同意「往後一年半大都要實際田野調查」[23]，實際上後來只待了幾個星期。德‧葛拉西亞想新聘人手，析模公司提供名單，他逐一篩掉人選，在待辦清單上寫下「打霍亂疫苗」，以及「打電話給比爾‧麥菲」。比爾還是不感興趣。[24]格林菲有時會致電比爾，兩人會互相咆哮。

4月，德‧葛拉希亞一到西貢，就安排析模公司搬往更加奢華的一間新別墅；別墅前身是飯店，有二十九間房。[25]他也處理新合作案的企劃書（國防高等研究計畫署的合作案經費期間於1967年6月30日結束；新案開始日期是1967年7月1日）。此時，對於將行為科學應用至許多美國人反對的一場戰爭，美國本土憤怒情緒日益高漲。值此之際，德‧葛拉西亞提議為析模建造新設施，作為最先端的準軍事、心理戰運作中心。

國防高等研究計畫署審查新企劃時，發現要斥資50萬美元，其中八成五為經常性開銷，判定新企劃和析模公司1966年的提案過於相似；國防高等研究計畫署已經撥款給當初的研究案，但析模公司從未完成。約翰‧派特森（John Patterson）上校是國防高等研究計畫署派駐於西貢的領

袖,他曾抱怨:「我想,多數政府採購專員不太會同樣的數據花錢買兩次。」
據派特森形容,國防高等研究計畫署的立場讓人一點都不羨慕:「『析模
公司』這間企業就像未成形的生命原始物質。署內還得試著去控制、主導
和遏制這一團物質。」析模的一切似乎都沒有上軌道,包括找來的員工:
「從表面上看,析模公司現在就像棒球隊每個位置都擺上桑迪‧考法克斯
(Sandy Koufax)——都是投手。」〔26〕

　　1967年4月28日,德‧葛拉西亞還在西貢,《華盛頓郵報》記者賈
斯特來到派特森上校的辦公室,留下訊息:「明天下午,我想跟你談談
國防高等研究計畫署和析模公司的事。」〔27〕4月30日,德‧葛拉西亞離
開西貢。〔28〕那一天,《華盛頓郵報》刊出了賈斯特撰寫的一篇報導,內
容滿載析模公司外洩的資訊,包括有項機密計畫是析模公司建議移除越南
鄉間的廣播,說是「強化心理戰的一環」。他譏嘲五角大廈將「一群又一
群分析人員」送往西貢,卻幾乎一無所獲。〔29〕

　　派特森上校勃然大怒。他譴責析模公司「為了宣傳,無所不用其極」,
並表示他很確定爆料者就是那位「親切、善解人意、像聖伯納犬般平易近
人的德‧葛拉西亞博士」。〔30〕在國防高等研究計畫署眼裡,析模的地位
自然更糟了。普爾捍衛立場,堅稱西貢就像「魚缸」,身處其中,事情都
會被看光光;析模不對賈斯特的報導負責。〔31〕派特森不接受這番說法。

　　到了1967年時,多數媒體已經從原本報導「美國政府官員針對越戰
發表了些什麼」,改為「美國政府官員針對越戰欺騙了些什麼」。〔32〕私底
下,記者日益懷疑美國出兵越南的正當性。賈斯特寫信給費茲傑羅時表
示:「這一切都太瘋狂了。我們從原本對國家運作一無所知,到現在要錙
銖必較,電腦彙整的每一處小細節,我們都要跳進去計較。」〔33〕

　　在此之前,賈斯特得知一項MACV計畫,也就是「村落評估系統」,

這是前一年由析模公司推舉的分析系統。麥納瑪拉當初是想知道國防部和平化計畫的執行成效，針對那些被關進「戰略性村落」的農民，探討他們的內心狀態（到了1967年，美國反戰抗議者將「戰略性村落」比喻為「集中營」）。1966年10月，在析模公司發表最初的田調報告後，麥納瑪拉命令CIA，設法評量越南44省12,500多座戰略性村落的情況。CIA設計出一種「矩陣」，內含6大因子，下分18大指標，用於寫入至「村落評估工作表」（Hamlet Evaluation Worksheet），再輸入至打孔卡上。這項專案是和平化計畫負責人羅伯特‧柯默的想法，他說：「我想我真的是管理人才。我在試著管理一間很了不起的大型子公司。」〔34〕

村落評估系統於1967年推動，委託250多名顧問和越南籍研究人員，在其所屬區域收集數據。之後，MACV總部200多位分析人員將一項演算法套用至這些數據，每一村落便能得出一個分數。〔35〕國防高等研究計畫署便是委託析模公司評估該程式。

1967年4月，賈斯特寫信給費茲傑羅時，表示駐越的美國官員已經失心瘋，有四人上個月才剛發瘋。一位軍官經要求回報最新軍情時，嘴裡念著：「我前幾天在路上……我前幾天在路上……然後……我前幾天在路上……然後……我前幾天在路上……」賈斯特信中寫道：「他好幾分鐘都是這副德行，然後他的長官很溫和地攔住他的話，接著那名軍官安靜坐下，又回到之前不知道在想什麼的狀態。」〔36〕

到處都瘋了。1967年5月1日，德‧葛拉西亞回到紐約，找格林菲把話攤開來說。他的日記如此記載：「結果很糟，他有點醉，我也對他失去耐心，這令我第一次毫不掩飾自己對他的厭惡，我厭惡他的蠻橫和商業手段。」隔天晚上，普爾從劍橋前來與兩人會面。據德‧葛拉西亞描述，格林菲「沒來由地找我吵架，一直想拉攏我反對普爾，又對我贊成和平化計

畫感到憤慨」。和普爾會面也不愉快；由於事涉越戰，普、格二人爭執是否應該在紐約哥大或麻州劍橋MIT處理析模公司的業務。德·葛拉西亞最後寫道：「我懷疑格林菲能在緊要關頭擔當重責大任。」[37]

析模公司的越戰分析業務之所以無法在劍橋執行，原因和學生有關。MIT長久以來是與世無爭的校園，近來成為醞釀異議的場所。此時學生民主會的MIT分部已經開始組織。波普金這時和女友在中國，女方在中國進行博士研究。普爾警告波普金：「你回來這裡後，會發現情況很緊張。美國現在對越戰立場愈來愈兩極化。學生民主會和一些團體開始把矛頭對準這裡。」[38]

普爾在MIT校外（應該說離校園頗遠之處）租了一棟兩層樓的小房子，地址是麻薩諸塞大道930號，位於中央廣場和哈佛廣場之間。為了進一步避免出現洩密、安全漏洞或其他紕漏，普爾請蓋瑞·契恩和（國防部特別助理）西摩·戴契曼從華府來到劍橋，安排他們和普爾團隊中有意願在那年夏天派駐越南的成員會面，以確保他們全盤了解協定內容。[39]同時，普爾於5月初尋求五角大廈的支援。[40]

不過在五角大廈這邊，麥納瑪拉對美國參加越戰抱持的懷疑有增無減。5月19日，他向詹森總統書面彙報：「對於美國該前往何方，許多美國人和其他許多國家的容忍是有限度的。身為世界最強國，一週之內殺死或嚴重傷害一千名非戰鬥員，同時試著降服一個落後小國，其中利弊又有嚴重爭議——這有損國家門面。可以想像的是，這反而會嚴重破壞美國的民族意識，以及全球看待美國的形象。」[41]6月，麥納瑪拉針對美國參與越戰一事，從過去杜魯門和艾森豪等政權回溯切入，委託製作一份紀錄性歷史分析，其中部分內容撰寫人為丹尼爾·艾斯伯。它後來稱為「五角大廈報告」（Pentagon Papers）。

■　■　　■

　　1967年夏天，析模公司西貢據點手上有滿滿的新合作案和員工，一開始就火力全開。普爾在報告中說：「析模公司田調團隊的規模成長幅度讓人吃驚。」[42] 7月，他寫信回美國時提到：「我們的『別墅』現在滿了。看著這棟有二十九個房間的建築擠了五十多人，大家做各類工作，我又算是負責人，感覺很有趣……我們的司機和配車有三組、有五位女侍和廚師、翻譯人員和訪談人員。」[43]

　　田調團隊幾乎全換上新血，這樣的人員流動率並不罕見。記者費茲傑羅寫道：「這群美國人的工作型態有個特質一直不變：每一年，新的年輕人加入，他們對於『戰情發展』懵懵懂懂；他們非常肯定自己有本事解決越戰這個『問題』；他們非常急切想和當地越南人『溝通』，又渴望在這場已經打到天荒地老的戰事中，找到自己的位置。」這群人便是為析模公司服務的年輕人。費茲傑羅還寫道：「每年唯一改變的，只有這群年輕人的面孔和村落的數量。」[44]

　　這群年輕人「帶著」人類行為的理論；他們「帶著」人類問題的解決方案，其他年資較久的人則「帶著」公事包。威廉・阿諾（William Arnold）上校取代派特森，帶領美軍的越南研究任務。阿諾戲稱析模的科學家為「放長假時來管理公事包的學者」。這群行為科學家在寒暑假來到越南，甚至可能挑春假來。他們待沒幾天就回國，讓研究生留下來工作。阿諾形容：「一堆研究助理沒有了科學家，就好像一堆打字員沒有作家。」[45]

　　記者沒料到他們外行得這麼離譜。[46]費茲傑羅寫道：「有點歷練的人，會對這群年輕人的天真嗤之以鼻。」[47]他們「帶著」幻想。之後費茲傑羅還說：「在我看來，普爾就像那種自以為能掌握越南的美國人，這些

人以為自己才有這種本事。」〔48〕

1967年，越南的夏季來到尾聲時，普爾寫道：「才剛從西貢回來，兩個半月以來，進度驚人。」〔49〕

德・葛拉西亞此時也返美，滿懷著想大肆宣揚的道德公義和瘋狂計畫。〔50〕國防高等研究計畫署通知析模又發生安全違規事件時，德・葛拉西亞告知戴契曼：「注意計畫上的高度優先事項，別讓鳥事又發生。」〔51〕他本身的優先事項為透過抓捕和重新安置越共和北越兵力，在南越建立新的人口中心。在寫給阿諾的一則報告中，他提出一項驚人的創新方案「復興計畫」（Project Renaissance）。「『復興計畫』要求多支兵力、多單位行動，從一個生產區『A』驅逐三千名越共和北越兵力，並從目前的越共和北越兵力區域『B』救出兩萬人，剝奪敵軍的資源基礎；『難民』則安置在新整備的城鄉示範社區，其產業結構為農業和輕工業；並『招回』被拋棄的越共，讓他們到示範社區找熟人。」〔52〕普爾為這項提案背書，並指出：「在一處戰略性管理據點安置二萬至五萬人，藉此初步觀察要在何處、如何設立全區。我和德・葛拉西亞對這樣的可能性很感興趣。」〔53〕德・葛拉西亞擬好新聞稿，準備宣布這項計畫。他想像自己宣布的樣子：「在越南的美國人不久將執行一次獨特的全面行動，將民眾大量遷出越共的支援基地。這將是自柏林空運以來，最大的空運壯舉。」〔54〕

普爾多數時間都在教導越南學生訪談：「我們假裝是越南農民，越南學生對我們提問。我們回答時會試著刁難，看看他們如何回應。」〔55〕在採訪工作中，析模公司與蘭德智庫競爭，後者在1967年製作了《蘭德智庫面試分析輔助工具》（*Two Analytical Aids for Use with the Rand Interviews*）。（內部對這套訪談計畫有批評聲浪。蘭德智庫分析人員安森尼・拉索（Anthony Russo）後來與艾斯伯一同持續洩漏「五角大廈報告」。拉索指出，訪談內

容從錄音帶謄打出來時,「折磨囚犯和虐待平民的部分都刪除了」。)[56] 1966年的研究中,析模公司不如蘭德智庫有系統性,研究缺失也受到批評,而普爾試著讓析模的數據收集和數據分析更系統化。

國防高等研究計畫署再次抱怨,析模公司並未派出當初承諾的頂尖科學家,而送來並未實際執行過任何研究的二流科學家。對此,普爾著手撥亂反正。1967年夏天,他前往越南鄉間帶領其田調團隊。普爾從湄公河三角洲上的海濱城市美萩(My Tho)出發,帶隊乘坐兩輛軍車前往農村地區卓高(Cho Gao)。第一輛卡車載了普爾與其六人團隊,第二輛卡車載有武裝士兵。普爾在家書中寫道:「前往卓高的七英里路上,軍車一面開得飛快,一面鳴笛,兩旁路人聽得閃開。」眾人駛過香蕉林和稻田,穿過守望台和刺網圍籬後,乘坐渡輪穿過一條運河到達區總部;總部已武裝為堡壘基地。這時的普爾,是他人生中最可能短兵相接、一觸即發的時候。[57]

析模公司於1967年夏季展開許多研究,訪談同一受試者族群:829名村民,遍及11省、82村。訪問工作由美籍研究生和越南籍口譯人員負責,普爾並未實際投入。他在卓高時說:「我會在這個總部待四天,而團隊要到附近五座小村落採訪。」[58]同年夏天,他再次前往鄉間時寫信回家,提到:「我寫這封信的地點,是一輛美國的組合式拖車廚房。這輛拖車是第四分部總部在這裡的招待所。」[59]

越南籍口譯人員曾經抱怨,普爾帶領的那些美國同事,心思都放在對軍官和士兵「說打仗的故事」,把訪談工作全部丟給他們(越南籍員工),而他們幾乎不懂自己的工作內容,對研究也幾乎沒有信念。[60]之後,德·葛拉西亞以怠忽職守為由,開除所有日益不滿的越南籍員工。不過一項日後出爐的調查並不支持德·葛拉西亞的指控。這些越南籍員工憤怒之餘,舉起「恨死美國」(Hate the U.S)的標語,並將遭遇告知媒體。[61]

　　對於析模的田調結論和研究方法，國防高等研究計畫署持懷疑態度。問題在於問卷本身。問卷用英語書寫，對越南人幾乎沒有意義，且由於析模決定不向越南口譯人員解釋研究本質，因此更難施測。另外，問卷高達一百多題，得花費了兩個多小時施測，有時受訪者乾脆中途直接走人。[62]

　　研究設計也有問題。有一組問題詢問收聽廣播的習慣；調查發現八成村民都會收聽廣播，而村民中僅18％家裡有電視機。採訪的一環是向村民展示十三樣東西，包括家用電器和牲畜，並詢問他們擁有什麼、以及想要什麼。其中一項結論是：擁有收音機的人比沒有收音機的人，想要更多現代產品。[63]在美國，郊區泳池數量的確多於市區，但有誰會為了知道這檔事花錢請人研究數據就更難說了。

　　普爾最關心的是電視研究，他想探討「電視村」計畫（「電視村」是指已經裝有電視的越南村落），也就是針對政治反抗運動，評估電視作為壓制工具的效果。[64]國防高等研究計畫署中尉J・史蒂芬・莫里斯（J. Stephen Morris）有心理學博士學位，他和普爾一起從事電視研究後，完全不相信普爾具備科學家的專業度。[65]莫里斯抱怨，普爾似乎連虛無假說都不懂：「如果無法評測電視，那電視就不會是有效的工具——普爾不懂這一點。」[66]析模公司其他研究設計的調查結果，和該研究同樣要命。[67]有位駐西貢軍官來到析模公司的別墅，和執行訪談的越南籍研究人員會面後，得出的結論：「聽起來像是有人拿了一本寫滿科學方法的書，然後全面違反每一條規定。」就好像析模公司的研究「執行結果拙劣，簡直像是故意弄這麼爛」。提案中提到研究目的是：「針對有擺設電視機的越南村落，探討電視機在資訊、民眾態度和行為上帶來何種改變。」不過，一如下述評論指出，這不是一個可研究的問題：「實際上，這會需要研究和所有越南人有關的所有東西。」[68]而國防高等研究計畫署的某些人認為，析模公司的研究，

非但無法研究和所有越南人有關的所有東西，且似乎研究不出個所以然來。

析模公司還面臨另一項急迫任務：評估麥納瑪拉的村落評估系統。這個系統為大型電腦化數據資料庫，最初是在1966年由析模提議建立，針對40多省、12,500個戰略性村莊逐日彙整、更新、分析；專案督導則是柯默。1967年4月，《華盛頓郵報》記者賈斯特開出第一槍後，媒體界開始注意到該計畫有多荒唐。和伯迪克合著《醜陋的美國人》的前情報官萊德勒通曉多國語言，他在《新共和》雜誌中提到，自己訪談過許多從事該計畫的人員：提供數據方面就需要250多人，分析則需要再100人。萊德勒發現，填寫訪談表格的員工中，100位僅有1位懂一個越南字，而口譯人員知道的英文單字不過數百。他認為，由於受試者只透露採訪者想聽的內容，所以採訪本身沒有參考價值。萊德勒先前曾和一名南越友人一起觀看村落評估系統訪談的影片，該友人表示，片中越南籍口譯員改掉美國人指示的題目，受訪農民也並未回答口譯員的提問，而口譯員將答案譯為英語時，又改掉受訪者的答案──情況就是這樣。萊德勒寫道：「柯默手上的電腦計畫就是這一連串錯誤資料串成的，而且更糟。」麥納瑪拉先前玩「數字遊戲」，誤導美國民眾樂觀看待越戰。萊德勒指控他現在靠電腦做同樣的事。[69]

析模公司收取優渥報酬，投入大量人力，以電腦執行柯默的村落評估系統；而萊德勒提出的疑慮，似乎未影響析模的研究。普爾初步撰寫析模公司的報告，結論是村落評估系統成效卓著。國防高等研究計畫署先前就要求析模提出改善建議，因此對普爾的結論不買帳。[70]沃歇爾在MACV閱讀初步報告時，認為「設計不良、分析不當，且內容膚淺」，建議「無論如何都不要散布這份報告」。[71]

到了1967年8月時，國防高等研究計畫署的耐心即將耗盡。析模公司

揣測上意，不願上報國防高等研究計畫署不想聽的話。署內原本就對析模怨聲載道，此舉更是提油救火。由於預算充裕，該署考慮用一項提案來延續電視研究。國防高等研究計畫署認為，另一項提案「不是負責任的研究人員該有的成果」。[72] 德·葛拉西亞該捲鋪蓋走人了。[73] 接著，那群科學家的薪資也引發問題。蓋瑞·契恩寫信告訴普爾：「普爾，我可以坦白說嗎？我認為我至少該拿到你的薪水。」[74] 普爾之後向柯默吐苦水，說有的人「就是要搞死析模公司」。[75]

■ ■ ■

　　析模公司在越南執行最後一次實驗，結果是場災難。1967年夏天，普爾和德·葛拉西亞前往距離西貢不遠的修道院。建物有八十個房間，坐落在十英畝大的青翠草皮上。兩人在此談論越南心理戰任務。[76] 修道院內住著十位避世隱居的老神父，他們養豬、兔子、天竺鼠，也種香蕉、木瓜、稻米。他們是來自越南北部的難民。1954年日內瓦會議召開，越南分裂為南北越，以17度線南北越非軍事區為界；天主教徒則逃往南方。[77][78]

　　普和德·葛拉西亞二人此行，是要見現年46歲的神父阮文守（Nguyen Van Thu）。阮文守也是外地人，一頭黑髮往後梳，眼神嚴肅。他為析模公司服務。

　　阮文守出生在清化省南中國海沿岸一個漁村，是漁夫之子，有九名手足。他就讀北越的神學院時，正處於恐怖的飢荒年代。後來他改名為約瑟夫·學（Joseph Hoc），並於1949年在羅馬獲授予聖職，當時他以代表團成員的身分前去，目的是設法制止共產主義傳播。[79] 他在梵蒂岡按立神職後，便前往美國，就讀聖十字大學伍斯特分校（Worcester's College of the Holy

Cross)、天主教大學和史丹佛大學,並於1953年獲得社會學博士學位。他在美國遇到的人多半從未見過越南人,當他彌撒時,許多美國教區居民會因為他個子太小,誤以為他是擔任輔祭的男童。[80]

阮神父先前曾將宗座降福狀從羅馬寄回家,全家因為擁有羅馬教宗祝福而受到監禁,親戚也遭到越南獨立同盟會(Viet Minh)迫害。他有個親姊妹活活餓死。[81]共產黨燒毀了他以前就讀的神學院;哪怕天主教遭受的暴力日益嚴重,他仍期望以傳教士身分返回越南,據他的形容,這是為了「尋找人類的靈魂」。然而,他的信念仍堅定不移,在寫信給他稱為「媽媽」的美國代父母(sponsor)桃樂絲・韋曼(Dorothy Wayman)時[82],阮文守提到:「如果有一天你聽到共產黨殺了我,那麼母親,你可以為你的兒子感到驕傲,因為他為基督流血。」當他在羅馬準備回國時被攔下來,他崩潰了;別人告訴他,回去越南並不安全。阮神父在寫給韋曼的信中說:「我失去了回來的所有希望。」[83]

1954年12月,共產黨紅軍開始攻擊阮神父的家鄉村落。他如此形容:「沒有比在這裡坐以待斃,想著親人遭受的痛苦和死亡,更可怕的事了。」[84]到了1965年,阮神父開始在波士頓學院任教,返回母國的希望之火再次點燃。[85]1967年,阮神父終於找到管道:以析模公司約聘人員的身分回國。公司委託他執行「在越南測試新型心理戰武器」的研究。他從波士頓回國時先到羅馬,在私人會眾之中和羅馬教皇會面二十分鐘,獲得教宗祝福。[86]

阮神父提出理據,認為在越南進行的早期研究之所以失敗,是因為美國人的訪談方式不對。他解釋道:「某些標準的美式訪談在探討輿情時,會給越南農民族群一種警察質問的印象。訪談問題也很難翻譯成一般越南口語。」阮神父身為越南籍學者,他承諾開發出更適合母國同胞的心理戰訪談法。他提議建立一座「活實驗室」,由越南村民組成線人網絡,協助阮

神父測試他的新型心理戰武器；柯默之前的村落評估系統以電腦執行，相較於原先為柯默執行研究的人，阮神父的線人網絡遠遠好得多了。

阮神父基本上就是以諜報手腕，滲入越南的社會網絡：他去了六座村落，兩座由政府管理，兩座淪為越共控制，剩下兩座還處於拉鋸戰。這些村落之中，阮神父都有找到線人（他稱為「參與式觀察者」），並雇用他們來測試他的心理戰武器。他在報告中寫道：「他們會在這些村落散布信件、謠言或預言等心理戰手段。如果其他村民有談到這些測試工具的內容，參與式觀察者會記下交談內容回報給我。」

1967年10月，阮神父開始回收首批田調回報，共一萬九千份。[87]他規劃了六項計畫，多數以失敗告終。[88]

阮神父提出「巫覡計畫」（Sorcerers Project），因為「越南村民相信預言，以及聖人預言未來的力量」（相較之下，美國國防部官員賦予IBM電腦權力，兩者半斤八兩）。他打算散布假卜文，類似其他心理戰的布達手法（例如假新聞），像是告訴民眾：「哎呀，卜師沒有說出該講的內容。」

他的另一項操作是「連鎖信計畫」（Chain Letter Project）：由線人在四只信封內，分別裝一張內容一樣的信交給村民，請村民將信交給越共。不知為何，這項操作從未執行。阮神父的「民歌計畫」（Folksinger Project）則是創作新民歌，內容「摻入對越共的厭惡和仇恨」。然而北越發動攻擊，和阮神父配合的民歌歌者無法行動。阮神父的預言計畫倒是有實際執行：也就是將五千本小冊子發送到各村，冊子內有「越共會在1969年被打敗」的預言，只不過村民對這則預言幾乎不買帳。[89]

國防高等研究計畫署對於阮神父的研究不滿意，將報告退回，並指出研究設計和報告上的缺陷。結論寫道：「計畫的方法學不嚴謹。」[90]此外，「某些陳述沒有數據支持，讓人懷疑這些陳述是否客觀。」該署將阮神父

報告列為機密後歸檔，並下令他停止散布。[91]普爾心有戚戚，去信阮神父說：「可能還要好一陣子，才會有人欣賞你的研究。」[92]

∎　∎　∎

1967年10月21日，美國反戰抗議者擴大戰線。這回他們不是在白宮或國會大廈遊行，而是來到五角大廈，直接向將軍抗議。數以萬計的民眾前一晚就來到華府。他們有的搭便車，有的搭火車，有的搭一班又一班夜車；有的在教堂過夜，有的在旅館過夜，有的留宿陌生人家中的沙發，有的睡在林肯紀念堂的硬石階。他們帶著毯子，一大清早，他們相擁，抵禦秋季的寒氣。直升機在頭頂逡巡，好似在巡視峴港或湄公河三角洲。在五角大廈，美國法警和憲兵整夜都在豎立路障和圍欄，堆放沙袋，彷彿整個國家上演圍城秀。他們戴著頭盔；他們帶著步槍；他們帶著刺刀；他們帶著催淚彈。[93]

這場遊行由終止越戰全美動員委員會於5月時策劃；4月紐約遊行結束後，因勢利導，集結而成該委員會。會長大衛・戴林傑先前要求29歲的傑瑞・魯賓（Jerry Rubin）策劃華盛頓遊行。魯賓於1964年自加州大學柏克萊分校輟學，1965年5月在柏克萊舉辦宣講會（伯迪克於該會議身體過於不適，無法上台講話）；他還與艾比・霍夫曼（Abbie Hoffman）一同成立青年國際黨（Youth International Party，英文簡稱「Yippies」）。魯賓相信「惡作劇」的政治力量[94]，五角大廈遊行一案，便是他的構想。[95]

到凌晨時，已有十萬多名民眾聚集在林肯紀念堂。他們帶著雛菊，拿著玫瑰。遊行籌劃者運來約二百磅的鮮花。[96]遊行在上午十一點正式開始。「彼得、保羅與瑪莉」三重唱（Peter, Paul and Mary）上台，唱著惆悵、

哀戚的情歌；民俗歌手菲爾・奧克斯則唱了多首反戰國歌。接著是多場演講，講者多半是名人。兒科醫師班傑明・史巴克和「壞小子」小說家諾曼・梅勒（Norman Mailer）上台說話。梅勒以抗議為題，寫了《夜幕下的大軍》（The Armies of the Night）一書。史巴克說：「我們認為詹森發起的這場戰爭，在各方面都是一場災難。」群眾大吼：「該死！我們才不會上戰場！」麥爾坎・X的妹妹艾拉・柯林斯（Ella Collins）起身來到台上。她說：「這是我第一次看到黑人和白人在同一條船上吶喊。」下午一點半，號角響起，呼籲遊行開始前進。三點三十分，約五萬名抗議者離隊，開始走向阿靈頓紀念橋（Arlington Memorial Bridge），穿過波多馬克河。大約四點鐘，他們到達北停車場，距五角大廈數百英尺遠。

　　魯賓原先希望包圍五角大廈，並試圖使其「懸浮」；此一特殊表演是要使人注意到抗議者所謂的「戰爭機器」。垮世代（Beat Generation）詩人艾倫・金斯堡（Allen Ginsberg）登上平板卡車當作臨時舞台，吟誦著有靈性意涵的「唵」字。他們的「懸浮」特技頂多就做到這樣了。兩千多名法警和憲兵擺出軍事陣形，保衛五角大廈。抗議者向武裝士兵挺身而出，將花朵的莖桿壓在士兵的槍管上。有攝影師拍下一張經典照片，相片中一名年輕金髮男子身穿寬鬆高領毛衣，將一朵康乃馨塞入步槍的槍口。梅勒、戴林傑等數十人試圖衝破封鎖後被捕。抗議者中固然有很多學生，但梅勒在他那本抗議主題書籍中，精確描寫了大學在越戰中的複雜性。梅勒寫道：「自由派學者絕對不會是和科技國度開戰的那方。」他從另一面繼續切入：「這麼說吧，假設未來世界中，建了有空調的窖室，最後僅存的人類生存其中，那麼管理者自然便是這群自由派學者了。」[97] 這項見解，也成為諾姆・喬姆斯基（Noam Chomsky）的代表性立場。喬姆斯基當時38歲，一頭捲髮，在MIT教授語言學，曾在華盛頓特區被捕：他當時剛成為反戰運動的知

識界領袖，並很快將矛頭瞄準析模公司。當警察動手逮捕時，愈來愈多抗議者開始破壞路障，有些甚至踏上五角大廈的台階。到了晚上七點鐘，民眾仍有兩萬多人，已經挺進到距離五角大廈三十碼內；他們在那裡席地而坐。七千多人遭到逮捕。〔98〕

艾斯伯自越南返美後，對於越戰的見解產生變化，也從林肯紀念堂加入遊行，但倒是沒有全程參與。艾斯伯之後說，他從停車場離開遊行隊伍後，來到五角大廈，進入麥納瑪拉的辦公室，為的是「有更好的視野」。艾、麥二人從辦公室窗戶看著抗議人潮，不發一語。〔99〕

五天後（10月26日），30歲海軍飛行員約翰・馬侃（John McCain）執行轟炸任務時，在河內遭擊墜。他後來當了五年半的戰俘。

11月初，麥納瑪拉向詹森提交報告，促請停止轟炸北越、凍結部隊數量、從越南撤軍，並退出越戰。詹森拒絕了。同月月底，麥納瑪拉提出辭呈。

詹森政府展開大規模宣傳運動，試圖強化美國民眾對越戰的支持。阮神父在西貢收到美國代父母的信件，信中說：「看到美國的相關新聞報導時，不要感到不安。美國人之中，大概只有一成的人太膽小，或是遭到外國宣傳誤導，才會和試著幫助越南的人唱反調。」〔100〕11月3日，格林菲向析模公司的投資者匯報說：「現在外界認為，我們是在越南的「最佳承包商」之一。」〔101〕普爾持續看好越戰走勢，但他的MIT同僚可普遍不作此想。析模公司在越戰的研究固然屬於機密，但普爾赴越南後仍寫了詳細的筆記，並分發給朋友和同事，為詹森政府善盡公關職責：告知大家越戰非常、非常順利。〔102〕

11月底，格林菲和普爾前往五角大廈，和國防高等研究計畫署的戴契曼會面。戴契曼剛從西貢返美。一直有人向該署投訴析模公司，指控其

過失、瀆職甚至欺詐。一份內部報告針對各計畫一一記錄，指出析模公司「嚴重管理不當和陳述不實」。[103] 德・葛拉西亞開除越南籍口譯人員一事，幾乎要上演為公眾醜聞，成了壓垮駱駝的最後一根稻草。[104] 最終評估報告最後這麼說：「紀錄上不證自明。析模公司不僅是組織本身信譽不良，儼然是一場騙局，整體在行為研究上也是如此。」[105]

戴契曼全面盤點析模公司為該署執行的研究案，除了阮神父的心理戰武器實驗可慢慢退場以外，其他決定悉數中止。[106] 格林菲撒回至析模公司的紐約據點。普爾則回到析模公司的麻州劍橋據點。析模的西貢據點關門大吉，研究報告被碎掉，設備拿去拍賣，所有其他東西也都銷毀了。

在西貢，析模公司在整個越南建立的實驗室遭拆毀；他們對整個民族所做的人心實驗也廢棄。然而，他們的研究還沒畫下休止符，他們「帶著」，帶回了美國。

註釋

1　出自：James Ridgeway, *The Closed Corporation: American Universities in Crisis* (New York: Random House, 1968), 64。

2　出自：FitzGerald, *Fire in the Lake*, 342。

3　出自：MLK, "Beyond Vietnam," speech, April 4, 1967。

4　出自：MLK, Address on the Vietnam War, April 15, 1967。也請參閱：Simon Hall, *Peace and Freedom: The Civil Rights and Antiwar Movements in the 1960s* (Philadelphia: University of Pennsylvania Press, 2011), 105-6。

5　1967年4月15日，小馬丁・路德・金恩於聯合國大樓外談話，黑白影片；出處：聯合國影音館藏（United Nations Audiovisual Library Archives）；線上收看：https://www.youtube.com/watch?v=YpGFOiSTs3Q。

6　出自：IP to JC, July 20, 1967, Pool Papers, Box 75, Folder "Correspondence May to August 1967"。

7　出自：IP to WMc, June 28, 1967, Pool Papers, Box 75, Folder "Correspondence May to August 1967"。

8　出自：Garry L. Quinn, Memo for Defense Contract Administration Services Region, New York, October 7, 1967, Project Agile Records, Box 49, Folder "Simulmatics—Problem Analysis, NN3-330-099-009"。1967年5月，發生一次安全性標記的違規事件，出自："The security markings appearing on SIM/CAM/5(A)/67, Brief Comparison of Simulmatics Chieu Hoi Report and RAND Study。任何人只要稍微熟悉國防部安全程序，對此事件都感到不可思議。出自：Garry Quinn to J. David Yates (Simulmatics), May 15, 1967, Project Agile Records, Box 49, Folder "Simulmatics—Problem Analysis, NN3-330-099-009"。另一件安全紕漏發生於1967年6月。析模公司會計師 Shlomo Hagai 寄送文件時，未加上安全性標籤，而這位會計師甚至應該沒有權限閱讀該文件。出自：Garry Quinn, Memo re Security Violation, June 6, 1967; William Hunt to Defense Contract Administrative Services Region, June 13, 1967; AB to ARPA, June 26, 1967, Project Agile Records, Box 49, Folder "Simulmatics—Problem Analysis, NN3-330-099-009"。格林菲最後委託伯恩斯坦擔任資安主管，但此舉已經於事無補，為時已晚。出自：ELG to F. B. Boice (ARPA), August 30, 1967, Project Agile Records, Box 49, Folder "Simulmatics—Problem Analysis, NN3-330-099-009"。

9　出自：F. B. Boice, Memorandum for the Record, December 12, 1966, Project Agile Records, Box 49, Folder "Simulmatics—Problem Analysis, NN3-330-099-009"。

10　出自：ADG, diary entries, January 21 and 23, 1967, Grazian Archive。

11　出自：ADG, diary entry, Grazian Archive（未註明日期但介於1967年1至2月間）。

12　出自：ADG, diary entry, January 28, 1967, Grazian Archive。

13　出自：維多利亞・德・葛拉西亞（Victoria de Grazia），作者訪談，2019年3月21日。

14　出自：Bob Dylan "The Times They Are a-Changin'," 1964。

15　出自：Isserman and Kazin, *America Divided*, 195。

16　出自：傑瑞米・德・索拉・普爾（Jeremy de Sola Pool），作者訪談，2018年5月23日。

17 出自：安・格林菲（Ann Greenfield），作者訪談，2018年6月9日。

18 出自：IP to Jonathan Robert Pool, various letters, July 1965, Pool Family Papers。

19 出自：Tim O'Brien, *The Things They Carried* (1990; repr., Boston: Mariner, 2009), ch. 1。

20 出自：Marion Lee Kempner to his family, September 16, 1966, in *Dear America: Letters Home from Vietnam*, ed. Bernard Edelman (New York: Norton, 1985), 182。

21 出自：金麗・庫克（Kim Le Cook），作者訪談，2019年8月7日。

22 出自：Mary McCarthy, *Vietnam* (New York: Harcourt, Brace & World, 1967), 62。

23 出自：IP to Garry Quinn, January 20, 1967, Project Agile Records, Box 49, Folder "Simulmatics—Problem Analysis, NN3-330-099-009"。

24 出自：Natalie W. Yates to ADG, February 8, 1967, and ADG, diary entries, August 1967, Grazian Archive。

25 出自：ADG, diary entry, April 29, 1967, Grazian Archive。

26 出自：Colonel John Patterson to Seymour Deitchman and Colonel M. E. Sorte, May 6, 1967, Project Agile Records, Box 49, Folder "Simulmatics—Problem Analysis, NN3-330-099-009"。

27 出自：Ward Just to Colonel John Patterson, Memorandum of Call, April 28, 1967, Project Agile Records, Box 49, Folder" Simulmatics—Problem Analysis, NN3-330-099-009"。也請參閱：Colonel John Patterson to Seymour Deitchman and Colonel M. E. Sorte, May 6, 1967, Project Agile Records, Folder "Simulmatics—Problem Analysis, NN3-330-099-009"。

28 出自：ADG, diary entry, April 22, 1967, Grazian Archive。

29 出自：Ward Just, "Swarms of Analysts Probing Vietnamese," *Washington Post*, April 30, 1967。

30 出自：Colonel John Patterson to Seymour Deitchman and Colonel。出自：M. E. Sorte, May 6, 1967, Project Agile Records, Box 49, Folder "Simulmatics—Problem Analysis, NN3-330-099-009"。

31 普爾寫信給派特森上校：「我希望您了解，我們公司的人自從第一次外派西貢以來，都充分受訓過，了解該避免接觸媒體。我想我們都知道，身處西貢，某種程度像是在魚缸的魚，都會被看光光。如果仔細閱讀沃德・賈斯特的最新報導，可以清楚發現，提供給他素材的人，是對我們的研究類型抱持批判立場的人。」出自：IP to Colonel John Patterson, May 18, 1967, Project Agile Records, Box 49, Folder "Simulmatics—Problem Analysis, NN3-330-099-009"。

32 「那年夏天在越南發生的事，使得美國政府和媒體之間產生重大矛盾。雙方對於越南戰情的判斷有所衝突。」出自：Richard Harwood, "The War Just Doesn't Add Up," *Washington Post*, September 3, 1967, reprinted in *Reporting Vietnam*, 484。

33 出自：Ward Just to Frances FitzGerald, March 3, 1967, Frances FitzGerald Collection, Boston University Libraries, Howard Gotlieb Archival Research Center, Box 25, Folder "Ward Just"。

34 出自：Zalin Grant, "Vietnam by Computer: Counting Strength That's Not There," *New Republic*, June 13, 1968。

35 出自：Oliver Belcher, "Data Anxieties: Objectivity and Difference in Early Vietnam War Computing," in Amoore and Piotuhk, *Algorithmic Life*, 127-42。

36 出自：Ward Just to Frances FitzGerald, April 7, 1967, FitzGerald Collection, Boston University Libraries, Howard Gotlieb Archival Research Center, Box 25, Folder "Ward Just"。

37 出自：ADG, diary entries, May 2 and May 4, 1967, Grazian Archive。

38 出自：IP to SP, May 9, 1967, Pool Papers, Box 67, Folder "Simulmatics Correspondence"。

39 出自：Memorandum for Colonel Patterson, May 1967, Project Agile Records, Box 49, Folder "Simulmatics—Problem Analysis, NN3-330-099-009"。

40 出自：IP to Daniel Ellsberg, May 5, 1967, and IP to Richard Holbrook, May 6, 1967, Project Agile Records, Box 49, Folder "Simulmatics—Problem Analysis, NN3-330-099-009"。

41 出自：Robert S. McNamara, *In Retrospect: The Tragedy and Lessons of Vietnam* (New York: Vintage, 1996), 378。

42 出自：IP to the Simulmatics Cambridge Office, July 14, 1967, Pool Papers, Box 75, Folder "Correspondence May to August 1967"。

43 出自：IP to Adam de Sola Pool, July 4, 1967, Pool Family Papers。

44 出自：FitzGerald, *Fire in the Lake*, 339-40。

45 出自：Colonel William B. Arnold to Seymour Deitchman, August 22, 1967, Project Agile Records, Box 49, Folder "Simulmatics—Problem Analysis, NN3-330-099-009"。普爾打從心底反對該比喻。請參閱如：IP to Philip Worchel, January 5, 1968, Pool Papers, Box 145, Folder "HES"。

46 出自：Colonel William Arnold to Mr. W. G. McMillan, November 21, 1967, Project Agile Records, Box 49, Folder "Simulmatics—Problem Analysis, NN3-330-099-009"。

47 出自：FitzGerald, *Fire in the Lake*, 362。

48 出自：弗朗西絲·費茲傑羅（Frances FitzGerald），作者訪談，2019年1月3日。

49 出自：IP to Jonathan Robert Pool, August 1967。

50 出自：ADG, diary entry, July 21, 1967, Grazian Archive。

51 出自：ADG to Seymour Deitchman, July 27, 1967, Grazian Archive。

52 出自：ADG to Colonel W. B. Arnold, July 25, 1967, Grazian Archive。

53 出自：IP to George Goss (CORDS), September 11, 1967, Grazian Archive。

54 出自：ADG, Saigon Propaganda Release, July 28, 1967, Grazian Archive。

55 出自：IP to Adam de Sola Pool, July 10, 1967, Pool Family Papers。

56 出自：Elliott, RAND in Southeast Asia, ch. 4。

57 出自：IP to Adam de Sola Pool, July 28, 1967, Pool Family Papers。

58 出自：同上。

59 出自：IP to Adam de Sola Pool, August 3, 1967, Pool Family Papers。

60 出自：L. A. Newberry, RDFU-VN (Research and Development Field Unit, Vietnam), Memorandum for the Record, December 17, 1967, Project Agile Records, Box 49, Folder "Simulmatics—Problem Analysis, NN3-330-099-009"。

61 出自：Colonel William B. Arnold to Ambassador Locke, November 25, 1967, Project Agile Records,

Box 49, Folder "Simulmatics—Problem Analysis, NN3-330-099-009"。

62 出自：L. A. Newberry (Research and Development Field Unit, Vietnam), Memorandum for the Record, December 17, 1967, Project Agile Records, Box 49, Folder "Simulmatics—Problem Analysis, NN3-330-099-009"。

63 出自：Simulmatics Corporation, "Communication and Attitudes in Viet Name, Report #2, The Extent of Radio Listening," Pool Papers, Box 67, Folder "Simulmatics Vietnam Correspondence"（未註明日期）。出自：Simulmatics Corporation, "Communication and Attitudes in Viet Name, Report #5, The Extent of Radio Listening," Pool Papers, Box 67, Folder "Simulmatics Vietnam Correspondence"（未註明日期）。出自：Simulmatics Corporation, "Communications and Attitudes in Viet Nam, Report #8, Villagers' Contact with Television," undated, Pool Papers, Box 67, Folder "Simulmatics: Comm. & Attitudes in VN Report #8, Villagers Contact w/TV"。

64 出自：Jeffrey Whyte, "Psychological War in Vietnam: Governmentality at the United States Information Agency," *Geopolitics* 10 (2017): 19。

65 出自：Lieutenant J. Stephen Morris to Garry Quinn, undated but September 1967, Project Agile Records, Box 49, Folder "Simulmatics—Problem Analysis, NN3-330-099-009"。

66 出自：Lieutenant J. Stephen Morris to Garry Quinn, July 31, 1967, Project Agile Records, Box 49, Folder "Simulmatics—Problem Analysis, NN3-330-099-009"。

67 其中包括在普爾文件中（Pool Papers, Box 143）的一份文件，共三頁，評價極為負面，且未署名。普爾在第一頁用手寫了：「拿掉」。

68 出自：L. A. Newberry (Research and Development Field Unit, Vietnam), Memorandum for the Record, December 17, 1967, Project Agile Records, Box 49, Folder "Simulmatics—Problem Analysis, NN3-330-099-009"。

69 出自：William Lederer, "Vietnam: Those Computer Reports," *New Republic*, December 23, 1967。

70 出自：IP et al., *Hamlet Evaluation System Study* (Cambridge, MA: Simulmatics Corporation, 1968)。

71 出自：Philip Worchel to Colonel William G. Sullivan, January 2, 1968, Project Agile Records, Box 49, Folder "Simulmatics—Problem Analysis, NN3-330-099-009"。

72 出自：Lieutenant J. Stephen Morris to Colonel Edwin R. Brigham, August 21, 1967, Project Agile Records, Box 49, Folder "Simulmatics—Problem Analysis, NN3-330-099-009"。

73 出自：Colonel William B. Arnold to Seymour Deitchman, August 22, 1967, Project Agile Records, Box 49, Folder "Simulmatics—Problem Analysis, NN3-330-099-009"。

74 出自：Garry Quinn to IP, August 14, 1967, Project Agile Records, Box 49, Folder "Simulmatics—Problem Analysis, NN3-330-099-009"。

75 出自：IP to Robert Komer, January 16, 1968, Lasswell Papers, Box 40, Folder 547。

76 出自：IP to Jean and Adam Pool（未註明日期，但於1967年夏天）。出自：Biographical information form, Wayman Papers, Box 1, Folder 33（未註明日期）。他原本預計秋天才要去越南，結果夏天就動身。文獻紀錄：「阮神父正在和我們談提前去越南的事。」出自：IP to Garry

Quinn, May 5, 1967, Project Agile Records, Box 49, Folder "Simulmatics—Problem Analysis, NN3NN3-330-099-009"。

77 出自：IP to Jean and Adam Pool, undated but summer 1967, Pool Family Papers。

78 譯註：當時逃離北越的八十多萬難民中，超過七成為天主教徒。1975年越戰結束後共產黨占領南方，監管所有宗教，1990年代才逐步放寬。

79 出自：JH, photograph with biographical inscription, Wayman Papers, Box 2, Folder 20。出自："Rev. Joseph M. Hoc, Sociologist Who Taught at Boston College," *Boston Globe*, February 2, 1988。

80 出自：Canon Peppergrass, "Joe Hoc Leaves Us," *Catholic Worker* [?], April 2, 1954, unidentified newspaper clipping, Wayman Papers, Box 1, Folder 32。

81 出自：同上。

82 譯註：香港聖神修院神哲學院和天主教香港教區文獻中，分別將「sponsor」稱為「保證人」和「代父母」。譯者於2021年2月詢問天主教台北總主教公署祕書處，獲得回答：「保證人／贊助的人」可稱「sponsor」，在天主教會內，收聖洗聖事（領洗）時，需要找「代父母」（God father & God mother），但代父母不是「sponsor」。由於本書中，阮神父將該女性稱為「媽媽」，仍採「代父母」譯法。

83 出自：JH to Dorothy Wayman, February 24, 1954, and May 22, 1954, Wayman Papers, Box 1, Folder 32。

84 出自：JH, "Reds Destroy Fr. Hoc's Native Village," *Catholic Free Press*, March 11, 1955。

85 出自：JH to Dorothy Wayman, September 17, 1965, Wayman Papers, Box 1, Folder 33。

86 出自：JH to Dorothy Wayman, October 5, 1967, Wayman Papers, Box 1, Folder 33。

87 出自：JH to Deitchman, February 1969, Pool Papers, Box 154, Folder "Hoc"。

88 出自：Jesse Orlansky (Institute for Defense Analysis), to Garry Quinn, October 22, 1968, Project Agile Records, Box 49, Folder "Simulmatics—Problem Analysis, NN3-330-099-009"。出自：Joseph M. Hoc, "The Tet Offensive Viewed by the Vietnamese Villagers," September 1968。

89 出自：JH, "Testing New Psychological Warfare Weapons in Viet Nam," May 1968, Pool Papers, Box 145, Folder "Hoc-New Psywar Weapons"。也請參閱："Code Book for the New Psychological Warfare Weapons Study Viet-Nam Context"（同資料夾）。阮神父後續也製作一份報告："Viet Nam War Viewed by the Vietnamese Villagers," September 1968, Pool Papers, Box 145, Folder "Hoc — Viet Nam War Viewed by the Vietnamese Villagers, 9/68"。

90 出自：Garry Quinn to JH, October 2, 1968, Pool Papers, Box 145, Folder "Hoc"。

91 出自：Garry Quinn to JH, December 30, 1968, Pool Papers, Box 145, Folder "Hoc"。也請參閱：JH to Seymour Deitchman, February 1 and February 5, 1969, and Seymour Deitchman to JH, February 24, 1969, Pool Papers, Box 145, Folder "Hoc"。

92 出自：IP to JH, June 23, 1969, Pool Papers, Box 64, Folder "Outgoing correspondence June to August 1969"。

93 出自：E. W. Kenworthy, "Thousands Reach Capital to Protest Vietnam War," *NYT*, October 20, 1967.

William Chapman, "GIs Repel Pentagon Charge," *Washington Post*, October 22, 1967。

94 譯註：青年國際黨認為文化和政治不可分割，會以萬聖節鬼魂等惡作劇風格的裝扮表達訴求，此舉也成功博取媒體版面。

95 出自：Jo Freeman, "Levitate the Pentagon (1967)," https://www.jofreeman.com/photos/Pentagon 67.html。

96 出自：Peter Manseau, "Fifty Years Ago, a Rag-Tag Group of Acid-Dropping Activists Tried to 'Levitate the Pentagon," *Smithsonian*, October 20, 2017（線上造訪）。

97 出自：Norman Mailer, *Armies of the Night* (New York: New American Library, 1968), 15。

98 出自：Robert G. Sherill, "Bastille Day on the Potomac," *Nation*, November 6, 1967；William Chapman, "GIs Repel Pentagon Charge," *Washington Post*, October 22, 1967。也請參閱："The March on the Pentagon: An Oral History," *NYT*, October 20, 2017。

99 出自：Wells, *Wild Man*, 283-84。

100 出自：Dorothy Wayman to JH, November 1967, Wayman Papers, Box 1, Folder 33。

101 出自：ELG, Memorandum for the Record, November 3, 1967, Lasswell Papers, Box 40, Folder 547。

102 出自：Blackmer, *The MIT Center for International Studies*, 211. IP, "Notes from a Second Summer in Vietnam," September 1967, marked "For private circulation only; Not for quotation or attribution," Pool Papers, Box 145, Folder "I.P. File"。

103 出自：Ron McLaurin to Seymour Deitchman, December 13, 1967, Project Agile Records, Box 49, Folder "Simulmatics—Problem Analysis, NN3-330-099-009"。

104 出自：Colonel William Arnold to Mr. W. G. McMillan, November 21, 1967, Project Agile Records, Box 49, Folder "Simulmatics—Problem Analysis, NN3-330-099-009"。

105 出自：Ron McLauren (ARPA,) Memorandum for the Record, December 12, 1967, Project Agile Records, Box 49, Folder "Simulmatics—Problem Analysis, NN3-330-099-009"。

106 出自：Seymour Deitchman, Memorandum for the Record, November 29, 1967, Project Agile Records, Box 49, Folder "Simulmatics—Problem Analysis, NN3-330-099-009"。

CHAPTER

12

下一波怒潮
The Fire Next Time

要做什麼？要做的事情像是：X型政治煽動者達到特定人數Y時，
由於資訊布達方式為K，導致了Q事件，因而在Z城市引發貧民區暴動。
為此，要針對暴動評估需投入多少警力。
　　——1969年，MIT的學生抗議小冊子

Courtesy of Ann Penner Winston

安・彭納和馬塞勒斯・溫斯頓於瓦丁河（1971年）。

安‧彭納（Ann Penner）頂著一頭中分的黑長直髮，她獲得格林菲的聘書，來到析模公司的紐約據點工作時24歲。彭納大學畢業後去了英國，然後在柏克萊待了一陣子，參與爭取言論自由的示威活動，對於使用電腦發出怒吼。就在彭納想找個零工時，紐約州職業介紹所為她媒合了析模公司的工作。初期，由於格林菲的祕書去愛爾蘭度長假，彭納便填補其職務空缺，打打字、接接電話。彭納做起事來全神貫注。她注意到到處都有析模公司干預的影子。[1] 波普金有時會來紐約據點工作。他從西貢帶回一些絲綢給彭納，彭納將其縫為越南傳統女裝「長襖」。[2] 彭納反對越戰、討厭越戰、遊行反戰、抗議越戰。不過，就像大多數析模公司的紐約員工，她對於析模在越南的業務運作一無所知。某天，一組政府幹員身穿黑色西裝和西裝鞋，闖入析模公司辦公室，要求提供寄自西貢的所有報告；他們拿出印章和印泥，在每一份報告蓋上「機密」字樣後，全數放回檔案櫃，將檔案櫃上鎖，然後走向門。[3]

1967年時，析模公司紐約據點位於東四十一街，是一棟狹窄的四層樓建築，樓面鋪著簡陋的地毯。公司用了其中三層。整個地方有拼湊而成的感覺，像青年旅館、嬉皮公社或素食合作社。格林菲憂心沉思時，常常在廊道上來回走著，看來神祕而優雅。常任祕書從愛爾蘭回來後，格林菲便致電彭納，將她叫進辦公室。格林菲問：「我們真的很喜歡你。你會什麼？」彭納答道：「我會寫東西，還有設計東西。」彭納主修英語，並修習藝術。格林菲聘用彭納負責撰寫文案和設計。她的辦公桌材質是美耐板，抬頭能望向辦公室的門。

形形色色的人來訪時，都會跨過那道門；都是1960年代有頭有臉的名人：詹姆士‧鮑德溫（James Baldwin）、李察‧普瑞爾（Richard Pryor）、珍芳達（Jane Fonda）、湯姆‧海登（Tom Hayden）、瑪莎‧蓋爾霍恩（Martha

Gellhorn）、路易斯・法拉肯（Louis Farrakhan）。〔4〕格林菲和數十位名人相識，尤其是左派作家和運動家。他特別強調要去結識黑人知識份子。1965年格林菲認識克勞德・布朗（Claude Brown）時，對方正好發行自傳小說《福地之子》（*Manchild in the Promised Land*），書中描述布朗在哈林區貧困環境中成長的故事，後來熱銷。格林菲拉攏布朗，邀請他來過猶太人的逾越節。每次猶逾越節聚會，格林菲都會到桌子各個座位，請所有人回答同一項問題：「對你來說，自由代表什麼？」〔5〕布朗很中意他。

1966年，參議院舉辦多場聽證會，探討聯邦政府於美國都市問題所扮演的角色。會中，布朗告知羅伯特・甘迺迪：「現在析模公司的總裁是我的摯友；他是猶太男性。」布朗還說：「他是少數我能在一週內就混熟的白人。我們真的成為那種我可以調侃『少來了，你這個死白鬼』的朋友。當然，我這句是在鬧他。」〔6〕這，就是格林菲的交際手腕。

1964年羅伯特・甘迺迪當選紐約參議員，順勢從麻州遷址紐約。自該年以來，全美各城市爆發暴動，參議院因此舉辦多場聽證會，會中羅伯特・甘迺迪不斷對布朗提問。那年，有警察在非值勤時間，開槍射殺一名哈林區的15歲黑人男孩。男孩葬禮當晚，群眾聚集前往西一百二十三街的警區，於當地和警方發生衝突，並蔓延到布魯克林區。衝突持續六晚，涉及約四千多個紐約人。一百多人受傷，一人死亡，近五百人遭逮捕。

暴力事件在哈林區結束兩天後，民眾於羅徹斯特展開多場抗議活動。當時羅徹斯特市內僅開設一間公司，即伊士曼柯達公司。非裔美國人不斷增加，失業率卻高達14％，且伊士曼柯達公司有六千個職缺。羅徹斯特的校區和住宅區是分開的，且公共住宅數量又少於該州任何其他城市。那年夏天，由於警察在聚會中逮捕一名黑人，引發多場暴動。羅徹斯特宣布進入緊急狀態，並召集國民兵。羅徹斯特警方帶來警犬，逮捕了將近九百

人；以該市規模來說，人數可觀。有五人身亡。[7]

　　一年後，洛杉磯南方瓦茲區（Watts）爆發了暴力事件，起因為警方令一名駕車中的黑人男子將車駛到路邊。洛杉磯警方因暴力而惡名昭彰。暴力持續六晚，捲入多達三萬五千人，令人震驚。一千人受傷，三十四人身亡。有抗議者說：「要死，我也不要死在越南。我要死在這裡。」[8]

　　詹森推動了1964年《民權法案》和1965年《投票權法》，宣布「抗貧計畫」（War on Poverty），並籌設「大社會計畫」，計畫重心是由聯邦政府為經濟發展提供援助。保守派認為，暴動是民眾在控訴詹森的所作所為和預期目標。克勞德・布朗則告訴參議院，格林菲有他自己的計畫。格林菲的想法是，哈林區各地都有數學天才，在美國每一區貧民窟都有孩子們在玩數字遊戲，都有那種天生就有生意頭腦的聰明人。布朗說：「他想從全國所謂蕭條地區的所有社區，找來他可以溝通的人。再說，你也知道，格林菲很會在各種族族群之間穿梭溝通。」他會透過企業的訓練課程，讓這些孩子和聰明人與當地企業主搭上線。然而，格林菲無法讓詹森政府資助他的計畫。布朗說：「我敢說，格林菲會願意在全國執行這項計畫。不過抗貧計畫的人士斷然拒絕了。」[9]

　　那些窮苦之人倒是沒有回絕格林菲的所有提議。析模公司發現，他們能反過來利用之前的西貢研究：公司此前對越戰所做的研究，能轉作抗貧計畫的一環。[10]

　　瑪麗・麥卡錫於1967年《紐約書評》中如此形容：「西貢慢慢成了洛杉磯，漸漸變為好萊塢、威尼斯海灘和瓦茲區。」[11]析模公司邁向西貢的研究之路，後續途經瓦茲區、哈林區和羅徹斯特，探討如何壓制政治反抗運動。研究並非僅靠普爾的五角大廈人脈，也透過都市研究這一塊。為了解決美國城市中的「黑人問題」，析模公司計畫建構新的模擬系統，他

們想打造的倒不是一台仿人機，而是「暴動預測機」。

■ ■ ■

　　針對詹森的「大社會計畫」，析模公司以紐約據點的兩個部門來執行研究：一為教育部門，由科爾曼帶領；一為都市研究部門，主管是社會學家索爾‧沙納利（Sol Chaneles）。科爾曼針對教育部門展開多項計畫，例如名為「貧民窟」（Ghetto）的兒童遊戲。這項遊戲會模仿貧民窟的生活，遊戲目標是設計出脫貧方法。[12]教育部門多數工作由馬塞勒斯‧溫斯頓（Marcellus Winston）完成，他是來自華盛頓特區大家庭的年輕黑人，也是崛起中的新星。1951年，他成為首位就讀霍奇基斯中學（Hotchkiss）的非裔美國人；霍奇基斯是一間高級昂貴的預備學校。之後，他自哈佛畢業，領取傅爾布萊特獎學金前往法國索邦大學就讀。溫斯頓描述自己為「作家暨社群團體的組織者」，他先前「發表了數篇文章，探討黑人在美國以及都市化的相關問題」。[13]彭納和溫斯頓是在析模公司認識的，兩人於1966年同居。在他倆同居後不久（1967年），美國最高法院裁定，禁止跨種族通婚的「洛文訴維吉尼亞州」（Loving v. Virginia）一案違憲。

　　1966年，科爾曼因《教育機會的均等》（Equality of Educational Opportunity）成了爭議人物。這份意圖極強的研究稱為「科爾曼報告書」（Coleman Report）。之所以撰寫這份報告，係因1964年《民權法案》，法案規定在兩年內發表研究，主題須探討「在公共教育機構內，因種族、膚色、宗教或原生國而缺乏平等的教育機會」。科爾曼報告書737頁，針對三千多間學校、六十五萬名師生展開統計研究。結果發現：以學業成就來說，家庭的教育背景是更顯著的指標。他還發現，融合來自不同背景的孩子，能針對學歷較差

的家長，改善他們小孩的學習表現。科爾曼了解到，當時美國公立學校逐漸消除種族隔離，他的報告之後提供反論的依據，成了反對「黑白種族共乘校車」接送計畫的基礎。然而，左派批評家認為科爾曼報告是種族主義者，特別在科爾曼公開反對共乘計畫之後，左派更認為如此。左派預期該報告會導致黑人的社會困境遭忽略，事實也是如此。[14]

1967年，大約在同一時期，格林菲成功說服德・葛拉西亞，前去西貢執行析模公司的業務，也請來索爾・沙納利帶領都市研究部門。都市研究部門設法接到聯邦、州和市等各級政府的委託案，建立犯罪、失業和交通等層面的模型。沙納利於紐約大學取得社會學博士學位，專精刑事司法，並曾在紐約矯正署（Department of Corrections）服務。[15]

而析模公司都市研究部門的真正動力，來自丹尼爾・派翠克・莫尼漢（Daniel Patrick Moynihan）。1964年，普爾參加了一場會議，主題是「大規模社會系統分析中的電腦方法」。會議地點在哈佛—MIT都市研究聯合中心（Harvard-MIT Joint Center for Urban Studies）。會後不久，莫尼漢成為該中心的主任。[16]又過不久，莫尼漢當上勞工部助理部長，普爾和伯恩斯坦向他遞交析模公司企劃書，內容是模擬勞動市場。格林菲在給莫尼漢的函件上寫道：「我希望它讓你心癢難耐。」[17]

格林菲可能打從1950年代便和莫尼漢相識，當時兩人均為（杜魯門任內的商務部長）艾弗瑞・哈里曼服務。莫尼漢四肢修長、面色偏白，性格專橫。他於1961年獲得博士學位，1960年代初期曾任職於甘迺迪和詹森政府。1965年，莫尼漢寫了《黑人家庭：全美國行動的理由》（*The Negro Family: The Case for National Action*）一書，外界稱之為「莫尼漢報告」。此書內容具爭議性，評論家認為該書將黑人家庭描述為病態的存在。1966年，莫尼漢獲任命為哈佛—MIT都市研究聯合中心主任。他搬到劍橋區的獨

棟住宅，距普爾住處僅隔數條街。[18]

　　1967年春天，莫尼漢為析模爭取到紐約羅徹斯特伊士曼柯達公司的案子。[19]那年夏天，析模聘請莫尼漢擔任顧問三年，並委託他為研究委員會成員。莫尼漢經常在紐約據點工作[20]，當時他年屆不惑，將敘薪至少一年一萬美元，並大量配股。[21]

　　莫尼漢和科爾曼在析模的城市設計專案進行合作（都市設計當時是「都市更新」的另一說法）。[22]不過，莫尼漢加入析模公司時，對一事格外感興趣：他想知道電腦模擬是否可用來預測種族暴動。

　　這項專案開始的執行地點是羅徹斯特。自1964年發生暴動以來，社區、公民權利和勞工組織者一直施壓，呼籲改革。呼籲對象包括伊士曼柯達公司的工作培訓與公平雇用機構[23]，而該公司的改革少得可憐。1965年和1966年夏天，眼見美國各城市暴動逐漸加劇，伊士曼柯達公司高層開始憂慮。[24]

　　析模公司何以成為伊士曼柯達公司的客戶，儘管這方面證據有一點模糊，但是科爾曼有化學工程師背景，曾於1950年代任職伊士曼柯達公司，之後才就讀研究所。[25]莫尼漢則是大學時期就認識伊士曼柯達公司的老闆。[26]

　　伊士曼柯達委託析模公司研究，探討「暴力、煽動和掠奪」這些行為能否「在發生前善加預測，以限制其範圍和強度」。1967年7月，析模公司向羅徹斯特派遣一支六人團隊，成員有社會學家、小說家、記者、社會個案研究人員、前聯邦調查員、打字員各一，其中兩名黑人男性、一名黑人女性、兩名白人男性、一名白人女性。團隊由彼得·舒爾曼（Peter Shulman）帶領，他是紐約格林威治村（Greenwich Village）藝術家，先前擔任都市研究部副主任。團隊在羅徹斯特待了一週，期間採訪了八十人。舒爾

曼外出訪談時會穿著軍裝；多位製造瓶裝汽油彈的人受訪時對他說：「我們不怕死，反正每天都快活不成了。」舒爾曼運算分析時既未使用電腦，也沒寫模擬程式。儘管如此，他們仍製作一份非常具體的預測報告：「7月21日星期五中午，本研究小組提出數據，支持『7月23日星期日晚上十一點左右會發生暴動』的非質化預測。」

　　舒爾曼的專案主管是沙納利，沙納利的專案主管則是莫尼漢。該週五的中午時分，莫尼漢向紐約州長示警，說明暴動的預測時間和日期。根據析模公司的說法，後來一如預測，確實發生了暴動，只不過警方到場將規模壓到最低。顯然有人在週末將整份報告交給紐約州警察，之所以這麼說，是因為星期一時，羅徹斯特的警探來到了析模的紐約辦公室，請舒爾曼告知瓶裝汽油彈製作者的身分；舒爾曼拒絕透露。[27]

　　析模公司將羅徹斯特研究及其有效性，視為其概念的一項證據。「這項小規模研究工作提出的第一個問題是：我們能否預測暴動，以限制其範圍和強度？答案是肯定的。」[28]其都市研究部門決定以全美為範圍解決新問題，即壓制國內的政治反抗運動。

■ ■ ■

　　1967年的夏天漫長而炎熱，在紐瓦克、底特律等全美各地爆發的種族暴動總共159起。7月，詹森呼籲全國委員會對「國內失序」（civil disorder）進行特別調查。伊利諾州長奧圖・克奈（Otto Kerner）主持克奈委員會（Kerner Commission），針對美國境內一連串種族暴動事件，探討三大問題：「發生什麼事情？為何會發生？可以採取什麼措施，防止暴動一再發生？」[29]委員會的媒體分析工作組則負責另一個問題：「大眾媒體對暴動有何影響？」[30]

普爾此時剛結束越南出差，正研究廣播電視對越南農民的影響，於9月時投入該媒體分析案的競標。[31] 析模公司的都市研究部門在10月提交企劃書[32]，拿下委託案，研究案預算22.1萬美元，相當於2020年現值約170萬美元。[33]

自1942年以來，暴動預測向來是普爾學術研究的主題，當年他在校時，於拉斯威爾的指導下執行內容分析，針對即將發生的革命活動找出行動跡象。文獻紀錄至少可回溯到1965年夏天（即瓦茲區暴亂的那年夏天），有多名撰稿報導普爾「共通計畫」的記者，就曾描述該計畫的目標為「建立一台預測暴動的機器」。同年，《波士頓環球報》刊出一篇有關普爾的報導，標題為〈籌備中：以電腦預測暴動和革命活動〉。[34] 時序進入1966年夏天，暴動預測無處不在，那是一種迫切的預言。有華盛頓特區的記者說：「根據預測，今天這裡會有多位受挫不滿的黑人發動大規模暴亂。」[35]口吻像是將政治動盪喻為颶風般地來來去去。

都市規劃人員也開始逐步針對各城市，建立自己的暴動預測機器。根據底特律長所說，該市於1966年7月建立底特律社會數據庫（Social Data Bank），這是「全美首座同類型的資料庫」。其資料儲存的分類依據為「25種不同的社會因子，例如犯罪、青少年犯罪、福利負擔、健康問題、法律援助請求、逃學和輟學」。每月報告旨在告知都市規劃人員，援助計畫是否有效，以及何處需要更多援助。有記者納悶：「社會數據庫能預測暴動嗎？」數據庫的設計人員答：「可以吧。」[36]

民權運動人士不太需要這種預測法。種族平等大會主席詹姆斯·法默（James Farmer）在1965年CBS節目《面對國家》（Face the Nation）中說：「我不會去預測暴動。是不是會發生暴動，沒有人有足夠認知。」他指出，真正的問題在於，沒有人處理會導致暴動的問題來未雨綢繆。[37]

　　1967年6月，小馬丁・路德・金恩在克利夫蘭對記者說：「我不會去
預測這裡會不會發生暴動。這是擔任領袖的人要靠他們的工作進度和反應
能力去判定的。」〔38〕話雖如此，時至今日，人類依然仰賴電腦來預測暴動。
21世紀的人們普遍一廂情願地認為，所有都市問題都能靠「智慧城市」和
「預測型警務監察」（predictive policing）來解決，並且天真地以為目前持續發
生的社會動盪、種族不平等和警察暴力，解決之道在於增加監視器、數據、
電腦，還有最重要的：預測式「若則」演算法。

█　█　█

　　析模公司為克奈委員會執行的模擬研究有兩大部分，均借鑑了公司在
越南所使用的研究法。第一部分由沙納利帶領，包含派遣一支三人團隊至
七座城市訪談「貧民窟居民」；這七座城市為坦帕、亞特蘭大、紐瓦克、底
特律、紐哈芬、辛辛那提與密爾瓦基。另一部分由普爾帶領，團隊要在十
五座城市中收集報導暴動的所有報紙、廣播和電視報導，提交進行定量內
容分析。兩大部分均包括資料的收集、準備和編碼，以執行電腦分析。〔39〕
　　為了完成這項工作，沙納利和普爾雇用年輕人，他們的年齡多半二十
出頭，有些是博士生。克拉倫斯・梅傑（Clarence Major）為年輕的黑人詩
人，才華橫溢，他的工作最初是將報導暴動的報紙、廣播和電視報導進行
編碼，之後轉成訪談。梅傑採訪的黑人對於什麼情況算暴動有所爭論。他
後來說：「我在密爾瓦基聽到不少人抱怨，警察根本分不清和平示威的人
與違法的人。我的訪談對象到哪兒都受到警察暴力對待。」〔40〕警察暴力
並不適合用於析模公司的編碼分析。
　　沙納利按照他在羅徹斯特設計的研究法，將兩名黑人和一名白人湊成

一支訪談團隊。在選定的七座城市中，析模公司研究人員總共採訪了567名黑人、191名白人。他們的指示是前往黑人社區，在特定場所找人訪談；特定場所有：「2間撞球館、4間酒吧、2間理髮店、2間保齡球館、4間商店（2間雜貨店和2間小型服飾店）、2處學校聚會場所、街角、2個社區行動小組（如「貧窮計畫」等執行單位）、2組民權團體（例如全國有色人種協進會〔NAACP〕、CORE），以及其他類似的人群聚集地。」同一時期，阮神父在西貢郊外那座修道院，每天從線人那裡蒐集三篇報告，資料來自六座越南小村莊；沙納利在紐約則是彙整其三人團隊的通報內容，資料來自美國七座城市。「你看電視都看什麼？」普爾的訪談人員會在南越11個省，如此詢問南越農夫。「你看什麼電視節目？」析模公司的研究人員會如此詢問坦帕、亞特蘭大、紐瓦克、底特律、紐哈芬、辛辛那提和密爾瓦基的非裔美國人。有一題是：「您，或者是您認識的任何人，會在看到電視畫面後去參加暴動嗎？」〔41〕

析模公司預測美國城市暴動的工作，與麥納瑪拉的大型電腦計畫（即村落評估研究）有令人毛骨悚然的相似之處，畢竟後者用來預測政治反抗運動。在美國，析模試著判定「暴動社區的情緒和氣氛」，並指定一個數字：「1—鎮靜、內斂；2—緊張；3—憤怒；4—恐懼、緊張；5—冷漠；6—興奮（狂歡）；7—友好、善良；8—混亂；9—有序；0—其他」。〔42〕而阮神父也針對越南心理戰操作，提供編碼指引手冊給參與式觀察者，該手冊和析模公司的編碼沒有什麼不同。

還有更多相似之處。而克奈委員會也像國防高等研究計畫署，對析模公司的研究不置可否，理由大同小異：研究設計欠佳、缺乏專業知識、陳述不實。沙納利於11月的報告中提到，知名社會學家庫爾特・朗恩（Kurt Lang）以「資深社會學家」身分，「每週三天處理析模公司的研究」。〔43〕然

而據朗恩所言，他為了析模公司的專案推掉一項工作，卻發現自己插不上手，且在檢視期中報告後，認為內容實在草率。[44]有相同想法的人不只朗恩。[45]有個曾擔任記者的人本來應該要督導析模公司的專案，卻多半遭拒於門外，此人抱怨：「我只是覺得，他們不知道他們到底在幹嘛。」[46]莫尼漢也覺得難為情，還對舒爾曼說：「趕緊離開這鬼地方。」莫尼漢後來幫舒爾曼在蘭德智庫找了個工作，舒爾曼便去了越南。[47]

固然有許多指控批判析模公司研究的缺陷，但析模至少有若干研究發現為克奈委員會的審議提供依據。1967年11月6日，克奈委員會舉行會議，有一位波士頓大學社會學家告訴委員會：「除非預測暴動的可靠性能最起碼有預測降雨或下雪的準度，否則很難用於合理制訂控管政策。」[48]針對暴動預測向克奈委員會提案的單位，倒也不只有析模公司。位於聖路易的華盛頓大學設有執法研究中心（Law Enforcement Study Center），中心內部一位行為科學家向委員會提交一份白皮書。他在預測方案中試著整合手上所有數據，納入來自184座城市的收入、犯罪和人口數字，涵蓋族群人口至少五萬人。他主張將眾城市劃分為「已發生暴動」者，以及處於「暴動前緊張局勢」者。這位行為科學家預測會發生暴動的城市，有許多最後都沒有發生，反而是沒預測到會暴動的城市發生了暴亂。身為報告作者，他並未就此打退堂鼓，而是解釋：「未能成功預測上述案例，是由於各地的情況差異極大；深入分析很可能發現複合變數還不夠詳細，無法解釋年長的非白人移居趨勢。」[49]

詹森政府針對管理種族關係提出大型計畫，而由克奈委員會收集數據便是計畫的一環。1968年2月，《華盛頓郵報》報導指出，「美國司法部地下室的電腦」將在夏天搖身一變，成為「聯邦監視暴動行動的神經中樞」之一。該電腦運作的數據來自聯邦調查局（FBI）、刑事部（Criminal Division）

和民權部（Civil Rights Division）律師，目的是「將政府從暴動後反應的角色，轉變為預測暴動的角色」。《華盛頓郵報》報導稱，克奈委員會尚未向司法部提供任何數據，但暗示該新型暴動預測機將整合所有可用資訊：「人們對機器『交叉比對』的能力寄予厚望，這有助於整合城市、人員和狀況的相關數據。」普爾從報紙上剪下報導，存入檔案中。[50]

■　■　■

1967年有多項針對越南或美國局勢的預測，其中極少於1968年成真。整個1967年下半年，詹森政府展開「樂觀運動」（Optimism Campaign）公關突擊活動，目的是說服美國民眾越戰即將結束，而美國將獲勝。五角大廈內部上上下下涉入越戰的有權人士，均被要求加入。一位將軍在8月白宮記者會上公開說：「我已經預測到，這是最後一場重大戰鬥。」9月，軍官向戰場上的士兵保證：「我們肯定會在半年內贏得戰爭。」普爾也沒閒著，他在9月寫信給親朋好友和同事稱：「我不懂為何大家要用『僵局』這字眼去討論越戰。去年戰況有驚人的進步。」[51]那年秋天，（越南軍事援助總司令）威廉·魏斯特摩蘭將軍回報，稱敵方軍力已經大幅下降。MACV為新聞界印製了一本小冊子，名為《1967年總結：美軍戰情躍進的一年》（1967 Wrap-Up: A Year of Progress）。接近年底時，一位高階白宮官員對《紐約時報》記者說：「忘記戰爭吧。戰爭結束了。」[52]

可是誰能說得準呢？阮神父自認他可以。他先前告訴國防高等研究計畫署：「我希望能預測甚至控制敵人的行動。」到了1968年1月，他已經收到了19,000多則田調通報，多到難以土法煉鋼統計。[53]他請國防高等研究計畫署抽出時間，使用MACV的IBM 360執行相關分析。[54]

　　同時，北越宣布，將在1月27日至2月3日越南新年期間（當地語言稱為「Tet」）停火。南越部隊將停戰7天。1月25日，普爾在五角大廈與國防高等研究計畫署會面，為阮神父籌措新經費。當時，在一座偏遠的越南小村落中，神父手下一位線人和他稱為「R. B先生」的村民交談。R.B.先生說：「游擊隊和當地正規軍不會慶祝春節，而會準備在越南春節期間於定祥省（Dinh Tuong）發動進攻。根本沒有休戰這回事。」[55]

　　結果一語成讖。五天後，越共和北越軍隊發動了「春節攻勢」（Tet Offensive）。在這場最大的戰爭中，共軍襲擊了一百多座城鎮，包括渾然未知的西貢。當時兩百名美國MACV軍官還在泳池開趴。

　　敵軍以「春節攻勢」展示砲火威力，也打臉了詹森政府所說的「勝券在握」。美國對越戰的支持從未高漲，到了2月底更是下跌。只見CBS新聞工作者沃爾特・克朗凱一臉悶悶不樂，說：「現在儼然比過去都更確定的是，越南的血戰將陷入僵局。過去，樂觀主義者錯了。所謂更接近勝利，只是相信他們提出的錯誤證據。」[56]

　　越共發動「春節攻勢」後，蘭德智庫、析模公司研究和柯默的村落評估系統等所有預測，都遭到媒體質疑，因為其中沒有一項有料到前述攻勢。在給《紐約時報》的信中，普爾拒絕認錯。他認為應該將越共春節攻勢理解為一種緊急訊號，代表反而應該投入「更多」資源，開發以電腦和數據執行的預測程式。[57]不過，國防高等研究計畫署已經不再資助析模公司的研究了。析模的都市研究部門一片混亂。此時的美國也好不到哪裡去：一片混亂、傷痕纍纍、血流如注。

　　麥納瑪拉心思倦怠，於2月29日離職；他三個月前向詹森政府提出辭呈。克奈委員會則針對國內失序提交報告，從居住面、就業面和教育面切入，將美國種族暴動歸咎這些層面的結構性種族不平等。有媒體報導暴

動時,提及析模公司的黑人區訪談研究,並持正面評價。而克奈委員會忽視了普爾對這類媒體報導的內容所做的分析。[58]《紐約時報》專欄作家湯姆・威克在該報告序言中說:「我們的國家正朝著兩個社會發展,一個黑人社會,一個白人社會,兩個社會是分離的、不平等的。」[59]

詹森對該報告視而不見。他滿腦子想著自己的歷史定位;他要再次投入選戰。1968年民主黨初選開始時,詹森面臨黨內挑戰,左派挑戰者有持反戰立場的尤金・麥卡錫,以及反對「詹森越戰」的羅伯特・甘迺迪;右翼方面,則有阿拉巴馬州的種族隔離主義者喬治・華萊士(George Wallace)。3月31日,詹森現身電視現場節目,在美國國旗前面針對越戰發表談話。演講來到尾聲,他說:「我不會尋求連任,也不會接受黨提名競選下一屆美國總統。」詹森的閃電聲明震驚全美,跌破眾人眼鏡。很多人以為自己聽錯了,畢竟太突如其來。在聲明之前,詹森幾乎沒對任何人透露他的決定,甚至包括內閣;但內容千真萬確。詹森的政治生涯始於1937年,那是廣播的時代,而終於1968年,已經是彩色電視的時代。他表示,剩餘任期的心力要花在為越戰進行和平談判。[60]

他或許已經締造了和平。然而四天後,即1968年4月4日,小馬丁・路德・金恩在曼菲斯遇刺,這一天距離他首次公開反對越戰,剛好整整一年。他原先計畫在隔週週日,前往他所屬、位於亞特蘭大的埃比尼澤浸信會教堂(Ebenezer Baptist Church)佈道,佈道主題為:「為什麼美國恐怕走向地獄?」[61]

看來,美國確實正步向地獄。羅伯特・甘迺迪聽到新聞時渾身發抖說:「馬丁・路德・金恩將生命奉獻給人類同伴之間的愛與正義;他因自己的奉獻而死。」[62]兩個月後的6月5日,羅伯特・甘迺迪在贏得加州初選後,於洛城遭暗殺。

作家諾曼·梅勒喜以第三人稱寫自己，他看到電視新聞時寫道：「他大喊：『不！不！不！不！』他感到撕心裂肺。在這種恐怖之中，他注意到自己像豬一樣尖叫，而不是獅子，也不是熊。」[63] 整件事幾乎令人不可置信。前總統甘迺迪、小馬丁·路德·金恩、羅伯特·甘迺迪等人一一遇刺離世。約翰·甘迺迪曾說：「不要問國家可以為你做什麼，該問你自己可以為國家做什麼。」但此時美國民眾已經筋疲力竭，他們想質問的對象，就是國家。史列辛格在日記中寫道：「我們現在殺了這三個人。在我們這個時代，他們比任何人都更能體現美國的理想主義。」[64] 誰，或者說什麼機器，有本事預測到這場政治大屠殺？

▌ ▌ ▌

6月初，格林菲解雇了析模公司紐約據點的所有員工，包括都市研究部、教育部在內所有人。他付不出薪資了。6月17日，析模公司董事會在紐約舉行會議。格林菲本要提出辭呈，但最後卻步。隔天晚上他本來要去見派翠西亞。派翠西亞要求兩人見面，格林菲最終沒有露面。[65]

分居讓女方很痛苦，格林菲也無意挽回，但派翠西亞一直努力讓生活回到正軌。1967年底，她在一篇給當地報紙《雀兒喜克林頓新聞》（*Chelsea Clinton News*）的投稿中寫道：「我慢慢的，但真的非常緩慢的，接近能夠獨自思考的境界。」[66] 當時派翠西亞除了給這家報社寫稿，也任職該報社擔任編輯。她會為附近社區學校寫專題，例如P.S. 51艾利阿斯·霍威學校（P.S. 51 Elias Howe）。該校位於曼哈頓「地獄廚房」（Hell's Kitchen）區，就像間兒童版聯合國，聚集了來自世界各地的孩子。[67] 她也開始寫回憶錄。派翠西亞是當地公立學校親師會（PTA）會長[68]，並為一間托兒所籌集資金。

她向來會參加民權示威和反戰遊行；她會帶三個女兒參加，遊行時大家手牽手，好似紙洋娃娃。也許她還打算為羅伯特‧甘迺迪陣營助選。6月，她已經準備好去海灘旁的那棟老房子度過夏天：那座要倒不倒的維多利亞風大房子，那棟壁爐的石材取自長島海灣石子的房子。

　　析模公司的男性高層後來幾乎都分道揚鑣，但女人可沒有。多年來的夏天，析模公司的人在瓦丁河的海邊房舍一同度過，上演自己的《冷暖人間》後，派翠西亞和其他太太的婚姻雖然大多已經分崩離析，彼此仍然走得很近。格林菲家、摩根家、科爾曼家、比爾家、德‧葛拉西亞家：眾人的婚姻都在1960年代崩潰。小露為了嫁給科爾曼而輟學；在她復學後不久兩人離異；她在1966年完成大學學業，接著就讀研究所，然後進入神學院。〔69〕米娜烏開始教導學齡前兒童，也離開了比爾；而比爾在科羅拉多大學任教期間，持續對抗躁鬱症。女兒溫蒂在大學最後一年懷孕後，米娜烏將她送至紐約，和派翠西亞一起住在雀兒喜區西二十二街349號的連排透天。溫蒂當時年僅21歲，她打算生下小孩，而為了瞞孕，把孩子交給別人撫養，她必須遠離科羅拉多州。畢竟最高法院確認女性墮胎權的「羅伊訴韋德案」（*Roe v. Wade*）是五年後的事，當年這類事情大多如此處理。麥可當時16歲，在外地求學。溫蒂多數時間都和格林菲家的三個女兒在一起，當時安14歲，蘇珊13歲，么女珍妮佛還不到4歲，溫蒂像個大姊姊，也像個保姆。她們會一起躺在一張特大號床上。溫蒂用撲克牌發明了一種算命遊戲。眾人會好像在玩神奇八號球占卜玩具一樣，點著燭火，召開詭異的降靈會，對卡片提問。她們當中有人曾問：「我媽媽能活到40歲嗎？」卡片答：「不會。」〔70〕

　　3月，派翠西亞開始擔心溫蒂，溫蒂開始害喜〔71〕，最終流產。派翠西亞寫信給在外地求學的麥可說：「我只能說，『謝謝神』。」她信中語氣

肯定,說沒生下孩子對溫蒂比較輕鬆。[72]溫蒂4月時回到科羅拉多,此時小馬丁·路德·金恩剛遭槍殺不久,舉國哀戚,世界開始旋轉。6月5日,羅伯特·甘迺迪遇刺後,派翠西亞幾乎崩潰。那股仇恨、那番殺戮、那般失落、那樣逝去——她無法承受。夜幕來臨,黑暗之中,派翠西亞會在房子後方的客廳播放唱片,跳起舞來,跳著師承舞蹈家瑪莎·葛蘭姆的現代舞。她身形好似鬼魅,又好似身處鬼屋,舞出對政治的絕望。[73]

那一晚,格林菲本該來找她,卻爽約了。派翠西亞獨自一人喝著酒,然後前往二樓臥室就寢。大家都知道她會夢遊。當晚某個時間,她起身走到臥室陽台,並且不知何故自陽台摔落在花園裡。派翠西亞撞到頭,開始流血,失去知覺。早上,女孩們準備上學時,以為母親還躺在樓上的床睡覺。當時她們養的牧羊犬喬尼狂吠,但狗嘛,有時就是這樣。直到下午,才有人發現派翠西亞。隔天,她在醫院去世[74],死時40歲。解剖發現她死於硬腦膜下血腫和腦挫傷。法院判定她的死為意外[75],但很多人都怪罪格林菲,包括格林菲本人在內。

追悼會上,麥可朗誦了狄倫·湯瑪斯(Dylan Thomas)的詩〈而死亡不得主宰〉(And death shall have no dominion),詩文喚起了瓦丁河畔那幾年漫漫長夏的記憶:「再無海鷗啼鳴於耳畔,也無浪濤高聲拍打海岸。」孩子們所屬學校的校長致悼詞時,談及派翠西亞的才智、貼心和慷慨。當學童們需要場地排練戲劇,或者家長們需要聚會場所時,派翠西亞會說:「大家來我家吧。」派翠西亞的兄弟在她的墳墓旁談話,說:「她誰都不恨。」[76]

那年夏天,格林菲、普爾、比爾、伯恩斯坦、科爾曼和艾貝爾森等析模公司創辦人和主要股東決定出售公司。[77]不久之後,格林菲提不起勁做任何事,公司賣不出去;科爾曼感到厭惡,遞出辭呈,處理掉所有股票,計2.5萬股。他寫給格林菲時說:「格林菲,我講真的,你有大好機會,而

你搞砸了。」[78]此時債權人開始奪命連環扣。莫尼漢盛怒之下寫信給格林菲：「我就是不懂，你幹嘛不還錢。連公司季報都要請你施捨，很丟臉。現在都拖超過24天了。」[79]出錢投資析模公司的人都賠掉了。

格林菲意志消沉，像艘沉船。他的孩子搬進情婦娜歐蜜的公寓，但娜歐蜜沒一會就走人了，後來由友人照料孩子。格林菲幾乎無法自理；他在沒有照明的房間住了很長時間，室內塞滿裝菸酒的紙箱。[80]彭納和溫斯頓結婚，瓦丁河那棟格林菲住宅成了他們的居所，但過沒多久，格林菲搬進已是溫斯頓家的這棟房子，睡在客廳層。[81]格林菲過去總會振作起來，重新開始，但他現在每天都重複說著：「我毀了一切，我毀了所有人。」[82]

派翠西亞去世後不久，《新共和》雜誌記者詹姆士・里奇韋（James Ridgeway）寫了一本書，當中出現了類似析模公司訃告的東西。里奇韋在報導中說：「看來析模公司不過就是間傀儡公司，普爾利用它來執行國防部的外部業務。」（里奇韋這篇批評文章的來源是莫尼漢；兩人的交談沒有留下紀錄）。[83]里奇韋說，析模公司的影響力已經來到尾聲。「模擬公司並不像以前那樣受歡迎了；外界將公司那群老闆當作邪教之徒；連那些被甘迺迪和詹森早期政府的自由派說動、去委託析模公司的國防部將軍，在整個業界都黑掉了。」[84]

即便如此，對於析模公司以電腦打選戰的創舉，尼克森仍然很感興趣。再者，也有若干人士相信，這是尼克森於1960年敗選的原因。尼克森的時機終於還是到了。他於1962年加州州長競選失利後，往右派靠攏，在1964年提名高華德，並效仿雷根1966年競選加州州長成功的經驗，以保守派身分競選。1968年，尼克森希望獲得共和黨總統候選人提名。民主黨在詹森退出競選後，混亂不堪，在此態勢下，尼克森有望勝選為下一任美國總統。

　　1968年5月，一間神祕的析模公司競爭對手向尼克森推銷服務；這間「模創企劃」（Simultron Project）是以打字機製作文案，書面寄給尼克森的助手H. R. 霍爾德曼（H. R. Haldeman）。尼克森陣營不知以何種方式，取得了析模公司在1960年為民主黨全國委員會和甘迺迪製作的機密報告複本。或許，情報源來自霍爾德曼，畢竟身為尼克森陣營操盤手的他，先前曾在麥迪遜大道廣告業當廣告人二十多年。他初次向尼克森提供服務是在1952年（霍爾德曼曾捐獻給非法基金，尼克森為此不得不在「跳棋演講」中道歉）。1956年大選時，霍爾德曼處理尼克森的選務；他先前曾接受過克萊姆・惠特克（Clem Whitaker）和利昂・巴克斯特（Leone Baxter）訓練，兩人長期擔任共和黨的政治顧問。[85]

　　不過，洩露析模公司報告的人恐怕是普爾自己，且可能性還更高。甚至當初普爾為休伯特・韓福瑞陣營提供競選建議時，可能還同時試著向尼克森陣營兜售模擬分析服務。自從獲得尼克森幫助，通過國安資格審查後，普爾認為自己欠他人情。1972年總統大選時，普爾公開聲明離開民主黨，改投效尼克森陣營，為其連任助選。模創企劃公司的書面提案上沒有簽名，但敘述口吻非常像普爾，服務內容也極為類似析模公司的業務。再說，尼克森與其助手收到模創企劃的提案當週，普爾就在華盛頓，他可能連同1960年析模公司報告，親自呈送提案。此外，普爾曾用其打字機製作一份文件，是呈交給韓福瑞陣營的企劃案，這份文件和模創企劃的提案經鑑定比對後，發現出自同一型號的打字機，版面的對齊錯誤和文字間的空白特徵大同小異，代表可能是同一台機器打的。[86]

　　無論是模創企劃公司背後的提案人是誰，尼克森陣營儼然並未買單。尼克森助理派翠克・布坎南（Patrick Buchanan）在給尼克森的報告中寫道：「如果說析模公司的想法真的能落實，在這之前，總統方便看一下提案

嗎？」模創企劃公司向尼克森陣營兜售1968年助選提案，預算30萬美元，相當於2020年現值200萬美元。模創企劃公司坦言：「模擬不是魔術，但是將全體選民劃分為多種類型、以及將政策劃分為各類議題，能為尼克森提供最精確的可能數據，以便在未來數個月內做出必要的關鍵決定。」尼克森在布坎南的報告最後，草草寫上他的想法：「整體來說，這只是一種『有條理的』資訊獲取方式，能藉此獲取任何正派選舉陣營都應該確實掌握的資訊。」針對模創企劃公司的提案，尼克森決定投入4萬美元（相當於2020年30萬美元），但不能再高了。[87]

1960年時，民主黨委託析模公司研究，民主黨候選人對民權議題應該如何發言，才能贏取「黑人選票」。尼克森倒是自信已經知道該如何談非裔美籍選民，以及該對誰談。他的競選團隊握有大量數據，會計算數字。尼克森已經決定爭取白人選票（後來他將這個新群體稱為美國人當中的『沉默多數』），並且讓民主黨去爭取黑人選票。[88]為此，他預測會發生暴動。他在一次廣播談話中，展望1968年漫長的炎炎夏日，說：「在瓦茲、哈林、底特律和紐瓦克，我們有跡象，知道暴動組織在為夏天策劃什麼。」他承諾結束這場混亂，迎來法律和秩序的政體。[89]他預測會發生混亂，而只有他才能於混亂中拯救國家。

尼克森不需要模創企劃公司的服務。析模公司開啟先河，使用電腦分析政治選戰數據，而在其崛起與衰落之間，無論有沒有析模公司，美國各政治陣營都已經開始參考電腦數據分析。他們了解析模的480種選民類型。1969年，凱文‧菲利普（Kevin Phillips）出版《崛起中的共和黨多數派》（*The Emerging Republican Majority*）一書，資訊豐富。尼克森讀完後向霍爾德曼說：「爭取波蘭裔、義大利裔、愛爾蘭裔的選民；必須學會理解沉默多數……不要管猶太裔和非洲裔。」數個月後，尼克森讀了敵對陣營的

書，同樣資訊豐富。該書為《真正的多數》（*The Real Majority*），作者是民主黨策士理查・M・斯卡蒙（Richard M. Scammon）和班・J・瓦滕伯格（Ben J. Wattenberg）。民主黨人並未重視其見解，但尼克森珍而重之。斯、瓦二人的數據指出，各方面達平均值的選民，是美國俄亥俄州戴頓市（Dayton）一位47歲的天主教家庭主婦，先生是機械工：「她對黑人和公民權利的看法褒貶不一，因為在搬來郊區之前，她原先居住的社區成了全黑人社區。」尼克森告訴霍爾德曼，「我們的目標對象應該是心灰意冷的民主黨人、藍領工人，以及工人階級的少數白人族裔」，並且「爭取『戴頓市的47歲家庭主婦』這類選民的選票」。〔90〕後來尼克森陣營果真照辦。

到了1965年時，南北戰爭結束滿百年，美國迎來私刑、轟炸和毆打的一個世紀，也是靜坐、遊行、哀悼和宣講的一個世紀；美國人贏得了民權，也保證了投票權。然而，非洲裔美國人愈是接近能投票的地步，政治人物的管理顧問便愈是憤怒，費盡心力想用意識形態和種族來分化選民。析模公司在1959年設計了仿人機來預測「黑人選票」。1965年《投票權法》通過，非洲裔美國人終於能全面投票，此時各類黨派意識形態重新分類，開始靠往政治光譜的兩極。1969年，網際網路誕生，人類首次用網路傳送訊息。網路後來也加劇分化的幅度和深度；半世紀後的今天，要想彌合這些分化的傷口，幾乎是天方夜譚了。而早在此之前，便有人用選民和議題類型來模擬美國的分化，並加以自動化分析——那就是析模公司。

註釋

1　出自：安・彭納・溫斯頓（Ann Penner Winston），作者訪談，2018年6月7日。

2　出自：安・彭納・溫斯頓（Ann Penner Winston），和作者電子郵件往返，2018年6月10日。

3　出自：安・彭納・溫斯頓（Ann Penner Winston），作者訪談，2018年6月7日。

4　出自：彼得・舒爾曼（Peter Shulman），作者訪談，2018年6月11日。出自：克拉倫斯・梅傑（Clarence Major），和作者電子郵件往返，2018年4月20日。

5　出自：安・格林菲（Ann Greenfield），作者訪談，2018年6月9日。

6　出自：Claude Brown and Arthur Dunmey, "Harlem's America," *New Leader*, September 1966。

7　出自：R.D.G. Wadhwani, "Kodak, FIGHT, and the Definition of Civil Rights in Rochester, New York, 1966-1967," *Historian* 60 (1977): 59-75。

8　出自：Isserman and Kazin, *America Divided*, 145。也請參閱延伸素材：And see, broadly, Malcolm McLaughlin, *The Long Hot Summer of 1967: Urban Rebellion in America* (New York: Palgrave Macmillan, 2014)。

9　出自：Claude Brown and Arthur Dunmey, "Harlem's America," *New Leader*, September 1966。下列文獻針對抗貧計畫和「對犯罪宣戰」計畫之間的關係，作了一番精彩的重建和論述，其中也加強描述在推動預測措施這方面的事情。請參閱：Elizabeth Hinton, *From the War on Poverty to the War on Crime: The Making of Mass Incarceration in America* (Cambridge, MA: Harvard University Press, 2017)。

10　格外有參考價值的文獻是：ELG, "Statement to Stockholders, September 20, 1966"；格林菲在這份致股東聲明書中，提及析模公司從1965年至1966年之間的成長，並說：「本公司未來成長的種子，已經於1964年萌芽，並開始在今年5至6月開花。兩年來，美國聯邦政府一直推出有歷史意義的決策，為兩項科技革命挹注資金。在許多領域上，政府推出的國內計畫所展現的科技觀，和商界之間有著多年的差距。由於科技上有著類似的差距，政府試著弭平全球在政治面上的失衡狀況時，也並不順利。大約一年前，聯邦政府開始認清其「文化落伍」的現況，並決定在貧窮問題和教育領域上，採用最先進的電腦和社會科學技術，用以處理國際政治發展的問題。外界公認，析模公司很適合在前述領域導入和應用現代科技……在管理經營決策上，析模公司將同時深入參與「大社會計畫」，以及政府在海外的政治發展活動……到頭來，科技的海內外創新，都要靠人的力量……在美國科技革命的起步階段，析模公司有幸成為其中一員。日後美國科技革命往全球發展時，本公司也有信心共襄盛舉。」時移事易，科技專家原先的服務對象是美國國防部的計畫，改成了詹森的「大社會計畫」。歷史學家稱這波改弦易轍為「從戰爭到福利」（warfare to welfare）。請參閱：See Jennifer S. Light, *From Warfare to Welfare: Defense Intellectuals and Urban Problems in Cold War America* (Baltimore: Johns Hopkins University Press, 2003)。

11　出自：McCarthy, *Vietnam*, 6。

12　出自：Simulation games JC designed while at Simulmatics included Democracy, Ghetto, High School, and Life；Sarane Spence Boocock, "Johns Hopkins Games Program," *Simulation & Gaming* 25 (1994), 172-78；Constance J. Seidner, "Simulation and the Bottom Line," *Simulation & Gaming* 26

(1995): 503-10。本研究部分經費來自卡內基基金會（Carnegie Foundation）。

13 出自："The Van Santvoord Years, 1925 to 1959," Hotchkiss Timeline, http://www.hotchkissmedia. org/communications/timeline/1925-1959.html。出自：Harvard University Archives，和作者電子郵件往返，2019年8月13日。出自：安·彭納·溫斯頓（Ann Penner Winston），和作者電子郵件往返，2018年6月13日。出自：Livingston College, Rutgers University, *Course Catalog, 1969-1970* (New Brunswick, NJ: Rutgers University, 1969)。馬塞勒斯·溫斯頓列為英語系教職員。溫斯頓先生拒絕為本書受訪。

14 有參考價值的探討：a 2017 forum of the *History of Education Quarterly*, especially Harvey Kantor and Robert Lowe, "Introduction: What Difference Did the Coleman Report Make?," *History of Education Quarterly 57* (2017): 570-78; Ethan L. Hutt, "'Seeing Like a State' in the Postwar Era: The Coleman Report, Longitudinal Datasets, and the Measurement of Human Capital," *History of Education Quarterly* 57 (2017): 615-25; and Zoë Burkholder, "The Perils of Integration: Conflicting Northern Black Responses to the Coleman Report in the Black Power Era, 1966-1974," *History of Education Quarterly* 57 (2017): 579-90。也請參閱：Caroline M. Hoxby, "The Immensity of the Coleman Data Project," *Education Next* 16 (2016)。

15 出自：Nathaniel J. Pallone, "In Memoriam: Sol Chaneles," *Journal of Offender Counseling Services Rehabilitation* 15 (1990): v.

16 出自：James H. Beshers, ed., *Computer Methods in the Analysis of Large-Scale Social Systems* (Cambridge, MA: Joint Center for Urban Studies, 1964)。

17 出自：IP and AB, "Study of a System of National Manpower Accounts and the Role of Longitudinal Data in Them," December 1, 1964, Coleman Papers, Box I: 77, Folder 8。出自：ELG to DPM, August 13, 1964, Moynihan Papers, Box I: 77, Folder 8。

18 莫尼漢當時住在法蘭西斯大道57號。請參閱如：DPM to Morton Jaffe (General Manager, Simulmatics), March 30, 1968, Moynihan Papers, Box I: 156, Folder 6。

19 出自：Leonard Story Zartman (Eastman Kodak) to DPM, March 16, 1967; Leonard Story Zartman (Eastman Kodak) to ELG, June 9, 1967; and Harman Brereton (Eastman Kodak) to ELG, June 29, 1967, Moynihan Papers, Box I: 156, Folder 3。

20 出自：彼得·舒爾曼（Peter Shulman），作者訪談，2018年6月11日。

21 出自：Simulmatics Corporation, Contract with DPM, July 28, 1967, Moynihan Papers, Box I: 156, Folder 6。

22 出自：DPM to Norman Klein (Skidmore, Owings, & Merrill), November 17, 1967, Moynihan Papers, Box I: 145, Folder 1。

23 出自：Simulmatics Field Team, First Progress Report, August 12, 1966, Pool Papers, Box 67, Folder "Simulmatics Vietnam Correspondence"。

24 出自：R.D.G. Wadhwani, "Kodak, FIGHT, and the Definition of Civil Rights in Rochester, New York, 1966-1967," *Historian* 60 (1977): 59-75。

25 出自湯瑪斯・科爾曼（Thomas Coleman），作者訪談，2019年3月18日。

26 出自：Desmond Stone, "A Twenty-Five-Year Friendship Pays Of," *Times-Union* (Rochester), June 26, 1967。

27 出自：Simulmatics Corporation, "The Sources of Unrest in Rochester," 1967, Moynihan Papers, Box I: 156, Folder 5。出自：彼得・舒爾曼（Peter Shulman），作者訪談，2018年6月11日。

28 出自：Simulmatics Corporation, "The Sources of Unrest in Rochester," 1967, Moynihan Papers, Box I: 156, Folder 5。該資料夾內存放同一報告多份草稿。

29 出自：LBJ, "Speech to the Nation on Civil Disorders," July 27, 1967。也請參閱：Richard Valeriani, *The World & Washington*, NBC-TV, January 7, 1968, Kerner Commission Records, Johnson Library, Box 7, Folder 9。

30 出自：*Report of the National Advisory Commission on Civil Disorders* (New York: Bantam, 1968), 362。

31 出自：Memorandum, September 25, 1967, Robert Shellow Papers, Johnson Library, Box 4, Folder 10。

32 出自：Simulmatics Corporation, Urban Studies Division, "Mass Media Study for Commission on Civil Disorders: Analysis of News Media Coverage of 1967 Urban Riots," proposal submitted to the President's Commission on Civil Disorders, original September 29, 1967, revised October 7, 1967, Pool Papers, Box 67, Folder "Simulmatics Media Study"。

33 關於析模公司針對克奈委員會的研究，唯一公開來源是：Thomas J. Hrach, *The Riot Report and the News: How the Kerner Commission Changed Media Coverage of Black America* (Amherst: University of Massachusetts Press, 2016), ch. 6: "Simulmatics Produces a Contradictory Analysis"。

34 出自：Bruce Lambert, "In the Works: A Computer to Predict Riots, Revolutions," *Boston Globe*, September 6, 1965。

35 出自："Predict Riots in Nation's Capital," *Philadelphia Tribune*, March 26, 1966。

36 出自：Maggie Bellows, "A City Is Watched by the Computer," *Austin American*, July 10, 1966。

37 出自：*Face the Nation*, April 25, 1965, transcript, p. 19, James Farmer Correspondence Files, ProQuest History Vault。

38 出自：FBI file on MLK, Cleveland, June 12, 1967, MLK, FBI File, Part 1, ProQuest History Vault。

39 出自：Simulmatics Corporation, "News Media Coverage of the 1967 Urban Riots: A Study Prepared for the National Advisory Commission on Civil Disorders," February 1, 1968, p. 3, Kerner Commission, Johnson Library, Box 7, Folder 9。我的主要參考依據是亞伯拉姆・查耶斯（Abram Chayes）的文件（Chayes Papers），但請注意析模公司解散時，並未留存克奈委員會的多數研究。1970年，有位康奈爾大學社會學博士生寫信給普爾，索取「研究設計的所有素材，以及電腦列印資料」，包括「內容分析的編碼方案和頻率分布」。出自：Carol Mueller to IP, July 17, 1970。普爾回答：「析模公司已經停止營運了。內容分析在紐約執行，而你在找的文檔一定是放在他們的文件庫裡面。」出自：IP to Mueller, July 22, 1970, Pool Papers, Box 67, Folder "Simulmatics

Correspondence"。普爾續道:「依我目前能作的判斷,文件庫裡面的一切都銷毀了。」

40 出自:克拉倫斯‧梅傑(Clarence Major),和作者電子郵件往返,2018年4月20日。

41 出自:IP, untitled document listing "questions... intended to probe attitudes toward the media," September 27, 1967, Robert Shellow Papers, Johnson Library, Box 4, Folder 10。

42 出自:Simulmatics Corporation, Urban Studies Division, Exploratory Coding Categories, "Level III Analysis, Riot Reporting," Pool Papers, Box 67, Folder "Simulmatics Media Study"。

43 出自:Simulmatics Corporation, Urban Studies Division, News Media Study, President's Commission on Civil Disorders, Weekly Progress Report for week ending November 3, 1967, Pool Papers, Box 67, Folder "Simulmatics Media Study"。

44 出自:Kurt Lang to Sol Chaneles, November 29, 1967, Abram Chayes Papers, Harvard Law School, Box 285, Folder 4。

45 出自:Kurt Lang to Abram Chayes, February 11, 1968, Abram Chayes Papers, Harvard Law School, Box 285, Folder 4。也請參閱:Lang to Chaneles, February 8, 1968(同資料夾)。

46 出自:Hrach, *The Riot Report and the News*, 80。

47 出自:彼得‧舒爾曼(Peter Shulman),作者訪談,2018年6月11日。

48 出自:National Advisory Commission on Civil Disorders, Executive Confidential Meeting, November 6, 1967, p. 3722, Civil Rights During the Johnson Administration, 1963-1969, Part V: Records of the National Advisory Commission on Civil Disorders (Kerner Commission), ProQuest History Vault。

49 出自:Victor G. Strecher, Report, November 3, 1967, Civil Rights During the Johnson Administration, 1963-1969, Part V: Records of the National Advisory Commission on Civil Disorders (Kerner Commission), ProQuest History Vault。

50 出自:John P. Mackenzie, "Computer in Justice Department Ready for Riot-Watching," *Washington Post*, February 16, 1968, as filed in Pool Papers, Box 67, Folder "Simulmatics Media Study"。

51 出自:Blackmer, *The MIT Center for International Studies*, 211。出自:IP, "Notes from a Second Summer in Vietnam," September 1967, Pool Papers, Box 145, Folder "I.P. File"(其中註明「僅供私人流通;不得引用或散布」)。普爾將前述「記事」寄一份給國防高等研究計畫署時說道:「我夏天從越南回來後,朋友問起我的印象,目前我都用附件的內容回答。我不把這視為計畫的一環,只是我認為貴單位可能有興趣瀏覽。」出自:Pool to Deitchman, September 21, 1967, Pool Papers, Box 75, Folder Correspondence August to November 1967。普爾將這些「記事」發給MIT—哈佛越戰研討會(MIT-Harvard Vietnam Seminar)的每位與會者(僅兩位沒拿到),以及他所屬系所的同事(也有人沒拿到)。普爾也發給格林菲、德‧葛拉西亞和家人。

52 出自:IP, "Notes from a Second Summer in Vietnam," September 1967, Pool Papers, Box 145, Folder "I.P. File"(其中註明「僅供私人流通;不得引用或散布」)。出自:Edwin E. Morse, *The Myths of Tet: The Most Misunderstood Event of the Vietnam War* (Lawrence: University of Kansas Press, 2017), 94-101。

53 出自：JH to Seymour Deitchman, February 5, 1969, Pool Papers, Box 145, Folder "Hoc"。

54 出自：JH, "Testing New Psychological Warfare Weapons in Viet Nam," May 1968, Pool Papers, Box 145, Folder "Hoc-New Psywar Weapons"。

55 出自：IP, travel expense memo, February 1, 1968, Pool Papers, Box 75, Folder "Correspondence January to May 1968. "Joseph M. Hoc, "Viet Nam War Viewed by the Vietnamese Villagers," September 1968, p. 18, Pool Papers, Box 145, Folder "Hoc — Viet Nam War Viewed by the Vietnamese Villagers, 9/68"。

56 出自：Walter Cronkite, "We Are Mired in Stalemate," Broadcast, CBS Special Report, *Report from Vietnam: Who, What, When, Where. Why?*, February 27, 1968。

57 出自：IP to the Editor of the *NYT*, March 5, 1968, Pool Papers, Box 75, Folder "Correspondence January to May 1968"。

58 出自：*Report of the National Advisory Commission on Civil Disorders*, ch. 15。克奈委員會於2月底發表報告。報告內的媒體章節大致略過對普爾的內容分析。普爾的內容分析認為媒體報導公平、正確、客觀。克奈委員會報告則偏向自己的詮釋，認為媒體愛用「驚悚」標題、誇大財物損失的數字，還有各式各樣的誤解和扭曲，是相當令人憂心的報導行為。再深入來看，克奈委員會認為：「新媒體無法適當分析和報導美國的種族問題，進而無法滿足黑人對於媒體報導的期待。」出自：See Chayes to David G. Clark (University of Wisconsin), August 16, 1968, Chayes Papers, Box 285, Folder 4。大衛・G・克拉克（David G. Clark）是新聞系教授，曾寫信索取一份該內容分析（出自：Clark to Chayes, August 13, 1968）。查耶斯回信表示他手上沒有，但委員會檔案庫內有，並補充：「這項研究是委員會委託一間社會科學研究組織執行的。您檢視委員會報告的第十五章後也會發現，委員會的研究發現和結論，大幅超出了析模公司內容分析的素材範圍。實際上，就委員會對媒體分析的整體結論和建議而言，該內容分析的影響相當有限。」

59 出自：*Report of the National Advisory Commission on Civil Disorders,* v。

60 出自："Johnson Says He Won't Run," *NYT*, April 1, 1968。

61 出自：Isserman and Kazin, *America Divided*, 237。

62 出自：RFK, "Statement on Assassination of Martin Luther King, Jr.," April 4, 1968。

63 出自：Norman Mailer, *Miami and the Siege of Chicago* (1968; repr., New York: Random House, 2016), p. 92)。

64 出自：Aldous, *Schlesinger*, 349。

65 出自：Jean Pool, Pool Papers, Box 143（與格林菲通話筆記；日期未註明，年份約為1969年；無資料夾）。

66 出自：Patricia Greenfield to Edwin Safford, Christmas 1967, Greenfield Papers。

67 出自：Pat Greenfield, "Making Do at P.S. 51," *Chelsea-Clinton News*, November 25, 1965。

68 出自："Mrs. Edward L. Greenfield, Civic Leader in Chelsea," *NYT*, June 23, 1968。出自：安・格林菲（Ann Greenfield），作者訪談，2018年6月9日。

69 出自湯瑪斯・科爾曼（Thomas Coleman），作者訪談，2019年3月18日。

70 出自：溫蒂・麥菲（Wendy McPhee），作者訪談，2018年7月16日。

71 出自：Patricia Greenfield to Michael Greenfield, c. February 1968, Greenfield Papers。

72 出自：Patricia Greenfield to Michael Greenfield, c. March 1968, Greenfield Papers。

73 出自：蘇珊・格林菲（Susan Greenfield），作者訪談，2018年7月27日。

74 出自："Mrs. Edward L. Greenfield, Civic Leader in Chelsea," *NYT*, June 23, 1968. Office of the Chief Medical Examiner, Accession Record, June 22, 1968, p. 336, Municipal Records of the City of New York。出自：安・格林菲（Ann Greenfield），作者訪談，2018年6月9日。

75 出自：Autopsy of Patricia Greenfield, Case No. 68-5410, June 21, 1968, Municipal Records of the City of New York。

76 出自："In Pat's Memory," materials from the funeral of Patricia Greenfield, June 25, 1968, collection of Jennifer Greenfield。

77 出自：JC to ELG, October 18, 1968, and WMc to ELG, October 23, 1968, Pool Papers, Box 67, Folder "Simulmatics Correspondence"。

78 出自：JC to ELG, October 23, 1968, Pool Papers, Box 67, Folder "Simulmatics Correspondence"。

79 出處：DPM to ELG at Simulmatics in New York with a cc to IP, October 28, 1968, Box 67, Folder "Simulmatics Correspondence"（莫尼漢信上的頭銜是MIT都市研究中心主任）。

80 出自：蘇珊・格林菲（Susan Greenfield），作者訪談，2018年7月27日。出自：安・格林菲（Ann Greenfield），作者訪談，2018年6月9日。

81 出自：安・彭納・溫斯頓（Ann Penner Winston），作者訪談，2018年6月7日。

82 出自：安・格林菲（Ann Greenfield），作者訪談，2018年6月9日。

83 出自：James Ridgeway to DPM, June 19, 1968, Moynihan Papers, Box 1: 156, Folder 3。

84 出自：Ridgeway, *The Closed Corporation*, 64. Published in October as per Susan Jacoby, "Universities in Society," *Washington Post*, October 31, 1968。

85 出自：J. Y. Smith, "H. R. Haldeman Dies," *Washington Post*, November 13, 1993。

86 證據有三：一為推測證據，一為環境證據，一為鑑識證據，均指向模創企劃公司實際上出自普爾之手。首先為推測證據。1968年選舉時，普爾對於韓福瑞陣營似乎支持極為有限，而到了1972年，普爾公開支持尼克森連任。其次為環境證據。模創企劃公司於5月6日送交霍爾德曼一份報告（出自：Memo to H. R. Haldeman, May 6, 1968, Nixon Library, White House Special Files, Box 35, Folder 8）。該報告指向更早之前的「原始報告」，當中可能和一場先前的私人會面有關，而普爾於1968年5月4日時身處華盛頓（從交通日期得知；出自：Travel Account Memo, May 27, 1968, Pool Papers, Box 75, Folder, "January-May 1968"）。第三為鑑識證據，模創企劃公司的報告製作時，使用了普爾的同型打字機，且不同於普爾祕書所用的打字機，他的祕書不只一位，繕打文件時都會附上姓名縮寫。我委託馬克・松爾（Mark Songer）分析報告。他是前FBI探員暨文件分析人員，也是法案認證的鑑識文件專家。分析報告支持我的結論。松爾報告指出，關於1968年5月6日那份模創企劃公司報告，製作文件的打字機特色是等距間距，排版上採英文所稱「pica pitch」，即每英吋十字元，使用Courier體設計，且設計風格同1965至1968年的Smith Corona Electra 120型

號打字機。松爾比對前述文件和1968年9月那份普爾發給韓福瑞陣營旗下羅伯特‧納森（Robert Nathan）的報告（出自：Pool Papers, Box 204, Folder "Humphrey 1968"）；該文件的打字機特色也是等距間距，排版上採英文所稱「pica pitch」，即每英吋十字元，使用Courier字體設計，且設計風格同1965至1968年的Smith Corona Electra 120型號打字機。此外松爾也觀察到，模創企劃公司報告和納森報告的打字內容，有同樣的對齊錯誤和間距特徵，數量不多。出自：馬克‧松爾（Mark Songer），和作者電子郵件往返，2019年11月20日。

87 出自：The Simultron Project, Memo to H. R. Haldeman, May 6, 1968; Patrick Buchanan, Memo to RN, May 8, 1968; and RN, handwritten note to Buchanan, n.d., Nixon Library, White House Special Files, Box 35, Folder 8。

88 出自：Schulman, *Lyndon B. Johnson and American Liberalism*, 161. Keith T. Poole and Howard Rosenthal, "On Party Polarization in Congress," *Daedalus* 136 (2007): 104-7。

89 出自：RN, "Order," Paid Political Program, broadcast March 7, 1968。

90 出自：H. R. Haldeman, transcript of an oral history, conducted 1991 by Dale E. Trevelen, State Government Oral History Program, California State Archives, 317。

CHAPTER
13

章魚電腦
An Octoputer

你介意我問個私人問題嗎？

——1968年，《2001太空漫遊》，哈爾9000[1]

麻省理工學院學生民主會海報，指控普爾和析模公司（約於1971年）。

Courtesy of MIT Institute Archives and Special Collections

　　1968年，是焦慮、恐怖、苦痛和不確定的一年。這一年，美國人著迷於未來，社會充斥著各種預測。小馬丁·路德·金恩遇刺前一日，史丹利·庫柏力克的電影《2001太空漫遊》（*2001: A Space Odyssey*）於戲院上映，片中那台像是IBM機器的邪惡電腦哈爾（HAL）跟著登場。哈爾可不是只能儲存資料和執行程式；哈爾會說話。同月，即1968年4月，《科學與技術》（*Science & Technology*）雜誌登載〈通訊革命〉（The Communications Revolution）這篇特稿，談到電腦日後會透過單一的龐大網路互相交流。MIT教授J·C·R·利克里德（J. C. R. Licklider）曾任職國防高等研究計畫署帶領行為科學部門，他預測日後會興起「線上互動社群」，這些社群均會有益於人類。他表示：「對於線上的人來說，生活會更加幸福，因為大家更能依據共同興趣和目標作出最密切的互動，而不是因為現實距離近，偶然發生了什麼事之後才接觸。」[2]彷彿人們會像部落一樣物以類聚，變得更加幸福。

　　普爾也投稿一篇文章至《科學與技術》特刊，文中預測通訊革命將建構出大膽的「線上」新世界，迎來超越個人主義的新時代。舉例來說，民眾將在其中閱讀客製化的新聞來源；也就是說，只會看到他們想看的新聞。普爾以其不可思議的預知，預測到人類政治將因此產生變化。他寫道：「在未來的原子化社會（atomized society），公民會透過自身的某些考量獲取資訊。」他接著預測，「如果每個人都能選擇自己的資訊源，那麼為某些理性議題或候選人尋求有效的群體支持一事，將變得十分不同且困難許多。」[3]當時政黨政治已經屈服於利益集團政治，但是普爾預見，利益集團政治很快就會屈服於自我政治，即每一位公民好比一個政黨。

　　普爾對另外許多事物的預測倒是遠遠失準，特別是越戰，失準原因是他誤判越南的過去和現在。1968年，艾德利·史蒂文森國際事務學院（Adlai Stevenson Institute of International Affairs）召開會議，會中普爾、艾斯伯、史列

辛格和費茲傑羅等人發表論文。普爾發表時就先發難，駁斥大會主題「越戰：進行中的迷思」。他形容這題目「就像被問到是否某人已經不再打老婆一樣」，他認為不存在迷思。[4]即便對越戰觀念如此，普爾對日後的科技發展倒是作出了大膽、準確、明智的預測。事實證明，在通訊革命如何影響政治這一塊，1960年代當時也好，哪怕到了1970年代和1980年代也罷，都沒有人預測得比普爾更神準。

羅伯特·甘迺迪遭槍殺當週，適逢某預言書在書店上架，該書廣告文案宣稱[5]：「本書驚人預測五十年後的生活。」這本書為《邁向2018年》（*Toward the Year 2018*），探討未來半世紀各領域的發展預測。IBM的自動化研究總監預測，未來人類將開發出「極小的攜帶型」電腦，並格外肯定無論科技變遷步調如何，在1968年至2018年之間，「美國的政治和社會制度將持續擁有足夠的彈性，能胃納科學技術的成果，而不對其價值體系造成根本損害。」貝爾實驗室一位電子工程師認為，到2018年，人類無論身在何處，都能展開遠距交流，且「未來人類傳輸聲音時，將能一併放入圖片和文字，並遠端操控電腦和其他機器，普及的規模最終能接近電話」。這會帶來什麼結果，他認為難以預測。他以恰如其分的謙遜口吻坦言：「這一切會對世界造成什麼影響，我猜不到。似乎一定會影響所有人類。」

普爾在他收錄於前述書籍的文章中，則提供了迄今最精準的評論，一針見血。他預測：「到了2018年，會將資訊儲存在電腦資料庫內，會比用紙本還便宜。」他舉例「報稅單、社會安全紀錄、普查表單、服役紀錄，或許還能加上良民證、醫院病歷、資格審查檔案、學校成績單……銀行對帳單，信用等級、工作紀錄」等，這些1968年時以紙本儲存的資訊，2018年時將儲存在電腦中，屆時電腦能透過龐大的國際網路互相通訊。2018年的人類可以永遠坐在桌子前研究任何人、任何資訊。「到了2018年，研究

人員坐在主機前便能交叉比對，從店家消費紀錄找出購買資料，從學校成績單找出低IQ者，從社會安全紀錄找出家庭資訊，找出未就業者，彙整符合這些條件的消費資料。換句話說，這位研究員將有執行此操作的技術能力。依法他有權這麼做嗎？」普爾沒給答案，倒是提出反駁：「現階段不適合去推論日後我們既渴望知情又渴望保有隱私時，社會要如何在兩者之間取得平衡。」[6]

普爾預測之所以精準，是因為他知道很多。畢竟於此之前，在新數據和通訊基礎架構方面，很少有其他人接觸的密切程度（或者說期間長度）比得上他。

∎ ∎ ∎

普爾預言的21世紀，是數據驅動的時代。這番預言的濫觴是析模公司所謂的「大規模數據」（massive data），即多組小型數據匯集而成的資料，後來稱為「大數據」（big data）。[7]少量數據組能反映的型態有限，1960年代初期，有些行為科學家為了找出更多型態，以便做出較好的預測，開始尋求正式管道來匯集所需數據。1963年，在德‧葛拉西亞擔任編輯的《美國行為科學家》期刊上，登載了〈針對社會科學調查數據，提案建立國家級資料庫〉一文，文中引用了析模公司的1960年總統大選研究，認為該研究是可能以大數據展開相關工作的最好例證。[8]兩年後，耶魯大學經濟學家理查‧拉格斯（Richard Ruggles）主持「經濟數據保存暨使用社會科學研究委員會」（Social Science Research Council Committee on the Preservation and Use of Economic Data）時，發表一份報告，內容示警：「經濟學家有電腦，手上卻沒有相關數據，就好比生物學家空有功能強大的顯微鏡，卻沒有生

物標本。」拉格斯這份報告催生出一項正式提案，提案建議聯邦政府建立「國家數據中心」（National Data Center）。[9]

　　這項提案極具意義。詹森的「大社會計畫」在實行上和評估上，會要求聯邦政府收集各式各樣的資料，包括經濟、社會、健康、就業、投票、居住和人口數據。此舉不僅為了提供服務，還要確保並證明提供服務時係公平公正，且全面依據相關法律的監管條例，包括《民權法案》、《投票權法》和《公平住房法案》。國會圖書館（Library of Congress）收藏書籍，國家檔案館（National Archives）收藏手稿，國家數據中心則是兩者的同儕機構，將能統一收藏來自聯邦單位的電腦化資訊。這邊所說的聯邦單位，從社會安全局到普查局，從聯邦監獄到公立學校，不一而足。[10]

　　然而，當詹森成立工作小組探討如何建立國家數據中心時，國會議員開始擔心該新機構會損害公民隱私。1966年夏季，紐澤西民主黨人哥尼拉斯·E·蓋勒格（Cornelius E. Gallagher）主持「隱私權侵犯住房特設小組委員會」（House Special Subcommittee on Invasion of Privacy），舉行了為期三天的聽證會，討論建立國家數據中心的提案。一如紐約的共和黨人法蘭克·霍頓（Frank Horton）指出的，聯邦政府機構保存的資訊之所以能大致維持民眾的隱私，正是因為沒有這樣的數據中心。霍頓說：「優秀的電腦人員知道，目前最有用的一大隱私保護措施，在於資訊分散各處，資訊化為零零星星的極小片段，儲存在我們生命中的不同時期和地點。檢索資訊不僅不切實際，而且往往行不通。建中央數據庫會連根拔起這種防護機制。」[11]

　　霍頓的見解有其道理。電腦可以儲存比以往更多的資訊。檢索資訊的方法在品質和速度上都日益進步。針對建立國家數據中心一案，參議院舉辦聽證會。報告指出聯邦政府在不同單位中，擁有「超過30億筆個人紀錄，包括272億個人名、23億個地址、2.64億筆犯罪紀錄、2.8億筆心理

健康紀錄、9.16億個酗酒和用藥成癮檔案，以及12億筆財務紀錄」。[12]
如果將上述所有資料兜在一起，會發生什麼事？作品暢銷的社會評論家萬
斯‧帕卡德（Vance Packard）出席蓋勒格的委員會後，在《紐約時報雜誌》
（New York Times Magazine）發文寫道：「擔心自身隱私受到損害的民眾，在得
知人生中的所有紀錄都廣泛散布各處，往往難以取得時，會感到有些欣
慰。」但他隨後警告道：「但是今天，這種欣慰也正在消失。」[13]

　　建立國家數據中心一案，未能消除前述任一疑慮[14]，批評人士得以
呼籲廢止該計畫。不過，國家數據中心的多數反對者有明顯的黨派傾向。
保守派討厭詹森的「大社會計畫」和中央日益集權，而國家數據中心則是
政府過度干預的有力象徵。蓋勒格是民主黨人，但讚賞他中止該案的幾乎
都是保守派。全美各地寫信感謝蓋勒格的一般民眾，則將國家數據中心一
案稱為「蓋世太保計畫」、「社會主義悄悄伸出魔爪」。還有更難聽的形容。
有加州人聲稱該計畫：「看起來像共產黨的滲透手法！」賓州一名男子寫
道：「我們還不如索性搬到莫斯科。」[15]

　　《紐約時報》表示，數據中心有著「歐威爾式噩夢」的風險。《華爾街
日報》則稱之為「原始章魚」。《印第安納波利斯星報》（Indianapolis Star）標
題寫著「老大哥一直盯著你」。某報社則戲稱國家數據中心為「巨人版的偷
窺湯姆」。教會和猶太教堂中，牧師、傳道士和拉比也大聲公開反對，連「美
國革命女兒會」（Daughters of the American Revolution）都通過反對決議。[16]

　　各界對建立國家數據中心一案展開相關論辯，這是美國史上第一次民
眾持續對話，探討電腦收集個資的後果。密西根大學法學教授亞瑟‧米勒
（Arthur Miller）在《大西洋》（Atlantic）雜誌撰文，示警隱私受到嚴重威脅：
「中央電腦可能成為政府監視系統的心臟。我們的財務狀況、組織關係、
身心健康狀況等，都將赤裸裸地攤在政府調查人員面前，甚至有人可能隨

便就能瀏覽。」[17]另一位法律學者在《花花公子》(*Playboy*)撰文警告「數據監測」正在興起。[18]不過最刀刀見骨，且最有先見之明的文章，倒是一篇匿名的法律評論：「人類社交關係的架構能夠維持，是因為每個人對他人認知有限，而數據中心若有資料外洩，則可能撕毀這個架構。」[19]

但這些評論全都沒提到一個重點，該重點在蓋勒格委員會的聽證會上提到過，但不了了之。之所以未受到重視，不僅是因為國會議員往往無法掌握電腦技術的最新發展，他們甚至連過時的資訊都無法掌握。數十年過去了，時至今日仍是如此。2018年，當時33歲的臉書首席執行長馬克·祖克柏出席聽證會，討論臉書如何處理使用者的個人數據。會中84歲的參議員奧林·海契(Orrin Hatch)詢問：「使用者不需為你的服務付費，那你怎麼維持商業運作？」眼見海契連基本常識都沒有，祖克柏眼睛眨了三下，臉上藏不住震驚，答道：「議員，我們會投放廣告。」[20]

蘭德智庫電腦科學家保羅·巴蘭(Paul Baran)心性極為機敏。1966年夏天，在蓋勒格舉辦的聽證會上，針對是否建立國家數據中心一案，巴蘭指出國會的決定並不重要，因為無論有沒有聯邦政府，資料終究都會匯集，終究會成為大數據。巴蘭試圖向委員會解釋，不久之後電腦將在一個巨型「網路中的網路」(network of networks)互相連結。至於聯邦政府持有的資訊，巴蘭表示：「資訊是否儲存於統一的數據庫，或者是否散置於全國各地傳播，差別根本不大。結果殊途同歸。」他建議，重中之重是建立道德準則、保障措施和規章。評估依據是：什麼是數據？數據屬於誰？對於數據的主題，收集者、持有者和分析者各有何義務？數據可以共享嗎？數據可以出售嗎？[21]

國會並未回答這些問題，甚至未展開論辯。2018年時，海契納悶祖克柏如何由臉書獲利。相較於此，當年巴蘭談到日後「網路中的網路」概

念時，蓋勒格委員會儼然一頭霧水，茫然的程度比海契有過之而無不及。當年，美國國會並沒有轉而談論數據本身的性質與所有權和隱私等議題，只是擱置了建立國家數據中心一案。1968年，整份提案束之高閣，成了詹森「大社會計畫」的一片殘磚破瓦：既沒有蓋實體建築，也沒設立單位，更沒訂定數據相關聯邦法規。話雖如此，巴蘭的預言一語中的，畢竟沒過多久，「網路」這個形同國家數據中心的東西還是出現了，即使沒有任何監管制度，各聯邦單位的電腦還是相互連結，最終，就連公司行號的電腦也彼此連線。[22] 只能說水到，自然渠成。

普爾在1968年時寫道：「現階段不適合去推論日後我們既渴望知情又渴望保有隱私時，社會要如何在兩者之間取得平衡。」試問，當年若不探討，又待何時呢？

∎   ∎   ∎

1968年，國家數據中心廢案後，普爾與其麻省理工同事利克里德，草擬建立超大型「數據庫」的提案「劍橋專案」（Project Cambridge），並推銷給國防高等研究計畫署，預算斥資760萬美元，相當於2020年現值5,600萬美元。普爾希望能在析模公司的殘軀上，以劍橋專案再出發。一如國家數據中心一案，劍橋專案也引發公開激辯。《科學研究》（Scientific Research）以精裝亮光的版面刊印，號稱「科學新聞雜誌」。只見普爾和利克里德的大幅照片現身雜誌封面，引人注目。兩人中間有個斗大的紅色問號，問著：「劍橋專案能成功嗎？」[23]

利克里德54歲，外型像受人愛戴的高中數學老師，露出些許困惑的表情。他有兩項同樣聞名的特質：富有遠見，為人善良；他廣受讚揚的

成就則是提出網際網路的構想。利克里德有心理學和工程學的學術背景，1950年代曾在麻省理工任教，然後在聯邦政府資助的林肯實驗室（Lincoln Laboratory）服務，研究SAGE早期預警系統。之後，他受雇於麻州劍橋的博爾特‧貝拉尼克—紐曼（BBN，Bolt Beranek and Newman）研究公司，投入的研究後來催生出「MAC專案」（Project on Mathematics and Computation，數學暨運算專案），是MIT大型專案，由國防高等研究計畫署資助。利克里德透過一系列出色論文，擘劃出網際網路的樣子，同時在1962年的一份報告中提議研發他戲稱的「星際電腦網路」（intergalactic computer network），那是能夠連結全球所有電腦至單一系統的網絡。拜利克里德的論文所賜，人類對於電腦的觀念產生了關鍵轉變，先是將電腦理解為能儲存資訊的地方，以及能分析的機器，後來進化為將電腦視為通訊系統。

■ ■ ■

利克里德仍任職BBN公司時寫了一份報告，發行時題名為《未來的圖書館》（Libraries of the Future），當中對於數位時代知識的性質、範圍和取得方式，擘劃了一組美好的願景藍圖。利克里德曾想過2000年圖書館的樣子，為了幫助讀者想像他腦中的畫面，他描繪了該場景：有人坐在電腦主機前，僅透過一連串搜尋，就能直探研究問題的最深處。利克里德在《未來的圖書館》中的想像，日後幾乎一一應驗：印刷資料數位化、圖書館目錄與其內容網絡化，並且發展出以精密的自然語言為基礎，展開複雜資訊檢索和搜索的機制。[24]利克里德以具渲染力的驚訝口吻所描述的事物，正是21世紀網際網路的最成熟狀態。

1962年，利克里德離開BBN，前往國防高等研究計畫署服務，署內

許多職責包括資助行為科學專案,其中就有普爾的「共通計畫」。在國防高等研究計畫署時,利克里德資助的研究「ARPANET」,後來為他擘畫的星際電腦網路奠定基礎(蘭德智庫的巴蘭則率先開發出封包交換技術,資料可分得更小以加速傳輸)。1964年,即析模公司在越南展開研究後不久,利克里德離開了國防高等研究計畫署,前往IBM。四年後,幾乎所有的ARPANET拼圖都已經湊齊,國防高等研究計畫署委託利克里德的前東家——位於麻州劍橋的BBN研究公司——打造ARPANET。[25]

利克里德返回MIT教授電子工程,以及之後擔任MAC專案主管之時,已認識普爾多年。1968年秋天,普爾寫信給傑洛姆・維斯納(Jerome Wiesner)。維斯納是MIT電子工程學教授,先前在甘迺迪政府擔任科學顧問。普爾仿效利克里德,也告知維斯納,國防高等研究計畫署先前對一項重大計畫感到興趣:「國防高等研究計畫署取消了我的案子,所以行為科學發展基金多了一筆錢。」他指的就是該署終止析模公司合作案一事。普爾繼續說:「國防高等研究計畫署預計將這筆資金,投入這裡的行為科學數據分析計畫。」[26]

在紐約,格林菲找不到析模公司的買家,於是普爾在劍橋另尋他法,想力挽狂瀾。正如普爾向利克里德解釋的,這項新的國防高等研究計畫署資助案,是一個行為科學數據分析程式,需要重新評估和擴展MIT的電腦設施,讓行為科學家更充分使用內部機台,並有更多空間來儲存他所謂的「數據庫」,未來這座數據庫將儲存「一組互動式子系統,用於在互動環境中分析數據、建立模型」。[27]普爾列舉了國防工程作為專案的最初項目:「美國政府和國防部面臨許多問題,其中大部分是行為科學問題,他們需要相關的行為科學知識來解決這些問題。」[28]

利克里德簽署了他和普爾最初所稱的「CAM專案」,即「電腦分

析和建模」（computer analysis and modeling）的縮寫，後來改名為「劍橋」（Cambridge），畢竟「Project CAM」很容易與「Project MAC」混淆。[29] 再說，「Project CAM」會挑起卡美洛專案（Project Camelot）的痛苦回憶，也就是1965年迫使麥納瑪拉終止的計畫，該計畫的目的在於壓制政治反抗運動，由國防部資助，同樣是普爾發想的心血。在某些人看來，劍橋專案也提高了成立國家數據中心的疑慮，只是這次有國防部資金挹注。儘管MIT學生開始質疑普爾的早期研究，但普爾已經為挽回職涯做好了抗爭準備。

這時尼克森55歲，脾氣比以前更大。1968年8月，共和黨於邁阿密舉辦大會，尼克森獲得黨提名。小說家諾曼・梅勒赴邁阿密報導大會的新聞。他覺得很無聊。在那個年頭，「無聊」可是很潮的。梅勒寫道：「面對面採訪候選人時，給我的親近感和在電視上看他沒有兩樣。」面對共和黨推出的「超級大象」，梅勒赴機場，說是要「報導大象」。[30][31]

尼克森知道他能贏；他渴望贏。在為自己獲得提名發表感言時，尼克森站在一群揮舞著鮮紅色「尼克森」（NIXON）標誌的黨代表面前，雙手握住講台的邊緣，彷彿在阻止自己向天空揚起雙臂，挑戰諸神，直到他開始舉起雙臂，揮舞拳頭。暗殺、暴動、戰爭，事件接二連三；悲痛、屈辱、恐懼，情緒排山倒海。對此，尼克森將矛頭指向民主黨。他說：「當全球最強的國家可以在越南動彈不得四年，眼前一片漆黑；當世界上最富有的國家無法管理自己的經濟；當法治傳統最悠久的國家遭到前所未有的失序打擊；當美國總統因為害怕敵對示威遊行，而無法出國或造訪國內主要城市時，美國領袖就該換人了。」民眾站起身來，像一群大象般跺著腳，對著尼克森鼓掌。[32]

三週後，民主黨於芝加哥舉行了黨大會；他們心碎，面臨分化，群龍無首。廳內氛圍是混亂、背叛和悔恨；廳外氛圍是混亂、暴力和流血。芝

加哥街道染紅。學生民主會、終止越戰全美動員委員會、黑豹黨、青年國際黨先前全都計畫來到大會抗議。一萬多名示威者來到風城，但是芝加哥市長李察‧戴利決定出手制止。他派出一萬兩千名芝加哥警察、六千名國民兵、六千名軍人，以及一千名變裝特務，為城市設下防線，逮捕了數百名示威者；遭毆打欺凌者更高過這個數字。1967年組織五角大廈遊行的多名領袖被判入獄：戴林傑和魯賓是芝加哥七人案中的兩人，遭控串謀，越過州界，煽動暴亂。青年國際黨在林肯公園舉辦自己的提名大會，推舉了一頭豬，發放傳單，上面寫著「1968年大選，投給這隻豬」。〔33〕共和黨人推出超級大象，灰心喪志的民主黨人以豬回應。

詹森退出大選，羅伯特‧甘迺迪遇刺，民主黨驚慌失措。韓福瑞並未參加過任何初選，但主要透過黨領袖的謀略，擊敗反戰候選人尤金‧麥卡錫。哈默在1964年的演說口若懸河，談論全白人代表團會有的法律面和道德面缺失，但此舉無法阻止民主黨在1968年仍推出全白人代表團。不過，局面也在1968年看到終點。南達科他參議員喬治‧麥高文（George McGovern）原先爭取提名未果，大會結束後，他同意共同主持　民主黨黨結構暨黨代表產生辦法委員會（Commission on Party Structure and Delegate Selection）。委員會的建議，改變了民主黨的運作規則：規範了州代表團中有色人種的代表權，並改變了初選和全國提名大會之間的影響力平衡。此舉預示了未來世界的變化：「家家戶戶都有電腦可上網」，上網會釋出資訊，形同「針對全體選民展開即時民調」，提名大會可能因此成為過時產物，徒具形式。初選實質上變得有約束力。1968年之前，初選幾乎無關痛癢；1968年以後，變成是黨大會幾乎無關痛癢。〔34〕

由於大致關閉了據點，析模公司無法向韓福瑞陣營提供服務。不過在民主黨大會後，原先可能於1968年初向尼克森陣營呈交「模創企劃公司

提案」的普爾，也向韓福瑞陣營提案，表示能為凝聚黨提供建議。普爾建議：「讓韓福瑞和一些以聳動方式博取新聞版面的團體**長時間會面**，一起『理性討論』。」例如，他可以「在**哈林區**，與8至12名黑人極端份子會面，例如克羅・布朗」，然後離開時拍個照。或是「去柏克萊或芝加哥，找來一群上鏡的嬉皮學生如法炮製」。普爾還建議韓福瑞成立越戰問題工作小組，其中成員要有普爾、波普金和艾斯伯，這些人可以在兩天內想出辦法，提出「如何降低美軍涉入程度，並仍然獲勝的理想計畫」。或者有個更好的法子，「何妨將越戰小組都打包上飛機」送去越南，敲鑼打鼓地宣傳此事，韓福瑞也能同行，並在當地難民營和其他有入鏡價值的場所亮相。[35]

韓福瑞陣營並未採納普爾的建議，韓福瑞也未建立民主黨的聯盟。美國政治已經開始兩極化；新右派將共和黨推向反政府的保守主義，新左派則將民主黨推向反政府的激進主義。雙方有共同的敵人：自由主義。史列辛格這位20世紀中葉舉足輕重的自由派，在1968年演講時，開始有民眾攻擊、起鬨、咆哮，要他下台。有男子在史列辛格演講後對他說：「你知道自己是什麼玩意嗎？你是殺人犯，一個殺人犯，叛徒、混蛋。你走投無路了。你知道你會有啥下場嗎？你會被處決。」[36]當史列辛格拒上小威廉・F・巴克利的談話節目《火線》（Firing Line）時，巴克利做了一件很過分的事：寄給他一頭驢，藉此嘲諷他。[37]而新左派威脅史列辛格的方式，是真的將他往推上「火線」作為威脅。

史列辛格因為這些攻擊而淡出，不公開亮相。1968年他也與妻子分居，妻子住在劍橋厄文街的房子，他則在紐約安頓，開始於紐約市立大學研究生中心任教，整個人也變得注重時尚。普爾躲不過攻擊；他仍然住在厄文街，並在MIT任教，而這間學府已成了孵化學潮的場所。

一直到1967年，MIT基本上沒有反戰抗議，但是沒有一所美國大學

像MIT，從國防部獲得如此多資金。MIT的1968年度預算為2.14億美元，1億7,380萬美元來自聯邦政府，其中1.11億美元則來自國防部。〔38〕1967年12月13日，傅爾布萊特在參議院指控詹森政府，緣由是政府將愈來愈多新資源投入到一場不道德、注定失敗的戰爭；傅爾布萊特認為，美國大學由國防部資助，便失去了大學身處民主政體的角色。他說：「大學可能會透過加強對民主傳統價值觀的重視，對軍工複合體形成有效制衡。但是現在美國許多頂尖機構反而成了軍工複合體的一環，大幅強化其力量和影響力。」他譴責任何一所將「本身作為政府附屬物」的大學；言下之意，最適合對號入座的就是MIT。〔39〕

　　與此同時，詹森政府及其支持者想方設法平息學生抗議運動。1968年秋天總統大選前，福特基金會主席麥克喬治·邦迪前往多間大學演講。邦迪曾任甘迺迪和詹森的國家安全顧問，也是哈佛大學前院長。10月12日，邦迪在德堡大學（DePauw University）發表演講。〔40〕他計畫四天後在MIT發表談話。邦迪受邀至政治學系演講，由普爾主持。該系原先安排邦迪談話後，由普爾和MIT國際研究中心所長馬克斯·密立根（Max Millikan）組成的小組發表評論，但學生反對小組成員安排，普爾因而同意納入喬姆斯基。

　　會場預計為MIT最大建築奎斯吉禮堂（Kresge Auditorium），禮堂玻璃牆面的頂端設有彎曲的金屬屋頂，整棟建築活像是經典未來世界主題動畫《傑森一家》（The Jetsons）會出現的室內購物中心，主廳可容納一千二百多人。奎斯吉禮堂因邦迪造訪而擠得水洩不通，沒有位置的學生坐在附近的學生會場地。邦迪發表了他在德堡大學的談話，主張停止轟炸和逐步撤軍，藉此聲明他對越戰的立場，但表達方式較為緩和。普爾與密立根二人可能有出聲附和。不過隨後，MIT學生新聞報導稱「邦迪直球對決高手喬

姆斯基」，喬姆斯基譴責越戰，並要求立即撤軍。普爾反擊。該報導的學生記者作了一番精準形容，指出雙方唇槍舌劍之激烈，有著古羅馬劍鬥士比試般的味道：「不僅見解的可信度遭受質疑，就連各方證據的真實性都受到挑戰。」[41] 普爾和喬姆斯基兩人的對立，也因此勢同水火。會後不到三週，尼克森當選美國總統。

邦迪此番造訪，原意是安撫學生運動，結果反而火上加油。在此之前，喬姆斯基並不是學生運動的領袖；他甚至不認為學生運動能有特別效果，也不贊同其策略和攻防順序。話雖如此，喬姆斯基固然有其政治傾向，或者說正因為他的政治傾向，他成了全美反戰運動的領袖，既是著名的政治異議人士，也是新左派檯面上能見度極高的知識份子。奎斯吉禮堂交鋒之後，喬姆斯基開始撰文駁斥邦迪，最重要的，他反對普爾，其中特別針對析模公司。該文刊載於 1969 年 1 月 2 日《紐約書評》，題為〈自由派學者的威脅〉(The Menace of Liberal Scholarship)。

〈自由派學者的威脅〉一文不留情面，大加撻伐自由派知識份子，稱他們參與了一場美國帝國主義的侵略戰。該文也對普爾展開人身攻擊。喬姆斯基十七次點名普爾，並討論了析模公司在越南的兩項研究計畫。該文刊登前，這兩項計畫很少攤在陽光下供大眾檢視（目前有點難以釐清喬姆斯基何以如此了解析模公司。不過，先前服務於析模紐約據點的員工對我透露，喬姆斯基常來都市研究部門串門子，找主管沙納利。該據點又多次被國防高等研究計畫署指出資安不周，包括到處讓人有機會接觸機密報告）。[42] 在喬姆斯基文章中最廣泛為人引用的段落，他指出普爾曾寫道在越南這類窮國，「人民剛因為現代化進程而覺醒，脫離被動和失敗主義的狀態；然而若要建立秩序，關鍵取決於以某種方式迫使新動員的階層行動，讓國家在某種程度上，回到先前被動和失敗主義的狀態」。普爾為自

已的越戰研究辯護時，稱目標不僅是要壓制政治反抗運動，捻熄革命之火，也要使越南人等民眾陷入絕望和順從的境地，才能達成前述目標。[43]

同時，普爾仍寄望接到五角大廈的委託案，和新政府配合，以行為科學家身分提供後續服務。喬姆斯基的文章發表當天，普爾寫信給尼克森的國安顧問季辛吉，請季辛吉幫助他獲得資金，好讓阮神父能持續他在西貢的心理戰研究[44]，但未能成功。數天後，普爾搭軍方運輸工具前往佛州西礁島（Key West），參加國防科學委員會（Defense Science Board）的會議。[45]同月月底，或許出於壓力，普爾辭去MIT政治學系主任一職。[46]

1月15日，在尼克森就職典禮的前幾天，國防部完成了麥納瑪拉於1967年委託的報告，內容探討美國從1945年開始介入越南的歷史，報告共四十七冊，含四千頁文檔、三千頁分析，重六十磅。五角大廈準備十五份副本；國防部保存七份；國家檔案室保存兩份；兩份送交至國務院，一份予麥納瑪拉，另一份交給新任國防部長。兩份提供予蘭德智庫，委託艾斯伯送至蘭德智庫位於加州聖塔莫尼卡的據點。普爾也有可能讀過報告。[47]

喬姆斯基發表文章攻擊後，為普爾辯護的人寥寥可數。一名政治系研究生提議針對喬姆斯基那篇〈自由派學者的威脅〉，組成特設委員會。該生將〈自〉文評為「通篇不求甚解、**推論不合邏輯**、誹謗、引用缺乏理據、引言斷章取義、闡釋錯誤」，以至於「完全扭曲普爾的立場」。研究生舉辦一次籌備會議，喬姆斯基表示願意參加，但研討會未取得預期成果。[48]

2月，普爾在《紐約書評》中與喬姆斯基你來我往，但幾乎無法為他自己加分。[49]史列辛格評論喬姆斯基的新書《美國強權和新官吏》（*American Power and the New Mandarins*）說：「根據喬姆斯基的見解，知識份子的責任是要放棄理性的分析，沉迷於道德宣洩，在必要時捏造證據，並總是站在制高點大聲咆哮。」[50]不過，支持喬姆斯基的學生有喬姆斯基就夠了，不需

要史列辛格的看法。

　　學生的反戰運動開始分為兩派：一派偏好和平抗議，呼籲中止由國防部出資的計畫；一派則要求採取暴力行動。第一派成立了科學行動協調委員會（SACC），第二派則加入了學生民主會（SDS）內部的一支激進派。SACC學生成員以及MIT的四十八位教職人員呼籲參加全國性的罷工，並於1969年3月4日，針對在大學任教的國防部科學家舉辦宣講會。抗議的學生稱MIT為「五角大廈翻版」。[51]兩派的矛頭總是一致對準普爾一人。普爾的作風不同於他的許多同事，他勇於和學生論辯，此舉也讓記者樂得挑他的新聞來寫。4月，《波士頓環球報》的專欄作家呼籲民眾，「搜出有在校園做政府研究、又和軍工單位合作的大學教授」。記者已經知道其中一人為普爾，將他描述為「析模公司的大股東（暨創辦人）」。[52]4月，普爾拒絕提供MIT學生他手上政府合作案和諮詢工作的資料。[53]

　　因為喬姆斯基點名普爾，又因為普爾會親上火線，導致他置自己於險境，人身安全受到威脅。有人在政治學系的廁所放了一顆炸彈。有人到厄文街往普爾家扔汽油彈。普爾愛子亞當此時11歲，一天放學後他獨自在家時去應門，只見鄰居莫尼漢站在門口的階梯上。由於又有人要威脅普爾的性命，莫尼漢為了亞當的安全，過來將亞當帶到他家。[54]

　　對普爾與析模公司的攻擊，不久就延燒到劍橋專案。5月，學生宣布即將抗議劍橋專案。普爾寫信給政治學系的同事，想尋求教職員支持：「關於劍橋專案，我希望星期二中午，在奎斯吉草地（Kresge lawn）上能看到學系給予實質支援。」[55]普爾決心與學生抗衡，在他的文件內另有一份未署名的報告，似乎是他原先預計發給同事的草稿，內容是催促政治系同事加入他與學生抗衡的行列。報告上寫道：「國防部又不是3K黨。國防部是美國政府機構，會以極為合理的方式，關注某些種類的社會科學。沒錯，

此時只要扯到國防部，都會冒犯到某些人，箇中原因不言可喻，自然是那令人痛心的戰爭。他們感到被冒犯，對此我們應該視而不見，或當作是學術自由，以某種方式接受？那些遭冒犯和誤導的人和我們身處同一社會，如果忽視他們的怒火，則無論計畫做了什麼實質決定，都不只是會引來麻煩而已（畢竟，有些議題是值得人站出來發聲的），也會將他們排除於這個社會之外。」〔56〕

　　普爾固然決心和抗議人士論辯，但時與勢不站在他這邊。在學生手冊和傳單中，總是將劍橋專案與析模公司扯在一起；抗議者持續攻擊普爾和劍橋專案。有指控說：「普爾雇用教授和研究生，在南越為美國展開和平化研究。」至於普爾最新的專案，「在一蹋糊塗的背後，劍橋專案是個別計畫，資金會跑到普爾的研究。」〔57〕還不是只有學生們反對劍橋專案。傑出的MIT教職員中也有反對者，包括利克里德所屬工程學院的四名同事：他們反對劍橋專案和國防部之間的裙帶關係。〔58〕

　　全美新聞界在5月展開報導。〔59〕《紐約時報雜誌》專題刊登普、喬二人之間的爭執。〔60〕《華盛頓郵報》相關機構的報導則以大學校園的「祕密研究」為主題，稱普爾為「國防部滋養的知識份子之中，可說最成功的一位」，並提到普爾和劍橋專案之間的關係，這其中又和卡美洛專案有所牽扯。《華》並稱普爾為「析模公司的共同創辦人、主要股東和董事；而析模公司是蓬勃發展的私人研究暨顧問公司，在南越展開廣泛研究」。〔61〕這種報導自然令析模公司找到新東家難上加難。

　　媒體界大肆報導對析模公司的指控，而析模別說蒸蒸日上了，根本瀕臨破產。「目前我們稅務損失問題嚴重，要延遲認列。」普爾寫信給一位財務顧問請求建議。〔62〕普爾請來顧問喬治・雷蘭德（George Leyland）制訂新的商務計畫。雷蘭德曾服務於人口普查局和哈密維爾公司（Honeywell）

的數據處理部門。[63]普爾希望雷蘭德成為析模公司的新總裁。雷蘭德的報告指出:「析模公司在東南亞的業務,是公司目前唯一的線上活動。」他建議,即使有新委託案進來,也應拆分,由另一家公司處理,而析模應該專注於「將電腦應用於社會科學方面」。[64]

那年夏天,校園人去樓空,抗議潮不再,普爾開始將雷蘭德的報告發給潛在的投資者。[65]他試圖爭取外界支持公司重組。[66]然而到了8月中旬,他已經開始通知詢問者,「析模公司的劍橋據點不再營運」。[67]西貢據點關門大吉,紐約據點關門大吉,劍橋據點關門大吉。還剩下什麼?1969年9月,MIT學生帶著行李袋回到校園時,又開始對析模公司感到憤怒;他們在抗議的對象,是一間只用紙、打孔卡和磁帶捲盤賺錢的公司。

∎ ∎ ∎

1969年,駐越美軍人數破五十萬。當年軍事行動中,有近一萬兩千人喪生。美國人對越戰感到厭倦,對越戰感到害怕,對越戰感到憤怒──這是一場美國無法再耗四年的戰爭。那年秋天,丹尼爾・艾斯伯和安森尼・拉索將「五角大廈報告」從聖塔莫尼卡的蘭德智庫據點私下攜出。他們決定將報告洩露給民眾。艾斯伯離開蘭德智庫,並在MIT擔任國際研究中心的高級研究助理,所在地赫曼大樓(Hermann Building)和政治學系同址。艾斯伯偕同妻子搬進波普金夫婦住處的隔壁棟;波普金於1969年完成博士學位,在哈佛大學擔任政治系助理教授。

MIT學生會會長在秋季開學時,對即將入學的新生說:「我不想再說什麼,沒有什麼談話能阻礙你們,只有行動才會。」[68]1969年9月,在全天宣講會中,利克里德耐心地為劍橋專案辯護。他保持冷靜的能力絕佳。利克

里德指出，已有邀請學生參加劍橋專案的計畫會議，但無人出席。他再次發出邀請。[69]然而當天其他講者的光環，將利克里德壓了下去：喬姆斯基，以及波士頓大學政治學家暨活動家霍華德·辛恩（Howard Zinn）。[70]

　　10月，約有一百五十名學生在MIT國際研究中心示威；艾斯伯和普爾在該中心有各自的研究室。示威者分發傳單，上面寫著：「來國際研究中心找本校的國家戰犯。」艾斯伯立場已經轉為反戰，與喬姆斯基、辛恩同一陣線。他還暗中下一著險棋，試圖取出「五角大廈報告」，交到參議院外交關係委員會主席傅爾布萊特手中。抗議的學生對他們反對的知識份子展開史達林式清洗。然而，這些學生並未都相信蘭德智庫的人。有張傳單的內容認為艾斯伯儘管「立場轉為」反戰，仍是「可疑人士」。不過，示威者指出：「頭號公敵是伊塞爾·德·索拉·普爾。」四十名學生來到普爾的研究室門廳，要求他對劍橋專案和「共通計畫」作回應。[71]而他們主要是指控析模公司：「1959年，普爾成立析模公司。公司業務是將普爾開發的軟體售予美國政府。**主要承包業務，則是於越南發展戰略性村落計畫。**」[72]

　　多支學生團體提出訴求，但訴求內容並不一致。MIT學生民主會要求，立即終止劍橋專案和「共通計畫」在內的七項研究計畫。[73]若干團體呼籲解雇普爾和其他教職員，並將他們類比於納粹旗下的德國科學家。不過根據傳單紀錄，有學生問：「所以要是他們被開除，那又怎樣？如果他們的研究如此重要，他們不會乾脆去蘭德智庫（或析模公司）嗎？」[74]

　　學生在門外抗議時，普爾邀請他們進入研究室談話，但學生要求公開辯論不設規則時，普爾拒絕了。他說：「我才不會參加一群《星際大戰》風暴兵執行的模擬審判。」[75]他開始發現不可能保持冷靜。或許他能理解外界為何攻擊析模公司。不過外界攻擊劍橋專案的理由，就只有國防高

等研究計畫署提供資金，以及普爾涉入該案而已——這把他逼到了極限。普爾對記者說：「我們在這裡可不是在奴役人民。但是如果大家認為美國政府的最終計畫是奴役世界，他們倒是可以想想看，用劍橋專案改善生活的可能性。」[76]

那年秋天，MIT學生攻擊的不僅僅是普爾、析模公司和劍橋專案，還擴及ARPANET。1969年秋天，多間大學校園爆發抗議潮的同時，ARPANET首次上線，史丹佛大學和加州大學洛杉磯分校兩校電腦連上了線。[77]「上帝創造何等奇蹟？」1844年，山繆爾‧摩斯（Samuel Morse）發出人類史上第一條電報。[78]1969年10月29日晚上十點半，一條訊息從洛杉磯傳到同樣位於加州的門洛帕克（Menlo Park）：系統當機之前出現「LO」兩個字母，是「LOGIN」（登入）的頭兩個字母。網際網路的前身於焉誕生；而這一回，這項成就來自上帝神蹟的色彩極淡。

除了科技圈的人，沒有人關注到這項演示，但MIT本身就是個科技圈。而且，可能因為外界認為ARPANET出於利克里德之手，一些抗議的學生開始將ARPANET與劍橋專案這個有國家數據中心色彩的計畫聯想在一起。

「透過整個電腦設定和國防高等研究計畫署的電腦網路，美國政府將首次能以夠快的速度查閱相關調查數據，用於政策決策。」學生民主會的一份刊物示警道，「由劍橋專案支持的所謂基礎研究，將探討為何農民運動或學生團體會形成革命色彩。該研究的結果將透過類似形式，用於遏止進步派／演進派的運動。」他們稱之為「章魚電腦」（Octoputer），名字來自真實存在的一台電腦，是美國無線電公司（RCA）製造的時間共享操作系統（time-sharing system）。[79][80]

普爾和利克里德邀請哈佛大學共同贊助劍橋專案，不但是因為它有作

為跨校區計畫的潛力，也盼哈佛大學加入後，能稀釋掉劍橋專案是另一項MIT國防部專案的色彩。然而，哈佛園（Harvard Yard）內卻發生了許多動盪。1969年春天，在哈佛－拉德克利夫學院學生民主會將一串訴求清單釘在校長門上，訴求包括預備軍官訓練團（ROTC）退出校園。隔天，哈佛學生強行帶出一位院長到門外，並用鎖鏈封門，隨後占領大學禮堂。校方叫來市警和州警。警方用撞錘衝入大學禮堂，趕走學生，用警棍毆打多人，逮捕了二百多人。CBS新聞人員邁可・瓦勒斯（Mike Wallace）之子克里斯・瓦勒斯（Chris Wallace）後來成為福克斯新聞主持人，他當時是大學生，為學生電台播報現場情況，也被警方帶走。警方給克里斯打電話的機會。克里斯致電電台通報情形，簽字走人，他當時說：「這裡是記者克里斯・瓦勒斯，現在被拘留。」〔81〕

　　1969年秋天，哈佛大學的事態比一年前更加艱難。因此，哈佛召開教委會，評估是否與MIT共同參加劍橋專案。委員會徵集了大學界成員的來信，並以保密形式召開。兩派五五波，大學界陷入了嚴重分歧。提案吸引了強烈支持者，主要論點是校方若拒絕參加，則哈佛的社會科學會居於人後。然而，反對者不僅限於哈佛－拉德克利夫學院學生民主會這類學生團體。一位政治學博士候選人寫信給委員會，探討「學界追求知識能付出的代價限制」。〔82〕一位著名認知心理學家稱該提議「一團混亂」。〔83〕有位哲學家則要求委員會一同評估羅爾斯和康德的道德承擔。〔84〕一名工程科系研究生在大多由反對者發表的聲明中宣稱：「我認為劍橋專案的用途是不道德的。」〔85〕

　　不過在異議內容中最擲地有聲者，是知名政治社會學家巴林頓・摩爾（Barrington Moore）。摩爾遞交一封信給委員會，強烈反對哈佛參加劍橋專案；信長十二頁。摩爾認為，「科技萬能的幻影」使得某些社會科學家變

得盲目；這類科學家是電腦的主要使用族群。站在反對政府資助行為科學的立場上，相較於喬姆斯基，摩爾提出更加細膩的論據。他寫道：「在越南，自由派的家長主義（liberal paternalism）和科技萬能的假象結合後，遭逢挫敗，不但暴露了兩者結合的徒勞無功，也暴露出其殘忍和道德破產。」摩爾納悶：「原先想為世界帶來自由、富足和幸福的意念，幾乎化為烏有，帶來的不是幸福，而是死亡、恐怖、破壞和疾病。」[86] 這些人有可能靠什麼方法，使其同事支持其日後的研究？

　　哈佛學生甚至在教委會準備開會時，魚貫走進校長的辦公室，要求「徹底打掉劍橋專案」。在大樓外，他們高呼：「停止劍橋專案！」[87] 大學部的大衛‧布魯克（David Bruck）後來當上辯護律師，在校刊《哈佛緋紅報》（Harvard Crimson）猛烈炮轟劍橋專案。他寫道：「劍橋專案不像卡美洛專案只是在收集資訊，而是會側重於開發新方法來使用和解釋行為科學數據。」他將劍橋專案描述為：普爾偏激地想從國防高等研究計畫署身上撈肥水，來處理已經臭名昭著的研究。普爾和利克里德巴望著哈佛大學一起粉飾太平，遮掩這種知識性賣淫的勾當。「MIT是國防部養的妓女。」[88]

　　普爾則對布魯克的文章作了冗長的回應，他將學生暴亂與麥卡錫主義類比，指出布魯克甚至沒有邀他受訪。《哈佛緋紅報》拒刊普爾的信。[89] MIT劍橋專案諮委會儘管試著消弭疑慮，卻也無法平息抗議潮。[90] 時序快要過冬時，抗議的指控層級上升到戰爭罪。

　　1969年11月4日，「十一月行動」（November Actions）於MIT展開。這是經過從長計議和協調的示威活動。抗議者占領了校長辦公室三個小時，並在外面走廊上對普爾和他的三個同事進行模擬審判。[91] 他們用廣告宣傳這場審判，於校園全面張貼海報，上頭有四名男性的照片。

通緝
罪名：服務美國帝國主義，
並於國際研究中心發展出政治反抗運動的壓制手段。
訴求：廢止國際研究中心

在赫曼大樓外面，天降暴雨，抗議者將憤怒的矛頭對準了普爾與其同事露西安・派伊（Lucian Pye），高喊：「我們不想為普爾和派伊送死！」大約一百名教職員工和研究生舉行示威活動。他們的雨衣上戴著藍色臂章，並用藍色床單縫製了一條橫幅，呼籲結束越戰，還讚頌反對權。[92]他們所捍衛的，是自由主義的遺緒。

反觀身處動盪和恐怖中的普爾，他不再捍衛自由主義，而是追隨許多前托洛斯基主義者的腳步，變成了冷戰鬥士，轉向新保守主義。他拋開自由主義；他拋開析模公司；他拋開劍橋專案和「共通計畫」。1969年後他投入寫作，主題為通訊技術、通訊革命，以及它們對政治生活的影響。他寫下網際網路的創始政治理論。對於科技烏托邦人士來說，普爾是先知。

他曾筋疲力竭地抱怨：「學生民主會的宣傳人員發現，Pool這名字很適合當作代碼。」學生民主會做了和析模公司一樣的事：設代碼，將代碼當作流行語或造字。1970年春季，反戰運動家從波士頓共同廣場（Boston Common）出發，前往麻薩諸塞大道930號，這地方位於哈佛和MIT兩校之間，座落著一棟迷你小宅，那是析模公司於劍橋區的最後已知舊址。辦公室關了，人已去，樓已空。[93]

然後，對於所有其他美國民眾而言，析模公司不復追憶。大家忘記了析模曾經做了什麼，代表什麼，留下些什麼，以及曾經如何打造未來。

註釋

1　譯註：名導史丹利‧庫柏力克科幻電影。哈爾9000為人工智慧電腦，相當於片中太空船的腦與神經中樞。劇情中段，哈爾9000對太空人主角提問「你介意我問個私人問題嗎」，之後話鋒一轉，詢問主角是否質疑任務的目的。

2　出自：J.C.R. Licklider, Robert Taylor, and Evan Herbert, "The Computer as a Communication Device," *Science & Technology*, April 1968, 30-31。

3　出自：IP, "Social Trends," *Science & Technology*, April 1968, 88, 101。

4　出自：Richard M. Pfeffer, ed., *No More Vietnams? The War and the Future of American Foreign Policy* (New York: Harper & Row, 1968), 141。

5　出自：Display ad for *Toward the Year 2018, NYT*, June 5, 1968。

6　出自：Emanuel G. Mesthene, ed., *Toward the Year 2018* (Washington, DC: Foreign Policy Association, 1968)。也請參閱：Jill Lepore, "Unforeseen," *New Yorker*, January 2, 2019。

7　出自：Simulmatics Corporation, *Human Behavior and the Electronic Computer*。

8　出自：Myron J. Lefcowitz and Robert M. O'Shea, "A Proposal to Establish a National Archives for Social Science Survey Data," *American Behavioral Scientist* 6 (1963): 27-31。

9　出自：Richard Ruggles et al., *Report of the Committee on the Preservation and Use of Economic Data* (Social Science Research Council, 1965)。

10　相關探討包括：Sarah E. Igo, *The Known Citizen: A History of Privacy in Modern America* (Cambridge, MA: Harvard University Press, 2018), ch. 6, and Christopher Loughnane and William Aspray, "Rethinking the Call for a U.S. National Data Center in the 1960s: Privacy, Social Science Research, and Data Fragmentation Viewed from the Perspective of Contemporary Archival Theory," *Information and Culture: A Journal of History* 53 (2018): 206-10。也請參閱：Dan Bouk, "The National Data Center and the Rise of the Data Double," *Historical Studies in the Natural Sciences* 48 (2018): 627-36。

11　出自：*The Computer and Invasion of Privacy: Hearings Before a Subcommittee of the Committee on Government Operations, House of Representatives, Eighty-Ninth Congress, July 26, 27, and 28, 1966* (Washington, DC: GPO, 1966)。

12　出自：Cited in Igo, *Known Citizen*, 226。

13　出自：Vance Packard, "Don't Tell It to the Computer," *NYT Magazine*, January 8, 1967。

14　出自：Edgar S. Dunn Jr., "The Idea of a National Data Center and the issue of Personal Privacy," *American Statistician* 21 (1967): 21–27。

15　這些和其他來自特定選區選民的信件，存放於：Cornelius Gallagher Collection, Carl Albert Congressional Research and Studies Center, University of Oklahoma, Box 21, Folders 15 and 16; Box 28, Folder 195; and Box 29, Folder 24。

16　出自：Rebecca S. Kraus, "Statistical Déjà Vu: The National Data Center Proposal of 1965 and Its Descendants" (presentation at the Joint Statistical Meetings, Miami Beach, FL, August 2, 2011)。

17 出自：Arthur R. Miller, "The National Data Center and Personal Privacy," *Atlantic*, November 1967。

18 出自：Alan Westin, "The Snooping Machine," *Playboy*, May 1968。

19 出自："Privacy and Efficient Government: Proposals for a National Data Center," *Harvard Law Review* 82 (1968): 400-417（引用第410頁）。

20 出自：Emily Stuart, "Lawmakers Seem Confused About What Facebook Does — and How to Fix It," *Vox*, April 10, 2018。

21 聽證會所有引言均出自：*The Computer and Invasion of Privacy: Hearings Before a Subcommittee of the Committee on Government Operations, House of Representatives, Eighty-Ninth Congress, July 26, 27, and 28, 1966* (Washington, DC: GPO, 1966)。

22 出自：Arthur R. Miller, *The Assault on Privacy: Computers, Data Banks, and Dossiers* (Ann Arbor: University of Michigan Press, 1971), 54-66。

23 出自：Judy Kaufman and Bob Park, eds., *The Cambridge Project: Social Science for Social Control* (Cambridge, MA: Imperial City, 1969). "Will Project Cambridge Go?" *Scientific Research*, September 15, 1969, cover。

24 出自：J.C.R. Licklider, *Libraries of the Future* (Cambridge, MA: MIT Press, 1965)。

25 出自：M. Michael Waldrop, *The Dream Machine: J.C.R. Licklider and the Revolution That Made Computing Personal* (New York: Penguin, 2001). Katie Hafner and Matthew Lyon, *Where Wizards Stay Up Late: The Origins of the Internet* (New York: Simon & Schuster, 1998). Janet Abbate, *Inventing the Internet* (Cambridge, MA: MIT Press, 1999)。

26 出自：IP to Jerome Wiesner, November 18, 1968, Pool Papers, Box 64, Folder "Outgoing Correspondence September to November 1968"。

27 出自：IP to J.C.R. Licklider, Memo, November 27, 1968, Pool Papers, Box 64, Folder "Out-going Correspondence September to November 1968." IP to J.C.R. Licklider, Memo, June 16, 1969, Pool Papers, Box 64, Folder "Outgoing Correspondence June to August 1969"。

28 出自："A Proposal for Establishment and Operation of a Program in Computer Analysis and Modeling in the Behavioral Sciences"；各式報告、通訊紀錄和其他素材出自：Cambridge Project Subcommittee, June-December 1969, Harvard University Archives。

29 出自：[MIT President] Jerome B. Wiesner to Members of the [MIT] Faculty, May 5, 1969, MIT News Office, MIT Institute Archives and Special Collections, AC-0069。

30 出自：Mailer, *Miami and the Siege of Chicago*, ch. 3。

31 譯註：象代表共和黨，源自於湯瑪士‧納斯特（Thomas Nast）在1874年所繪的政治漫畫。

32 出自：RN, "Acceptance Speech," Republican National Convention, August 8, 1968。

33 出自：Mailer, *Miami and the Siege of Chicago*, 137。

34 出自：Commission on the Democratic Selection of Presidential Nominees, *The Democratic Choice* (Washington, DC: Democratic National Committee, 1968), 15。

35 出自：IP to Robert Nathan, hand-dated "9/68," Pool Papers, Box 204, Folder "Humphrey 1968"。

也請參閱：[IP], "Achieving Pacification in Viet Nam," marked "Private Communication, Not for Publication," undated but, given its place in the folder, must be about March 19, 1968, Pool Papers, Box 75, Folder "Jan-May 1968"。

36 出自：Aldous, *Schlesinger*, 348。

37 巴克利寫信問史列辛格：「你不覺得該找機會上我的節目，討教一下我的口才和機智嗎？畢竟你的畢生夢想就是模仿我的口才和機智啊。不來上我的節目，你怎麼圓夢？」這番鬥嘴出自：William F. Buckley Jr., *Cancel Your Own Goddam Subscription: Notes and Asides from National Review* (New York: Basic Books, 2009), 48-51。

38 出自：Richard Todd, "The 'Ins' and 'Outs' at M.I.T.," *NYT Magazine*, May 18, 1969。當然，普爾拒絕支持停工。請參閱：Pool Papers, Box 73, Folder "Memos, 1968"。

39 請參閱：J. William Fulbright, "The War and Its Effects — II," *Congressional Record*, December 13, 1967, 36181-82。

40 請參閱："McGeorge Bundy Supports De-Escalation in Vietnam," *Harvard Crimson*, October 14, 1968。

41 請參閱：Charlie Mann, "Bundy Discusses Possibilities for Implementing End to War," *Tech*, October 18, 1968。出自：諾姆・喬姆斯基（Noam Chomsky），和作者電子郵件往返，2018年4月22日。

42 出自：彼得・舒爾曼（Peter Shulman），作者訪談，2018年6月11日。

43 出自：Noam Chomsky, "The Menace of Liberal Scholarship," *New York Review of Books*, January 2, 1969。Michael Albert cites this same passage in *Remembering Tomorrow: From SDS to Life After Capitalism* (New York: Seven Stories Press, 2006), 99.

44 出自：IP to Henry Kissinger, January 2, 1969, Pool Papers, Box 64, Folder "Outgoing Correspondence, December 1968 to February 1969"。

45 出自：Bonita Harris (IP's secretary) to Jean Keppler (Defense Science Board), January 14, 1969, Pool Papers, Box 64, Folder "Outgoing Correspondence, December 1968 to February 1969"。

46 出自：IP to Howard Johnson (president, MIT), January 28, 1969, Pool Papers, Box 64, Folder "Outgoing Correspondence, December 1968 to February 1969"。

47 出自：Broadly, see Ellsberg, *Secrets*。

48 請參閱威廉・帕克（William Parker）和喬姆斯基之間的意見交流：Pool Papers, Box 177, Folder "Bill Parker"。

49 出自：IP, letter to the editor, and Chomsky's reply, *New York Review of Books*, February 13, 1969。

50 出自：Richard Todd, "The 'Ins' and 'Outs' at M.I.T.," *NYT Magazine*, May 18, 1969。

51 出自："The First 70 Days: A Chronicle," *Technology Review*, December 1969。

52 出自：David Deitch, "The Professor and the Military-Industrial Complex," *Boston Globe*, April 20, 1969。

53 出自：Joseph Kashi, "Millikan Opens CIS Files; Denies Use of CIA Funds," *Tech*, May 2, 1969。

54 出自：亞當・德・索拉・普爾（Adam de Sola Pool），作者訪談，2018年5月19日。

55 出自：IP to the Political Science Faculty, Memo, May 5, 1969, Pool Papers, Box 69, Folder "Cambridge Proj — Publicity"。

56 報告日期為1969年5月5日，並未署名，但存放在一份發給普爾的記事：Pool Papers, Box 69, Folder "Cambridge Proj—Publicity"。

57 出自："Research for the Counter-Revolution," *Hard Times*, May 12-19, 1969, in Pool Papers, Box 69, Folder "Cambridge Proj—Publicity"。

58 出自：Joseph Weizenbaum, "To the Editor," *Tech*, May 16, 1969；William R. Ferrell, Ronald C. Rosenberg, and Thomas B. Sheridan, "To the Editor," *Tech*, May 23, 1969。

59 例如：John H. Fenton, "MIT Group Assails Computer Plan," *NYT*, May 7, 1969。

60 出自：Richard Todd, "The 'Ins' and 'Outs' at M.I.T.," *NYT Magazine*, May 18, 1969。普爾寫信給編輯，抱怨其作者叫他「大鷹派」，並問：「除了鷹派或鴿派，還有什麼可以當的？」出自：IP to the editor of the *NYT Magazine*, May 19, 1969, Box 64, Folder "Outgoing Correspondence March to May 1969"。

61 出自：Laurence Stern, "Ending of Secret Research Won't Cool the Campuses," *Tech*, May 14, 1969。

62 出自：IP to John Jachym, May 16, 1969, Pool Papers, Box 67, Folder "Simulmatics Correspondence"。

63 雷蘭德於1969年畢業於哈佛商學院，擁MIT碩士學歷（1966），也有哈佛大學政治學學士學歷（1960）。出自：George Leyland, CV, 1969, Pool Papers, Box 67, Folder "Simulmatics Correspondence"。

64 出自：IP, "A Work Plan for the Simulmatics Corporation," June 15, 1969, Pool Papers, Box 67, Folder "Simulmatics Correspondence"。

65 普爾個別去信對象和日期：F. Randall Smith, Tibor Fabian, and Sidney Rolfe, August 8, 1969（附上報告）。出自：Pool Papers, Box 64, Folder "Outgoing Correspondence June to August 1969"。

66 普爾個別去信對象和日期：John J. Jachym, Simon Ramo, and Charles M. Herzfeld, August 13, 1969, and to Simon Ramo（同日期）。出自：Pool Papers, Box 64, Folder "Outgoing Correspondence June to August 1969"。

67 出自：IP to Harold Guetzkow, August 13, 1969, Pool Papers, Box 67, Folder "Simulmatics Correspondence"。有段時間，Mathematica似乎要買下析模公司。普爾寫道：「Mathematica背後的金融集團會出資一萬美元，用於企業重組，以及四萬美元現金和十萬股來解決析模公司的所有債務。我們相信這樣能解決所有帳務問題。」出自：Pool to Randall Smith, September 8, 1969, Pool Papers, Box 64, Folder "Outgoing Correspondence September to December 1969"。然而，就目前我和Mathematica內部任何人所能掌握的訊息，該計畫從未實現。出自：大衛．羅伯茲（David Roberts；隸屬Mathematica），和作者電子郵件往返，2018年5月17日。

68 出自："The First 70 Days: A Chronicle," *Technology Review*, December 1969。

69 出自：同上。

70 出自：SACC Teach-in, September 25, 1969, MIT Institute Archives and Special Collections, SACC Records, Box 1。

71 出自：Greg Bernhardt, "150 Students Peacefully Disrupt CIS," *Tech*, October 14, 1969。

72 出自："CIS IS CIA," leaflet, 1969, MIT Institute Archives and Special Collections, SACC Papers, Box 2。原文如此強調。

73 出自："The First 70 Days: A Chronicle," *Technology Review*, December 1969。

74 出自："What About Academic Freedom?" undated brochure, possibly SACC, likely 1970, MIT Institute Archives and Special Collections, SACC Records, Box 2。此外，關於普爾受到的威脅，請參閱：Victor K. McElheny, "MIT Professor Reveals Threat by Student Protestors," *Boston Globe*, November 1, 1969。

75 出自：Paul Mailman, "SDS Confronts CIS," typescript, 1969, MIT Institute Archives and Special Collections, SACC Papers, Box 2。

76 出自：Jeffrey J. Page, "Will Project Cambridge Blow MIT's Cool?," *Scientific Research*, September 15, 1969。

77 出自：Yasha Levine, *Surveillance Valley: The Secret Military History of the Internet* (New York: PublicAffairs, 2018), 61。

78 譯註：電報內容是「上帝創造何等神蹟！」（What hath God wrought！）。出典自舊約聖經。

79 出自：Kaufman and Park, *The Cambridge Project*。

80 譯註：該廣告中，有幅圖將「Octoputer」繪成章魚，觸角連著一台台電腦，標榜批次處理和遠端運算。

81 出自：Chris Wallace, "Echoes of 1969," *Harvard Magazine*, March-April 2019。

82 出自：Samuel A. Yohai to Harvey Brooks, November 1969；各式報告、通訊紀錄和其他素材出自：Cambridge Project Subcommittee, June December 1969, Harvard University Archives。

83 出自：Jerome S. Bruner to Barrington Moore, November 17, 1969, reports, memoranda, correspondence, and other materials from the Cambridge Project Subcommittee, June-December 1969, Harvard University Archives。

84 出自：Martin Perlmutter to Harvey Brooks, October 24, 1969；各式報告、通訊紀錄和其他素材出自：Cambridge Project Subcommittee, June-December 1969, Harvard University Archives。

85 出自：Steven J. Marcus to Harvey Brooks, October 23, 1969；各式報告、通訊紀錄和其他素材出自：Cambridge Project Subcommittee, June-December 1969, Harvard University Archives。

86 出自：Barrington Moore Jr. to the Cambridge Project (Committee), October 23, 1969；各式報告、通訊紀錄和其他素材出自：Cambridge Project Subcommittee, June-December 1969, Harvard University Archives。摩爾對於普爾最初提案的主張也沒有好話。普爾提案中，引用二戰時的內容分析，說是這類研究的結果。摩爾寫道：「這項觀察不符合我的戰時華盛頓經歷。在戰爭結束前，內容分析已經大幅棄用，因為事實證明，內容分析無法用來理解大型政治問題。」

87 出自：David N. Hollander and Jeff Magalif, "175 March into Univ. Hall, Protest Project Cambridge," *Harvard Crimson*, September 27, 1969。

88 出自：David I. Bruck, "Brass Tacks: The Cambridge Project," *Harvard Crimson*, September 26, 1969。

89 出自：IP, letter to the editor of the *Harvard Crimson*, October 6, 1969, Pool Family Papers。他在別處發表回應。出自：IP, "MIT Professor Scents McCarthyism in Attack," *Boston Herald Traveler*, October 26, 1969。普爾於數週後寫道：「最近這幾個禮拜，我幾乎所有精力都用在處理學生暴動。」出自：Pool to Wilbur Schramm, November 18, 1969, Pool Papers, Box 64, Folder "Outgoing Correspondence September to December 1969"。

90 1969年10月29日，諮委會在MIT開會並發表聲明，說明哪些和專案有關，哪些無關。報告指出「哈佛正在決定是否參加」）。文獻紀錄：「劍橋專案的目的是針對行為科學領域，研發更出色的電腦解決方案。」「沒有研究是機密。」「無計畫建立龐大的數據庫。」出自：[IP], "The Cambridge Project," *ACM SIGSOC Bulletin*, December 1, 1969, pp. 12-14。

91 出自：Robert Elkin, "Rally, Sit-in Protest War Research," *Tech*, November 7, 1969。之後，校園貼滿了整張版面只有普爾肖像的海報，被下令撕除。出自："Execomm Bans SDS Poster," *Tech*, April 27, 1971。

92 出自：Blackmer, *The MIT Center for International Studies Founding Years*, 217；Lincoln P. Bloomfield, *In Search of American Foreign Policy: The Humane Use of Power* (New York: Oxford University Press, 1974), 6-9。關於只有普爾肖像的海報，存放於：SACC Records, MIT Institute Archives and Special Collections, Box 2, Folder 76。

93 出自：Parker Donham, "War Protest Week Begins in Boston," *Boston Globe*, April 13, 1970。

CHAPTER

14

心情公司
The Mood Corporation

「那電腦呢？那是真的用電腦來跑的數據，還是只是試作品？」
「你看看囉。」他答。
—— 1985 年，唐・德里羅（Don DeLillo），《白噪音》（*White Noise*）

Courtesy of Bettmann Archive/ Getty Images

上銬後的山姆・波普金（1972年）。

1970年8月26日，曼哈頓的法院執行析模公司破產程序。當天適逢確保婦女選舉權的第十九次修正案邁入第五十週年，為了紀念，五萬人響應「爭取婦女平等運動」（Women's Strike for Equality），遊行穿過城市，其中多數是女性。只見遊行者身穿迷你裙、喇叭褲和單色合身洋裝，綴以花朵或佩斯利（paisley）圖紋，勾起手臂，抬起握緊的拳頭，舉起平權標語「W♀MEN UNITE」（女性團結）、「EVE WAS FRAMED」（夏娃遭到陷害）、「ERA YES」（支持《平權修正案》）。她們上街爭取平權和同酬、男同和女同權利，以及呼籲結束越戰。活動發起人發放的問卷中問道：「哪怕只有一點點也好，你是否曾經怨恨，為何幾乎所有重大政治決策都是男人在決定？」[1]娜歐蜜曾經借錢給格林菲；她必須去法院登記為析模公司的債權人。娜歐蜜去了，然後走出法院，加入遊行隊伍。[2]

析模公司死了。透過機器來預測人類行為的夢還在，然而以新的形式留存，讓人忘卻析模公司曾經存在。

析模公司宣布破產時，麥納瑪拉的越南模擬計畫徒留殘骸，程式設計專案成了災難，系統失靈，預測失準——自動化電腦模擬人類行為這事已經聲名狼藉。在某歷史學家所稱的「模擬的曙光」中，大學停止為系統分析和模擬提供資金，期刊停止出版，實驗室關閉。MIT於1974年關閉了曾經由普爾帶領的城市系統實驗室（Urban Systems Lab）。有一段時間，模擬似乎只能以電腦遊戲的形式存在。《模擬城市》（SimCity）第一代於1989年問世。[3]

析模公司的員工各自分飛。彼得・舒爾曼曾任析模公司都市研究部副主任，1967年隨蘭德智庫赴越南，但隔年返美後離開紐約，到鄉間當酪農。他東飄西盪了好一陣子，才定居在他稱為「月影田」（Moon Shadow Farm）的地方。在這裡，舒爾曼設置了戶外戰爭遊戲場地，這個模擬遊戲占地超

過三十英畝：「有六萬多個手刻士兵，以及符合現實比例的軍車五千多台。」玩家在枝繁葉茂的山林戰鬥，冬去春來，年復一年，投入讓人無法自拔的模擬戰爭。[4]

1968年，析模的公關人員湯馬斯·摩根擔任了反戰立場堅定的候選人尤金·麥卡錫的媒體公關助手。尤金·麥卡錫敗選後，摩根成為紐約市市長約翰·V·林賽（John V. Lindsay）的新聞祕書。後來他來到《村聲》（*Village Voice*）擔當編輯，接著成為廣播集團 WNYC 的總裁。[5]伯恩斯坦則成了心理分析家。阮神父離開西貢郊外的修道院，前往麻州多切斯特（Dorchester）一處教區，隨行者還有一位親兄弟和一些侄女和侄子。彭納和溫斯頓育有一女；夫妻日後離異。春節攻勢後，金麗和未婚夫判定越戰勝利無望，便離越赴美；男方邁克·庫克（Mike Cook）為美國軍事顧問，曾以學者身分獲得羅德獎學金。[6]菊秋陽也想方設法離開越南：她寫信給普爾，請他安插工作，但普爾於1968年回覆他無能為力。[7]直到了1975年西貢淪陷，菊秋陽才得以帶著三名子女離開越南。莫琳·謝伊支持菊秋陽申請政治庇護，最終菊秋陽也獲得美國移民暨歸化局（Immigration and Naturalization Service）批准，來到紐澤西州定居。[8]1968年，謝伊搬到威斯康辛州，協助萊斯·亞斯平（Les Aspin）參選州政府財務長。亞斯平是軍事分析家，畢業自MIT，在謝伊任職析模公司時結識她，兩人於1969年踏上紅毯，十年後離婚。1993年，比爾·克林頓（Bill Clinton）任命亞斯平為國防部長。

米娜烏離婚一事於1970年塵埃落定；1976年在科羅拉多再婚；十年後她出了本書《讚美與耐心》（*Praise and Patience*），內容是給新手爸媽的建議。[9]科爾曼則從約翰霍普金斯大學轉到芝加哥大學。1970年代初，社會對「強制黑白種族共乘校車」計畫議題展開論辯，外界對於科爾曼報告的怒火延燒到最高點時，美國社會學協會（American Sociological Association）

主要成員試圖撤消他的會員資格。怒火退潮後，科爾曼當選為協會會長。1970年，德·葛拉西亞在瑞士阿爾卑斯山成立了新世界大學（University of the New World）。普爾以客座講師的身分演講時，學生抗議他到訪。有瑞士的電視台記者調查了大學的欺詐行為。[10]1976年，莫尼漢贏得了參議院的選舉，成為紐約的民主黨參議員；其繼任者是2001年的希拉蕊·克林頓（Hillary Clinton）。紐頓·米諾在甘迺迪總統任內擔當聯邦通訊委員會主席，之後到芝加哥重新吃起法律這行飯，任職於盛德律師事務所（Sidley Austin）。1988年，米諾雇用年輕的巴拉克·歐巴馬（Barack Obama）為暑期實習生。1998年，克林頓總統將國家人文獎章（National Humanities Medal）授予史列辛格；史列辛格於2007年去世。歐巴馬於2016年授予米諾總統自由勳章（Presidential Medal of Freedom）；同月，在臉書新聞分頁服務（Facebook News）和劍橋分析公司助選下，川普擊敗希拉蕊，成為第四十五屆美國總統。

派翠西亞於1968年去世，子女寄住友人家，就讀麻州西部的住宿學校。他們的父親格林菲會寄包裹給愛女；華麗的禮品盒內，裝著奢華的禮物。么女珍妮佛4歲時失去母親，她的小學老師收留了她，同住了一段時間。在珍妮佛6至7歲時，格林菲會安排她搭乘灰狗巴士去紐約。在大蘋果，格林菲會滿懷父愛地疼女兒。珍妮佛就像童書角色艾洛思（Eloise），被父親帶著去廣場飯店大宴會廳共進午餐。格林非還會帶她去薩克斯第五大道（Saks Fifth Avenue）購物。格林菲西裝口袋總是裝滿現金，一疊疊白花花的鈔票。父女倆參觀一棟棟買不起的公寓，研究一本本歐洲旅遊的小冊子，然而父女從未成行。[11]

格林菲的夢想不僅如此：他夢想著洞悉他人的想法，夢想著再開一家公司。他說：「我要捲土重來。」到了那年頭，研究好做多了，畢竟資料

的數量更甚以往。任何人都能獲取數據，像是從海灘鏟起一勺勺沙那般簡單。格林菲於1983年死於心臟病，死時年僅56歲。捲土重來的夢，到最後仍是未竟之業。不過，格林菲計畫針對許多議題收集大量數據，以釐清民眾的感受，然後將相關資訊兜售給其他公司，形成一種追蹤服務。〔12〕他稱之為「心情公司」（Mood Corporation）。〔13〕

∎ ∎ ∎

對於析模公司的所作所為，從來沒有人公開論辯過。析模公司還不是個咖：以公司來講太弱小，以企業來講太粗劣。不過後來有一場全國規模的論辯，令析模公司的歷史如同暴風雨後的船骸，被深深地埋葬起來。

1971年初，參議院一項調查表明，美國陸軍先前針對民權人士、反戰激進分子和政治異議人士，收集數據，進行監視，並將這些記錄儲存在電腦中。此舉儼然將美國公民當作外國軍方。在名為《聯邦數據庫、電腦和權利法案》（Federal Data Banks, Computers, and the Bill of Rights）的報告中，一個參議院小組委員會結論道：「美國政府戰情室的管理人員所保管的紀錄，和西貢的電腦化戰情室紀錄相比，並無二致。」〔14〕不過數個月後，《紐約時報》刊載了麥納瑪拉委託的研究，那是1969年艾斯伯任職蘭德智庫時，私下攜出的，內容探討美國政府自1945年至1967年對越南的涉入。報導一出，西貢戰情室受到更多檢視，而外界甚至還沒討論西貢的那些電腦。（獲知「五角大廈報告」洩漏者是艾斯伯時，普爾說：「他難道不知道以後他都無法再通過國安資格審查了嗎？」後來，艾斯伯幽幽地說：「普爾納悶的是，我有沒有了解到聯邦政府永遠不會再請我工作，殊不知我原本以為後半輩子都要吃牢飯了。」）〔15〕

　　麥納瑪拉報告一筆筆記載了從杜魯門到詹森，美國政權的謊言和失誤。報告並未指控尼克森政府，但尼克森決心停止出版，並懲罰洩密者。《紐約時報》出版「五角大廈報告」首篇摘錄兩天後，即1971年6月15日，司法部向紐約南區地方法院提起訴訟，要求發出臨時限制令。法院批准了該請求。數天後，《華盛頓郵報》開始刊出「五角大廈報告」摘錄，之後尼克森政府的司法部仍要求發出臨時限制令，提起訴訟的對口單位是哥倫比亞特區地方法院。法官駁回。隔天，哥倫比亞特區巡迴上訴法院維持原判。6月23日，第二巡迴上訴法院將《紐約時報》案轉給地方法院受理。最終，6月30日時，最高法院以6比3裁定政府無法阻止美國報社發表「五角大廈報告」。

　　阻止「五角大廈報告」出版一事受挫，尼克森政府轄下的司法部轉移陣地，加大力道懲罰洩密者。洛杉磯的一組大陪審團起訴艾斯伯與蘭德智庫分析人員安森尼・拉索，指控兩人盜竊並持有未經授權的文件。第二組大陪審團在波士頓成立調查小組，以查出曾協助艾斯伯獲取、影印和釋出文件的人。波士頓調查人員特別著手探查，是誰於麻州當地自艾斯伯手上獲得文件，交給《紐約時報》記者尼爾・希恩。不過，在許多人眼裡，波士頓陪審團此舉像是在騷擾反戰運動人士，「沒來由地訊問艾斯伯的朋友和同事。」〔16〕其中朋友包括析模公司的波普金。

　　1970年波普金與艾斯伯結識時29歲。兩人於劍橋區比鄰而居，彼此妻子也常交流。媒體揭露「五角大廈報告」時，波普金在香港。（7月12日）他返美後，FBI在劍橋區對他進行訊問。〔17〕波普金表示，對於報告遭洩露一事，他獲知的管道就只有報紙。然而，FBI還調查了那年夏天去劍橋的記者。7月21日，《底特律自由報》（Detroit Free Press）記者索爾・佛萊曼（Saul Friedman）撰寫艾斯伯的專題時，下榻在劍橋公地公園的喜來登指揮

官飯店（Sheraton Commander Hotel），並與普爾通話九分鐘。翌晨，佛萊曼致電艾斯伯。FBI探員於8月18日取得佛萊曼的通話記錄[18]，發現波普金和艾斯伯兩人家裡雇用同一名智利女侍，因此更加關注波普金。FBI多次質詢這名女侍，一大原因是她告訴探員，「她到艾斯伯家裡時，主要工作是在艾斯伯睡覺時，整理他的辦公空間。」[19]

媒體揭露「五角大廈報告」後，尼克森立即下令成立特別調查小組。8月11日，該小組向總統回報一張清單，上頭列出的證人收到傳票，將前往波士頓大陪審團作證，其中包括喬姆斯基，以及《紐約時報》記者大衛‧哈伯斯塔姆（David Halberstam）。[20]波士頓大陪審團傳喚的這些人，大多數都不配合。哈伯斯塔姆搬出美國憲法第一修正案。1971年8月19日，檢察官問波普金：「你認為1971年6月13日以前，在麻州有哪一些人持有『五角大廈報告』的副本？」波普金拒答。

司法部在尼克森執政下追查異議人士，於波士頓和洛杉磯各自成立調查單位。對此，批評者認為是疊床架屋，兩者處理的是同一案，均是違憲，並視為美國陸軍國內監視計畫的一環。1971年9月，《哈佛緋紅報》記者撰文指出：「大陪審團在波士頓和洛杉磯如火如荼展開調查，形同直接威脅反戰運動和憲法權利。後者在傳統上是允許這類運動的。」這名記者續道：「這些事件並非空穴來風。過去兩年半以來，政府輕忽公民自由的議題。加上近來聯邦司法的裁決，更是將大陪審團制度化為政府對抗國內左派的有力政治武器。」[21]

波普金自反戰以來，長期努力保護自己的情報源，並且爭取學者的獨立性，主張學者不需配合聯邦政府。他違抗大陪審團，認為若是回答了艾斯伯和「五角大廈報告」相關問題，將會危及1966年夏天開始訪談的越南受訪者，包括曾祕密談話的軍方高層。波普金拒絕出賣他們。調查人員又

打了兩次電話，波普金也都回絕。他主張擁有「學者的特權」，可保護其研究的消息源。這和媒體人員主張的「記者的特權」有異曲同工之妙。

　　波普金面臨兩難倒是與析模公司關係甚小。兩者唯一有交集的，在於波普金最初之所以去越南，是因為受聘於析模。然而，大學和政府兩者之間的界線如何劃分，這個問題在1968至1969年哈佛和MIT校園紛擾之後，因波普金的困境而更加凸顯。對於波普金拒絕配合大陪審團一事，哈佛教委會（Harvard Faculty Council）舉辦投票，全員一致支持波普金。哈佛和耶魯大學二十四位政治和社會學家也提交宣誓書支持他。〔22〕

　　當時普爾公開支持尼克森政府，並在1972年總統大選之前，積極為尼克森陣營助選。他向記者透露，他是被迫離開民主黨的。普爾說：「是民主黨離我而去，不是我的選擇。」〔23〕1950年，普爾和尼克森兩人都甚為年輕之時，尼克森利用自己的影響力，幫助普爾通過國安資格審查。加上兩人都是冷戰鬥士，儘管在一項國內政策的見解上有歧見，但兩人外交目標一致。自史蒂文森投入1952年總統大選以來，普爾向來效力民主黨陣營。然而，越戰使得美國紅藍兩黨的支持態勢洗牌。1968年，普爾的政治光譜就已動搖，1972年由藍轉紅，投身尼克森陣營。

　　然而，這一年尋求連任的尼克森，為人變得更加偏執、善於猜忌，行事作風也益發魯莽得危險。1972年選舉年，民主黨租借飯店作為全國委員會運行總部；6月17日，五名男子闖入當中多間房間，那些房間正是勞倫斯‧歐布萊恩的辦公據點（1960年大選，析模公司為甘迺迪陣營提供選情分析時，聽取報告的窗口就是歐布萊恩）。五名男子後來人稱「水管工」（plumber），他們當時想在民主黨全國委員會場地安裝竊聽設備。或者正確地說，他們5月底便已闖入場地安裝竊聽裝置，此番擅入是要修復那些裝置。這五人搞定歐布萊恩的場地後，原先要去隔壁房，當時是南達科他參

議員喬治‧麥高文的辦公據點（民主黨預計提名麥高文投入選戰）。但五人最後沒能闖入，反而被保安人員抓個正着，並遭警察逮捕。這五人是何方神聖，又受誰指使，當時並未立刻明朗。

莫尼漢當時在尼克森政府擔任總統的內政助理，水門逮捕事件三天後，他提醒尼克森幕僚霍爾德曼：「麥高文可能獲得提名。哈佛大學和MIT那邊有許多人對此極為沮喪。」同時，莫尼漢「特別點名」一個人，指出尼克森陣營應該聯絡他：伊塞爾‧德‧索拉‧普爾。〔24〕10月，普爾獲任命為「民主黨人挺尼克森」（Democrats for Nixon）活動的名譽副主席。〔25〕他加入「總統學人」（Scholars for the President）計畫，其他五十四名參加的學者包括歐文‧克里斯托（Irving Kristol）、彌爾頓‧傅利曼（Milton Friedman）、羅伯特‧博克（Robert Bork）等人。他連署了一封支持信，刊載於10月15日《紐約時報》，聲援總統連任委員會（Committee for the Re-election of the President）。〔26〕

普爾投效尼克森時，尼克森政權下的司法部迫害波普金帶有全國性的政治目的。《紐約時報》11月1日報導形容，「一群堅決不配合的證人依法提出層層異議，好似形成一個灌木叢，幾乎無法通過」，大陪審團已經被這個灌木叢纏住。波普金的確現身大陪審團面前作證，但《紐約時報》報導：「陪審團二十三人，大都是不苟言笑的中年波士頓人。他們對於證詞幾乎充耳不聞。」〔27〕波普金因藐視法庭受到傳喚，向美國最高法院提起上訴，案名為「美利堅合眾國訴波普金」（United States v. Popkin），最高法院則拒絕審理此案。〔28〕波普金接下來的行程為1972年11月現身大陪審團作證，就在總統大選前後。

原本在美國民眾看來，6月17日闖入水門飯店一事不過是起下三濫的闖空門，直到1972年10月10日，《華盛頓郵報》記者鮑伯‧伍沃德（Bob

Woodward）和卡爾・伯恩斯坦（Carl Bernstein）刊出系列報導第一輯：FBI已
證實，該案是「由白宮官員和總統連任委員會所策畫、大規模政治間諜和
破壞行動的一環，犯人目的是協助尼克森總統連任」。〔29〕

　　然而11月7日大選，尼克森連任，贏得了六成普選票，大勝麥高文。
麥高文甚至輸掉家鄉南達科他州，只拿下一州：麻州。「水門到底發生了
什麼事？」大選之夜，ABC News新聞記者來到尼克森陣營的勝選慶祝場
合時，詢問尼克森幕僚約翰・埃利希曼（John Ehrlichman）。埃利希曼笑個
沒完，說：「我不知道。很明顯啥都沒發生！」〔30〕

　　兩週後（11月21日），波士頓法官以藐視法庭為由，將波普金送進麻
州諾福克郡監獄（Norfolk County Jail）。〔31〕《紐約時報》專欄作家湯姆・威
克撰寫〈桎梏的自由〉（Liberty in Shackles）一文，呼籲民眾關注波普金的遭
遇，並感嘆「政府未出於任何正當目的，就將一名教師銬上手銬，送往監
獄」。〔32〕專欄作家安東尼・路易斯（Anthony Lewis）說：「在美國，如果自
由精神得以延續，我們應感謝山姆・波普金。」〔33〕報紙刊出波普金在監
獄裡的照片。《紐約時報》報導說，波普金「被認為是第一位……因保護
情報源而入獄的美國學者」。〔34〕七十名教授（主要來自MIT和哈佛大學）
簽署了一封信，內容「簡述其精神上的支持」，指出「波普金願意面對牢
獄之災，眾人表示尊重和欽佩」。簽署者包括普爾、莫尼漢，以及另外兩
名波普金此前在析模的同事，艾貝爾森和科爾曼。〔35〕

　　之後，波士頓大陪審團的審理職務解除，波普金獲釋。事情來得突
如其然，並未對大眾給個說法，但顯然是要避免牽扯艾斯伯的洛杉磯審判
案。〔36〕沒過多久，艾斯伯在洛杉磯的審判宣布是無效審理。調查發現，
受白宮委託闖進飯店房間的歹徒，也曾闖入艾斯伯的精神科醫師診間，因
此撤銷對於艾斯伯和拉索的指控。波普金一直納悶，為何大陪審團如此關

注他；歷史學家也從來都沒搞懂。〔37〕

███

　　1972年的總統大選，令大家忽略了一個科技史上的轉捩點：個人運算（personal computing）揭開序幕，網際網路前身問世。該年12月，《滾石》（Rolling Stone）雜誌的史都華·布蘭德（Stewart Brand）預測：「準備好了，電腦要進入人類生活了。」〔38〕伍沃德和伯恩斯坦揭露了水門案，布蘭德則揭示電腦革命即將到來。但除了他，鮮少人注意到此事，至少在1972年是如此。這一年，水門飯店發生的水門案鬧得沸沸揚揚，卻沒什麼人注意到同樣位於華盛頓特區的希爾頓飯店，也有大事發生。

　　1972年10月24日，國際電腦通訊大會（International Conference on Computer Communication）於華盛頓特區希爾頓飯店宴會廳召開首場會議。利克里德初次擘劃的網路ARPANET首次面世，也是未來網際網路的雛形。意者均能從29台終端機的任一台，登入至該網路。現場的人能使用MIT人工智慧實驗室的電腦下西洋棋，透過位於劍橋的BBN公司程式諮詢精神疾病，並向加州大學洛杉磯分校的終端機「TIMMY」提問。每一程式都展現了網路的可靠、速度和容量。網路的據點是位於華盛頓的一台終端機，可和全美各地的電腦通訊。〔39〕

　　ARPANET網路在當時的演示，可是人類史上的大事，重要程度堪比初次展示印刷機，然而此事並未獲得大型新聞機構報導。當時，在電腦科學界和工程界之外，很難有人注意到其重要性。再說了，記者夾在水門案和大選之間，已經忙得不可開交。

　　然而史都華·布蘭德對水門案甚至大選都興趣缺缺，他關注的，是即

將到來的反文化電腦革命。布蘭德1938年出生於伊利諾州，1960年畢業自史丹佛大學，服役後參加了「新公社主義」（New Communalism）運動。這項運動極大程度上受到巴克敏斯特・富勒啟迪。富勒是個奇人，富有遠見。析模公司科學家於1961年聚議的那座穹頂建物，便是出自富勒之手，由富勒為派翠西亞的父親法蘭克・薩福德所造。布蘭德有觀察到富勒的科技烏托邦主義，那在日後催生了網際網路。

富勒的代表性穹頂建物設計，活像個迷你的地球太空船，這種建物在1960年代獲得公社（commune）支持者青睞。巴克敏斯特・富勒是瑪格麗特・富勒（Margaret Fuller）的姪孫。瑪格麗特・富勒是激進派作家、先驗論主義者（transcendentalist）暨社會烏托邦主義者。巴克敏斯特・富勒自先驗論借鏡未來主義，將它與21世紀中葉對於科技烏托邦的願景結合。當時人們寓情於此，想像自己逃脫死氣沉沉、了無生氣的冷戰機器，邁入新時代，新時代的人們會藉由設計與使用機器來自我實踐，實現幸福。富勒於1960年寫道：「如果說，人類在宇宙演化的進程中，將持續成功發揮形形色色的複雜作用，那麼原因會在於：在往後數十年，具有藝術家本質的科學家，將自動自發承擔起主要的設計責任，使得人們從殺戮乃至高階生活的能力，因為有了新工具而全面提升。」布蘭德提倡迷幻藥，是追隨作家肯・克西（Ken Kesey）的「快樂搗蛋者」（Merry Pranksters）。對布蘭德而言，公社的生活形式能解決美國社會因冷戰而原子化的狀態。不過，公社的生活形式需要工具，形同重回機器的懷抱。1968年，布蘭德在加州門洛帕克的基地創立《全球目錄》（*Whole Earth Catalog*），口號是「使用工具」（access to tools），他於首輯期刊中寫道：「富勒的見解啟迪了這本目錄。」[40]

1972年ARPANET問世時，布蘭德正在叫好，慶祝電腦從自大企業中解放。他在《滾石》中寫道：「這是好消息，上一次好消息要算是人類發明

迷幻藥吧。」當MIT學生抗議越戰時，史丹佛大學周圍的人們將機器改造成可以自行生產、有解放意涵的東西，一種個人解放和群體轉化的工具。他們組成自製電腦俱樂部（Homebrew Computer Club）和人民電腦公司（People's Computer Company）等組織。[41] 布蘭德於《滾石》中稱國防高等研究計畫署為「國防部最高層所打造、啟蒙程度令人吃驚的研究計畫」。他在這篇專文中吹捧史丹佛的人工智慧實驗室，附上安妮·萊柏維茲（Annie Leibovitz）的照片，稱讚實驗室電腦科學家的古怪饒富趣味，並誇讚他們模擬戰爭的新線上遊戲《太空戰爭》（Spacewar）極為有趣。布蘭德如此形容：「人工智慧實驗室的布景和內裝，就是那種會存在現代瘋狂科學家的地方。這裡只見一道道長廊、一處處小隔間、一間間沒有開窗的大房間，照明是殘酷的螢光，偌大的機器發出嗡嗡、嗒嗒的聲響，機器人以輪子移動，說話令人費解的技術人員急忙奔跑著。」牆上的海報可清楚看出，裡頭的電腦科學家立場雖然是反戰、反尼克森，但主要是反建制；他們是駭客，是怪胎，也是電腦怪傑。他們將自己的實驗室與ARPANET連結，但布蘭德文中並未批評國防高等研究計畫署，以及該署係因冷戰和導彈防衛而創立，而是寫道：「若是以富有詩意的方式形容，國防高等研究計畫署之所以誕生，是因貨真價實的太空戰爭」，其早期沿革「充滿自由和怪誕的色彩」。國防高等研究計畫署很炫。布蘭德的文章談到各機構所擁有的大型電腦，認為到當時為止，它們主要均用於「詳細解答『若則』模擬式問題」，但電腦的真正用途不但還沒被看到，甚至連瞥個一眼都還沒瞥到。布蘭德倒是確信兩件事：電腦會走向大眾，革命即將來臨。[42]

　　新左派打著「請勿把我彎曲、旋轉、毀損」的口號對機器發出怒吼，這股風潮於1972年劃下句點。駭客成了新的「新公社主義者」，日後的「網路中的網路」是他們的新公社。1970至1980年代，個人電腦興起，隨之

成為新左派的救贖，之後到來的網際網路成了個人解放的引擎，是富勒口中「地球太空船」概念的電腦版，一種自由、普世的線上公社，一項遍及全球的實驗。〔43〕這段歷史中，存在著多種更形詭異的諷刺現象，其中之一便是：普爾成了這股新運動的偶像和先知。

趨勢觀察者之中，少有人能料到兩道軌跡順勢結合的特殊情形。尼克森將其連任視為對自由主義的否定，是詹森「大社會計畫」的一記喪鐘，以及新一波反政府保守主義的轉捩點。1973年1月20日，尼克森在其第二屆就職演說中承諾會結束越戰，並讓專家統治落幕。他說：「由於對政府過於信任，我們對政府的要求，高過政府能提供的程度。」兩天後，詹森在德州牧場家中心臟病發作而離世；有些人說他是死於心碎。

然而，如果說保守派反對過於信任政府，自由派也不遑多讓。從水門案醜聞乃至波普金遭受詭異調查，美國政府的調查行徑在在顯示，尼克森有多願意利用聯邦政府，尤其願意運用行政權力監視美國公民，並唬弄和懲罰其政敵。尼克森於1974年8月9日辭職。水門案盪起的餘波之一，是激化了先前1966年國家數據中心一案所引發的論辯，而由於數據收集幾乎是聯邦政府主導，而非企業，民眾對此更感恐懼。尼克森辭職僅數月後，國會通過了《隱私法》，條文開宗明義就是一番控訴：「電腦和資訊科技的使用日益增加，固然對政府運作效率有其必要性，然則此舉會大幅加劇可能引發的個人隱私問題。」《隱私法》規定司法部建立資訊確保處（Data Integrity Board）。法條幾乎沒有設立規範，使個資不受私人企業侵害。〔44〕

不久之後，有人因為對政府運作的電腦和政府持有的資料感到害怕，在誤判之下「揭露」了ARPANET的存在。說是「揭露」，其實從來都不是機密。1975年年初，福特・羅文（Ford Rowan）自行對尼克森政府展開調查。羅文是NBC記者，年輕，懷有滿腔熱血。1975年6月，《NBC夜間新聞》

公開一組報告，一共三份，內容勁爆。其中，羅文宣稱發現了另一宗陰謀和隱匿情事。

羅文向美國民眾透露：「NBC新聞台發現，政府已經建立了祕密的電子情報網路。白宮、CIA和國防部能立刻取得數百萬美國人的電腦檔案。之所以能打造出這個祕密電腦網路，是拜重大技術突破所賜，得以連結不同製程和型號的電腦。如此一來，電腦便能互相溝通，分享資訊。」美國民眾聞言，從椅子起身。國會議員開始接到選民的電話。羅文還說：「如果你是納稅人或信用卡持卡人，如果你有開車或者服役過，如果你被逮捕過，甚至被警察機構調查過，如果你的醫療支出龐大，或是對某個國內政黨捐過政治獻金，在某台電腦上都會有你的資料。」

羅文將這個「祕密電腦網路」和早就廢案的國家數據中心相提並論：「國會一直以來都很害怕，如果把所有電腦連線在一起會讓政府變成『老大哥』，1968年，國會撤銷了國家數據庫一案……然而，NBC新聞台發現，雖然說國會投票結果不贊成設立大型電腦連線計畫，但國防部卻在發展這項能力，也就是連結幾乎所有電腦的技術……目前正在運作。」[45]

羅文指出，幾乎沒有人知道有這個祕密網路。不過，ARPANET向來不是個機密。1972年10月，ARPANET在華盛頓特區希爾頓飯店向大眾展示時，幾乎乏人問津。固然知情者少之又少，但這只是因為除了布蘭德之外，並沒有很多人在乎。

話雖如此，當時仍處於水門案氛圍的參議院，仍然對這項據稱是祕密的政府網路召開聽證會。會中，國防部副部長一名男性助理在參議院委員會面前坦言，陸軍先前確實監視過參與「民間動亂」（政治抗議）的美國民眾，並儲存其資料檔案。然而，此事和ARPANET無關；他指出，「ARPANET自1969年以來便在公開文獻中被廣泛探討」，其目標是在美國

和世界各地均能「以商業形式取得」。他說:「怎麼會有人以為,有人會將民眾騷動的過時資料藏了五年,還是藏在學界訂戶都能廣泛取得的非機密電腦網路上。我們難以想像。」他坦言大惑不解。這名助理指出:「我必須說,這根本不是『祕密』網路,這是用來做科學研究的,並沒有納入任何社會或個人的情報資料。而且它在許多方面令人眼睛為之一亮。不能與喬治‧歐威爾作品的世界觀相提並論。」[46]

　　參議院也有傳喚傑洛姆‧維斯納。維斯納曾是甘迺迪政府的科技顧問,並於1975年擔任MIT校長(他也曾於1971年受到傳喚,至聽證會上作證聯邦數據庫和《人權法案》的相關內容)。維斯納稱羅文的報導不實,但他仍認真看待參議院的調查。針對羅文帶出的議題,維斯納在聽證會上表達的關切更甚於旁人。他警告說,由於公私部門均缺乏對數據收集和分析的保障,恐有「資訊專制」(information tyranny)之虞。1971年時,維斯納敦促國會採取行動,此時亦然,他提議建立聯邦層級的監管機關,且可能是透過聯邦通訊委員會建立,該監管機關要「針對國內公私部門收集和處理資料一事,固定執行審查。該監管機關應有權檢視此類活動的性質和程度,並應向國會和民眾報告其調查結果」。[47]聯邦通訊委員會並未擔下這份督導的重責大任,部分原因是:普爾在他剩下的職涯中,花了很大工夫反對。

■ ■ ■

　　1968和1969年時,MIT學生針對析模公司和劍橋專案,展開一波波抗議,此舉使普爾幾乎無法待在電腦建模和模擬等領域。[48]而當普爾轉而投入新的研究領域時,他的許多研究若不是遭遺忘,就是歸功於他人。

在漫長的剩餘生涯中，他花了許多年倡議，主張人類的新交流形式在發展時，不應受到政府監管。

在1970年代至1980年代初期，普爾撰文談論新興科技，內容精彩、鏗鏘有力。文中探討的科技項目有：有線電視、電子郵件、ARPANET、微電腦、個人電腦，社群網絡、飛速發展的網際網路，以及「網路中的網路」國際化。自1960年代以來，他的多項預測向來精準。普爾早在1968年的文章便已提及：「現在抨擊社會從眾的人，到了21世紀會抱怨社會的原子化現象。」他斷言：「現代科技已經破壞了共同的文化基礎，使我們生活在自己的小世界裡。」〔49〕時移世易，他的預測只有更準。他在1980年代初期寫道：「新科技使大眾媒體的編輯可以針對一小群特定觀眾，依照他們的興趣客製化內容。」普爾預言到這項趨勢，比其他觀察者早了二十年之譜。據他預測，電腦網路形成網絡後，會產生「無邊界的社群」。〔50〕普爾還主張廢除聯邦通訊委員會「公平原則」（Fairness Doctrine）（遭保守派批評為不當壓迫保守派的政治觀點）。此外，他反對政府監管當時網際網路的前身。

普爾於1983年推出《自由的科技：論電子時代的言論自由》（*Technologies of Freedom: On Free Speech in an Electronic Age*）一書後獲獎。書中認為，1920年代是「美國通訊政策的方向最嚴重迷失的時候」。1927年《廣播法》（Radio Act）確立了聯邦政府對無線電傳輸的規定；國會並於1934年《通訊傳播法》延伸該原則，進而建立了聯邦通訊委員會。普爾譏嘲這樣的規範機制出自錯誤擔憂企業壟斷，也代表了「新政」的過度干預。普爾說，新政的時代已經結束了。他告訴讀者，新世界之中，網路之上有網路，上面還有網路，全都相互連結。世界將會縮小。處理過程會分散各處進行，搜尋一事將交由邊做邊學的人工智慧去執行。立法監管無線電、電話和電視的公

共營運服務等舊科技，是錯誤作法。可能糾正新體制的方式為鬆綁已有的發明物規範，且不規範尚未構思的發明物。普爾寫道：「拜這類人工智慧所賜，通訊的未來將與過去截然不同。如果媒體以後會為了服務個人需求而『去大眾化』，就不會將搜尋巨大資料庫這項繁重工作交給懶惰的讀者，而是設計程式，使電腦從經驗中根據特定讀者先前的選擇，給予更多相關內容。」〔51〕

對於普爾的一字一句，很少有人如布蘭德那樣讀得津津有味。他寫道：「一年年過去，這本1983年的著作，價值益發顯著。」〔52〕普爾於1984年逝世，正好是歐威爾同名著作的那一年。同年，蘋果發表第一代麥金塔電腦，MIT則建立了「媒體實驗室」（Media Lab）。兩年後，布蘭德移居麻州劍橋，在MIT媒體實驗室工作。實驗室所在建物高六樓，斥資4,500萬美元，由貝聿銘設計，以傑洛姆・維斯納命名。這棟建築活像是新版本的富勒穹頂。布蘭德在媒體實驗室進行的研究，還比不上他推動研究計畫的努力，從其1987年暢銷書《MIT媒體實驗室》（*The Media Lab: Inventing the Future at M.I.T.*）可一窺究竟。布蘭德說，他的整本書都受到普爾啟發，特別是他那本《自由的科技》。布蘭德寫道：「我在撰寫讀者手上這本書時，普爾的著作是唯一最有參考價值的文本；讀者若有興趣繼續探討本書提出的議題，我也最推薦閱讀他的著作。對於當下的新通訊科技發展，普爾所提出的解釋，是目前已出版的著作中最出色的。」布蘭德逐頁引用普爾的研究，將他視為MIT媒體實驗室的創始人，這話倒也未言過其實。〔53〕

布蘭德寫道：「全球電腦正在成形，我們均已與之相連。」〔54〕這將是新的公社。MIT媒體實驗室的創設者鼓勵其人員走析模公司的路線，花時間投身利潤高的諮詢工作，目標均在於打造未來。布蘭德將這個未來描繪成一個後國家（post-national）的全球和諧世界，人們身處其中，電腦就

放在他們的口袋，或植入頭內。布蘭德崇拜媒體實驗室的人：有遠見的科學家馬文・明斯基（Marvin Minsky）〔55〕，以及過世的先知普爾。MIT媒體實驗室的研究幾乎皆由企業出資。在這個領域，MIT媒體實驗室的未來，以及電子出版、電子郵件、「個人電視」和「個人報紙」等各類通訊科技，會解決所有問題：社會問題、經濟問題，以及政治問題。

　　布蘭德此時已放棄了真正的公社生活型態，投向企業生活的懷抱，當時的矽谷稱後者為「企業精神」。1987年，他與人共同創立全球商業網路（Global Business Network），推動了線上創業。1990年，國防部將ARPANET移交予國家科學基金會的NSFNET網路；NSFNET網路於1995年由私部門接管後停用。自由主義者和保守派達成共識，主張以自由烏托邦（或甚至是無政府的自由市場烏托邦）形式對商業交流開放網際網路，不受限於任何可能的聯邦政府單位或規範。1994年，《連線》雜誌刊出〈快樂搗蛋者前往華盛頓〉（The Merry Pranksters Go to Washington）一文。布蘭德這類新公社主義和紐特・金瑞契（Newt Gingrich）帶領的新右派合流。在金瑞契打造的「和美國簽約」（Contract with America）這份政治文件中，「不受管制的網際網路」是受到最少關注的環節。〔56〕

　　布蘭德在《時代》雜誌上公開表示：「1960年代留給後世的真正至寶，是電腦革命。」他堅稱：「反文化鄙視中央集權，這樣的概念同時為『無領導者的網際網路』和『整體個人電腦革命』都提供了哲學基礎。」〔57〕不過這類「新興技術不應受任何政府管制」的論點，倒是更多源自於普爾的《自由的科技》，以及他死後於1990年出版的《科技無疆》（Technologies Without Boundaries）一書，源自反文化論的部分較少。金瑞契的關係組織「進步與自由基金會」（Progress and Freedom Foundation）於1994年推出《知識時代的大憲章》（Magna Carta for the Knowledge Age），這本書的骨幹是普爾於前述兩

本著作中提出的論點。《知》內文有一段可能出自普爾之手:「自由的意義、自治的結構、財產的定義、競爭的本質、合作的條件、社群的意識,以及進步的本質,這些將在知識時代重新定義。」[58] 普爾的作品同樣啟迪了1996年約翰‧佩里‧巴洛(John Perry Barlow)起草的「網路空間獨立宣言」(Declaration of the Independence of Cyberspace)。巴洛為反文化領袖,先前是死之華樂團(Grateful Dead)的歌曲作詞人,他寫道:「我們正在創造一個世界,每個人身處其中,哪怕自己的信念多麼獨特,也不會被迫沉默或順從,無所畏懼地表達自己。」[59] 普爾將新興的網際網路視為「自由的科技」,這番論述構成了1996年《電信法》(Telecommunications Act)的基本架構,這是其理念的遺澤中影響最為久遠的。早期原先將網際網路視為如廣播一般,是由聯邦政府所處理、受規範的公共事業;而在《電信法》規範下,揚棄了此一見解。

網際網路這個新產物並未遵循任何規則,不過有許多原則:內容必須免費;媒體解決所有問題;數據會帶動預測;沒多久,網際網路開始成為社群媒體公司的媒介。隨著臉書成立,普爾的社交網路理論,終於得以用完美的演算法展現,儼然是21世紀版的心情公司。

多年以前,好多好多年以前,普爾為了開發出完美的數學模型,將一張姓名清單送到全美各地,詢問熟人是否有共同認識的人。普爾問著,如果在街上碰到「紐約市公關業,愛德華‧L‧格林菲,曾就讀芝加哥大學和耶魯法學院」的這個人,你會認得他嗎?你會打招呼嗎?格林菲也認識你嗎?「如果你認識這個人,請在此處打勾」。[60] 你們是點頭之交嗎?他是你的朋友嗎?在這個世界,要透過幾個人,才能讓不相干的人和格林菲產生連結?

多年以前,好多好多年以前,格林菲招攬最出色、聰明的人才,讓他

們齊聚一堂。他們有的是人類行為科學家，有的是廣告人，有的是電腦專家。他想打造出能預測人類行為的機器。格林菲一定以為他們失敗了。他失去了一切。但析模公司實際上並沒有失敗。自動模擬人類行為成了當今人類的境況。

比爾身為仿人機的發明人，於1961年離開析模公司；或許，他比任何人都更了解其成功的本質和悲劇。或許，他終究開始了解到，析模公司科學家的交易帶有一抹浮士德的色彩。他遷居科羅拉多州，獨居在洛磯山脈高處的小屋，那裡經常被大雪困住。1984年，比爾自科羅拉多大學退休，移居新墨西哥。他斷斷續續服用精神藥物。比爾也承受病痛，患有糖尿病之外，當了一輩子的老菸槍，也為肺氣腫所苦。〔61〕

網際網路開放商業流量。1996年，每一天都架設一萬個網站的這一年，鮑伯·杜爾（Bob Dole）成了首位架設網站的美國總統候選人。兩年後，即谷歌成立的那一年，比爾離世，享年77歲。他坐在自己的電腦前，朝自己的頭部開槍身亡。〔62〕

註釋

1 出自：Women's Coalition Strike Headquarters broadside, SY1970 no. 4, New-York Historical Society。引言處：Quoted in Anna Gedal, "The 1970 Women's March for Equality in NYC," March 10, 2015, http://behindthescenes.nyhistory.org/march-for-equality-in-nyc/。

2 出自：娜歐蜜・史帕茲（Naomi Spatz），和作者電子郵件往返，2019年3月13日。

3 出自：Paul Starr, "Seductions of Sim: Policy as a Simulation Game," *American Prospect*, https://prospect.org/article/seductions-sim-policy-simulation-game. Jennifer S. Light, *From Warfare to Welfare: Defense Intellectuals and Urban Problems in Cold War America* (Baltimore: Johns Hopkins University Press, 2003), 90。

4 出自：Peter Shulman, "Peter Shulman's War," http://peterswar.com/index.htm。

5 請參閱摩根訃聞：Douglas Martin, "Thomas B. Morgan, Writer, Editor, and Lindsay Press Aide, Dies at 87," *NYT*, June 18, 2014。也請參閱一篇讚賞其新聞工作的文章：Alex Belth, "What a Novel Idea: The Essential Thomas B. Morgan," Esquire.com, November 1, 2016。

6 出自：金麗・庫克（Kim Le Cook），作者訪談，2019年8月7日。

7 出自：IP to Cuc Thu Duong, January 26, 1968, Pool Papers, Box 67, Folder "Simulmatics Correspondence"。

8 出自：Charles F. Printz (Human Rights Advocates International) to MS, November 8, 1995, Shea Letters。

9 出自：Ruth Washburn Cooperative Nursery School, "Miriam Emery Howbert, 1923-1989," https://rwcns.org/our-preschool/philosophy-historyl/。

10 出自：約翰・麥菲（John McPhee），和作者電子郵件往返，2018年7月25日、7月25日。關於該調查，請參閱："L'université du Nouveau Monde," November 20, 1971；線上收看：https://www.rts.ch/archives/tv/information/affaires-publiques/8727432-l-universite-du-nouveau-monde.html。

11 出自：珍妮佛・格林菲（Jennifer Greenfield），作者訪談，2018年7月25日。

12 出自："E. Greenfield, Founded Political Research Firm," *Chicago Tribune*, July 28, 1983. Michael Greenfield, "Obituary Notice: Edward Lawrence Greenfield," typescript, 1983, Greenfield Papers。

13 出自：蘇珊・格林菲（Susan Greenfield），作者訪談，2018年7月27日。

14 出自：Levine, *Surveillance Valley*, 86。也請參閱：U.S. Judiciary Committee, Subcommittee on Constitutional Rights, *Army Surveillance of Civilians: A Documentary Analysis* (Washington, DC: GPO, 1972)。

15 出自：丹尼爾・艾斯伯（Daniel Ellsberg），作者訪談，2018年8月22日。

16 出自：M. David Landau, "The Ellsberg File," *Harvard Crimson*, September 22, 1971。

17 關於波普金的經歷，美國政治學會製作的報告提供最精美的編年史，出自："Initial Report on the Popkin Case and Related Materials by James D. Carroll to the American Political Science Association, Committee on Ethics and Academic Freedom, January 23, 1973, Pool Papers, Box 52, Folder "Popkin, Sam"。不過，若要了解更多背景和補充細節，請參閱我針對解封大陪審團紀錄的請願。關於

波普金的聲明，可造訪：https://law.yale.edu/ sites/default/files/area/center/mfia/document/ecf_no._10_-_popkin_declaration.pdf。前述文件和我針對解封大陪審團紀錄的請願有關；於 2018 年由耶魯法學院媒體自由暨資訊取用室代為呈遞。前述文件均可於網路瀏覽：https://law.yale.edu/mfia/projects/constitutional-access/re-petition-motion-order-directing-release-records-pentagon-papers-grand -juries。關於波普金律師觀點的一份紀錄：Mark S. Brodin, *William P. Homans Jr.: A Life in Court* (Lake Mary, FL: Vandeplas Publishing, 2016)。

18 出自：”Investigation Concerning Distribution of the 'McNamara Study' to Newspapers Other Than 'The New York Times' During June and July 1971," FBI Report, August 18, 1971, *U.S. v. Ellsberg*, Attorney Files, National Archives at Boston. Saul Friedman, "How Ellsberg Switched from Hawk to Dove — and More," *Detroit Free Press*, August 1, 1971。

19 出自：Robert E. Bowe, FBI Report on Daniel Ellsberg, November 12, 1971, *U.S. v. Ellsberg*, Attorney Files, National Archives at Boston。也請參閱：Julia Valenzuela, FBI interview, September 13, 1971（同一檔案）。

20 出自：*Impeachment Inquiry Hearings Before the Committee on the Judiciary, House of Representatives, Ninety-Third Congress, 1025-26* (Washington, DC: GPO, 1974)。

21 出自：M. David Landau, "The Ellsberg File," *Harvard Crimson*, September 22, 1971。

22 請參閱：American Political Science Association, Committee on Ethics and Academic Freedom, "Initial Report on the Popkin Case," January 23, 1973, Pool Papers, Box 52, Folder "Popkin, Sam"。也請參閱如：”70 Educators Join Protest: Harvard, MIT Groups Back Popkin," *Boston Globe*, November 26, 1972。

23 請參閱：Peter Shapiro, "Shifting Allegiances in Academia," *Harvard Crimson*, November 6, 1972。

24 請參閱：Gordon Strachen to Len Garment, Memo, June 20, 1972, Nixon Library, Contested Files, Box 13, Folder 16。

25 推薦電話由查爾斯・寇森（Charles Colson）致電普爾：Memo, October 5, 1972, Nixon Library, White House Special Files, Box 26, Folder 9。

26 出自：Jeb Magruder to Clark MacGregor, October 13, 1972, Nixon Library, White House Contested Files, Box 40, Folder 3。針對該封信，請參考事後觀點：Muriel Cohen, "Nixon's Academic Backers Still Defend Choice," *Boston Globe*, June 14, 1973。

27 出自：Robert Reinhold, "Legal Obstacles Blocking Boston Grand Jury in Its Investigation of the Release of Pentagon Papers," *NYT*, November 1, 1971, p. 29。

28 出自：*U.S. v. John Doe*, appeal of Samuel L. Popkin, 460 F.2d 328 (1st Cir. 1972)。也請參閱：And see John B. Wood, "Professor Resisted Probe on Pentagon Papers; Supreme Court Denies Popkin Reprieve," *Boston Globe*, November 11, 1972。

29 請參閱：Carl Bernstein and Bob Woodward, "FBI Finds Nixon Aides Sabotaged Democrats," *Washington Post*, October 10, 1972。

30 請參閱：ABC News, "Elections '72," Broadcast, November 7, 1972, https://www.youtube.com/

watch?v=HUQoQ_PiZ3U（日期誤記為11月6日）。

31 出自：Peter Jenkins, "Professor Gaoled in Chains," *Guardian*, November 23, 1972。

32 出自：Tom Wicker, "Liberty in Shackles," *NYT*, November 23, 1972。

33 出自：Anthony Lewis, "Of Law and Men," *NYT*, November 25, 1972。

34 出自：Bill Kovach, "Popkin Freed in a Surprise as U.S. Jury Is Dismissed," *NYT*, November 29, 1972。請參閱：Declaration of Samuel L. Popkin, November 12, 2018, *In Re Petition of Jill Lepore*,；下載網址：https://law.yale.edu/system/files/area/center/mfia/ document/ecf_no._10_-_popkin_ declaration.pdf。也請參閱：American Political Science Association, Committee on Ethics and Academic Freedom, "Initial Report on the Popkin Case," January 23, 1973, Pool Papers, Box 52, Folder "Popkin, Sam." Popkin left his work on Vietnam behind after the publication of *The Rational Peasant: The Political Economy of Rural Society in Vietnam* (Berkeley: University of California Press, 1979)。他回去研究選民、選舉活動和選舉。請特別參閱：Samuel L. Popkin, *The Reasoning Voter: Communication and Persuasion in Presidential Campaigns* (Chicago: University of Chicago Press, 1991), and Samuel L. Popkin, *The Candidate: What It Takes to Win — and Hold — the White House* (New York: Oxford University Press, 2012)。

35 出自：John Wood, "Wife and Friends Say Popkin Made a Martyr by U.S.," *Boston Globe*, November 23, 1972。完整連署清單："70 Educators Join Protest: Harvard, MIT Groups Back Popkin," *Boston Globe*" 1972。

36 出自：John B. Wood, "Move Comes as Surprise: Grand Jury Discharged, Popkin Freed," *Boston Globe*, November 29, 1972。

37 出自：Robin Wright, "What Motivated Jailing of Popkin?" *Christian Science Monitor*, November 30, 1972。

38 出自：Stewart Brand, "Spacewar: Fanatic Life and Symbolic Death Among the Computer Bums," *Rolling Stone*, December 1972。

39 出自："Scenarios for Using the ARPANET at the International Conference on Computer Communication," Washington, DC, October 24-26, 1972, Computer History Museum。也請參閱如："Demonstration Heralds Next Wave: Connecting a Network of Networks," *Electronics*, November 6, 1972。關於這些對話的示例，請參閱：https://web.stanford.edu/group/SHR/4-2/text/ dialogues.html。

40 出自：R. Buckminster Fuller, "Prime Design," *Bennington College Bulletin*, May 1960. From R. Buckminster Fuller, *Ideas and Integrities: A Spontaneous Autobiographical Disclosure* (Baden, Switzerland: Lars Müller, 2009), 329, quoted in Turner, *From Counterculture to Cyberculture*, 51-58。

41 出自：同上，104-8。

42 Brand, "Spacewar."

43 出自：Turner, *From Counterculture to Cyberculture*, chs. 4 and 5。

44 出自：O'Mara, *The Code*, 124。

45 出自：NBC Nightly News, June 4, 1975, as reproduced in *Surveillance Technology: Joint Hearings Before the Subcommittee on Constitutional Rights of the Committee on the Judiciary and the Special Subcommittee on Science, Technology, and Commerce of the Committee on Commerce, United States Senate, Ninety-Fourth Congress, June 23, September 9 and 10, 1975* (Washington, DC: GPO, 1975), 3-8。

46 出自：同上。

47 出自：Surveillance Technology, 103-17。

48 出自：約翰・克萊辛（John Klensin），作者訪談，2018年5月21日。

49 出自：IP, "Social Trends," *Science & Technology*, April 1968, 101。

50 出自：IP, *Technologies Without Boundaries*, ed. Eli M. Noam (Cambridge, MA: Harvard University Press, 1990), 60, 66。艾里・M・諾姆（Eli M. Noam）的工作是編輯1984年年初普爾死時還在處理的手稿。

51 出自：IP, *Technologies of Freedom* (Cambridge, MA: Harvard University Press, 1983), 226-51。

52 布蘭德引言處：Lloyd S. Etheredge, "What's Next? The Intellectual Legacy of Ithiel de Sola Pool," in IP, *Humane Politics and Methods of Inquiry*, ed. Lloyd S. Etheredge (New Brunswick, NJ: Transaction Publishers, 2000), 301-16。

53 出自：Stewart Brand, *The Media Lab: Inventing the Future at M.I.T.* (New York: Viking, 1987), 18, 44, 214-19, 253, 267。

54 出自：同上，33。

55 譯註：馬文・明斯基為1969年圖靈獎的得主，是人工智慧先驅。

56 出自：同上，183-84, 222-32。

57 出自：Stewart Brand, "We Owe It All to the Hippies," *Time*, March 1, 1995。

58 出自：Esther Dyson, George Gilder, George Keyworth, and Alvin Toffler, *Cyberspace and the American Dream: A Magna Carta for the knowledge Age* (Progress and Freedom Foundation, 1994)。

59 出自：John Perry Barlow, "A Declaration of the Independence of Cyberspace," February 8, 1996。

60 出自：IP, Questionnaire, undated, Pool Papers, Box 59, Folder "Contact Nets Diary"。

61 出自：John McPhee, "Link with Local History Lost," *Alamogordo* [NM] *Daily News*, April 10, 1998。

62 出自：溫蒂・麥菲（Wendy McPhee），作者訪談，2018年7月16日。

結語　元數據——數據背後的數據
Epilogue: Meta Data

然後，我們用一條條通心粉作了台自己的電腦，

日常生活就靠它幫我們思考。

——2009年，歌手蕾吉娜·史派克特（Regina Spektor），

〈計算〉（The Calculation）歌詞

MIT媒體實驗室（1985年）。

析模公司這個產物，誕生自屬於它的特有背景：時間上，是艾森豪、甘迺迪一路到尼克森時期的冷戰年代；地點上，是涵括從普瑞納寵物食品、高露潔棕欖、Y&R廣告公司一路到BBDO的麥迪遜大道廣告業中心；思想上，是20世紀中期的美國自由主義。話雖如此，析模公司的仿人機也受到所屬時代的圍限。數據稀少，模型效能疲弱，電腦運轉緩慢……，當年的種種技術限制，使得公司營運跌跌撞撞。機器失靈，打造機器的人卻不知如何修理；析模公司行為科學家的商業眼光乏善可陳；內部的頂尖數學家受精神疾患所苦，電腦科學家未能趕上最新研究潮流，公司總裁嗜杯中物，且幾乎所有人的婚姻都分崩離析。比爾的老婆米娜烏說，那些人視妻子如糞土。機台劈啪作響，火花飛射，煙霧揚起，倏然停止；燈光閃爍，閃得狂野，閃得絕望，直至黑暗。

當下21世紀，機器將人類困得無法自拔：機器應用於人類日常生活的認知戰，機器能操控輿情、利用關注、將資訊商品化、分化選民、裂解族群、使個體分離，機器還能破壞民主。而當年析模公司雖然失敗了，但倒台前，旗下科學家所打造出的機器，不啻是當代機器的極早期先驅。2019年，虛擬實境（VR）先驅傑倫‧拉尼爾（Jaron Lanier）心碎地問道：「人們需要什麼才能認出反烏托邦的世界？」[1]早在還沒有疫情隔離和社交距離的年代，析模公司就已加速世界原子化。

一甲子之前，析模公司秉持著善意成立了。1959年，該公司以打造更好的美國為目標，首開先河，於在美國選戰中採用電腦模擬、行為模式偵測和預測，將全體選民依照選民類型和議題分類，目的是依據選民來設定議題，為候選人擬訂策略。1961年，析模公司將「若則」模擬分析導入廣告業，以客製化資訊鎖定已劃分的客戶族群。1962年，析模成了第一間為美國報社提供即時計算服務，以分析選舉結果的數據公司。1963年，

析模公司模擬了一個發展中國家的整體經濟，以期遏止社會主義侵入該國，並幫助這個後殖民國家擺脫共產主義革命的滲透。自1965年起，析模公司在越南展開心理學研究。這是大型專案的一環，目的是以電腦數據分析和建立模型來發動認知戰。1967年和1968年，析模公司針對美國城市街道，嘗試打造預測種族暴亂的機器。1969年，小馬丁‧路德‧金恩和甘迺迪等人遇刺的瘋狂事件後一年，派翠西亞從陽台跌落；普爾遭學生叫「戰犯」。隨後，仿人機殞落，析模公司申請破產。

　　「本公司擬從事的業務，主要是運用電腦科技，來預估可能會產生的人類行為。」當年，格林菲向投資者如此承諾。到了21世紀初，當年析模公司的營運項目，成了許多企業的營運項目，採用者涵括製造業、銀行，一路到美國的預測型警務監察顧問：他們收集數據、編寫代碼、偵測行為模式、精準投放廣告、預測人類行為、導引人類行動、鼓勵消費，以及影響選情。這年頭，讀份報紙、開個冰箱、買瓶洗髮精、投個票、簽張請願書或是看個牙醫，背後都有人利用電腦科技來預估你可能會怎麼做。如果在久遠以前的當年，析模公司沒有從事相關研究，也會有其他人做的。只不過，如果是其他人來做，方法可能不同。

　　或許，美國政府會同意政府有義務監管新興科技。美國並未走上這條路，而是放棄這項義務，放棄在遇到要收集和使用個資以導引人的行為時，負起責任建立規則、保護措施和標準。不用說，如此一來，一切都可能有所不同。當時，為數不少的人認為，仿人機在道德上完全站不住腳。1959年，米諾寫信給史列辛格，信中說：「我個人的看法是，這樣的東西（a）行不通，（b）不道德，（c）應該公告為非法。請知悉。」[2]那句「請知悉」如今看來格外有意思。普爾於1962年坦言：「有些批評者說，這麼做不人道，是侮辱人類尊嚴。」他對那種批評置之不理。「我們認為，獲取資訊

435

是好事。政治家為什麼要偷偷摸摸行動？如果說有**兩台**仿人機在選戰中互相競爭，這是一種進步。」〔3〕後來，這事也成真了。只不過不是進步。

預言，是古老的玩意。預估可能的結果，是人類好奇心的特徵，而使用電腦作出預測是非常實際的想法。物理學家和自然科學家使用電腦技術來估算可能的結果，此舉打造出巨大的新型知識體系，也已挽救和改善了無數生命。在工程領域，會透過電腦輔助，檢測並預測樣式，來改善建築物、工廠和車輛的安全。相關技術在環境科學至關重大，可應對帶來災難的氣候變遷。天文學家以此觀察新星。在醫學研究、藥學和公衛領域中，則可幫助研究人員找到疾病的療法，避免流行病，並且戰勝傳染病大流行。或許，沒有什麼比這更重要了。

然而，研究人類境況不同於探討病毒傳播、雲的密度和恆星運動。〔4〕人性可不會遵從類似萬有引力的定律，若是硬要相信存在著定律，就好比對著新宗教宣誓。〔5〕若相信命中注定，可能會是危險的福音。在不受政府單位監管的狀態下，以營利為目的，針對人類行為來收集和使用數據，此舉已嚴重破壞人類社會。首當其衝者，即為當初析模公司的業務領域：政治、廣告、新聞、政治反抗運動的壓制，以及種族關係。此外，這種現象日益崛起也代表人類知識幾近式微。普爾曾公開將「預測型電腦行為科學」形容為「二十世紀的新人文科學」。未來是一切，而過去毫無意義，宛如空洞，人文學科已經過時。阿波羅號登陸月球；希臘神話中的依卡洛斯飛抵太陽，雖然背上的翅膀沒有融化，卻因為日光而看不見。

2011年，臉書首批員工之一喊著：「我們這一代最聰明的人才，都在思考如何讓人點選廣告。這很糟糕。」〔6〕此話固然所言不虛，但早在這之前，就糟糕過了。曾有更早一代的頂尖人才試著模擬人心，以便兜售洗髮精、狗食，並摸透越南稻農的想法。

　　1950年代，大量資金湧入大學，試圖將人類行為研究變成一門科學。越戰使這項研究多所現形，暴露出道德破產的一面，也引來新左派攻擊。不過，新左派在1960年代對自由派知識份子的攻擊，頗有1950年代行為科學那狂熱、反人道的色彩。新左派在他們所摧毀的理論之殘磚破瓦上，樹立了自己的知識理論，認為所有知識都帶有偏見。新右派同意此一觀點。之後，正當知識論的紛亂嚴重衝擊這個世界時，年輕的天才創業家、投資的資本家和矽谷企業家，均投向某新型知識的願景，也就是大數據、機器學習，以及演算法呈現的真實。冷戰時代的析模公司算是他們的祖師爺，然而不同於析模公司，當代所關注的不是國安，而是獲利。當代打造了新的仿人機，它們變得更巨大、更洗鍊、更高速，且儼然更銳不可擋。新型仿人機的構建基礎，便是析模公司當初服務的舊有元素：內容分析、人類行為模擬、精準傳遞訊息、社交網絡，以及「若則」假設分析。而不同於析模公司的科學家，打造出新型仿人機的當代科學家，他們的初衷並未秉持最大的善意。他們大言不慚，說自己起碼沒有惡意。谷歌的精神標語「不作惡」（don't be evil），代表一種道德野心的上限，帶有倨傲、我行我素的味道，而「為善」（doing good）可又是另一回事了。〔7〕

　　這類行為研究，在當年瓦丁河畔蜂巢狀穹頂建築下蟄伏數十載後，也在當代大學找到容身之處。自2010年起的十年期間，大量資金投入大學，想方設法要讓數據研究成為一門學問，開設了各式各樣的數據科學創新計畫、數據科學課程、數據科學學位，以及數據科學中心。〔8〕為數不少的學術研究冠上「數據科學」之名，在許多調查領域產出了精彩、珍貴的研究成果，而這些是電腦運算發現（computational discovery）無法達成的成就。〔9〕此外，如果投入實務者的品質是差強人意的，那麼就不該負責判斷，這一點在任一領域皆然。不過數據科學是最隱晦的學問，一如最隱晦的行為科

學，會自己為自己添上神祕色彩，作出浮誇的宣稱，並且各方面都以機巧手法操作，包括來得快、去得快的絢麗流行語，例如原先叫「大數據」（big data），後又稱「數據分析」（data analytics）；冠上「AI」、「數據科學」和「預測性」等字眼，成了吸引投資者挹注大筆資金的手段：經過有公信力的媒體推波助瀾，助長了這類宣傳，而美國聯邦政府不長進，甚至未能落實最基本的督導。這個產業推出產品來預測社群行為，而這些產品中最令人震驚的，與當年析模公司的研究有著許多異曲同工之處。數十年前，析模公司的業務目標，是預測女性、兒童、有色人種和窮人的行為。他們宣稱自己使用的工具能預測犯罪行為、工作表現、再犯情形、就學表現、高風險兒童學壞的機率，以及移民成為恐怖分子的可能性。[10]

這個領域很少受到規範，在大學以外更是如此；領域中的佼佼者吹捧他們身處的無政府狀態，認為這是帶來創意的標竿。矽谷所有詭詐的公司高層多半是男性，析模公司的科學家形同他們的祖師爺，但他們認為自己是無父無母的孤兒，他們認為自己自成一類、自學成材。[11]他們在所屬領域中，沒有為女性、家庭或電腦運算以外的知識挪出空間。在MIT那間由企業資助的媒體實驗室等地方，發展了「駭客倫理」，然而在許多方面來說，其中根本沒有倫理可言。2016年，MIT媒體實驗室主任主管，從已定罪的重罪犯傑弗瑞·艾普斯坦（Jeffrey Epstein）手中收受170萬美元。艾普斯坦先前已是登記有案的性犯罪者，並且對仲介未成年女孩賣淫一事認罪（艾普斯坦還幫MIT媒體實驗室從他處獲得750萬美元資助），該實驗室還設立「抗命獎」（Disobedience award），以表彰「負責任、有道德的不服從」行為，此舉讓思慮不周的妄為成了一種癖好。[12]

MIT媒體實驗室的角色是出事時的替罪羊，是冰山一角，反而讓外界難以注意到不僅在矽谷，在大學校園有著更廣泛的倫理散漫問題。在

2010年起往後十年，許多大學均跟從MIT媒體實驗室的模式，企業委任、學術調查和浮誇推銷之間，不再涇渭分明。更有甚者，行為數據科學家之所以為自己添上神祕色彩，就是要蠱惑人心、威嚇批評者，引誘企業贊助人和投資的資本家。有位MIT電腦科學家在2015年寫道：「數據科學在起步階段。很少有個人或組織了解數據科學的相關潛力，以及改變運作模式的能力，更別說從概念上理解了。」〔13〕愈是隱晦，就獲得愈多資金。儘管「數據科學」的含義或目的未有廣泛共識，數據科學的課程依舊開枝散葉達數百種。新的學科和方法需要時間來找到自己的路；這些都有普遍益處。然而，數據科學領域聲稱在獲取資訊的方式上，全面取得了勝利。身處全球危機的年代，這讓人感覺難以知道任何事情。

　　行為數據科學給人的印象，像是橫空出世的一門學問；或者說像雅典娜一樣，從宙斯的頭蹦出來。當初格林菲於1959年結合「模擬／自動」等英文字，創出名為「simulmatics」的分析法，半世紀後，以「預測分析」（predictive analytics）一名重現世人眼前。這個領域在2017年的市場規模為46億美元，預計到2022年時將增加至124億美元。〔14〕凡此種種，好似析模公司1961年旗下最初稱為「模擬未來專家」的那批科學家，從未在這個世界存在過，又彷彿他們代表的不是過去，而是未來。2011年一篇期刊文章表示：「數據若沒有套用『若則』分析模型，那可能是資料庫使用者的過去；但如果數據套用了『若則』分析模型，那必定是資料庫使用者的未來。」〔15〕2018年，有百科全書將「若則」分析定義為「數據密集型的模擬」，並描述為「一門相對較新的學科」。〔16〕若甲則乙，若乙則丙：如果未來忘卻了自己的過去，又會如何？

　　行為數據科學，可不是從宙斯的頭蹦出來的學問。劍橋分析公司使用臉書數據，企圖影響2016年美國總統大選。此舉放到當年，比爾、格林菲、

普爾和阮神父等人想必頗有共鳴，哪怕他們只能眼巴巴看著，羨慕劍橋分析公司擁有即時動態模擬的龐大數據量和運算能力。劍橋分析公司前高階主管布列塔尼・凱瑟（Brittany Kaiser）曾於 2019 年說明：「我們分配資源時，多數都鎖定我們認為可以改變的人。我們稱這類人是『可受影響者』⋯⋯我們透過網站、文章、影片、廣告和所有你能想像的平台，對他們資訊轟炸，直到他們看到了我們想呈現的世界，直到他們投票支持我們的候選人。過程就像迴力鏢：將數據發送出去，進行分析，數據會以精準資訊的形式回來，來改變你的行為。」[17]

　　劍橋分析公司分析臉書的「按讚」數，就是當年普爾的「交叉壓力」（cross-cutting pressure）；劍橋分析公司的迴力鏢分析模型，就是當年比爾的「三階段傳播模式」（three-stage model of communication）。當代的分析產品變得更快、更好、更華麗、更昂貴，但話術依然浮誇；至於宣稱的超強效果，還是大餅一塊。川普投入 2016 年美國總統大選時，可不需要劍橋分析公司；臉書單槍匹馬，就能透過客製化資訊鎖定特定選民。政治評論者指控川普陣營使用了「武器化的 AI 宣傳機器」，描述了一種新型「幾乎無堅不催的選民操縱機器」。[18]「新型」，此話當真？很難說。畢竟析模公司於 1959 年時，便打造了這樣的機器。

　　在 21 世紀的矽谷，「過去毫無意義」與「歷史無用武之地」成了信條，人們興高采烈地展現自身的傲慢。2018 年，谷歌和優步（Uber）自駕車設計師安森尼・列萬多夫斯基（Anthony Levandowski）表示：「唯一重要的，是未來。我甚至不懂，我們幹嘛要讀歷史。八成是因為恐龍、尼安德塔人和工業革命之類的東西很有趣吧。不過，過去的事真的不重要。要以歷史為基礎前進，並不需要認識歷史。科技上，最重要的只有明天。」[19]

　　如此夜郎自大的想法倒也不新鮮。那是荒唐、無價值的冷戰理念，一

種已經消耗殆盡、名譽掃地的想法。「打造未來」這樣的概念，已經有數十年的歷史，殘舊不堪。析模公司的企業史是鑑古知今、深埋已久的寓言，訴說著往昔的故事。畢竟，「未來」不是唯一重要的事物；開發出何種科技？下一任總統是誰？哪一個牌子的狗食品質最好？這些問題也不會是重中之重。重要的是飽經洗禮後，還留存了什麼，能夠療癒我們的「現在」。

註釋

1　出自：Jaron Lanier, "Jaron Lanier Fixes the Internet," *NYT*, September 23, 2019。

2　出自：NM to AS, March 25, 1959, Stevenson Papers, Box 38, Folder 7。

3　出自："The People Machine," *Newsweek*, April 2, 1962。

4　拉尼爾稱此為公理："Behaviorism is an inadequate way to think about society." Jaron Lanier, *Ten Arguments for Deleting Your Social Media Accounts Right Now* (New York: Henry Holt, 2018), 19。

5　行為科學家儘管坦言人類行為中，不存在通過證明的定律，但他們往往會提出這樣的定律：請參閱如：Aline Holzwarth, "The Three Laws of Human Behavior," behavioraleconomics.com, May 7, 2019, https://www.behavioraleconomics.com/the-three-laws-of-human-behavior/。

6　出自：Ashlee Vance, "This Tech Bubble Is Different," *Bloomberg Businessweek*, April 14, 2011。

7　不過，谷歌顯然於2015年放棄了「不作惡」（don't be evil）標語，而所屬的公司 Alphabet Inc. 採用行為準則，鼓勵員工「做對的事」；出自：http://blogs.wsj.com/digits/2015/10/02/as-google-becomes-alphabet-dont-be-evil-vanishes/。

8 傑夫·哈默巴赫（Jeff Hammerbacher）和D·J·帕提爾（D. J. Patil ）兩人原是數學家，後來從商。他們聲稱在2008年創造了「數據科學家」（data scientist）一詞，不久之後，學界內外也將數據科學視為新的科學方法，即「第四典範」，前三項為：經驗、理論和計算分析。出自：Thomas H. Davenport and D. J. Patil, "Data Scientist: The Sexiest Job of the 21st Century," *Harvard Business Review*, October 2012。出自：Tony Hey, Stewart Job of the 21st Century," *Harvard Business Review*, October 2012。出自：Tony Hey, Stewart Tansley, and Kristin Michele Tolle, *The Fourth Paradigm: Data-Intensive Scientific Discovery* (Redmond, WA: Microsoft Research, 2009)。

9 下方網址提供極為尖銳的討論，請參閱：Francine Berman, Rob Rutenbar, et al., "Realizing the Potential of Data Science: Final Report from the National Science Foundation Computer and Information Science and Engineering Advisory Committee Data Science Working Group," December 2016, https://www.nsf.gov/cise/ac-data -science-report/CISEACData ScienceReport1.19.17.pdf。

10 下方網址內容固然使人痛心，但具啟發性：https://www.cs.princeton.edu /~arvindn/talks/MIT-STS-AI-snakeoil.pdf。

11 關於極力了解數據科學起源的研究，請參閱如：Brian Beaton, Amelia Acker, Lauren Di Monte, Shivrang Setlur, Tonia Sutherland, and Sarah E. Tracy, "Debating Data Science: A Roundtable," *Radical History Review* 127 (2017): 133-48, and Rebecca Lemov, *Database of Dreams: The Long Quest to Catalog Humanity* (New Haven, CT: Yale University Press, 2015)。

12 出自：Justin Peters, "The Moral Rot of the MIT Media Lab," *Slate*, September 8, 2019。

13 出自：Michael L. Brodie, "Understanding Data Science: An Emerging Discipline for Data-Intensive Discovery," Proceedings of the XVII International Conference, *Data Analytics and Management in Data Intensive Domains* (DAMDID/RCDL 2015), Obninsk, Russia, October 13-16, 2015。

14 出自：Predictive Analytics Market by Solutions (Financial Analytics, Risk Analytics, Marketing Analytics, Sales Analytics, Web & Social Media Analytics, Network Analytics), Services, Deployment, Organization Size and Vertical — Global Forecast to 2022, Markets and Markets, https://www.marketsand markets.com/Market-Reports/predict tive-analytics-market-1181.html。

15 出自：Paul P. Maglio, "Data Is Dead Without What If Methods," *Proceedings of the VLDB Endowment* 4, no. 12 (2011)。

16 出自：Stefano Rizzo, "What If Analysis," in *Encyclopedia of Database Systems*, ed. Ling Liu and M. Tamer Özsu (New York: Springer, 2018), https://link.springer.com/referenceworkentry/10.1007%2F978-1-4614-8265-9_466。

17 出自：Karim Amer, dir., *The Great Hack* (Netflix, 2019)。

18 出自：Berit Anderson, "The Rise of the Weaponized AI Propaganda Machine," *Medium*, February 12, 2017。

19 出自：Charles Duhigg, "Did Uber Steal Google's Intellectual Property?," New Yorker, October 15, 2018。

謝詞
Acknowledgments

大體上，哈佛教授對析模公司這樣的故事避之唯恐不及。
——克里斯托福・蘭德（Christopher Rand），1964年於劍橋

我和析模公司的故事結緣，起於2015年為《紐約客》撰稿時，之後為了找普爾的文獻，便赴MIT一探究竟。我打開一箱又一箱的文本，開始思考：這些資料或許足夠成書。這個念頭讓我走遍全美各地，翻索更多箱的文獻。言下之意，本書之所以能成功付梓，多虧許多機構的文獻歸檔人員和圖書館員的專業協助。我要特別感謝MIT檔案庫暨特別館藏處的諾拉・莫菲（Nora Murphy）、波士頓國家檔案室的喬安・吉爾林（Joan Gearin）、波士頓大學霍華德歌利卜中心的莎拉・派瑞特（Sarah Pratt）、哈佛法學院的麥林達・肯特（Melinda Kent），以及哈佛圖書館的弗烈德・巴徹斯特（Fred Burchsted）。我也要感謝帶我在越南四處走走的大家，包括阮維昇（Nguyen Duy Thang）和阮維（Duy Nguyen）

相關人士的家人也是本書文獻的資料來源。亞當・德・索拉・普爾（Adam de Sola Pool）和喬納森・羅伯特・普爾（Jonathan Robert Pool）提供了他們父親的家書。莎拉・奈哈特（Sarah Neidhardt）寄給我精彩的收藏，是

她外婆米娜烏的通訊紀錄。謝爾從越南將信件寄給我。安─瑪莉‧德‧葛拉希亞（Anne-Marie de Grazia）掃描了析模公司的信件，並且以電子郵件寄給我。同時感謝所有受訪者，包括伊莉莎白‧伯恩斯坦‧蘭德（Elizabeth Bernstein Rand）和麥克斯‧伯恩斯坦（Max Bernstein）；麥可‧伯迪克（Michael Burdick）；湯瑪斯‧科爾曼；維多利亞‧德‧葛拉西亞（Victoria de Grazia）；菊秋陽；丹尼爾‧艾斯伯、弗朗西絲‧費茲傑羅；格林菲家的珍妮佛、安和蘇珊；沃德‧賈斯特；金麗‧庫克；麥菲家的溫蒂、賈克和莎拉；紐頓‧米諾；凱特‧塔洛‧摩根（Kate Tarlow Morgan）；普爾家的亞當、傑瑞米和喬納森；山姆‧波普金；艾德溫‧薩福德（Edwin Safford）；莫琳‧謝爾；娜歐蜜‧史帕茲；以及安‧彭納‧溫斯頓。

　　針對大大小小的問題，我諮詢過許許多多學者，不僅有歷史學家、其他人文學者還有科學家。他們的工作會處理數據，也以不可思議的胸襟，包容我對行為科學和數據科學的懷疑。這些人有：法蘭辛‧柏曼（Francine Berman）、墨西‧寇撒斯（Mercè Crosas）、艾莉莎‧古曼（Alyssa Goodman）、伊莉莎白‧辛頓（Elizabeth Hinton）、蓋瑞‧金（Gary King）、亞歷山卓‧拉哈夫（Alexandra Lahav）、大衛‧拉札（David Lazer）、雷貝卡‧利莫夫（Rebecca Lemov）、安德魯‧利普曼（Andrew Lippman）、加里‧穆罕默德（Khalil Muhammad）、茱莉‧魯本（Julie Reuben）、陶德‧羅傑斯（Todd Rogers）、彼得‧西孟森（Peter Simonson）、譚可泰（Hu-Tam Ho Tai）、莎朗‧魏因貝格（Sharon Weinberger），以及克里夫‧溫斯坦（Cliff Weinstein）。感謝各方人士支持本書的著述，特別感謝瑪沙‧米諾（Martha Minow）、比佛利‧蓋格（Beverly Gage）和羅傑茲‧史密斯（Rogers Smith）。

　　本書研究資金來自哈佛的院長致潛力學生競爭基金（Dean's Competitive Fund for Promising Scholarship），以及拉德克里夫高等研究中心（Radcliffe

Institute for Advanced Study）的一位研究員。我也將本書成果，獻給一群出色的研究夥伴。我感謝補助申請的匿名讀者，他們提供真切的反饋意見。經哈佛多位院長克勞丁・蓋伊（Claudine Gay）和尼娜・吉普索（Nina Zipser）惠予同意，我得以前往哈佛檔案庫（Harvard University Archives）查閱先前封存的檔案。我感謝耶魯媒體自由暨資訊取用室（Yale Media Freedom and Information Access Clinic），感謝在這裡服務的查爾斯・克雷恩（Charles Crain）、約翰・朗福德（John Langford）、大衛・舒茲（David Schulz）、雅各・史萊納—布里格（Jacob Schriner-Briggs）、瑞秋・張（Rachel Cheong）、約納森・歐巴諾（Jonathan Albano）、諾亞・柯福曼（Noah Kaufman）、艾里斯・梁（Ellis Liang）和潔西卡・貝克（Jessica Baker）等人，他們整備和討論我的申請案，試著解封五角大廈1971年大陪審團的文件。同時感謝支持我的請願而提交聲明的所有人，也謝謝大衛・麥克羅（David McCraw）、布魯斯・克雷格（Bruce Craig）、朱利安・薩利澤（Julian Zelizer），以及安・瑪莉・里賓斯基（Ann Marie Lipinski）。

在研究上，我的學生路克・明頓（Luke Minton）、喬丹・瓦爾圖（Jordan Virtue）和安琪・瑪塔（Angel Mata）三人提供寶貴、出色的協助。另外，也感謝蓋馬・柯林斯（Gemma Collins）和克里歐・格里芬（Clio Griffin）。蓋伊・費多寇（Guy Fedorkow）發揮無底洞般的好奇心，挖掘析模公司的原始資料，檢視手稿，並且在卡爾・克隆奇（Carl Claunch）和電腦歷史博物館（Computer History Museum）的協助下，掃描和讀取我在普爾研究中找到的數千張舊孔卡，為的就是重跑一次析模公司1960年執行的選舉研究。

法蘭辛・伯曼（Francine Berman）、亨利・芬達（Henry Finder）、伊莉莎白・辛頓（Elizabeth Hinton）、珍・卡門斯基（Jane Kamensky）、弗列德・洛格福（Fred Logevall）和瑪沙・米諾等人閱讀我的初稿，我對他們的感激盡

445

在不言中。我永遠感謝蒂娜・班涅特（Tina Bennett）。優秀的艾蜜莉・格果拉（Emily Gogolak）和茱麗葉・塔帝（Julie Tate）協助確認書中的事實。蕾貝卡・卡拉梅美多奇（Rebecca Karamehmedovic）與梅麗莎・佛拉姆森（Melissa Flamson）則幫忙處理許可申請。邦妮・湯普森（Bonnie Thompson）抓錯的能力，像是在用漁網捕魚。謝謝他們，以及 Liveright 出版社的大家，特別是加百列・卡楚克（Gabriel Kachuck）和唐・利福金（Don Rifkin）。其中，最感謝羅伯特・威爾（Robert Weil）。

我也要感謝安德莉娜・歐帝（Adrianna Alty）、艾利斯・布羅奇（Elise Broach）、戴布・法羅（Deb Favreau）、珍・卡門斯基（Jane Kamensky）、伊莉莎白・卡納（Elisabeth Kanner）、麗莎・洛夫特（Lisa Lovett）、蘇菲・麥可本（Sophie McKibben）、利茲・麥納尼（Liz McNerney）、班哲明・納達夫—哈福瑞（Benjamin Naddaff-Hafrey）、丹・潘里斯（Dan Penrice）、布魯斯・舒爾曼（Bruce Schulman）、瑞秋・西德曼（Rachel Seidman）、拉米耶・塔戈夫（Ramie Targoff）、蘇・瓦爾戈（Sue Vargo）以及丹尼斯・威布（Denise Webb）。朵莉斯（Doris）、保羅（Paul）、吉登（Gideon）、西蒙（Simon）、奧利佛（Oliver），還有提摩西・利克（Timothy Leek），我對你們愛和感謝可不是「模擬」，而是貨真價實的。「若則」，若當時沒有他，我連「預測」都做不到……

有任何理由說明，為何書名不該取為「Simulmatics」嗎？
這個字就像「Cybernetics」（模控學），應該變成通用字的。
——1961年，湯馬斯·B·摩根致伊塞爾·德·索拉·普爾

FOCUS 27

輿情操縱 用數據操控心智的鼻祖「析模公司」運作大揭密
IF THEN
How the Simulmatics Corporation Invented the Future

作　　者　吉兒‧萊波爾（Jill Lepore）
譯　　者　高子璽（Tzu-hsi KAO）
責任編輯　林慧雯
封面設計　蔡佳豪

編輯出版　行路／遠足文化事業股份有限公司
總 編 輯　林慧雯
社　　長　郭重興
發行人兼
出版總監　曾大福
發　　行　遠足文化事業股份有限公司　代表號：（02）2218-1417
　　　　　23141新北市新店區民權路108之4號8樓
　　　　　客服專線：0800-221-029　傳真：（02）8667-1065
　　　　　郵政劃撥帳號：19504465　戶名：遠足文化事業股份有限公司
　　　　　歡迎團體訂購，另有優惠，請洽業務部（02）2218-1417分機1124、1135
法律顧問　華洋法律事務所　蘇文生律師
特別聲明　本書中的言論內容不代表本公司／出版集團的立場及意見，由作者自行承擔文責

印　　製　韋懋實業有限公司
初版一刷　2022年6月
I S B N　978-626-95844-3-7
　　　　　9786269584499（EPUB）
　　　　　9786269584482（PDF）
定　　價　580元
有著作權‧翻印必究　缺頁或破損請寄回更換

國家圖書館預行編目資料

輿情操縱：用數據操控心智的鼻祖「析模公司」運作大揭密
吉兒‧萊波爾（Jill Lepore）著；高子璽（Tzu-hsi KAO）譯
一初版一新北市：行路出版，
遠足文化事業股份有限公司發行，2022.06
面；公分
譯自：If Then: How the Simulmatics Corporation
　　　Invented the Future
ISBN 978-626-95844-3-7（平裝）
1.CST：析模公司（Simulmatics Corporation）　2.CST：資料探勘
3.CST：資料處理　4.CST：政治社會學　5.CST：美國
312.1029　　　　　　　　　　　　　111003841